"芯"科技前沿技术丛书

高性能超标量CPU

微架构剖析与设计

李东声　任子木　孙小明　李　鹏◎编著

机械工业出版社
CHINA MACHINE PRESS

本书基于当前主流的高性能CPU设计规格，全面介绍了高性能超标量CPU微架构的设计，并做出对应的分析。主要内容包括业界主流高性能处理器架构及超标量流水线背景知识（第1章）；CPU前端，包括指令提取单元、分支预测单元、指令译码单元的设计和优化，以及指令缓存的相关设计（第2、3章）；寄存器重命名与发射队列的原理和设计（第4、5章）；执行单元与浮点运算单元的设计实现（第6、7章）；访存单元与数据缓存设计（第8章）；重排序缓冲的原理及设计（第9章）；Intel P6 CPU微架构设计实例（第10章）。微架构设计对应于指令的生命周期，为读者提供直观和清晰的视角，便于读者对高性能CPU设计深入理解。

本书提供了高清学习视频，读者可以直接扫描二维码观看。

本书可作为从事高性能CPU相关研发工作专业人员的参考书，或用作高等院校计算机及集成电路相关专业研究生和高年级本科生的教学参考用书，也可供对CPU设计感兴趣的读者阅读。

图书在版编目（CIP）数据

高性能超标量CPU：微架构剖析与设计／李东声等编著．—北京：机械工业出版社，2023.3（2023.11重印）
（“芯”科技前沿技术丛书）
ISBN 978-7-111-72460-5

Ⅰ.①高…　Ⅱ.①李…　Ⅲ.①微处理器-设计　Ⅳ.①TP332

中国国家版本馆CIP数据核字（2023）第010308号

机械工业出版社（北京市百万庄大街22号　邮政编码100037）
策划编辑：李培培　　责任编辑：李培培
责任校对：郑　婕　李　婷　责任印制：常天培
北京机工印刷厂有限公司印刷
2023年11月第1版第3次印刷
184mm×240mm · 16.5印张 · 363千字
标准书号：ISBN 978-7-111-72460-5
定价：119.00元

电话服务　　网络服务
客服电话：010-88361066　机　工　官　网：www.cmpbook.com
　　　　　010-88379833　机　工　官　博：weibo.com/cmp1952
　　　　　010-68326294　金　　书　　网：www.golden-book.com
封底无防伪标均为盗版　机工教育服务网：www.cmpedu.com

序

RECOMMEND

随着数字经济和数字社会的快速发展，高算力芯片已经成为人们生活中不可或缺的技术，CPU 作为通用型算力技术，是绝大部分高算力平台的核心和基石。可以毫不夸张地说，高性能 CPU 是整个集成电路产业最核心的技术和产品之一，对半导体产业和基于半导体技术的高科技产业具有关键的引领和决定性作用。人们生活中常用的手机、平板计算机、台式计算机、电视机、机顶盒等消费类产品，各行各业应用的服务器、主机、电信设备等企业级产品，汽车、高铁、飞机等各类生活中常用的设备和工具，无不依赖高端 CPU；而且随着物联网、车联网、人工智能、元宇宙等新兴计算领域的不断兴起，高端 CPU 的市场规模和影响力仍在不断扩大。

发展自主知识产权、掌握核心技术已经成为我国集成电路产业发展的共识。近年来，在国家各项政策的大力扶持和从业人员的努力工作下，芯片自给率不断提升，但仍迫切需要全方位提升高端 CPU 领域从硬件设计到生态建设的能力，一方面对高端 CPU 的技术持续进行消化吸收和自主创新，另一方面推进相应的软硬件生态建设和国产自主可控产品的开发。

一个完整体系的建设通常需要产、学、研相结合。当前，加快高性能 CPU 设计的人才培养迫在眉睫。应对这个挑战的过程伴随着我国工业界高性能 CPU 设计领域的发展积累以及高校中计算机体系结构乃至于整个超大规模集成电路设计课程体系的建设和相关研究的开展。高性能 CPU 设计的人才梯队培养需要与工业界实用前沿技术实践紧密结合，工业界的自主研发和创新同样也需要与高校以及研究机构通力合作。高性能 CPU 研发是个需要长期积累的过程，接受过完整的学科体系训练并且经历过高性能 CPU 设计全流程的从业人员的加入能够更好地促进产业的发展。同时，在交付设计的过程中，从业人员也应当对自己的工作进行思考和总结归纳，与更多人分享经验。

超标量作为当前高性能 CPU 的主要设计方法，是高性能 CPU 设计人员必须掌握的技术。本书是业界资深工程师基于自身的经验，对高性能 CPU 微架构设计进行的系统剖析，有助于业界同行交流以及帮助对 CPU 设计感兴趣的读者系统性地认识 CPU 微架构。本书结构清晰严谨，内容文脉相承贯通，章节划分和衔接严格按照超标量 CPU 的内部结构组织。各章节内容有张有弛，基本概念简明扼要，详细设计清晰到位，并配有经典商用产品的剖析，有较强的学习和参考价值。总体上，本书从实用性角度完整地描述了超标量 CPU 设计的基本原理和方法，可以帮助读者对高性能超标量 CPU 设计实践有一个完整的了解。

张立新

北京数渡信息科技有限公司 CEO

前言

PREFACE

CPU 被誉为“人类科技皇冠的明珠”，数十年来无数从业者争相撷取。在半导体工业的发展历程中，“奔腾之芯”Intel、“蓝色巨人”IBM、“性能之王”DEC、“落寞贵族”Motorola等巨头都曾是 CPU 界的弄潮者，命途多舛的 Sun Microsystems 也曾称雄一时。后来的 AMD 与 Intel 双雄争霸、Apple 异军突起、ARM 后来居上以及 RISC-V 崭露头角也为业内人士津津乐道，不断吸引着有志之士投身于此。

在计算机体系结构领域，无论对于在校生还是从业者，加州大学伯克利分校的 David Patterson 博士和斯坦福大学的 John Hennessy 博士的两部经典著作 *Computer Organization and Design: The Hardware/Software Interface* 和 *Computer Architecture: A Quantitative Approach* 都是必读的。笔者在求学时，这两部著作是初阶和高阶核心课程的主要参考书，主讲课程的 Gandhi Puvvada 教授熟稔两部著作的全部版本，被学生戏称比作者还懂自己的著作。当笔者进入业界后，导师最先建议的也是去阅读 *Computer Architecture: A Quantitative Approach* 一书。然而，从笔者的视角来看，经典著作与业界实际微架构设计之间是“道”与“术”的关系。“道”是本源，“术”是法门，“道”可以在微观上以不同的“术”来呈现，但是求“道”需要从“术”入手，再由“术”印证“道”，方能融会贯通。在工程实践中，从一个循序渐进的个体角度看，也许在相当长的一段时间内更多地需要引导具体实操的“术”而非高屋建瓴的“道”，直到经验积累到一定的程度之后能够回过头思考总结归纳出一套方法学。南加州大学教授 Michel Dubois 博士是 IEEE 会士，笔者认为他的著作 *Parallel Computer Organization and Design* 是一部非常优秀的讲解 CPU 设计的书籍，内容详实逻辑清晰。然而，笔者在校时 Michel Dubois 博士开设的课程并没有得到学生的追捧，究其原因有其个人风格的关系，但是归根结底还是偏重于高屋建瓴，这有可能会让学生对于 CPU 设计的“道”和“术”无法顺畅地相互印证。

笔者才疏学浅，不敢称“融会贯通”，然而这并不妨碍笔者根据自身的经验和思考为读者提供一种 CPU 微架构设计的视角，交流一种 CPU 微架构设计的思路和方法学。毫无疑问，学习 CPU 微架构设计的一个最好的入门方式是读架构设计文档和源代码。然而，芯片设计领域相对来讲较为封闭，很难仅凭公开材料或者开源代码就接触到最核心的设计。对于绝大多数人来说，超越前人之前的一个必经阶段就是模仿和学习，在 CPU 设计领域也是同理，在对现有设计理解透彻之前就谈重构创新无异于空中楼阁。所谓“图难于其易，为大于其细”，笔者借由本书，为读者展现笔者所理解的 CPU 微架构设计。希望读者阅读完本书后，能够自行印证业界各类相关文献，理解并逐渐找到适合自己的 CPU 设计方法。同时笔者和写作团队的同事们也希望通过本书的写作和出版，能够在时代的浪潮中尽一些绵薄之力，做一点微小的工作。

本书的内容分为 10 章，第 1 章介绍业界主流高性能处理器架构及超标量流水线背景知识；第 2~9 章对应于 CPU 指令的生命周期，按顺序分别展开讲解 CPU 各个功能单元的架构设计；第 10 章对经典的 x86 架构 CPU 微架构 Intel P6 的设计进行了详细剖析，便于读者通过设计实例来印证前 9 章的相关内容。具体如下所示。

第 1 章由李东声和任子木编写，介绍了复杂指令集与精简指令集，超标量 CPU 相关的基本概念，包括流水线技术、指令的顺序执行与乱序执行，以及超长指令字设计。同时介绍了当前主流的 CPU 指令集，从宏观上为读者搭建出 CPU 设计的一个大体框架，便于后续内容的理解。

第 2 章和第 3 章由李东声编写，介绍了构成超标量 CPU 前端的指令提取单元、译码单元，以及分支预测单元的微架构设计。其中，在介绍指令提取单元设计的同时，着重介绍了指令缓存的基本概念、分类和替换策略选择、性能衡量标准、组织方式与预取设计，而后介绍指令提取单元微架构和数据流设计。在分支预测单元的介绍中，首先介绍了分支预测的原理，之后通过分支跳转方向预测与分支跳转目标预测两个部分对分支预测单元的设计进行介绍，最后给出分支预测单元的微架构设计以及优化思路。

第 4 章和第 5 章由孙小明编写，介绍了超标量 CPU 乱序引擎的核心组件——寄存器重命名与发射队列的设计。在寄存器重命名单元的介绍中，对寄存器重命名的原理、过程、映射方法和实现过程，以及微架构设计空间进行了阐述，同时给出了实现方案。在发射队列的介绍中，对发射队列的原理和工作机制、操作数获取策略，以及微架构设计空间进行了阐述。

第 6 章和第 7 章由任子木编写，浮点运算单元独立于执行单元另起一章。首先介绍了执行单元中算术逻辑运算单元、定点乘法、SIMD 及旁路网络设计，之后介绍了浮点数据格式和运算标准，以及浮点运算单元中的加法、乘法、除法和开方的运算原理及硬件微架构设计。

第 8 章由李鹏编写，介绍了访存单元的设计。内容从内存模型和数据缓存展开，进一步介绍了一级数据缓存的控制以及硬件预取设计。

第 9 章由孙小明编写，对重排序缓冲的原理以及微架构设计空间进行了阐述，最后给出了一个重排序缓冲运行的实例。

第 10 章由李东声编写，对 Intel P6 微架构进行了深度分析，通过经典的高性能超标量 CPU 设计来帮助读者对第 2~9 章中介绍的每一部分微架构的设计进行融会贯通，从宏观上理解超标量乱序 CPU 的工作流程和设计优化思路。

全书的统稿由李东声负责。内容讲解资源由任子木负责。

在本书的规划和编写过程中，得到了黄静、李伟、杨巍等业界前辈的指导和帮助；王晓天、杨宁、滕宏峰、余浩等同事对内容提出了许多宝贵的意见和建议；机械工业出版社的李培培编辑全程给予了极大的关照和支持，这里由衷表示感谢。

CPU 设计是一个宏大而复杂的工程，笔者水平有限，也深感生有涯而知无涯，写作过程中时常发觉很多知识点没能详细展开阐述。同时，笔者参阅了许多业界前辈和同仁的著作，包括且不限于专著、论文及技术博客等网络资源，在此对原作者表示敬意。在笔者自我学习之余深感有所收获，读者也可以自行查阅相关文献进行学习和相互印证。如果参考文献列表有所疏漏，在此深表歉意。对于本书内容中的疏漏和错误，敬请读者批评指正。

李东声

2022 年 8 月　西安

CONTENTS 目录

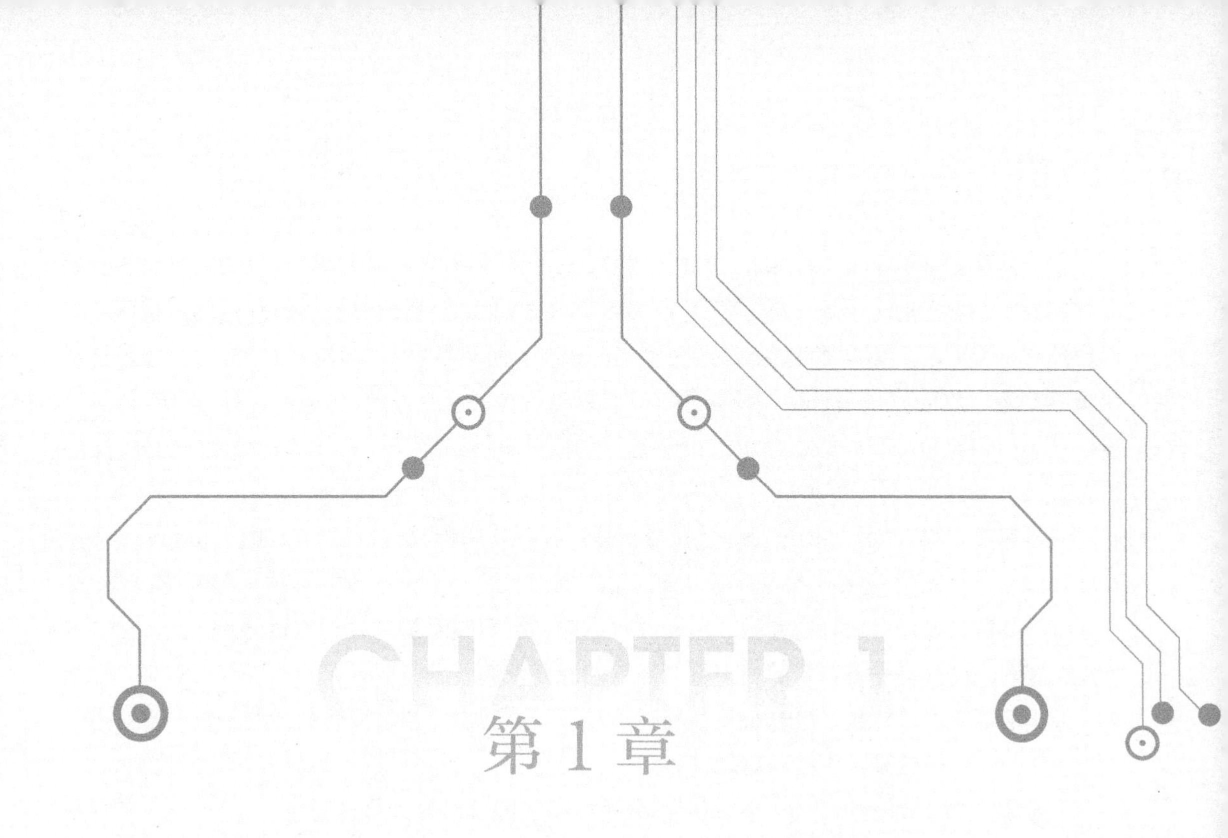

第1章

CPU架构与流水线技术概述

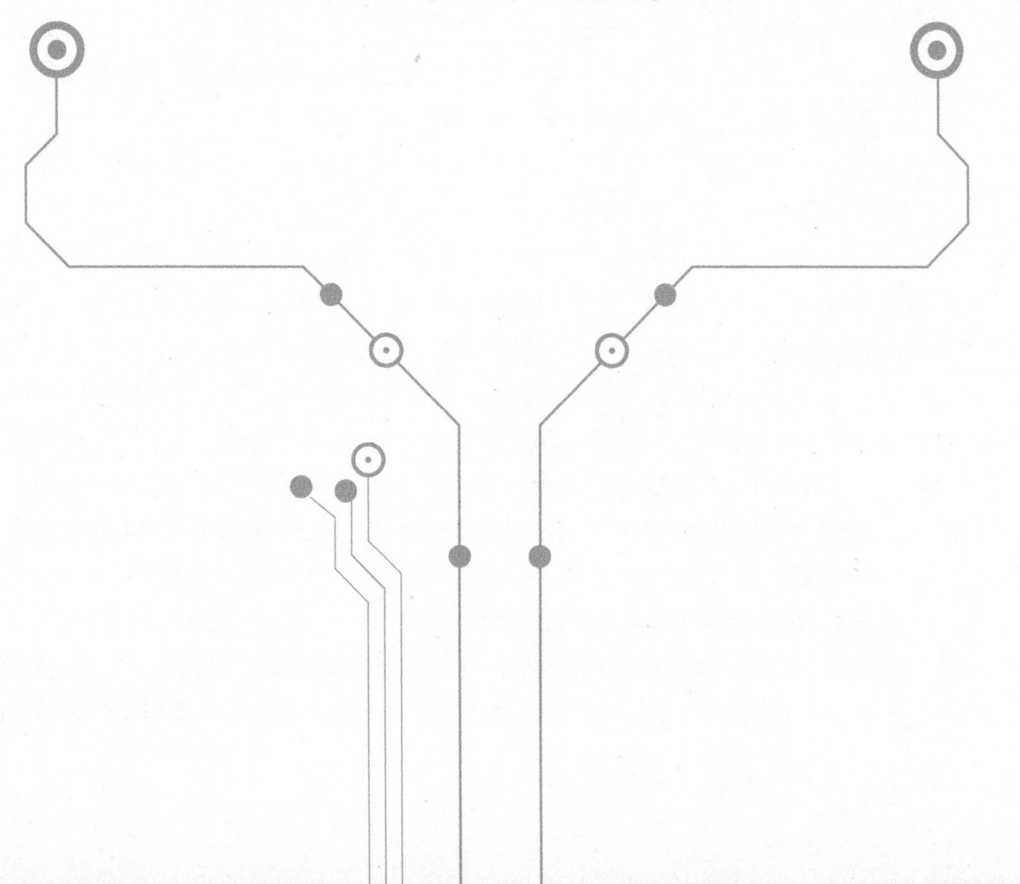

中央处理器（Central Processing Unit，CPU）是计算机系统的“大脑”，也是计算机体系结构的基础组件。当前对于处理器芯片的定义是广义的“片上系统（System On Chip，SOC）”，而非传统意义上的“运算器和控制器”。片上系统除了处理器核（CPU Core）之外，还包含了DDR控制器，PCIe高速总线接口控制器等一系列IP。本书关注的仍然是传统意义上的“执行指令、进行运算和控制”的处理器核的微架构设计，书中内容统一使用CPU指代处理器/处理器核（CPU Core），后续不再赘述。

通常意义上的架构，例如，x86、ARM、RISC-V，其全称是“指令集架构（Instruction Set Architecture，ISA）”。它是计算机系统中最基本的接口，在（硬件）体系结构与软件编译器/操作系统之间定义了一条清晰的界限。软硬件两边都必须能够理解并且严格遵守ISA，同时软硬件两边在对方严格遵守ISA的前提下可以分别进行复杂的开发。ISA将软件与硬件分离，并独立于它上面的所有软件层。CPU架构的目标是设计一个功能性的硬件架构，以在给定技术约束的情况下尽可能高效地实现指令集功能。

一般来说，指令将程序命令从软件传输到硬件，它们是执行整个程序的基本执行步骤，包含操作码（Operation Code）和操作数字段。通常所说的复杂指令集计算机（Complex Instruction Set Computer，CISC）与精简指令集计算机（Reduced Instruction Set Computer，RISC）都属于ISA的范畴。

一个通用的ISA应该包括以下几类指令：

- 数据处理指令：对输入数据进行运算。例如，加减乘除运算指令，比较类指令，移位指令，逻辑类指令，浮点运算指令。
- 数据搬运指令：完成数据在不同寄存器之间的搬运，或者寄存器到存储器、存储器到寄存器之间的搬运。
- 控制流指令：完成程序执行地址的跳转。程序通常是从上到下顺序执行的，但如果要改变程序的执行顺序，跳转到其他地址执行（如高级语言中的函数调用），需要控制流指令完成程序地址的跳转。大多数程序跳转的范围相对较小，通常是以当前程序计数器（Program Counter，PC）加一个偏移量计算得到要跳转的目标地址。还有一种情况是条件跳转，也就是根据寄存器中的值决定是否跳转，或者是根据两个寄存器比较的结果（相等、大于等）决定是否跳转。

当数据处理类指令或数据搬运类指令需要访问操作数时，指令集架构中一般会定义几种不同的寻址模式来获取访问操作数：

- 立即数寻址：所需操作数作为立即数包含在指令中。
- 寄存器直接寻址：所需操作数在寄存器中，指令中包含该寄存器的编号。
- 寄存器间接寻址：指令中包含寄存器的编号，该寄存器中的内容为数据在存储器中的地址。

- 基址偏移寻址：指令中指定一寄存器作为基地址，同时指令中包含一立即数作为偏移量，基地址和偏移量相加得到数据所在存储器的地址。
- 基址变址寻址：指令中指定两寄存器编号，其中一个寄存器作为基地址，另外一个寄存器作为偏移量，基地址和偏移量相加得到数据所在存储器的地址。
- 基址比例变址寻址：指令中指定两寄存器编号，其中一个寄存器作为基地址，另外一个寄存器作为偏移量，偏移量乘以一个系数后与基地址相加，得到数据所在存储器的地址。

以上寻址模式各个 CPU 厂商的命名可能有所不同，并且可能会在此基础上进行扩充。

1.1 复杂指令集与精简指令集概述

CISC 的典型代表就是 Intel 和 AMD 的一系列 CPU。因为早期 Intel 的系列 CPU 被命名为 80x86，所以俗称 x86 系列 [其他比较知名的 CISC CPU 包括 IBM Z 系列（z/Architecture）、DEC VAX780 和 Motorola 68000 等]，它的一个主要的设计思想是尽可能多地对指令流进行编码，这导致了指令长度和格式可变。预期指令流越紧凑，指令内存和缓存的利用率就越高，执行一段代码所需的指令字节就越少。CISC 的设计旨在通过将复杂性转移到硬件中来降低内存读写的高成本（在 CISC 出现的 20 世纪 70 年代，计算机内存较小且非常昂贵）。强调代码密度，一些指令对一个变量依次执行多个操作，试图通过最小化 CPU 为执行给定任务而必须执行的指令数量来提高性能。这是通过在单个复杂指令中嵌入一些低级指令来完成的，也就是说复杂的 ISA 必须使用微码（Microcode）实现，因为直接用硬件实现会太复杂。微指令（Micro-instruction）是一种非常简单的指令形式，可以看作是一组同时执行的微操作（Micro-operations）。微操作是 CPU 可以实现的最基础的操作。一个复杂的指令的执行实际是通过执行一系列微指令/微操作来实现的。CISC 的大体框架如图 1-1 所示。

从图 1-1 中可以看到一个特殊的单元：微程序控制单元，它可以使用存储在控制存储器中的一系列微操作并生成控制信号。创建控制信号的程序称为微程序，一个微程序有一组微操作，也称为控制字（Control Word）。每个微操作都有 N-bit 字并具有不同的位模式，根据控制字的位模式区分控制信号。控制单元访问微程序控制单元产生的控制信号并实现 CPU 硬件的功能，同时指令和数据通路从缓存和主存储器中获取指令的操作码（Operation Code）和操作数（Operand）。

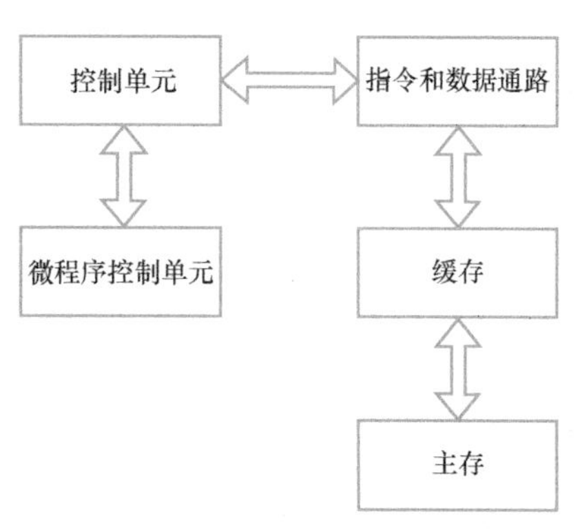

图 1-1 CISC 架构示意

简而言之，CISC 指令的执行流程可以大致描述为：

1）通过微操作地址生成器从指令缓存中提取指令。

2）对从指令缓存中提取的指令进行译码，检索执行指令中相应操作所需的微程序的起始地址并将该地址加载到微程序计数器。

3）读取与上述起始地址对应的控制字。随着执行的进行，微程序地址生成器将递增微程序计数器的值以读取微程序的连续控制字（控制类指令例外，不是顺序递增取指，本书后续章节会加以说明，此处不赘述）。

对于一个操作，CISC 风格的指令原则上是最小化指令长度。例如，对于操作“$A = B + C$”，CISC 指令翻译为：

```
1.MOVE A, B
2.ADD  A, C
```

在 CISC 中，Move 指令用来访问内存操作数，指令的一般格式为：

```
1.MOVE  Destination, Source
```

因为 CISC 的指令是可变长度的，并且具有多个操作数，指令占用的内存不止一个字（Word），所以取操作数可能需要几个周期，为硬件设计增加了复杂度。CISC 除了包括五种基本寻址方式（立即模式、直接/绝对模式、寄存器模式、间接模式和索引模式）之外，还有三种额外的寻址模式：自动递增模式、自动递减模式和相对模式。所谓自动递增模式，是指操作数的有效地址是寄存器的内容，当访问寄存器的内容后，它会自动递增以指向下一个操作数的内存位置；自动递减模式中操作数的有效地址也是寄存器的内容，但是，这种模式下最初是将寄存器的内容递减，然后将寄存器的内容用作操作数的有效地址。相对模式类似于变址寄存器模式，通过在通用寄存器的内容上添加一个常量来获得有效地址。在相对模式下，使用程序计数器而不是通用寄存器，这种寻址方式用于在内存中引用大范围的区域。

CISC 的优点主要在于：

- 代码大小相对较短，从而最大限度地减少了内存需求。
- 单条指令的执行可以完成多个子任务。
- 复杂的寻址方式使内存访问更加灵活，并且指令可以直接访问内存位置。

CISC 的缺点主要是硬件实现复杂，并且虽然编译出的代码量小，但执行一条指令需要多个时钟周期，可能降低 CPU 的整体性能。另外，CISC 旨在当内存较小且成本较高时将内存需求降至最低，但是现在情况与 CISC 设计之初相比发生了变化，内存变得大而便宜。与此同时，即使引入微操作的设计，CISC 也由于生态原因需要不断向后兼容，背上了沉重的“历史包袱”。

RISC 的典型代表是 ARM 和 MIPS 架构的 CPU（当然后续的龙芯和 RISC-V 也是）。相比于

CISC，RISC 具有简单的指令集和寻址模式，RISC 风格的指令在内存中占用一个字（Word）而不是 CISC 的多个字，其指令的执行速度更快，一般每条指令只需要一个时钟周期（此处需要说明，整型类指令大部分一般一个时钟周期能执行完运算，浮点类指令只有极少数可以做到一个时钟周期能执行完成，大部分的执行都是几个时钟周期）。RISC 的大体框架如图 1-2 所示。

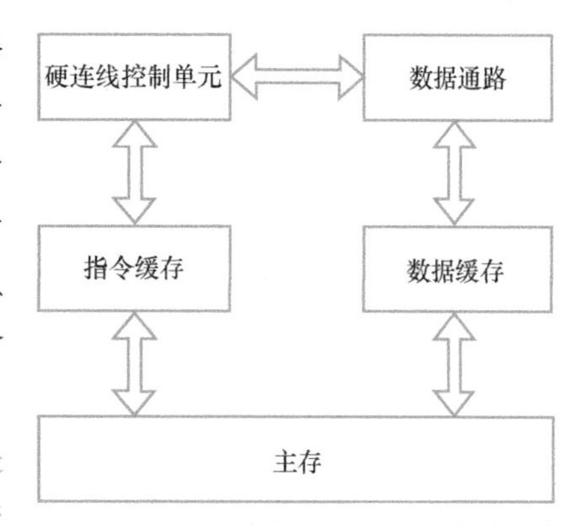

图 1-2　RISC 架构示意

RISC 强调使用寄存器而不是内存，因为寄存器是访问最快的可用资源。RISC 中的通用寄存器放置在与运算单元和控制单元接近的位置上，指令对寄存器中存储的操作数进行操作。在 RISC 的架构示意图中可以看到，其中一个特殊的单元称为硬连线控制单元（Hardwired Control Unit），其产生调节 RISC 硬件工作的控制信号。该单元基于硬件创建，产生的控制信号用以控制指令在正确的时间以正确的顺序执行。

此处没有 CISC 架构中的微程序控制单元，因为 RISC 中的所有指令都很简单，是硬连线的，不需要控制存储。对于每个操作，给予对应的硬连线，即使用连接的电路使指令中的功能或操作固化。RISC 中采用硬件控制以实现快速的指令译码，并采用较少的指令和简单的寻址模式，通过固定的指令格式来简化指令译码和硬连线控制逻辑。同时，设计访存指令 Load（加载）和 Store（存储）来执行内存操作，其他指令均对寄存器操作。

RISC 指令的执行流程可以大致描述为：CPU 前端提取当前执行的指令，并生成操作数和操作数寻址模式的操作码位。译码单元接收并解析指令的操作和寻址模式。每条指令都以步进的方式执行，都是基于取指、译码、（寄存器）取操作数、执行和内存操作这五个基本步骤，硬连线控制单元需要知道指令执行的当前阶段（流水线中的位置）。

对于上文提到的操作“$A = B + C$”，RISC 指令翻译为：

```
1.LOAD  R2, B
2.LOAD  R3, C
3.ADD  R4, R2, R3
4.STORE R4, A
```

可以看到两条 CISC 指令完成的操作需要四条 RISC 指令完成。然而，RISC 指令大小恒定，格式规则。RISC 通过将源程序代码直接编译成微码（即 RISC 指令）来消除通过微操作来解释指令的开销，从而将微代码直接交给给编译器优化。

RISC 指令具有简单的寻址方式，其寻址模式有以下几种。

- 立即数寻址模式：这种寻址模式明确指定指令中的操作数。

- 寄存器寻址模式：这种寻址模式描述了保存操作数的寄存器。
- 绝对寻址模式：这种寻址模式描述了指令中内存位置的名称，它用于在程序中声明全局变量。
- 寄存器间接寻址方式：这种寻址方式描述了具有指令中实际操作数地址的寄存器。
- 索引寻址方式：这种寻址方式在指令中提供了一个寄存器，当向其中添加一个常量时就可以得到实际操作数的地址。

RISC 的优点主要在于：

- 指令是简单的微码（机器指令），使用硬连线来加快执行速度。
- 寻址方式简单。
- 指令执行速度快，大部分指令都在 CPU 寄存器上运行，不需要为每条指令访问内存。
- 流水线设计容易，所有指令的长度都是固定的，同一类指令的指令码编码规则类似。

与 CISC 相比，虽然 RISC 指令的长度减小了，但需要更多的指令来执行操作，所以实际上程序的长度增加了。由于 RISC 中指令是硬连线的，因此任何指令的修改都是需要花费成本的。另外，RISC 指令不允许直接内存到内存传输，需要加载和存储指令才能做到。

“CISC vs.RISC” 一直是 CPU 设计领域讨论的热门话题，与其翻译成“CISC 与 RISC 对比”似乎不如翻译成“CISC 与 RISC 之争”更加贴切。争论持续存在，然而有两点基本达成共识：第一，CISC 与 RISC 指的是 ISA 的复杂度而非硬件实现的复杂度，所谓的“精简（Reduced）”并非意味着硬件上的精简；第二，CISC 与 RISC 之间的界限越来越模糊，并不一定完全遵循 ISA 的原始定义。

探讨 CISC 与 RISC 对比的观点大致分为两派：以 ISA 为中心和以硬件实现为中心。以 ISA 为中心的观点认为，RISC 指令集的某些先天特征使该架构比 CISC 更加高效，包括使用固定长度指令和加载/存储设计。而以硬件实现为中心的观点认为微架构更具有决定性意义。相信不同的读者基于自身的经验和视角，也会有各自的看法。

1.2 ARM 指令集概述

ARM（Advanced RISC Machine）架构是 RISC 架构的一个典型代表。指令集架构版本从 ARMv3 到 ARMv7 支持 32 位空间和 32 位算数运算，大部分架构的指令集的指令为定长 32 位支持变长的，Thumb 提供对 32 位和 16 位指令集的支持。2011 年发布的 ARMv8-A 架构添加了对 64 位空间和 64 位算术运算的支持，同时也更新了 32 位定长指令集。目前指令集最新版本为 2021 年 3 月公布的 ARMv9。

ARM 架构 CPU 有两种工作状态：ARM 和 Thumb。这两种工作状态和运行模式没有任何关

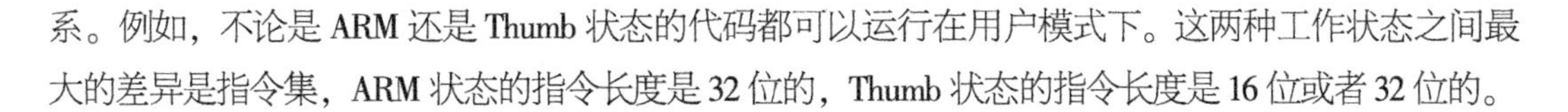
系。例如，不论是 ARM 还是 Thumb 状态的代码都可以运行在用户模式下。这两种工作状态之间最大的差异是指令集，ARM 状态的指令长度是 32 位的，Thumb 状态的指令长度是 16 位或者 32 位的。

1.2.1 条件执行与跳转类指令定义

ARM 的 CPSR 寄存器中包含 N/Z/C/V 四种条件码标识。其中 N 表示在结果是有符号的二进制补码情况下，如果结果为负数，则 N=1，如果结果为非负数，则 N=0；Z 用来指示计算结果是否为 0；C 用来表示进位情况；V 用来指示加减法指令的计算过程中是否发生了溢出。

如图 1-3 所示，条件码占据 32 位指令编码中的高 4 位。4 位域段可编码出 16 种域值，每个值都由 CPSR 中的 N/Z/C/V 域段来确定当前指令是否需要执行。ARM 的条件码具体含义见表 1-1。

图 1-3 ARM 条件码域段

表 1-1 ARM 条件码

二进制编码	助记符	描　述
0000	EQ	等于 0，Z=1
0001	NE	不相等，Z=0
0010	CS/HS	有进位或无符号数大于等于，C=1
0011	CC/LO	无进位或无符号数小于，C=0
0100	MI	负数，N=1
0101	PL	正数或零，N=0
0110	VS	溢出，V=1
0111	VC	未溢出，V=0
1000	HI	无符号数大于，C=1 并且 Z=0
1001	LS	无符号数小于或等于，C=0 或 Z=1
1010	GE	有符号数大于或等于，N 等于 V
1011	LT	有符号数小于，N 不等于 V
1100	GT	有符号数大于，Z=0 并且 N 等于 V
1101	LE	有符号数小于或等于，Z=1 或 N 不等于 V
1110	AL	执行
1111	NV	不执行

通过表格可以发现，16 种条件码是成对出现的，二进制编码为奇数的条件码是二进制编码为偶数的条件取反后的结果，这样可以实现高效的逻辑操作，节省跳转指令和跳转语句，提升代码效率，节省指令空间。在下面的例子中，要实现的逻辑为：当 r1 等于 0 时，将 r3 加 1 的结果值赋给 r2，否则将 r4 加 1 的结果值赋给 r2。

```
1.if (r1 == 0)
2.    r2 = r3 + 1;
3.else
4.    r2 = r4 + 2;
```

如果不使用条件码，编译出来的汇编程序如下：

```
1.    CMP r1, #0
2.    BNE elsemark
3.    ADD r2, r3, #1
4.    B end
5.elsemark
6.    ADD r2, r4, #2
7.end
```

如果使用条件码，编译出的汇编程序如下：

```
1.CMP r1, #0
2.ADDEQ r2, r3, #1
3.ADDNE r2, r4, #2
```

可以看到使用条件码后，汇编程序变得非常精简，节省了指令空间，并提升了指令执行效率。

跳转类指令用于改变程序的执行顺序。ARM 一般按照存储器的地址顺序执行指令，如果需要跳转到另一块程序区域执行程序，则需要使用跳转指令。

ARM v8 架构中的跳转（分支）指令分为条件跳转指令和无条件跳转指令（立即数/寄存器）。以无条件跳转指令（立即数）为例，指令编码如图 1-4 所示。其中 L 表示跳转指令是否会将下一条指令的地址写入 R14 中，这一般用于子程序的调用。跳转指令的跳转范围为+/-128MB。

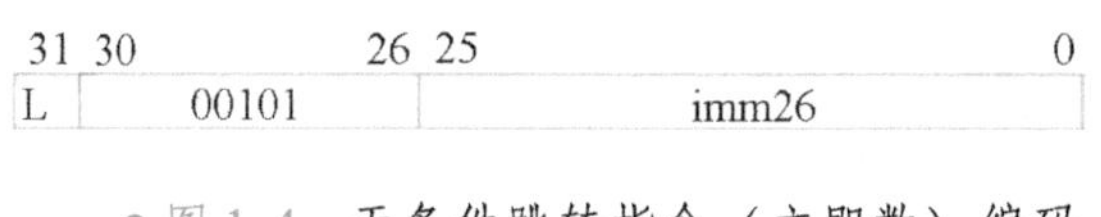

图 1-4　无条件跳转指令（立即数）编码

下面为一个条件跳转的例子。对 r1 赋初值，然后进入 LOOP 循环，当循环了 8 次之后，BNE 条件不成立，则不发生跳转，跳出循环，执行后续程序。

```
1.    MOV r1, #8
2.    MOV r2, r3
3.LOOP
4.    MUL r2, r2, r3
5.    SUBS r1, #1
6.    BNE LOOP
```

BLX 指令可切换 ARM 架构 CPU 的工作状态到 Thumb 状态。当程序使用 Thumb 指令集时，可使用该指令。同样在跳转的同时将程序的下一条指令地址写入 X30 中，子程序的返回可以通过将寄存器 X30 赋给 PC 完成。

1.2.2 数据处理与访存类指令定义

ARM 的数据处理指令对输入操作数进行运算，将输出操作数写回寄存器。支持的操作包括各种 32 位/64 位数据类型的算术运算和逻辑运算。ARM 数据处理指令通常包含两个源操作数、一个目标操作数。第一个源操作数为寄存器，第二个源操作数可以为寄存器，也可以为立即数。部分数据处理指令见表 1-2。

表 1-2　数据处理指令

指　令	描　述
ADD	加法，Rd = Rn + Rm
ADC	带进位加法，Rd = Rn + Rm + C
SUB	减法，Rd = Rn - Rm
SBC	带进位减法，Rd = Rn - Rm + C
RSB	反向减法，Rd = Rm - Rn
CMP	比较，对两操作数进行比较，并设置相应的状态位
CMN	负数比较，并设置相应的状态位
SDIV/UDIV	除法，Rd = Rn /Rm
AND	按位与，Rd = Rn & Rm
ORR	按位或，Rd = Rn | Rm
ORN	按位非或，Rd = Rn | ~Rm
EOR	按位异或，Rd = Rn ^ Rm
BIC	按位非与，Rd = Rn & ~Rm
LSL	逻辑左移
LSR	逻辑右移

（续）

指　　令	描　　述
ASR	算术右移
ROR	循环右移
CLZ	前导零统计
MUL	乘法，Rd = Rn × Rm
MLA	乘累加
MLS	乘累减

访存类（Load/Store）指令完成寄存器和存储器之间的数据搬移，包含更丰富的寻址模式，如立即数寻址、寄存器寻址和自动变址寻址等。

访存类指令的汇编格式为：LDR|STR{<cond>}{B} Rd，[Rn，<offset>]，访存类指令构造一个地址，它从基地址寄存器（Rn）开始，然后加上或减去一个无符号立即数或寄存器偏移量。基址或计算出的地址用于从存储器中读取一个字的数据，或者将一个字写入存储器中。

前变址的寻址模式使用计算出的地址进行访存操作，如果需要写回寄存器，则将基址寄存器更新为计算出的值。

后变址的寻址模式使用未修改的基址寄存器作为访存的地址，然后将基址寄存器更新为计算出的地址。

```
1.MOV r1,GPIOADDR
2.STR r0, [r1]
```

上面的例子是将 GPIO 的地址赋给 r1，然后通过 STORE 指令将 r0 的数据写到 GPIO 中。

1.3 RISC-V 指令集概述

RISC-V 指令集始于加州大学伯克利分校（UC Berkley）设计的第五代开源 RISC 指令集，它相对于成熟的指令集来说有开源、简捷、可扩展和后发优势，没有历史包袱，可以绕过很多弯路，也不需要考虑兼容历史指令集。

RISC-V 指令集是一种以模块化形式存在的结构。指令集分为基本部分和扩展部分，硬件需要实现基本指令集，而扩展部分则是可选的。扩展部分又分为标准扩展和非标准扩展。例如，乘除法、单双精度的浮点、原子操作就在标准扩展子集中。基本指令集只包含 40 余条指令，为所有架构所共有，加上其他扩展部分指令共 200 余条，见表 1-3。

表 1-3 RISC-V 指令集构成

指令集类型	名　称	指　令　数	说　　明
基本指令集	RV32I	47	整数指令，包含算术运算指令、分支指令、访存指令，以及 32 位寻址空间，32 个 32 位寄存器
	RV32E	47	同 RV32I，寄存器数量为 16 个，用于嵌入式等低功耗环境
	RV64I	59	整数指令，64 位寻址空间，32 个 64 位寄存器
	RV128I	71	整数指令，128 位寻址空间，32 个 128 位寄存器
扩展指令集	M	8	包含 4 条乘法、2 条除法、2 条取余操作指令
	A	11	包含原子操作指令，增加对存储器的原子读、写、修改和 CPU 间的同步
	F	26	包含单精度浮点指令，增加了浮点寄存器、计算指令、L/S 指令
	D	26	包含双精度浮点指令，增加了浮点寄存器、计算指令、L/S 指令
	Q	26	包含四倍精度浮点指令，增加了浮点寄存器、计算指令、L/S 指令
	C	46	压缩指令集，其中指令长度是 16 位，主要目的是减少代码量

I+M+F+A+D 被缩写为“G”，共同组成通用的标量指令。基本 RISC-V ISA 具有 32 位固定长度，并且需要与 32 位地址对齐。但是也支持变长扩展，要求指令长度为 16 位整数倍，与 16 位地址对齐。具体的指令长度在编码中的体现如图 1-5 所示。对于 16 位的压缩指令集，其最低的两位不能为 11；对于 32 位指令集，其最低两位固定为 11，第［4：2］位不能为 111。从这种编码形式来看，硬件可以根据低位的若干位快速判断出指令的位宽，便于硬件电路的实现。

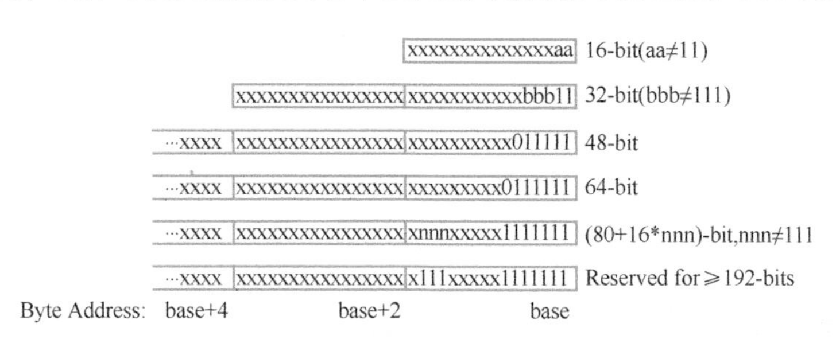

图 1-5 RISC-V 指令长度编码

模块化的指令结构使得 RISC-V 具有了定制化、低功耗的特点，这些特点对于很多领域的应用都非常重要。可以根据 CPU 的需求选择指令子集，RISC-V 编译器得知当前硬件包含哪些扩展后，便可以生成当前硬件条件下的最佳代码。用户可以根据自己的需求拼接，以支持在不同条件下工作的 CPU 架构。

1.3.1 寄存器结构与特权模式定义

RISC-V 指令集架构支持 32 位、64 位和 128 位模式，相应的寄存器位宽为 32-bit、64-bit 和 128-bit。如图 1-6 所示，RISC-V 指令集中有 32 个整数寄存器 x0 ~ x31。其中 x1 ~ x31 为通用寄存器，保存了整数数值，寄存器 x0 被预留为常数 0，在硬件实现中被固定连接为了 0。如果需要实现浮点扩展，则需要另外一组独立的浮点寄存器 f0 ~ f31。对于 RV32 模式，寄存器的宽度为 32-bit；对于 RV64 模式，寄存器的宽度为 64-bit；对于 RV128 模式，寄存器的宽度为 128-bit。

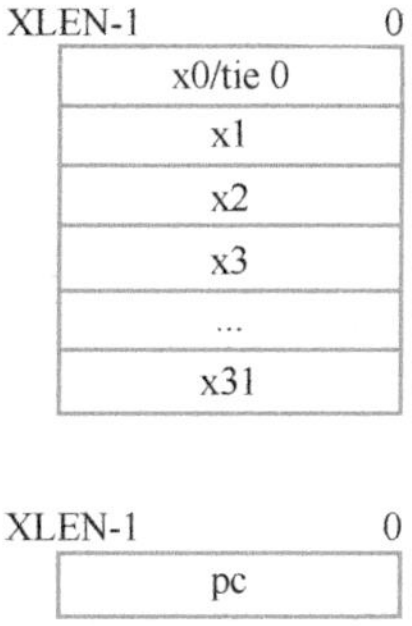

图 1-6 RISC-V 指令集寄存器

在汇编语言中，通用寄存器组中的每个寄存器都有别名，见表 1-4。

表 1-4 RISC-V 寄存器用途

寄 存 器	ABI 名称	描 述
x0	Zero	硬件固定连接零
x1	ra	函数返回地址
x2	sp	栈指针
x3	gp	全局指针
x4	tp	线程指针
x5	t0	临时变量、备用链接寄存器
x6-x7	t1-t2	临时变量
x8	s0/fp	保存用寄存器/帧指针（配合栈指针界定一个函数的栈）
x9	s1	保存用寄存器
x10-x11	a0-a1	函数参数、返回值
x12-x17	a2-a7	函数参数
x18-x27	s2-s11	保存用寄存器
x28-x31	t3-t6	临时变量
f0-f7	ft0-ft7	浮点临时变量
f8-f9	fs0-fs1	浮点保存用寄存器
f10-f11	fa0-fa1	浮点参数、返回值
f12-f17	fa2-fa7	浮点参数
f18-f27	fs2-fs11	浮点保存用寄存器
f28-f31	ft8-ft11	浮点临时变量

RISC-V 指令集架构定义了三种工作模式，又称特权模式，见表 1-5。特权级别用于为软件堆栈的不同组件之间提供保护，若执行当前特权模式不允许的操作将会导致异常。这些异常通常会导致陷阱，进入底层执行环境。

表 1-5　特权模式

等　级	编　码	名　称	简　称
0	00	用户模式	U
1	01	监督模式	S
2	10	保留	\
3	11	机器模式	M

其中机器模式为必选的模式，其他两种为可选模式，通过不同的模式组合可实现不同的系统。RISC-V 一套指令集几乎可以支持从嵌入式 CPU 到高性能通用 CPU 等所有类型，例如：

- 仅有机器模式的，通常为嵌入式系统。
- 支持机器模式与用户模式的系统，可以实现用户模式和机器模式的区分，实现资源保护。
- 支持机器模式、监督模式与用户模式的系统，可以实现类似 UNIX 的操作系统。

1.3.2　RISC-V 指令概述

RV32I 指令集包括四种核心指令格式（R/I/S/U）和两种变体格式（B/J），如图 1-7 所示。其中 opcode 表示指令操作码，funct7、funct3 表示功能码，rs1、rs2 表示指令中的源寄存器，rd 表示目标寄存器，imm 表示立即数。这六种指令格式的划分依据是：

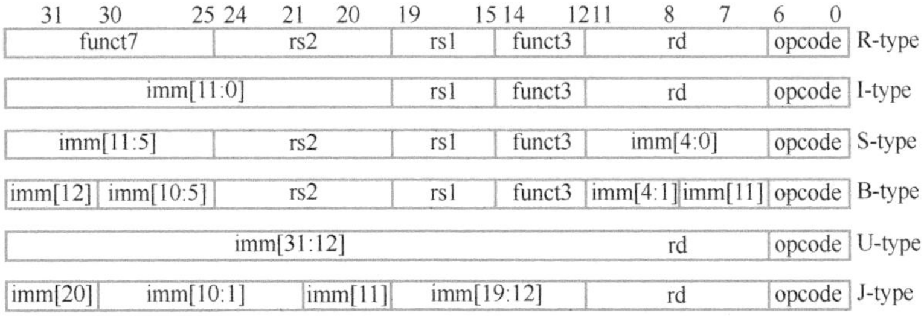

31　30　25	24　21　20	19　15	14　12	11　8　7	6　0	
funct7	rs2	rs1	funct3	rd	opcode	R-type
imm[11:0]		rs1	funct3	rd	opcode	I-type
imm[11:5]	rs2	rs1	funct3	imm[4:0]	opcode	S-type
imm[12] imm[10:5]	rs2	rs1	funct3	imm[4:1] imm[11]	opcode	B-type
imm[31:12]				rd	opcode	U-type
imm[20] imm[10:1] imm[11] imm[19:12]				rd	opcode	J-type

图 1-7　RISC-V 基础指令格式

- R 类型指令：两源操作数都来自寄存器的指令。
- I 类型指令：其中一个源操作数为立即数的指令，以及访存 Load 类指令。
- S 类型指令：访存 Store 类指令。

- B 类型指令：条件跳转指令。
- U 类型指令：长立即数操作指令。
- J 类型指令：无条件跳转指令。

算术运算类指令如图 1-8 所示。其中 add 指令完成两个操作数寄存器 rs1 和 rs2 的整数加法操作，结果写回 rd 寄存器。如果结果发生了溢出，不进行处理，直接保留低 32-bit 数据；sub 指令完成两个操作数寄存器 rs1 和 rs2 的整数减法操作，结果写回 rd 寄存器。同样，如果结果发生了溢出，不进行处理，直接保留低 32-bit 数据；slt 完成两个操作数寄存器 rs1 和 rs2 的有符号数比较操作，如果 src1 的值小于 src2，结果为 1，否则为 0，结果写回 rd 寄存器；以 i 结尾的指令为立即数模式，其运算与不带 i 的指令完全相同，只是第二个源操作数为立即数，而非寄存器。

31 30 25	24 21 20	19 15	14 12	11 8 7	6 0	
imm[11:0]		rs1	000	rd	0010011	addi
imm[11:0]		rs1	010	rd	0010011	slti
imm[11:0]		rs1	011	rd	0010011	sltiu
0000000	rs2	rs1	000	rd	0010011	add
0100000	rs2	rs1	000	rd	0010011	sub
0000000	rs2	rs1	010	rd	0010011	slt
0000000	rs2	rs1	011	rd	0010011	sltu

图 1-8 算术运算类指令

逻辑运算类指令如图 1-9 所示。其中 and 指令完成两操作数的按位与操作；or 指令完成两操作数的按位或操作；xor 指令完成两操作数的按位异或操作；以 i 结尾的指令为立即数模式。

31 30 25	24 21 20	19 15	14 12	11 8 7	6 0	
imm[11:0]		rs1	100	rd	0010011	xori
imm[11:0]		rs1	110	rd	0010011	ori
imm[11:0]		rs1	111	rd	0010011	andi
0000000	rs2	rs1	100	rd	0110011	xor
0000000	rs2	rs1	110	rd	0110011	or
0000000	rs2	rs1	111	rd	0110011	and

图 1-9 逻辑运算类指令

移位类指令如图 1-10 所示。其中 sll 为逻辑左移指令，rs1 和 rs2 为两操作数寄存器，将 rs1 进行逻辑左移操作，低位补 0，移位量为 rs2 的低 5-bit，结果写回 rd 寄存器；srl 为逻辑右移指令，rs1 和 rs2 为两操作数寄存器，将 rs1 进行逻辑右移操作，高位补 0，移位量为 rs2 的低 5-bit，结果写回 rd 寄存器；sra 为算术右移指令，rs1 和 rs2 为两操作数寄存器，将 rs1 进行算术右移操作，高位补符号位，移位量为 rs2 的低 5-bit，结果写回 rd 寄存器；lui 指令将指令编码中的 20 位立即数写入 rd 的高 20-bit，rd 的低 12-bit 置零；auipc 指令构建一个 32-bit 的移位量，其中高 20-bit 来自指令编码，低 12-bit 置零，将该移位量与 auipc 的 PC 相加，结果写入 rd 中。

31 30 25 24 21 20 19 15 14 12 11 8 7 6 0

0000000	shamt	rs1	001	rd	0010011	slli
0000000	shamt	rs1	101	rd	0010011	srli
0100000	shamt	rs1	101	rd	0010011	srai
0000000	rs2	rs1	001	rd	0110011	sll
0000000	rs2	rs1	101	rd	0110011	srl
0100000	rs2	rs1	101	rd	0110011	sra
imm[31:12]				rd	0110011	lui
imm[31:12]				rd	0010011	auipc

图 1-10 移位类指令

访存类指令如图 1-11 所示。RISC-V 存储器访问指令简洁，它作为一种 RISC 指令集架构，和所有的 RISC 指令集架构一样具有专门的 Load/Store 指令，而除了 Load/Store 指令以外其他指令无法访问存储器。这些都极大地简化了 CPU 的硬件设计，降低了成本。对于 32 位架构的

31 30 25 24 21 20 19 15 14 12 11 8 7 6 0

imm[11:0]		rs1	000	rd	0000011	lb
imm[11:0]		rs1	001	rd	0000011	lh
imm[11:0]		rs1	010	rd	0000011	lw
imm[11:0]		rs1	100	rd	0000011	lbu
imm[11:0]		rs1	101	rd	0000011	lhu
imm[11:5]	rs2	rs1	000	imm[4:0]	0000011	sb
imm[11:5]	rs2	rs1	001	imm[4:0]	0000011	sh
imm[11:5]	rs2	rs1	010	imm[4:0]	0000011	sw

图 1-11 访存类指令

RISC-V 架构 CPU，其 Load/Store 指令支持一个 8 位（字节）、16 位（半字）、32 位（字）的存储器读写操作。而 64 位架构的 RISC-V 架构 CPU，还可以进行 64 位（双字）的存储器读写操作。

分支跳转类指令格式如图 1-12 所示。jal、jalr 为无条件跳转链接指令，将 PC+4 保存到目标寄存器。目标寄存器选择非 x0 寄存器能实现过程调用与返回。MIPS、ARM 等架构需要两条指令实现条件分支跳转，第一条指令实现比较，将比较结果保存到通用寄存器，第二条指令根据前一条指令的结果判断跳转条件。RISC-V 将比较和跳转放在一条指令中完成，这样可以缩减指令数量，简化硬件设计。

31	30　25	24　21　20	19　15	14　12	11　8	7	6　0	
imm[12]	imm[10:5]	rs2	rs1	000	imm[4:1]	imm[11]	1100011	beq
imm[12]	imm[10:5]	rs2	rs1	001	imm[4:1]	imm[11]	1100011	bne
imm[12]	imm[10:5]	rs2	rs1	100	imm[4:1]	imm[11]	1100011	blt
imm[12]	imm[10:5]	rs2	rs1	101	imm[4:1]	imm[11]	1100011	bge
imm[12]	imm[10:5]	rs2	rs1	110	imm[4:1]	imm[11]	1100011	bltu
imm[12]	imm[10:5]	rs2	rs1	111	imm[4:1]	imm[11]	1100011	bgeu
imm[11:0]			rs1	000	rd		1100111	jalr
imm[20]	imm[10:1]	imm[11]	imm[19:12]		rd		1101111	jal

● 图 1-12　分支跳转类指令

RISC-V 架构要求 CPU 最低要支持静态分支预测，规定无条件跳转指令预测为跳转，带条件跳转指令如果是向地址减小的方向跳转则预测为跳转，否则预测为不跳转。所有基于 RISC-V 架构的编译器都支持这种静态分支预测机制，保证了低端 CPU 也有不错的性能。高端 CPU 可以采用更加精确高效的动态分支预测机制。

1.4 MIPS 指令集概述

MIPS 指令集由斯坦福大学的 John Hennessy 博士及其团队创办的 MIPS 公司开发，有多个版本，包括 MIPS Ⅰ、Ⅱ、Ⅲ、Ⅳ及 MIPS Ⅴ，它们是 MIPS32/64 发布的五个版本。早期的 MIPS 架构只有 32 位的版本，随后才开发了 64 位的版本。截至 2017 年 4 月，MIPS32/64 的版本是 MIPS32/64 Release 6。MIPS32/64 与 MIPS Ⅰ-Ⅴ的主要区别在于它除了用户态架构外，还定义了特权内核模式的系统控制协处理器。2021 年 3 月，MIPS 宣布 MIPS 架构的开发已经结束，向 RISC-Ⅴ过渡。MIPS 架构多年以来作为计算机体系结构课程中的必修科目，极大地影响了后来的精简指令集架构设计。

每一条 MIPS 指令都是一个 32 位字。MIPS 指令集中共包括三种格式的指令，分别是立即数（Immediate）类型（I 类型）指令、跳转（Jump）类型（J 类型）指令和寄存器（Register）类型（R 类型）指令，如图 1-13 所示。指令集的这种设计方法可以简化指令译码。

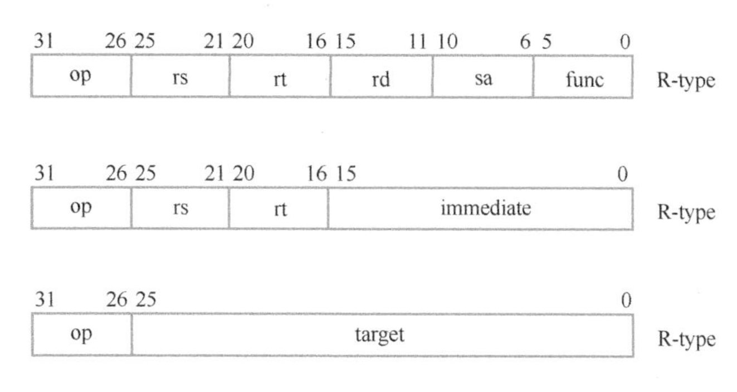

● 图 1-13 MIPS 指令格式

MIPS 指令集具有以下特点。

- 简单的 Load/Store 结构。所有的计算类型指令均从寄存器中读取数据并把结果写入寄存器堆中。只有 Load 和 Store 指令可以访问存储器。
- 易于流水线 CPU 的设计。MIPS 指令集的指令格式非常规整，所有的指令均为 32 位，而且指令操作码在固定的位置上，对硬件实现十分友好。
- 易于编译器的开发。一般来讲，编译器在编译高级语言程序时，很难用到复杂的指令。MIPS 指令的寻址方式非常简单，每条指令的操作也非常简单。

MIPS 指令集有 32 个通用寄存器，编号为 0~31，其中寄存器 0 的内容总是 0。这些通用寄存器统称为寄存器堆（Register File）。MIPS 还有 32 个浮点寄存器，另外还有一些专用寄存器，PC（Program Counter）就是其中的一个，CPU 使用它从存储器中读取指令。

MIPS 指令集支持的数据类型有整型和浮点型。整型包括 8 位字节、16 位半字、32 位字和 64 位双字。浮点型包括 32 位单精度和 64 位双精度。MIPS 的指令格式只有三种：R（Register）类型的指令从寄存器堆中读取两个源操作数，计算结果写回寄存器堆；I（Immediate）类型的指令使用一个 16 位的立即数作为一个源操作数；J（Jump）类型的指令使用一个 26 位立即数作为跳转的目标地址（Target Address）。

指令格式中的 op（Opcode）是指令操作码。rs（Register Source）是源操作数的寄存器编号。rd（Register Destination）是目标寄存器编号。rt（r 是 Register 的首字母，但 t 的含义在官方 ISA 手册中没有明确定义，一般有说是 Target 的首字母，也有说是因为 t 是 Source 首字母 s 的顺序字母）既可为源寄存器编号，又可为目标寄存器编号，由具体的指令决定。func（Function）可以被认为是扩展的操作码。sa（Shift Amount）由移位指令使用，定义移位位数。immediate 是

16 位立即数，使用之前由指令进行 0 扩展或符号扩展。26 位 Target 由 jump 指令使用，用于产生跳转的目标地址。

MIPS 指令集的寻址方式有以下几种：

- 寄存器寻址：操作数在寄存器中。
- 立即数寻址：操作数是一个立即数，包含在指令中。
- 基址偏移量寻址：操作数在存储器中，存储器地址由一个寄存器中的内容与指令中的立即数相加得到。
- PC 相对寻址：跳转指令计算跳转地址时使用。PC 的相对值是指令中的一个立即数。
- 伪直接寻址：跳转指令计算跳转地址时使用。指令中的 26 位目标地址值与 PC 的高 4 位拼接，形成 30 位的地址。

MIPS 指令大致有以下几种：

- 算术运算：例如，ADD（加），ADDU（加，忽略上溢），ADDI（加立即数），ADDIU（加立即数，忽略上溢），SUB（减），SUBU（减，忽略上溢），SLT（是否小于，有符号比较），SLTU（是否小于，无符号比较），SLTI（是否小于立即数，有符号比较），SLTIU（是否小于立即数，无符号比较），MULT（乘），MULTU（无符号乘），DIV（除），DIVU（无符号除）。
- 逻辑运算：例如，AND（与），ANDI（与立即数），OR（或），ORI（或立即数），XOR（异或），XORI（异或立即数），SLL（左移），SRL（逻辑右移），SRA（算术右移）。
- 访存：例如，LW（取字），LH（取半字，符号扩展），LHU（取半字，高位扩展零），LB（取字节，高位扩展符号），LBU（取字节，高位扩展零），SW（存字），SH（存半字），SB（存字节）。
- 条件跳转：例如，BEQ（相等时跳转），BNE（不等时跳转），BLEZ（小于或等于 0 时跳转），BGTZ（大于 0 时跳转），BLTZ（小于 0 时跳转），BGEZ（大于或等于 0 时跳转），BLTZAL（小于 0 时跳转并保存返回地址），BGEZAL（大于或等于 0 时跳转并保存返回地址）。
- 无条件跳转：例如，J（跳转），JR（使用寄存器值跳转），JAL（跳转并保存返回地址），JALR（使用寄存器值跳转并保存返回地址）。
- 特殊指令：例如，SYSCALL（系统调用），BREAK（断点）。
- 异常指令：例如，TGE（大于或等于时跳入 trap，有符号比较），TGEU（大于或等于时跳入 trap，无符号比较），TLT（小于时跳入 trap，有符号比较），TLTU（小于时跳入 trap，无符号比较），TEQ（相等时跳入 trap），TNE（不等时跳入 trap）。
- 协处理器指令：例如，LWCz（协处理器 z 取字），SWCz（协处理器 z 存字）。

- 系统控制协处理器（CP0）指令：例如，MTC0（传送数据到CP0），MFC0（从CP0中传出数据），TLBR（读TLB），TLBW（写TLB），ERET（从异常处理程序中返回）。

在I类型指令中，16位的立即数需要被扩展成32位数据。扩展的方法有两种：符号扩展和0扩展。符号扩展是把高16位置为与16位立即数最高位相同的值，即保持数据的符号不变。例如，16位全1的立即数表示-1，符号扩展后仍是-1。因此，在有符号数据的运算中，如MIPS算术运算指令，均对立即数进行符号扩展；0扩展比较简单，即高16位总是全为0。MIPS逻辑运算指令对立即数进行0扩展。

1.5 超标量CPU设计概述

超标量（Superscalar）CPU是相对于标量（Scalar）CPU的概念。从定义上来说，标量CPU是指在同一时钟周期内只处理单条指令（Single Instruction）和单一数据（Single Data）的CPU。超标量CPU是实现指令级并行形式的CPU，相比于标量CPU，超标量CPU通过同时向不同执行单元分发多条指令来在同一时钟周期内执行多条指令，在给定时钟频率下能够获得更多的吞吐量。在超标量CPU中，指令分发器（Dispatcher）决定了哪些指令可以并行运行，并将每个指令分发到多个执行单元。

超标量CPU的概念在于CPU核由多个更细粒度的执行单元组成。例如，算术逻辑运算单元、整数乘法器、整数移位器、浮点运算单元等，每个执行单元可以设计为多套以支持并行执行多条指令。需要注意的是，这既不同于同时多线程（Simultaneous MultiThreading，SMT）或者多核（Multi-Core）技术，同时处理多个线程；也不同于流水线技术，多条指令可以同时处于不同的流水线阶段。超标量技术的出现旨在提升CPU的性能，然而在设计中，指令流的内在并行度和依赖性检查的开销，以及控制类（分支）指令的处理等方面是制约性能提升的因素。而多线程、超长指令字（Very Long Instruction Word，VLIW）等技术配合并行超标量流水线设计提供了优化的架构/微架构设计方案。

1.5.1 流水线技术概述

流水线技术将每条指令的执行分成多个阶段，并允许在不同阶段同时处理不同的指令，增加了指令级并行性（Instruction-Level Parallelism，ILP）。流水线技术要求所有要执行的任务必须相同或至少非常相似，不同类型指令之间的格式和执行差异应保持在最低限度。因此，RISC非常适合流水线设计。

当前高性能超标量CPU设计的流水线深度基本都超过10级，然而无论多么复杂的流水线设计，也基本都是基于经典的5级流水线的框架设计的。

经典的 RISC 流水线分为 5 级：指令提取（Instruction Fetch）、指令译码（Instruction Decode）、执行（Execute）、内存操作（Memory Access）和写回（Write Back）。对于这 5 个阶段，可以理解为把一条指令拆分成相互关联的 5 个子任务：第一个子任务是获取指令；第二个子任务是对指令进行译码；第三个子任务是从寄存器取出指令的操作数；第四个子任务是对操作数进行算术和逻辑运算以执行指令；第五个子任务是将执行结果存储在内存或寄存器中。对于一个有 *N* 条指令的程序，基础的流水线分布如图 1-14 所示。5 条指令是流水线执行的，第一条指令在 5 个时钟周期内完成，当第一条指令完成后，在每一个新的时钟周期，后续一条指令将完成它的执行。

	Cycle0	Cycle1	Cycle2	Cycle3	Cycle4	Cycle5	Cycle6	Cycle7	Cycle8
指令1	IF	ID	EX	MEM	WB				
指令2		IF	ID	EX	MEM	WB			
指令3			IF	ID	EX	MEM	WB		
指令4				IF	ID	EX	MEM	WB	
指令5					IF	ID	EX	MEM	WB

图 1-14 经典的 5 级流水线设计

经典流水线的一个弊端是指令执行不是独立的，这是由于流水线是静态调度的，也不允许指令投机（Speculative）执行。也就是说，一条指令需要从流水线中前面的指令中收集结果，并且确认前面的指令执行无误后才能执行，这样就严重影响了流水线执行效率。当流水线由于某种原因不得不停顿（Stall）时，这种情况被称为流水线冒险（Pipelining Hazards）。一般来说，会有四种常见的流水线暂停的场景：

第一个场景是数据冒险（Data Hazard），也被称为数据依赖（Data Dependency）。例如，下面两条指令在流水线中先后相邻执行：

```
1.ADD r2, r3, #1
2.SUB r4, r2, #2
```

可以看到 ADD 指令的结果存储在寄存器 r2 中，SUB 指令需要在接下来一个周期获取到寄存器 r2 的值。在没有任何额外组件的情况下，SUB 指令必须停顿直到 ADD 指令执行完成并将计算结果写入寄存器 r2 中。如果 SUB 没有停止，它将使用 r2 寄存器中的旧值产生一个不正确

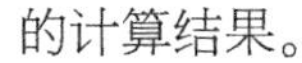

的计算结果。

第二个场景是控制冒险（Control Hazard），这是由于分支（控制）指令对流水线重定向会造成延迟。所谓分支，字面含义理解就是指令流的 PC 值不一定是连续的。在没有任何额外组件的情况下，分支指令无法在第一时间得到解析，而指令新上流水线一般默认是顺序提取的。在计算分支目标地址之前会有 N 条（N 取决于流水线中分支指令解析的位置）顺序提取指令进入流水线，如果分支指令解析后发现目标地址不是顺序提取指令的地址，那么其后所有进入流水线的指令都要被冲刷（Flush）掉。

第三个场景是结构冒险（Structure Hazard），这种场景主要是源于资源限制。例如，两条指令在同一时钟周期内请求访问同一资源，则其中一条指令必须暂停，让另一条指令使用该资源。

第四个场景是内存访问延迟。当需要指令或数据时，首先在缓存中搜索，如果没有找到，则为缓存未命中，需要向下一级存储器发送请求。在内存中进一步搜索数据可能需要数十或更多个周期，在该搜索过程中，流水线必须停顿。

当然，在目前的高性能超标量 CPU 设计中，都会在微架构设计时考虑专门的组件来应对上述场景，从而尽可能避免性能损失，实际中的应用效果也比较理想。本书的后续章节会陆续对相应的微架构设计做出详细阐述，此处更多的是为读者提供一个宏观上的视角。

在当下的 CPU 微架构设计中，对应于经典的 5 级流水线中每一个阶段都扩展了更多的流水线级数。例如，指令提取阶段中对指令缓存的访问加上分支预测及指令对齐，基本上需要消耗 3~5 级流水线；还有指令执行阶段中，定点除法运算和浮点加法、乘法等运算均不是一个时钟周期能够完成的。当经典 5 级流水线中的 1 级需要运行超过一个周期并被进一步流水线化时，就引出了一个概念——超流水线（Superpipelined）。相比于经典 5 级流水线，这种设计的优点是提高了指令吞吐量，同时对于逻辑级数较多或者内存访问延迟较大的场景，也可以通过增加流水线级数来减轻时序收敛的压力。然而，超流水线的设计也是一个双刃剑，最显著的一点就是 CPI [Clock (Cycle) Per Instruction] 会上升。不仅是指令运行周期增加，在分支指令重定向的场景下，更深的流水线意味着冲刷时引入更多的流水线“气泡”。一些侧重于计算单元的设计人员可能习惯于增加流水线级数来满足复杂逻辑的时序，建议做这种决策时应当慎重评估整体影响。

超标量 CPU 基本上也都是超流水线的。对于超标量 CPU 来说，每个时钟周期取指、译码、发射的指令不止 1 条，也就是每个时钟周期（在没有流水线冒险或异常的情况下）可以执行多条指令，各指令之间是独立执行的，如图 1-15 所示。因此 CPI 通常小于 1（具体取决于指令发射宽度）。通常也使用 IPC [Instruction Per Clock (Cycle), IPC = 1/CPI] 来衡量 CPU 性能。完全理想的情况下，IPC 等于指令发射宽度，微架构设计人员的工作就是让 IPC 尽可能趋近于理想数值。

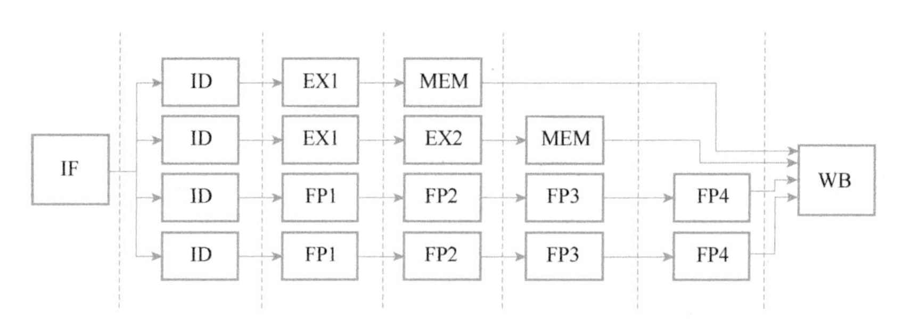

● 图 1-15　超标量（超）流水线示例

此处需要提请读者注意，将复杂逻辑尽量优化压缩在一个时钟周期内能够减少流水线级数从而提高 IPC。然而，CPU 的整体性能是 IPC 与运行时钟频率的综合考量，单时钟周期内过于复杂的逻辑会限制时钟频率的提升。前文提到，设计人员不应贸然通过增加流水线级数来解决时序收敛问题，这里从另一层面来说，更深的流水线设计能够使 CPU 以更高的时钟频率运行，过度关注 IPC 优化可能导致整体性能产生负面收益。

在经典的流水线设计中，所有指令都完全按照程序顺序开始和完成执行，也就是说它们都按照程序执行顺序通过流水线的每个阶段。不同的指令执行消耗的时钟周期可能是不同的，所以执行不同指令的流水线可能会不按程序执行顺序完成指令执行。以图 1-15 所示的设计为例，它带有 4 条专用流水线，2 条用于内存访问、定点运算和分支指令，另外 2 条用于浮点算术运算。译码单元根据指令的操作码决定在每个周期将指令发送到对应的流水线。该流水线有两个独立的寄存器堆：一个用于浮点操作数，一个用于定点操作数。所有浮点指令的执行需要 3 个周期并且是完全流水线的，因此它们可以在后续的定点指令（ALU 或 Load/Store）之后按进程顺序完成它们的执行。该流水线与经典流水线的主要区别在于指令可能会乱序（Out-of-Order）完成它们的执行。

要正确地乱序执行指令必须解决几个问题。首先，必须解决所有数据冒险，指令间源数据与目标数据相互的依赖性必须得到处理；其次，必须解决控制冒险，指令需要跨条件分支投机执行；再次，必须解决结构冒险，两条指令不能在同一周期内预留相同的硬件资源；最后，按照 ISA 的定义，必须对某些异常执行精确的异常模型。因此，乱序执行需要在 CPU 微架构中设计额外的组件来解决流水线冒险，并且完成最终的保序，本书后续章节会一一展开相关组件的设计，此处暂不赘述。

1.5.2　超长指令字设计

在乱序 CPU 设计中，通过强制按数据流顺序执行而不是线程顺序执行，再通过保序操作使得代码按照程序员预期的顺序进行调度。在这个过程中，必须通过增加硬件组件来解决流水线数据冒险和控制冒险。具体来说，乱序CPU微架构设计基于动态寄存器重命名、动态内存消歧、分支预测、重排序缓冲和回滚机制来进行指令的投机执行。随着动态微架构试图在每个时钟周期调度越来越多的指令，硬件变得更加复杂，流水线更深且功耗更多。

超标量乱序对指令级并行处理是在执行过程中而不是编译过程中，是硬件（而不是编译器）通过不同的信息来决定的。相比编译器，硬件能够感知程序的动态特性，包括缓存未命中，最近的分支等。当然，编译器对代码拥有更宏观的视角，而硬件是没有的。

在静态调度的设计中，编译器首先根据其反映程序员意图的字典顺序编译源代码，然后它会尝试移动代码以提高性能，代码移动可以是局部的［在基本块（Basic Block）内］或全局的（跨基本块）。全局调度通常分为循环调度和非循环调度，是指调度是否适用于循环。循环调度技术是指循环展开和软件流水线。软件流水线是静态调度所独有的，因为它假定理解代码结构。非循环调度，如跟踪调度，适用于非循环代码。在跟踪调度中，编译器首先根据静态分支预测为最可能的程序跟踪发出指令，然后一次发出一条所有其他可能路径的指令，并带有补偿代码，以消除每条可能的错误路径带来的副作用。编译器利用可以收集到的所有信息来预测每个分支的方向（这可以通过分析代码来完成），然后通过添加到分支操作码的一个提示位将该信息传达给硬件。编译器也可以重命名寄存器，但只能重命名为架构寄存器，其数量受ISA限制。静态内存消歧更加困难，因为内存地址在编译时是未知的。事实上，编译器无法保证（在不牺牲性能的前提下）完全将控制类指令（分支、循环等）事先调度排列好的原因也是寄存器值是未知的（相比之下，硬件获取寄存器值会更加直接一些）。如果检测到流水线冒险，则使用修补代码进行恢复。

超长指令字（Very Long Instruction Word，VLIW）是一个静态调度的架构设计，每条长指令都包含多个类似于操作码的指令。程序计数器指向一条长指令，长指令中的所有操作都被立即获取，然后操作继续进行解码、执行和写回。因为每个操作都应用于不同的流水线，所以它们的编码可以不同，并且可以针对每个特定的流水线进行优化。编译器解决了所有的流水线冒险：通过寄存器重命名以及在依赖项的源指令和目标指令之间插入足够的指令（在执行时转换为周期）来解决数据冒险；通过适当地调度和插入代码，可以避免由于分支或循环导致的结构冒险和控制冒险；由于异常数据或内存数据访问导致的冒险可以通过添加补丁代码来解决。

一个具有6个指令槽的VLIW设计示例如图1-16所示。两个加载/存储槽，两个浮点运算槽，一个定点运算槽和一个定点与分支指令共用的指令槽。一般每个指令槽字段可以设计为16~32-bit，长指令的大小设计为80~160-bit。

基于VLIW的微架构包括很少的硬件控制组件，特别是不需要专门的硬件冒险检测单元。在

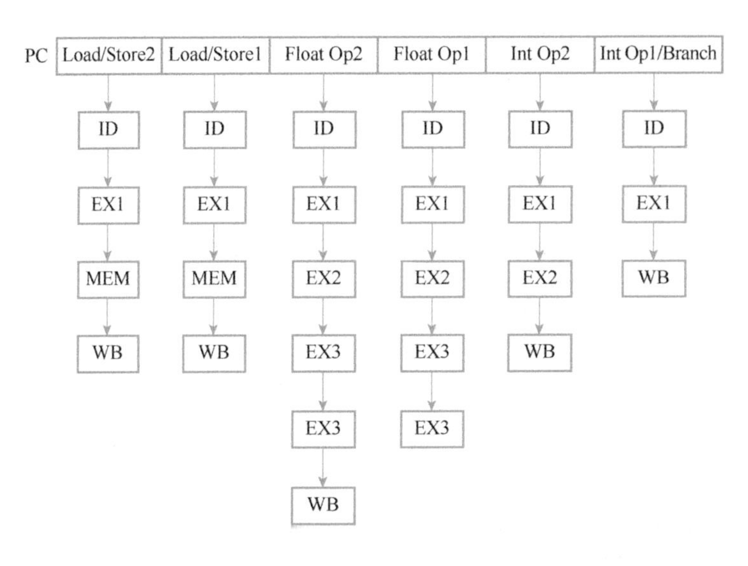

图 1-16 VLIW 指令示例

基于 VLIW 的微架构设计中，加入写回数据前递（Forwarding）机制对优化处理器性能有帮助，但不是必需设计的特性。指令在提取、译码和执行过程中不会因为数据冒险而阻塞。如果没有写回数据前递机制，则直到其源数据通过其流水线中的写回阶段，数据依赖指令才能被静态调度。如果前递在寄存器访问阶段，通过该机制，写入寄存器的值在译码阶段的同一周期中可用。

到此，本节做一个收尾而不是继续展开讲述 VLIW 设计的要点和机制，对 VLIW 架构感兴趣的读者可以自行查阅相关资料。原因很简单，VLIW 绝对不能说是一个差劲或者过时的架构设计，但是本书的重点并不是 VLIW 架构。而且，在生态为王的 CPU 领域，Intel 的安腾（Itanium）架构失败的教训是不得不讲的。这款基于 VLIW 的 CPU 具有非常大的缓存（其中一级指令缓存 512KB，一级数据缓存 256KB，二级缓存 6MB，三级缓存 32MB），每个周期可以处理 12 条指令，注意这是 2012 年的设计规格［Itanium 9500（Poulson）］，之后除了在 2017 年的 Itanium 9700（Kittson）提升了一点时钟频率之外并没有做其他改动。最后就是 2021 年 7 月这套架构彻底落幕。一言以蔽之，在为某些应用程序部署时，安腾非常强大，在其指令集和微架构做得好的范围内，它比任何 x86 架构的 CPU 都高效得多，这是业界的共识。但是，它的初始部署成本和软件开发成本也高得多。之前提到 VLIW 削减了相关的动态硬件调度资源，从而极其依赖编译器的静态调度，这使得用编写编译器来为安腾开发软件要比为其他架构 CPU 开发软件困难得多。安腾（Itanium）的名字据称是源自 1998 年的大热电影《泰坦尼克号》（TITANIC），Intel 也计划在 1998 年交付，但实际上直到 2001 年 6 月它的第一个版本 Itanium（Merced）才出现，而且这还只是一个概念验证版本。真正确定 Intel IA-64 架构的版本 Itanium 2

在 2002 年才出现，直到 2010 年的 Itanium 9300（Tukwila）。安腾的并行性是首屈一指的，并且在企业服务器方面有着很多优势，但是没有人愿意花费数十亿美元来重新造轮子。微软曾经为安腾开发了一个版本的 Windows Server，但在 Windows Server 2008 之后便停止了开发，并在 2020 年 1 月之后停止了支持。随后，Intel 停止接受安腾的订单，并在 2021 年 7 月之后不再发货。

硅谷曾经有一家名为 Transmeta（全美达）的公司做 VLIW 架构 CPU 设计，总共设计出两款兼容 x86 架构的 CPU，即 Crusoe 与 Efficeon，后来在 2009 年被收购后破产倒闭了。这家公司尝试走中间路线：并非立足于硬件而是 Emulator，使用 VLIW 编写（类似于代码）来仿真 x86 代码。从实际采用的分支路径中提取指令级并行，然后将 x86 的代码转换为 VLIW 的代码存储到特殊的"跟踪缓存"，其中包含转换为 VLIW 的 x86 代码基本块，CPU 可以直接执行。基本思想是使用相对简单的硬件和相对较慢的软件仿真器，实现动态乱序而非静态编译的指令集并行跨分支查找。硬件上采用保存临时转换的跟踪缓存和高并发的 VLIW 架构，以及一些额外的功能来进行处理，性能比动态乱序或 VLIW 都差，但优点是功耗较低。

回到 CPU 设计本身，在超标量 CPU 中将指令分发给 N 个并行单元的硬件开销是比较大的，因此指令发射的宽度目前做不了太大（开销大，收益小，权衡下来不划算。但 VLIW 的硬件开销与并行度之间基本上是线性的关系）。而且现在大型计算已经被涵盖到 SIMD/Vector 指令中，所以指令数量本身不会特别大。

超标量乱序执行的优点是能够最大限度地在指令流中发现尽可能多的指令级并行，并且在同一时刻执行更多的指令。即在指令执行过程中可以动态调度，指令次序可以被调整以达到最优执行。不像 VLIW，指令停顿只能单纯等待，静态调度也无法优化处理缓存未命中和分支预测失败。即一旦编译器在编译时无法看到尽可能多的指令级并行，那么编译器就需要插入更多的 NOPs，伤害代码密度。

VLIW 对指令级并行的处理是在编译过程中。如果工作负载的特性在编译时可以感知，并且编译器能够发现尽可能多的指令级并行，那么在编译时做静态调度就足够了。这样在硬件上就省下了大多数调度、控制及耦合逻辑（投机执行，寄存器重命名，动态分支预测等都不需要了）。

所以 VLIW 基本上就是让编译器处理指令级并行，然后直接让硬件去并行执行那些指令，承担了硬件处理的开销。然而，编译器对动态特性较强的代码是无法脱离硬件辅助而独立完美处理指令级并行的，如大量的 Hard-To-Predict Branches、Cacheable Data、Pointer-Chasing（该程序中会遍历一个由指针链接在一起的数据结构，即一个链表。但是在遍历的过程中会不断地引起内存操作，因为下一个元素总不在缓存中）。相反，在动态特性较强的代码频繁出现的应用场景中，超标量乱序的微架构设计往往比基于 VLIW 的微架构设计更有优势。

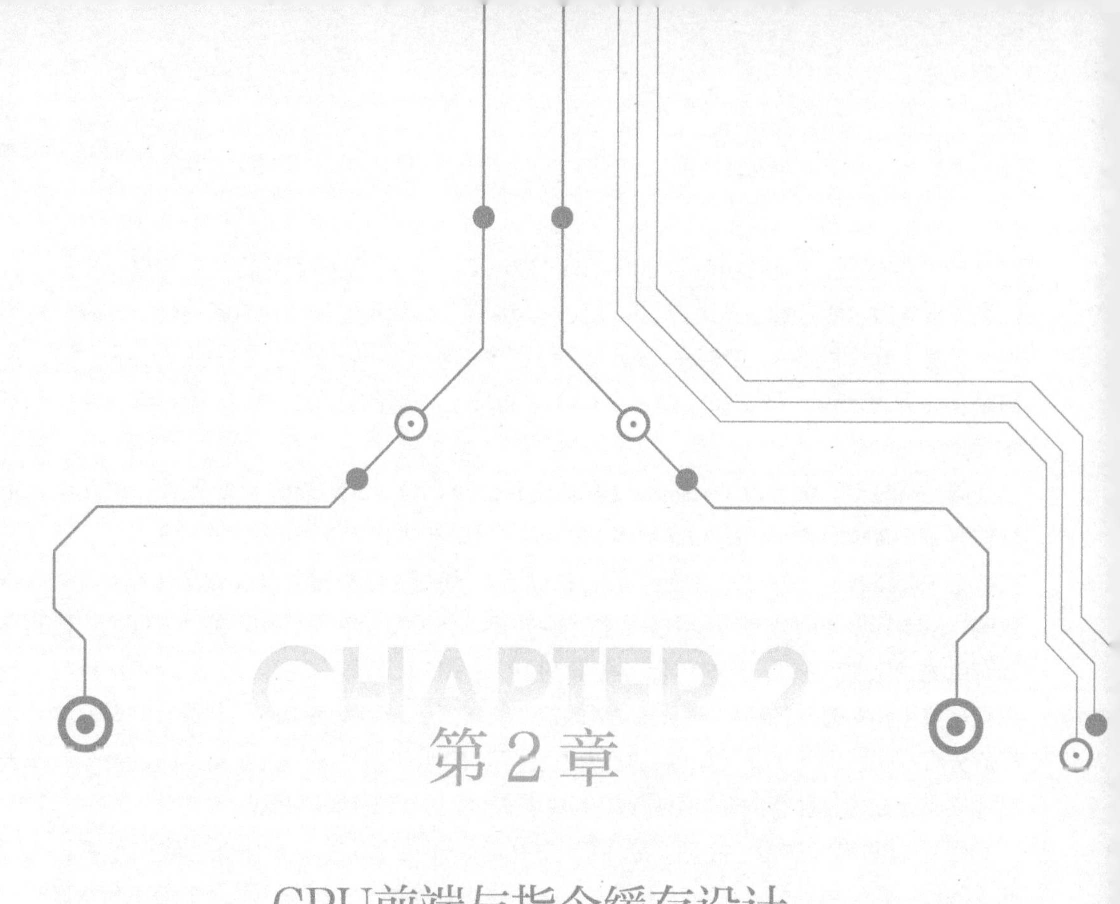

第2章

CPU前端与指令缓存设计

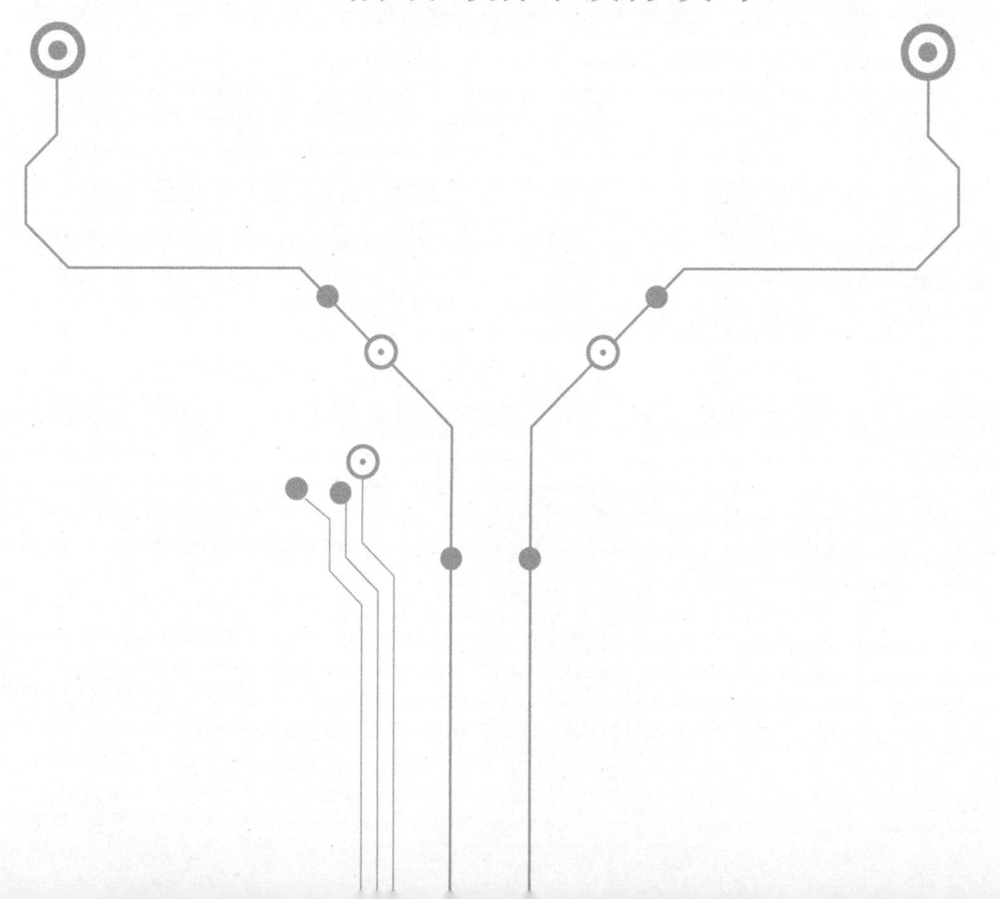

现代超标量 CPU 的流水线设计深度一般都已经超过 10 级，概念上分为前端（Frontend）与后端（Backend）。CPU 前端主要有指令提取（Instruction Fetch）、分支预测（Branch Prediction）、译码（Decode）、寄存器重命名（Rename）、分发和发射（Dispatch & Issue）五个部分。与之相对应的，CPU 后端主要由执行（Execute）、访存（Load/Store）和写回/退出（Write-Back/Retirement）等单元构成，如图 2-1 所示。

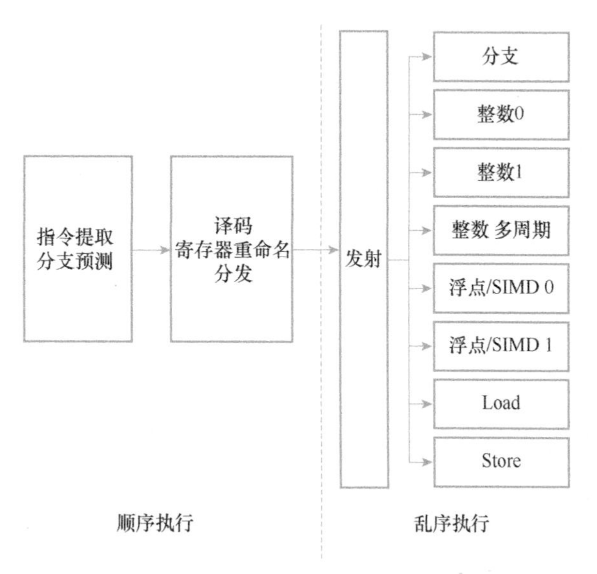

● 图 2-1　ARM 架构 CPU 微架构示例

冯·诺依曼体系结构提出了线性顺序程序模型，即存在一个程序计数器（PC）可以按顺序逐步执行指令，编译器也是以相同的线性顺序方式编写指令的。

CPU 前端的作用是将指令（如 x86 或 ARM 架构）转换为微操作（Micro-operations），并将微操作发送到后端功能单元以执行和完成。对于 ARM 架构的 CPU 来说，前端转换实际上是两个步骤：将 ARM 指令转换成宏操作（Macro-operations），然后将宏操作翻译成微操作进行分发（需要注意的是，在一个时钟周期内能够处理的指令、宏操作和微操作的数量是有限制的）。

具体来说，指令提取单元会根据设计的提取窗口（也就是一个时钟周期提取的指令块中的指令数）获取一个指令块，它可以识别提取窗口内（以及跨窗口）的指令。然后译码单元会将指令转换为一个或多个宏操作，也有可能将多个指令融合到单个宏操作中。同时，寄存器被重命名为临时保存中间结果的内部寄存器堆，允许微操作在不违反架构寄存器之间的数据依赖性的情况下乱序（Out-of-Order）执行。之后将宏操作转换为微操作，并将微操作分发（Dispatch）到属于适当功能单元的发射队列（Issue Queue），一般一个发射队列对应两个或者多个执行流水线。当一条指令成功执行完成时，就会退出并将其结果提交给相应的寄存器。写回/退出阶段跟踪“退出指针（Retire Pointer）”，负责维护一个重排序缓冲（Reorder Buffer），因为之前的乱序执行，此处用于保存有关指令和微操作状态来顺序提交和写回，是一个保序的操作。

本章是介绍超标量 CPU 微架构设计的开始，因而在开篇会概述 CPU 前端的构成和工作流程。鉴于当前的 CPU 微架构设计日趋复杂，一般习惯上会将寄存器重命名与指令发射两部分独立出来，作为指令执行流水线的一部分，CPU 前端的范畴仅保留指令提取单元与译码单元。

因此，本章内容主要围绕指令缓存（Instruction Cache）设计、指令提取单元和译码单元微架构设计展开，涉及的指令提取单元与译码单元之外的概念将在后续章节详细阐述。

指令提取单元（Instruction Fetch Unit，IFU）负责向 CPU 提供要执行的指令，它是 CPU 前端（Frontend）的主体，运行 CPU 前端第一个阶段，主要由指令缓存和计算取指地址所需的逻辑单元组成。

在正常情况下，高性能 CPU 设计为每个周期可以维持一个取指令操作［需要注意的是，此处的一个取指令操作并不意味着仅仅取一条指令，一般是 N 条指令的集合，被称为指令块（Fetch Bundle 或 Fetch Block）］，每个周期都必须计算一个新的取指地址。这样一来，下一个获取地址计算必须与缓存访问并行发生。然而，分支指令（包括无条件分支、条件分支、子程序调用和子程序返回等）引入了额外复杂度，因为在执行分支之前无法计算正确的获取地址，而为了保证 CPU 的性能，又不可能等到分支指令完全解析后再执行下一步操作。

出于此原因，高性能 CPU 需要预测下一个指令提取地址从而达到预先投机执行的目的。这个预测有两个部分：第一部分是预测分支的（跳转）目标地址，该预测由分支目标缓冲区（Branch Target Buffer）子系统执行；第二部分是预测分支的方向，即跳转（Taken）或不跳转（Not Taken），分支跳转方向预测有多种硬件实现方法。在当下的高性能 CPU 设计中，一般会优先考虑取指单元与分支预测单元解耦合设计，也就是说这两个单元是并发执行的。关于分支预测单元的设计将在本书第 3 章详细阐述，本章暂不展开。

指令缓存系统是指令提取单元的核心部分，在介绍指令提取单元设计之前，指令缓存的介绍占了较大的篇幅。本章涉及的一级缓存（Level 1 Cache）一律指代指令缓存（Instruction Cache），关于数据缓存（Data Cache）及多级缓存设计的相关内容会在本书第 9 章详细介绍。

2.1 内存的层次结构与缓存的基本架构

几十年来，CPU 运行速度的提升远远快于主存访问延迟的降低，CPU 运行（时钟频率为数 GHz，每个时钟执行多条指令）和主存储器（访问时间为数十甚至数百 ns）访问之间的速度差距呈指数增长，导致为满足 CPU 运行的速度提供不断变化的数据和指令变得越来越困难，这个问题通常被称为内存墙（Memory Wall）。解决该问题的方式主要是设计具有不同大小和访问时间的多级缓存的层次结构，用以弥合运行和访存之间的速度差距。同时，每一级的缓存设计也变得越来越复杂，以帮助减少或隐藏缓存未命中带来的流水线延迟。

现代 CPU 系统的内存层次结构如图 2-2 所示，金字塔一般的形状反映了各个层次的大小。CPU 核及其寄存器堆（Register File）位于金字塔顶部的第 0 级，大容量存储器（磁盘）位于金字塔的底部。寄存器堆很小，位于 CPU 的核心，并针对速度进行了优化，它们通常能够在

1~2个时钟周期内访问。寄存器内容由编译器离线管理，编译器静态调度对于内存的加载（Load）和存储（Store）。寄存器不被视为真正的内存，因为它们是通过编号而不是内存地址来访问的。

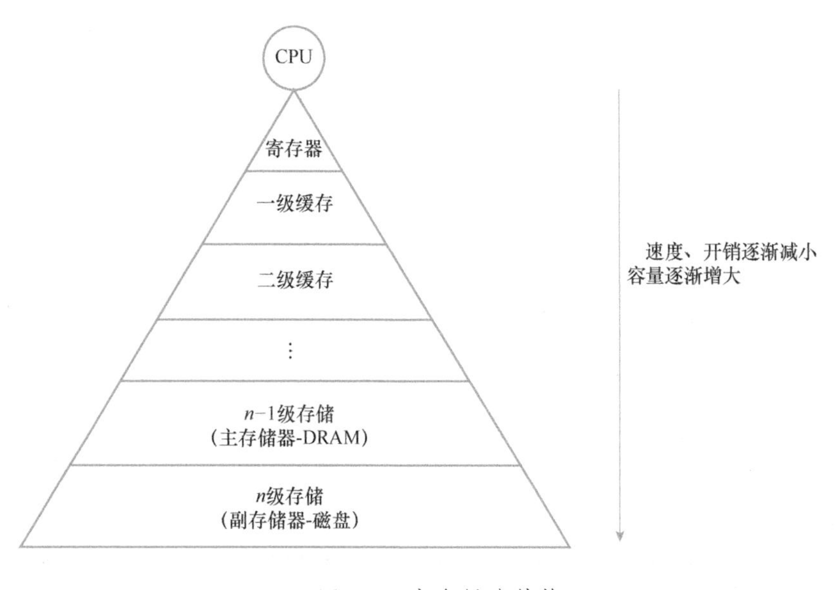

图 2-2　内存层次结构

当沿着金字塔顶端向下级走时，几个级别的缓存弥合了 CPU 和内存之间的速度差距。缓存可以动态加载 CPU 访问的内存位置。缓存通常以 1~3 级的层次结构组织，也就是所谓的一级缓存（L1 Cache）、二级缓存（L2 Cache）等。级别越低，缓存越靠近 CPU 核心。一级缓存通常具有较低的相联性（Associativity），并存储数十 KB 到低于 256KB 的数据，这些数据排列在每个大约 64-Byte 的缓存块中，并且可以在几个周期内进行访问。通常，为了支持数据访问和指令获取的重叠，CPU 有两个一级缓存，一个用于程序数据（数据缓存，Data Cache），一个用于程序指令（指令缓存，Instruction Cache）。这样的一级缓存也被称为哈佛缓存（Harvard Cache）。二级和三级缓存的大小通常在几百 KB 到几 MB 之间，具有非常高的相联性，需要几十个周期才能访问。这些缓存通常同时保存程序数据和指令，也被称为普林斯顿缓存（Princeton Cache）。此外，虽然多核 CPU 中的每个内核都有自己专用的一级缓存，但更高级别的内存层次结构通常在多个内核之间共享。多级缓存的各级缓存均由硬件管理，其基本原理是缓存越大，访问的地址就越有可能出现在缓存中，但缓存也越慢。较大的缓存速度较慢，因为对存储器的访问时间主要由连线延迟（地址线、行线、列线）决定，并且不会随着技术规模的扩大而改善。此外，更大的存储器需要更大的译码器和多路复用器。

缓存存储最近访问的程序数据和指令，预期在一段时间内会反复使用它们。通过在一个小而快速的结构中缓冲这种频繁访问的数据，CPU可以给应用程序一种错觉，即访问主存储器是在几个周期内完成的。缓存的方案之所以奏效，是因为典型的程序在执行中显示了内存访问的局部性。局部性有两种类型：时间性和空间性。时间局部性是指对同一个内存地址的连续访问，即如果一个内存地址刚刚被访问过，那么它很有可能在一段时间内再次被访问；空间局部性是指对地址空间中靠近的内存地址的访问，即如果刚刚访问了一个内存地址，那么很可能在一段时间内访问该位置附近的地址。

如果程序随机访问内存，缓存和主内存中的访问未命中率将是不可接受的，因为每个缓存访问的命中率（在缓存中找到其数据的访问比例）将与缓存大小及程序工作集大小的比率成正比。然而，实际上程序在任何时候都只访问其内存空间的一小部分，一个程序执行的所有过程都是访问自己的数据子集。因此，程序在任何时候访问的内存地址集（也称为其当前的工作集）通常随时间变化，并且仅限于特定的代码模块。在任何时候，程序只能访问其工作集中的内存。当程序执行其代码的特定部分时，并且它们的大小可以容纳当前工作集，缓存或主内存访问的未命中率会相对较低。当程序从其代码的一部分转换到另一部分时，工作集会发生变化。当这些变化发生时，会访问新的内存区域，并且各种缓存和内存中的访问未命中率可能很高，必须替换属于先前工作集的缓存块以便为新的工作集腾出空间。通过在缓存中保留更多最近使用的数据，同时丢弃最近使用较少的数据，可以使最常用的数据更靠近CPU核，以达到尽可能快的访问速度。

2.2 指令缓存分类与访问读取

由于缓存比主内存小得多，因此每个缓存行（Cache Line）必须能够在不同时间放置多个内存块。缓存一般由两个存储器组成：标签存储器（对于指令缓存来说就是Instruction Tag Memory，简称ITag）和数据存储器（对于指令缓存来说就是Instruction Data Memory，简称IData）。标签存储器包含当前驻留在每个缓存行中的内存块的标签以及一些状态位。数据存储器则包含对应内存块的数据信息。另外，必须有一个有效位（Valid Bit）以指示缓存行的内容是有效的，并且能够显式地使缓存行无效。为了能够快速读写，有效位信息的存储一般基于寄存器而非静态存储器。

图2-3所示为一个简单的类比。可以将缓存视为一个表（Table），其中表的行可以看作缓存的组（Set），表的列看作缓存的路（Way）。为了利用空间局部性并减少管理开销，多个字节被提取并存储在一起作为一个缓存块（Cache Block），这相当于表中的一个单元格。表的基本参数是行数、列数和单元格大小。同样地，缓存结构的基本参数是组数、路数（相联性），以及块的大小。缓存大小可以简单地通过将组数、路数和块大小相乘来计算。由于缓存大小对

性能的影响通常比组的数量更直接，因此通常根据缓存大小、相联性和块大小来指定缓存参数。

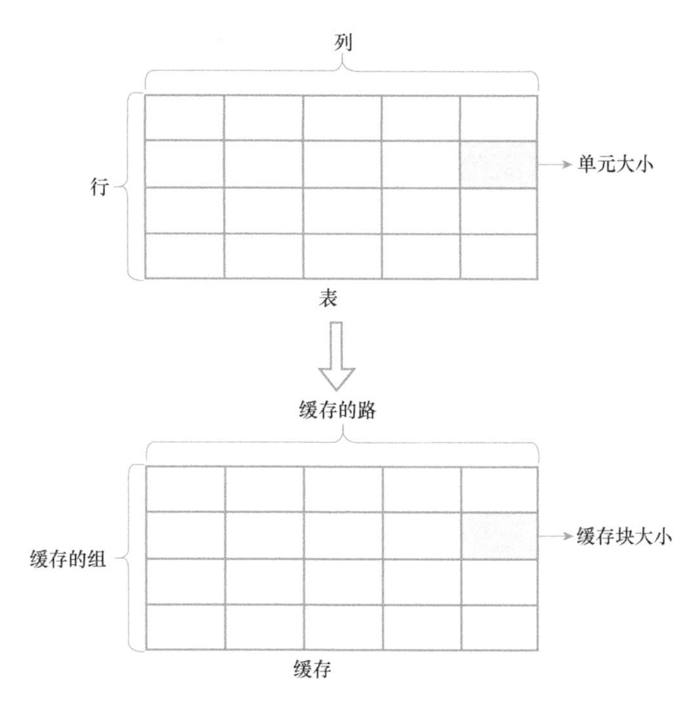

● 图 2-3　缓存与表的类比

内存块和缓存行之间的映射基于块地址。物理内存地址分为两个字段：内存块地址和字节偏移量（Offset）。内存块地址一般由标签（Tag）和缓存索引（Index）组成，如图 2-4 所示。在以字节编址的存储器中，缓存行内和内存块内的字节偏移量相同。

物理内存地址

内存块地址		字节偏移量
标签	缓存索引	字节偏移量

● 图 2-4　访问缓存的地址区域划分

一般来说，存在三种类型的缓存映射：直接映射（Direct-mapping）、组相联映射（Set-associative mapping）和全相联映射（Fully associative mapping）[1]。

2.2.1　指令缓存结构的分类

在直接映射缓存中，给定的内存块总是映射到相同的缓存行。缓存行的位置是通过对块地址进行哈希处理来获得的，最简单的方式是用块地址的字段选择缓存行。由于指令和数据往往在地址空间中顺序访问，用于选择缓存行的块地址位通常是块地址的最低有效位，如图 2-4 中的缓存索引位所示。其余位（块地址的最高有效位）形成驻留在缓存行中的块的标签，并存储在标签存储器中。

直接映射型缓存的结构和访问方式如图 2-5 所示。块大小为 $B = 2^b$ 字节，行数 $S = 2^s$，物理地址中的位数 $N = 2^n$，标识缓存行中块的标签位数为 $n-s-b$。读取访问分缓存索引和标签检查两步进行，即使用块地址的 s 个最低有效位来获取目录条目，并且并行地使用块地址的 s 个最低有效位来访问数据存储器条目。缓存索引以标准 SRAM 访问的速度执行。索引标签存储器中的标签与块地址的最高有效位进行比较。此外，还检查状态位（如有效位）。如果标签匹配且状态位与访问一致，则将数据转发到下一级（缓存命中）。否则，触发缓存未命中。

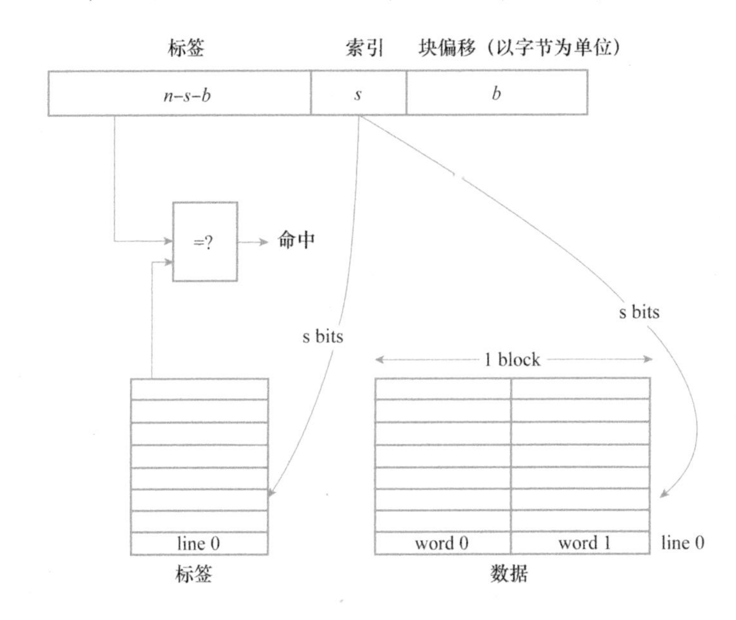

图 2-5　直接映射型缓存

直接映射缓存的主要优点是它在命中时的快速访问时间，缺点是块到缓存行的映射受限。内存中的大量块被限制映射到相同的缓存行。当多个内存块竞争同一缓存行时，此限制可能会导致较高的未命中率。为了缓解此问题，目前大多数缓存都是组相联设计的。组相联缓存被划分为多组缓存行，对每组的访问是直接映射的，但是映射到组的块可以驻留在组中的任何行中。

图 2-6 所示为一个四路（4-Way）组相联型缓存的架构，即缓存包含 4 路（Way），每路包含的组数为 $S = 2^s$。四个标签和数据存储条目分别使用内存地址的 s 和 $s + w$ 位从四路并行获取，然后将标签存储器中的标签与每路中块地址的标签进行比较。每路返回一个命中或未命中指示，可以触发未命中或选择命中路返回的缓存行。顺便一提，直接映射缓存可以看作是单路

(1-Way)组相联缓存。

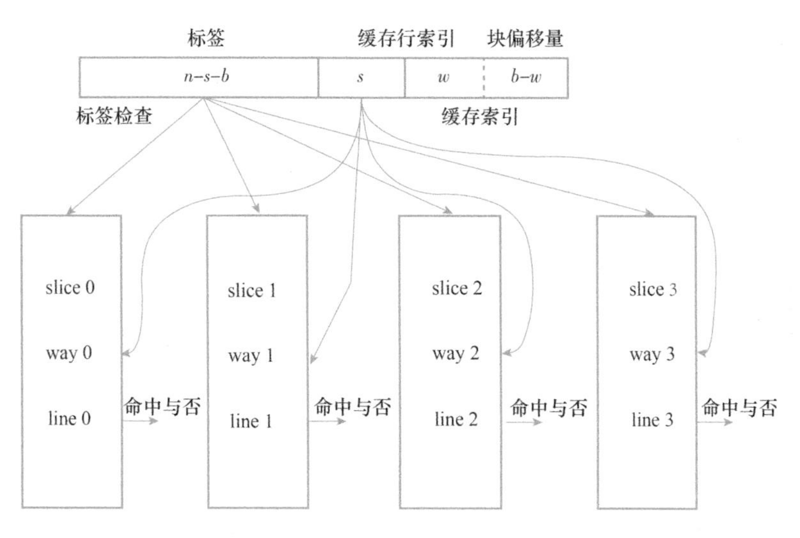

● 图2-6 组相联型缓存

在全相联型缓存中，内存块可以映射到任何缓存行，因此块地址的任何位都不会限制在缓存中的搜索。缓存标签是整个块地址，要在缓存中找到块，必须同时并行检查所有标签存储器中的条目。因此，标签存储器可以看作是一个内容可寻址存储器（Content-Addressable Memory，CAM）。如果标签匹配，则数据存储器中的缓存行返回相应的数据。在全相联缓存中，搜索目录和匹配标签不能与获取数据并行完成。因为内存块到缓存行的映射是完全灵活的，在小缓存设计中命中率会比组相联映射高一些。全相联型缓存的结构如图2-7所示。

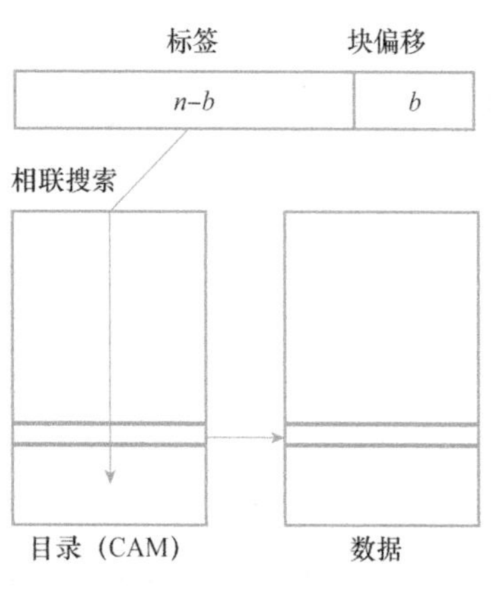

● 图2-7 全相联型缓存结构

2.2.2 指令缓存的访问读取

以N路组相联缓存为例，内存块可以以任何方式保存在单个组中。为了在缓存中定位（内存块映射的）缓存行（Cache Line），缓存采用三个步骤：

1）确定缓存行可以映射到的组（Set）。这是通过缓存索引完成的，如图2-8所示，索引（Index）是在取指地址中通过取组数的模的部分来获得的。例如，如果一路中需要1024个组，那么用于索引的位数是$\log_2(1024)$=10-bit。

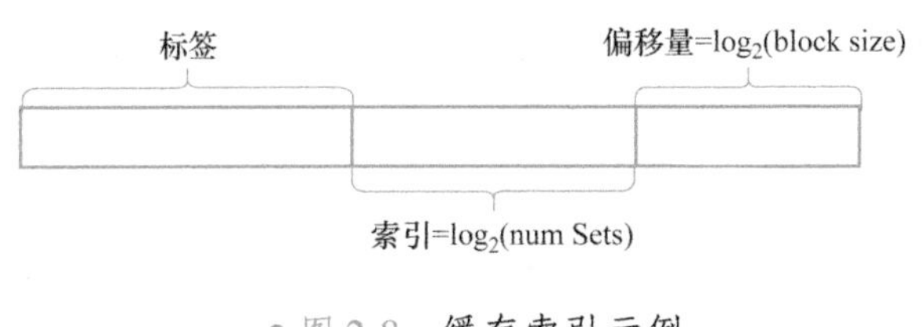

图 2-8 缓存索引示例

2）访问 N 路组以确定 N 组中的任何缓存行与当前请求的匹配。映射到同一组的多个缓存行将具有相同的索引值，此时就需要标签匹配来区分出需要的缓存行。

3）当找到需要的缓存行时，则根据取指地址最低的几位定位缓存行中的特定字节并将其返回给 CPU。例如，如果块大小为 64 字节，要定位缓存行中的任何字节，需要 $\log_2(64)=$ 6-bit作为块偏移（Offset）放在取指地址最低位。

图 2-9 所示为一个两路组相联的缓存。缓存包含一个地址译码器，用于将地址映射到设置的索引、标签和数据阵列。定位数据涉及三个步骤：访问标签存储器中块可能映射到的组，该组中的两个标签被索引出来用于与取指地址的标签进行比较。如果它们中的任何一个可匹配，那么就有一个缓存命中（Hit），否则就是一个缓存未命中（Miss）。当缓存命中时，选择与标签匹配的缓存行，并使用取指地址的偏移位选择请求的字节，然后返回给 CPU。在高性能缓存中，这些步骤是基于流水线的，因此缓存可以同时（在不同阶段）为多个访问提供服务。

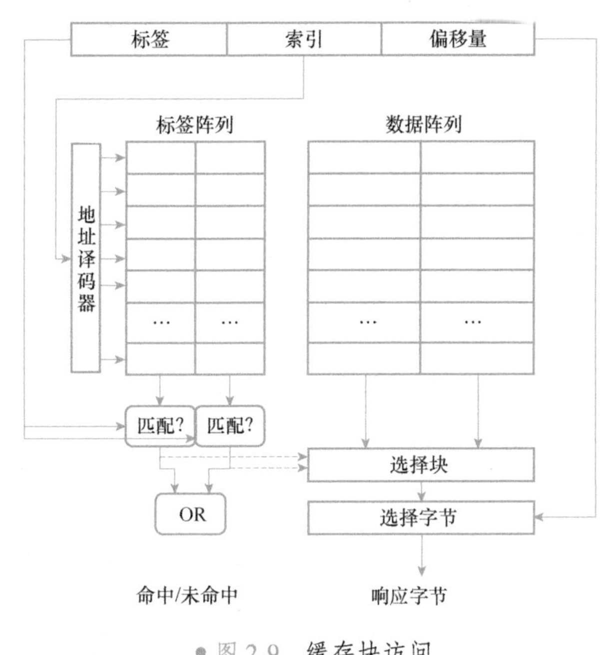

图 2-9 缓存块访问

需要注意的是，访问标签存储器和数据存储器的步骤可以顺序执行，也可以并行执行。顺序访问它们的好处是，在确定对某路的缓存命中后，缓存仅访问发生命中的数据存储单元的一路，所以这种方法更加节约功耗。另一种方法是并行访问标签存储器和数据存储器，这种方法更快，因为在确定命中或未命中时，所有路的缓存行都已被读取，剩下就是从读取的缓存行中选择匹配的和对应的字节。然而这种设计方式的功耗相比之下就更高。因此，在实际设计中需要考虑缓存性能和功耗的平衡。

2.3 指令缓存的替换策略选择

当需要访问的内存块不在缓存中时，访问会触发缓存未命中，并需要在缓存中选择剔除块进行替换。剔除块必须位于未命中（缺失）块的地址映射到的缓存行中。在直接映射缓存中，丢失的块只能映射到单个缓存行，因此被剔除的缓存行选择很简单。然而在组相联和全相联的缓存中，可能有多个缓存行是替换的候选对象。在组相联缓存中，映射组中的任何缓存行都是替换的候选对象；在全相联缓存中，整个缓存中的所有缓存行都是替换的候选对象。在组相联或全相联缓存中选择剔除块的过程称为替换策略。

理论上讲，最优替换策略是替换距离即将访问到的位置最远的块。虽然理论上最优替换策略可以保证产生最少数量的缓存未命中，但现实中无法实现，因为这需要来自未来的信息。这种理想化的替换策略背后的逻辑可以理解为：当缓存发生未命中时缓存中（经常被访问）的缓存行预期需要被保留在缓存里，并且在下次访问它之前不应该被剔除。如果不是这样，那么就不应该将这条缓存行保留在缓存中，因为这样会无谓地占用存储空间。一条缓存行必须在缓存中停留尽量长的时间以便下一次访问，然而其停留在缓存中的时间越长，也就意味着越有可能在某次被访问之前被剔除。

实际中可行的替换策略是尝试以最小化未命中率的方式选择剔除块。近年来，大多数研究都集中在更智能的粗粒度（Coarse-Grained）替换策略的开发上，每个缓存行都与少量的替换状态相关联，这些替换状态为所有新插入的缓存行进行统一初始化，然后再重复使用简单的规则进行缓存行插入操作[2]。

一般来讲，粗粒度替换策略根据选择插入缓存行的方式分为三类：第一类，使用新近信息来选择插入行［基于新近（Recency）的策略］；第二类，使用频率来选择插入行［基于频率（Frequency）的策略］；第三类，在不同的粗粒度替换策略中动态选择（混合策略）。在指令缓存的设计中，一般只涉及前两类，因此下文主要介绍前两类策略，第三类策略请感兴趣的读者自行查阅相应的资料。此外，缓存替换策略锦标赛（Cache Replacement Championship）分别在 2010 年和 2017 年举办过两届，感兴趣的读者可以查阅对应的论文集。

2.3.1 基于新近的策略设计

第一类替换策略是基于新近的策略（Recency-Based Policy）。该策略根据新近信息对缓存行进行优先级排序，然后选择被替换者。最近最少使用（Least Recently Used，LRU）的替换策略是这些策略中最简单和使用最广泛的。在选择被替换的缓存行时，LRU 策略简单地剔除一组给定候选缓存行中最旧（被使用过）的行。为了找到最旧的行，LRU 策略在概念上维护了一个新近栈，其中栈顶部表示最近使用（Most Recently Used）行，栈底部表示最近最少使用（LRU）行。通过将每一行与一个计数器相关联并对它进行更新来维护这个栈，见表 2-1。

表 2-1　最近最少使用策略

插入的缓存行	提升的缓存行	变旧的缓存行	被替换的缓存行
MRU 位置	MRU 位置	向 LRU 移动 1 个位置	LRU 位置

当存在缓存访问的时间局部性，即最近使用的数据可能在不久的将来被重新使用时，LRU 表现良好。但该策略在两种类型的缓存访问模式下表现不佳。首先，当应用程序的工作集大小超过缓存容量时，可能导致缓存“颠簸”（Thrashing），如图 2-10 所示；其次，LRU 在存在扫描（Scan）访问的情况下表现不佳，所谓“扫描”访问是指一系列永不重复的流式访问。因为缓存了最近使用的扫描，而剔除了更可能被重用的旧缓存行。所以，在设计中出现了 LRU 的一些变体以应对缓存颠簸或扫描访问。

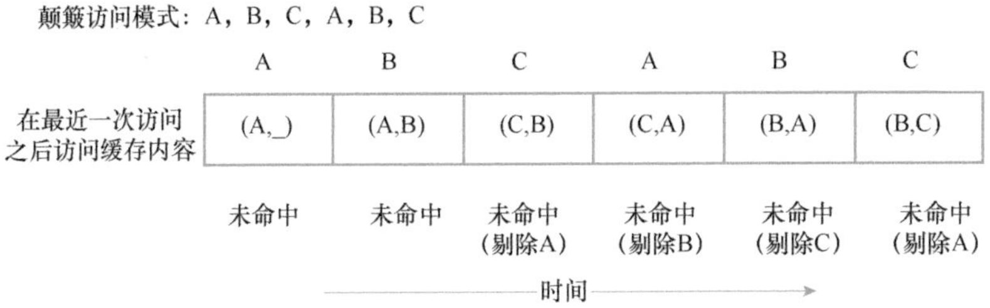

颠簸访问模式：A，B，C，A，B，C

	A	B	C	A	B	C
在最近一次访问之后访问缓存内容	(A,_)	(A,B)	(C,B)	(C,A)	(B,A)	(B,C)
	未命中	未命中	未命中（剔除A）	未命中（剔除B）	未命中（剔除C）	未命中（剔除A）

时间

图 2-10　基于 LRU 策略的颠簸访问示例

最近使用（Most Recently Used，MRU）的替换策略通过剔除新的缓存行以保留旧的缓存行来解决缓存“颠簸”的问题。因此，当应用程序的工作集大于缓存容量时，它能够保留工作集的一部分。如图 2-11 所示，对于图 2-10 所示的缓存颠簸访问模式，MRU 策略通过缓存一部分工作集来提高 LRU 策略的访存命中率。

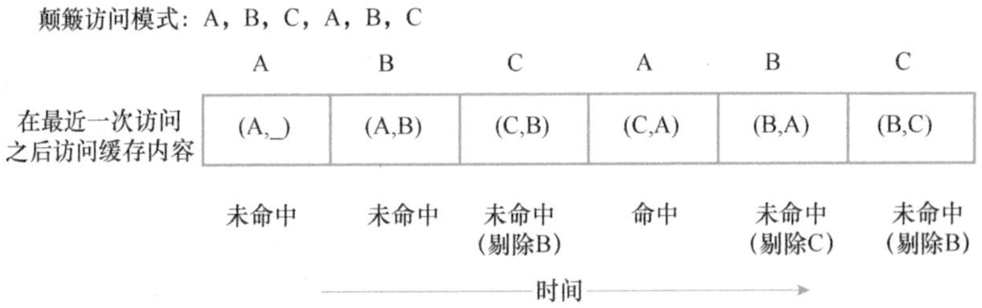

颠簸访问模式：A，B，C，A，B，C

	A	B	C	A	B	C
在最近一次访问之后访问缓存内容	(A,_)	(A,B)	(C,B)	(C,A)	(B,A)	(B,C)
	未命中	未命中	未命中（剔除B）	命中	未命中（剔除C）	未命中（剔除B）

时间

图 2-11　基于 MRU 策略的颠簸访问示例

最近使用策略见表 2-2。从表中可以看出，MRU 策略与 LRU 策略操作几乎相同，区别只是在 MRU 位置剔除缓存行而不是在 LRU 位置。

表 2-2　最近使用策略

插入的缓存行	提升的缓存行	变旧的缓存行	被替换的缓存行
MRU 位置	MRU 位置	向 LRU 移动 1 个位置	MRU 位置

提前剔除 LRU（Early Eviction LRU，EELRU）替换策略的主要思想是检测应用程序工作集大小超过缓存容量的情况，此时缓存中有几行会被提前剔除。因此，提前剔除会丢弃一些随机选择的缓存行，以便 LRU 策略可以有效地应用于剩余的缓存行。更具体地说，当工作集适合缓存时，EELRU 策略会剔除 LRU 缓存行，但当观察到以大于主内存的循环模式访问缓存行过多时，会剔除第 e 条最近使用的缓存行。

图 2-12 所示为 EELRU 区分新近轴的三个区域。新近轴的左端点代表最近使用（MRU）的缓存行，右端点代表最近最少使用（LRU）的缓存行。LRU 区域由最近使用的缓存行组成，位置 e 和 M 分别标记早期剔除区域和晚期剔除区域的起始位置。如果发生缓存未命中，EELRU 策略要么剔除 LRU 位置（晚期区域）的缓存行，要么剔除第 e 条位置（早期区域）的缓存行。为了决定是剔除晚期区域还是剔除早期区域的缓存行，EELRU 策略会跟踪每个区域的缓存命中数。如果分布是单调递减，则 EELRU 假定没有缓存“颠簸”并剔除晚期区域的缓存行；如果分布显示晚期区域的命中次数多于早期区域，则 EELRU 策略会从早期区域剔除缓存行，这允许来自晚期区域的缓存行在缓存中保留更长的时间。EELRU 的操作总结见表 2-3。

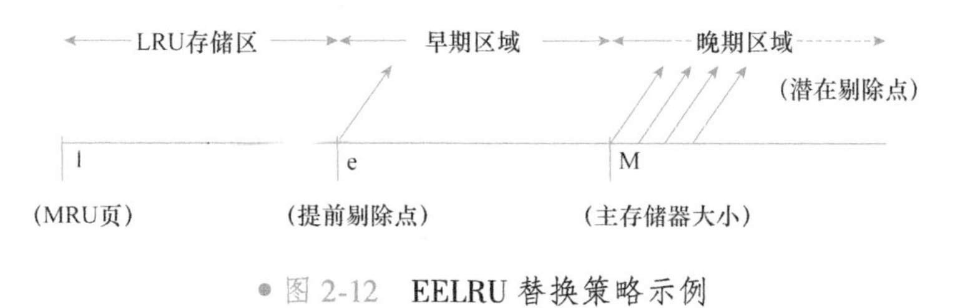

● 图 2-12　EELRU 替换策略示例

表 2-3　提前剔除 LRU 策略的操作

插入的缓存行	提升的缓存行	变旧的缓存行	被替换的缓存行
MRU 位置	MRU 位置	向 LRU 移动 1 个位置	LRU 位置或者第 e 条位置

分段 LRU（Segmented LRU，Seg-LRU）替换策略通过优先保留至少被访问过两次的缓存行来处理扫描访问。Seg-LRU 将 LRU 栈分为两个逻辑段（见图 2-13），即试用段（Probationary

Segment）和保护段（Protected Segment）。将要被写入的缓存行被添加到试用段，并在发生缓存命中时移动到保护段。因此，保护段中的缓存行至少被访问过两次，并且扫描访问的缓存行永远不会被移动到保护段。在剔除时，选择试用段中 LRU 的缓存行。

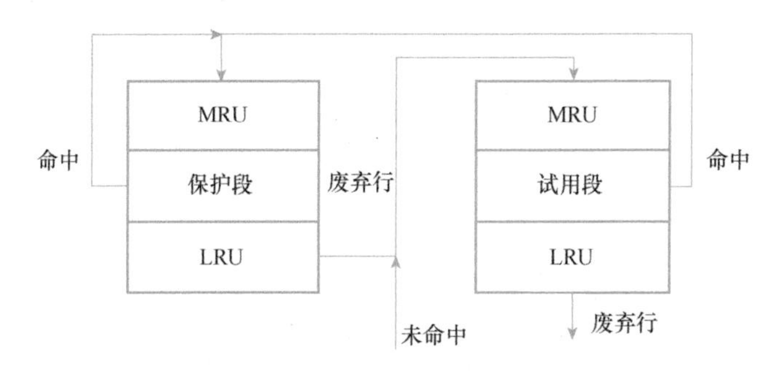

● 图 2-13　Seg-LRU 替换策略示例

Seg-LRU 的操作总结见表 2-4。新写入的缓存行被插入到试用段中的 MRU 位置，并且在缓存命中时，缓存行被移动到保护段中的 MRU 位置。由于保护段是有限的，因此对保护段的写入可能会迫使保护段中的 LRU 缓存行迁移到试用段的 MRU 端，从而使这条缓存行从试用段被剔除之前有机会再次被命中。因为旧的缓存行最终会迁移至试用段，Seg-LRU 策略可以适应应用程序工作集的变化。

表 2-4　Seg-LRU 策略的操作

插入的缓存行	提升的缓存行	变旧的缓存行	被替换的缓存行
试用段中 MRU 位置	保护段中 MRU 位置	增量计数器	试用段中 LRU 位置

在指令缓存的设计中，一般来说，由于容量、资源开销以及时序的原因，往往使用较为基础的替换策略就能够达到设计需求。当然，在做性能优化时，也可以借鉴一些在 L2 缓存设计中才会使用到的替换策略的思路，如 RRIP（Re-Reference Interval Prediction）。这里就不做介绍了。

2.3.2　基于频率的策略设计

第二类替换策略是基于频率的策略（Frequency-Based Policies）。其不依赖于新近的情况，而是使用访问频率来识别需要被剔除的缓存行，因此访问频率更高的缓存行相比于访问频率较低的缓存行会被优先保留在缓存中。这种方法不太容易受到扫描访问的干扰，并且有利于替换策略在更长的时间段内考虑缓存行的复用行为，而不是仅仅关注于最后一次使用。

最简单的基于频率的替换策略是最不常用（Least Frequently Used，LFU）替换策略。该策略将频率计数器与每个缓存行相关联。当新的行插入缓存时，频率计数器被初始化为 0，并且每次访问该行时都会递增。在缓存发生未命中时，具有最低访问频率的缓存行会被剔除。该策略的操作总结见表 2-5。

表 2-5 LFU 策略的操作

插入的缓存行	提升的缓存行	变旧的缓存行	被替换的缓存行
频率=0	增量频率	N/A	最低访问频率

然而，基于频率的替换策略很难适应应用程序的阶段变化，也就是说，当程序切换时，来自前一阶段的高频率计数的缓存行在新阶段仍然存在，即使它们不再被访问。为了解决这个问题，有学者提出了基于频率的替换（Frequency-Based Replacement，FBR）和最近最少/最常使用（Least Recently/Frequently Used，LRFU）两种策略。

由于短暂的时间局部性可能产生“虚假”的高频率计数器值，从而误导基于单纯的频率统计的策略。因此，FBR 通过选择性地增加频率计数器来降低时间局部性的影响。特别是由于 FBR 不会增加 LRU 栈顶部（也就是所谓的新段）的频率计数器，因此短暂时间局部性不会影响频率计数器。图 2-14 所示为这种策略的说明。

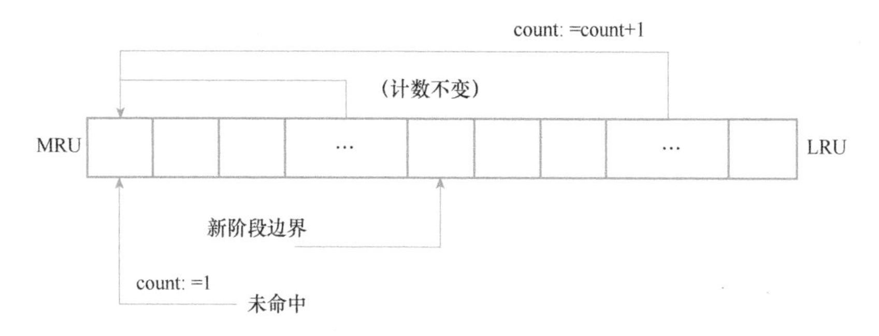

图 2-14 FBR 策略示例

FBR 的缺点是一旦缓存行从新段老化，即使是经常使用的行也会很快被剔除，因为它们没有足够的时间来增加频率计数。因此，FBR 进一步将替换限制为旧段中最不常用的缓存行，该部分由最近未访问的行（LRU 栈的底部）组成。栈的其余部分称为中间段，它为经常使用的缓存行提供足够的时间来增加频率计数。FBR 策略的操作总结见表 2-6。

表 2-6 FBR 策略的操作

插入的缓存行	提升的缓存行	变旧的缓存行	被替换的缓存行
MRU 位置频率=0	MRU 位置 （若增量频率不在新阶段中）	增量为 1	旧阶段中 LRU 位置

2.3.3 最近最少/最常使用策略设计

LRU 和 LFU 策略代表了一系列策略的极端点，这些策略结合了新近和频率信息。最近最少/最常使用（Least Recently/Frequently Used，LRFU）替换策略使用被称为新近和频率组合（Combined Recency and Frequency，CRF）的新指标，通过允许新近和频率之间的灵活权衡来探索平衡点。

与基于频率的策略一样，LRFU 会考虑过往对缓存块的访问，但与基于频率的策略不同，LRFU 通过加权函数权衡每次访问的相对贡献。特别地，LRFU 为每个块计算一个 CRF 值，它是每个过往参考的权重函数 $F(x)$ 的总和，其中 x 是过去访问与当前时间的距离。因此，对于模拟纯粹基于频率的策略，权重函数可以对所有过往的访问给予同等的优先权，而对于模拟基于新近的策略，权重函数可以对缓存行的最后一次访问给予高优先级。

LRFU 使用式（2-1）中的权重函数，其中 λ 是根据经验选择的参数。权重函数对旧的缓存行的优先级呈指数级降低，这使得 LRFU 能够保留基于频率的替换的优势，同时支持温和老化。

$$F(x)=\left(\frac{1}{p}\right)\lambda x \tag{2-1}$$

缓存块 b 在不同决策点的 LRFU 策略操作总结见表 2-7。LRFU 的性能在很大程度上取决于 λ。

表 2-7 LRFU 策略的操作

插入的缓存行	提升的缓存行	变旧的缓存行	被替换的缓存行
$\mathrm{CRF}(b)=F(0)$ $\mathrm{LAST}(b)=t_c$	$\mathrm{CRF}(b)=F(0)+F[t_c-\mathrm{LAST}(b)]*\mathrm{CRF}_{last}(b)$ $\mathrm{LAST}(b)=t_c$	$t_c=t_c+1$	具有最小 CRF 的行

2.4 指令缓存的性能衡量标准与硬件预取设计

衡量缓存性能的主要指标之一是其平均未命中率。由于缓存层次结构，CPU 的性能取决于访问缓存时找到缓存中的块（缓存命中）与未找到缓存中的块（缓存未命中）次数的比例。缓存未命中有三种基本类型被称为缓存未命中的 3 Cs：

- 强制未命中（Compulsory Misses）：指第一次将内存块写入缓存所无法避免的未命中，也被称为冷未命中，因为这种未命中发生在缓存冷（空）时。
- 冲突未命中（Conflict Misses）：指由于缓存相联性有限而发生的未命中。
- 容量未命中（Capacity Misses）：指由于缓存容量有限而发生的未命中。

缓存参数会影响不同类型的未命中。一般来说，增加缓存的容量能够减少容量未命中的次数，而增加缓存相联性会减少冲突未命中的次数。然而，容量未命中和冲突未命中有时会混合在一起。例如，在保持缓存相联性不变的同时增加缓存容量（增加组数）会改变内存中的块映射到缓存中的组的方式，映射中的这种变化通常会影响冲突未命中的数量。在保持组数不变的同时增加缓存容量（也就是增加相联性）不会改变内存中的块映射到缓存中的组的方式，但由于相联性增加，冲突未命中和容量未命中也可能减少。

尽管强制未命中是"强制性的"，但这个指标是通过将新的内存块写入缓存中的次数来衡量的，因此受到缓存容量的影响。当应用程序具有良好的空间局部性时，较大的缓存行大小会减少强制未命中的次数。同时，容量未命中和冲突未命中的数量也可能减少，因为每次强制未命中时都是从下一级缓存加载更多的字节，因此加载相同数量的字节需要更少的强制未命中。然而，当空间局部性很少或没有时，容量未命中的数量可能会增加，因为在保持缓存容量不变的同时增加缓存行大小会减少可以缓存的行数。缓存参数对各种类型的缓存未命中的影响见表2-8。

表2-8　不同的缓存参数在缓存未命中时的影响

参　数	强制未命中	冲突未命中	容量未命中
增加缓存行容量	不变	不变	减小
增加块容量	减小	减少/增加	减少/增加
增加相联性	不变	减少	不变

出于性能优化考虑，超标量CPU的缓存设计通常会加入预取（Prefetch），这是一种尝试在程序访问数据之前将数据写入缓存的技术。预取减少了程序等待获取数据的时间，因此可以加快程序执行速度。然而，预取是以额外带宽使用作为代价的，因为需要预测CPU将来可能需要哪些数据。这种预测永远不可能是完美的，因此CPU可能永远不会使用一些预取的内存块。

许多CPU提供特殊指令来指定要预取的地址，虽然硬件支持这样的预取指令，但插入它的位置取决于软件（编译器）。因此，使用预取指令进行预取称为软件预取。软件预取的替代方案是设计硬件结构，动态观察程序的行为并生成对软件透明的预取请求，这种方法被称为硬件预取（Hardware Prefetch）。

传统上使用三个指标来表征预取技术的有效性：覆盖率、准确度和及时性。覆盖率定义为预取的原始缓存未命中的比例；准确度定义为有用的预取部分，即它们可使缓存命中；及时性衡量预取的提前到达时间，这决定了是隐藏完整的缓存未命中延迟，还是仅隐藏部分的缓存未命中延迟。理想的预取技术应该具有高覆盖率以消除大部分缓存未命中，高准确度以不增加内存带宽消耗以及及时性，以便大多数预取隐藏完整的缓存未命中延迟。如果积极地发出多次预取，预取可能实现高覆盖率但精度会偏低；如果保守地只发出高度可预测的预取，预取可以达到高精度但覆盖率会偏低。及时性也很重要。如果过早启动预取，则可能会污染缓存，并且缓存行可能会在被 CPU 使用之前从缓存或预取缓冲区中替换掉；如果预取启动得太晚，可能无法隐藏完整的缓存未命中延迟。

除了根据性能指标评估预取方案外，还必须根据其他指标进行评估。例如，硬件实现的成本和复杂性，以及是否需要重新编译代码。

当 CPU 前端对指令的供应变慢时，流水线的发射宽度和执行资源无论多么丰富都会被浪费。随着软件栈深度的增加，会出现快速软件开发、脚本范例和虚拟化环境的趋势，主要指令工作集也在快速增长。现代硬件指令调度技术，如乱序执行，通常可以有效地隐藏由于数据访问和其他长延迟指令引起的部分或全部停顿。但是，乱序执行通常无法隐藏指令提取延迟，而指令提取阶段产生的停顿通常占整体停顿的较大一部分。指令的硬件预取（Instruction Hardware Prefetch）作为提升性能的特性由于应运而生[3]。

下一行预取（Next-Line Prefetching）是最简单的指令预取形式，在大多数现代 CPU 设计中被普遍使用。由于代码（指令）在内存中是以连续地址按顺序排列的，因此指令缓存中超过一半的查找通常是针对顺序地址的。生成顺序地址并获取它们所需的逻辑指令是最少的，并且很容易合并到 CPU 和缓存层次结构中。

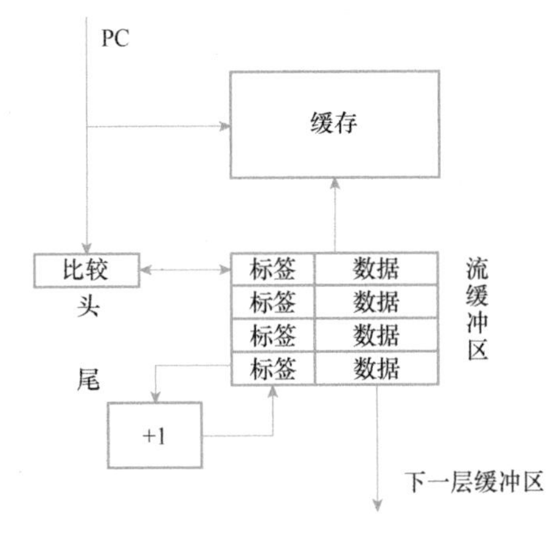

图 2-15　下一行预取器

图 2-15 所示为下一行预取器的硬件结构示例。指令预取缓冲区存储从较低级别缓存层次结构检索到的预取指令缓存块，每次 CPU 请求预取缓冲区中的一个内存块时，它都会被传输到缓存中，然后从下一级缓存或内存中预取下一个连续的块。

下一行预取器比较高效，但实际程序中并非所有指令查找都是顺序进行的。分支指令（控制流指令）的存在会破坏顺序取指，在指令提取中产生不连续性，因此在设计中需要对控制流进行一定的预测。

分支预测器导向的预取器可以重用现有的分支预测器来推断未来的控制流。由于目前的分支预测器与指令提取单元流水线的其余部分解耦，因此理论上预测器可以在执行前任意程度地推进以预测之后的控制流。

提取导向指令预取（Fetch-Directed Instruction Prefetching，FDIP）是目前较为有效的分支预测器控制技术之一。图 2-16 所示为 FDIP 的结构。FDIP 将分支预测器与指令提取单元解耦合，在指令提取流水线和分支预测流水线之间引入了提取目标队列（Fetch Target Queue，FTQ）。预取器使用 FTQ 中的地址从 L2 缓存中提取指令块，并将它们放置在一个小的、全相联的缓冲区中，该缓冲区与 L1 指令缓存并行访问。为了避免预取缓冲区和指令缓存之间的冗余，FDIP 使用空闲的指令缓存端口来探测 FTQ 中存储的地址，以查看它们是否已经存在于指令缓存中，并且仅将丢失的地址排入预取指令队列（Prefetch Instruction Queue）中以进行预取。

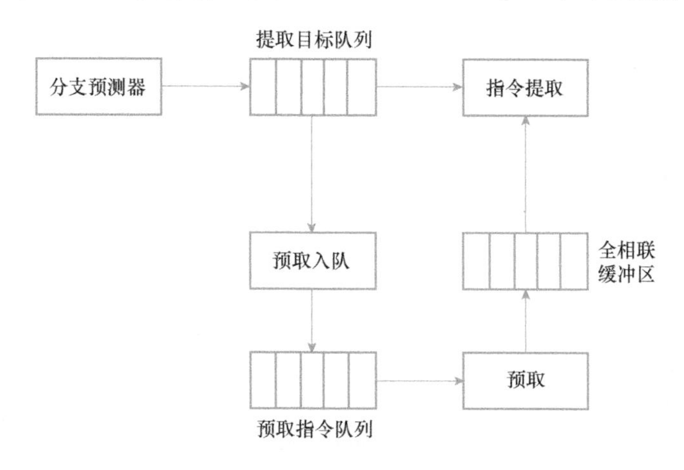

图 2-16　提取导向指令预取

尽管 FDIP 在减少取指流水线停顿方面很有效，但由于其有限的预取前瞻性而受到限制。更大的挑战在于如何在指令提取的不连续处（分支指令跳转、中断等）进行预取。错误路径预取（Wrong-path Prefetching）是一种通过使用分支预测器预测相反路径来解决 FDIP 基本问题的简单方法。尽管其有效性有限，但预测错误路径可以预取过去依赖于数据的分支，并通过反向循环分支的退出预取 FDIP 无法预取的指令。

图 2-17 所示是一个间断性预测器（Discontinuity Predictor）的例子，它维护一个间断性预

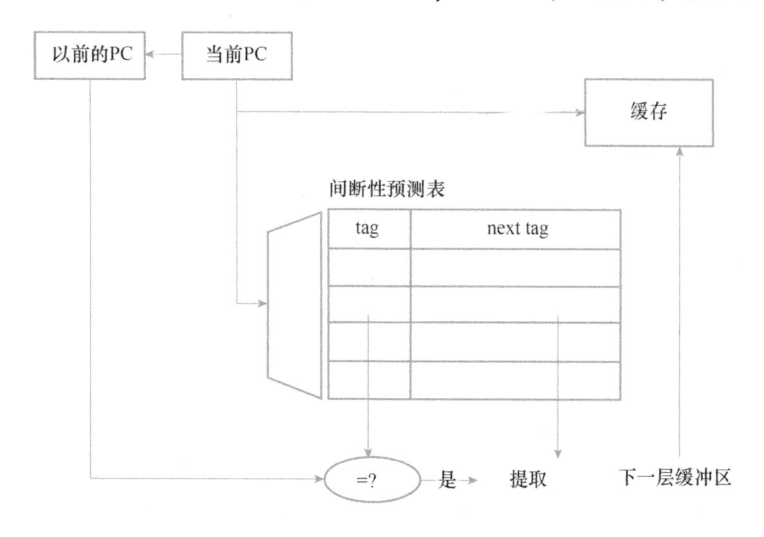

图 2-17　间断性预测器

测表，将包含跳转分支指令块的 PC 映射到分支目标。当下一行指令预取器在指令提取单元之前进行探测时，它会查询每个指令块地址的间断性预测表，并在匹配时预取间断路径以及顺序取指路径。尽管实现该预测器的硬件开销很小，但其只能桥接单个取指间断性。探测额外路径的递归查找将导致预取块的数量呈指数增长，也就是说实际有最多遍历一个间断点的限制。此外，覆盖范围是有限的，因为该间断性预测表将仅记录每个缓存块的单个间断性，而在一个指令块内会出现存在多个分支指令的情况。

预知取指（Prescient Fetch）使用辅助线程来识别关键计算和控制通路并尽早执行它们，协助运行较慢的主线程并与辅助线程并行。投机线程技术可以识别必要的关键执行信息，并使用这些信息来提前向主线程发出指令预取。尽管投机性线程技术可以遍历多个指令提取的不连续性，但前瞻性仍然有限，因为它们是以单个指令的粒度遍历未来的指令流，因此通常必须遍历大量指令以发现新的缓存块进行预取。

临时指令提取流（Temporal Instruction Fetch Streaming，TIFS）旨在解决辅助线程和基于取指/不连续性的机制的先行限制问题。TIFS 不是探测程序的控制流，而是通过记录和重放重复出现的指令缓存未命中序列，直接预测未来的指令缓存未命中。

图 2-18 所示为 TIFS 的设计。指令缓存未命中记录在指令未命中日志中，这是一个循环缓冲区，可维护在专用存储器中或二级缓存中。一个单独的索引表保存了从指令块地址到该地址最后记录在日志中的位置的映射。地址 C 的指令缓存未命中查询索引表①，该表指向指令未命中日志条目②；从日志中读取 C 后面的地址流，并将缓存块地址发送到流式数值缓冲区③；流式数值缓冲区从 L2④请求指令流中的块，返回内容⑤。在后续指令缓存未命中 D 时，缓冲区将内容返回到指令缓存⑥。

TIFS 包含下一行预取器的顺序访问预测。因为 TIFS 使用历史来确定应该预取多少即将到来的连续块，它的预测更准确、更及时。TIFS 以多种方式增强了前瞻性。首先，它以缓存块的粒度运行，而不是单个指令，所以它能跳过缓存块内的本地循环和次要控制流。通过将不连续性（分支）单独记录为指令流的一部分，TIFS 能够支持任意数量的不连续的分支跳转目标。此外，因为 TIFS 记录了指令缓存未命中的扩展序列，所以它可以提供更强的前瞻性。例如，下一行预取器只有在访问函数的第一个指令块后才能正确预取该函数体，然而 TIFS 能够通过在进入函数之前预测函数调用及其顺序访问来更早地预测和预取对应的块，与此同时调用者仍在执行导致调用的代码。

虽然 TIFS 增强了前瞻性，但它仍然只维护一个从缓存块到其日志中某个位置的指针。因此当存在多个来自特定缓存块的控制流路径时，如返回指令和 switch case 语句（间接分支），会失去准确性。TIFS 预测精度还会受到其他不规则控制源的影响，这些控制源会导致指令缓存未命中的顺序略有不同。特别是其他重复的指令流可能会因缓存替换中的微小差异，按错误

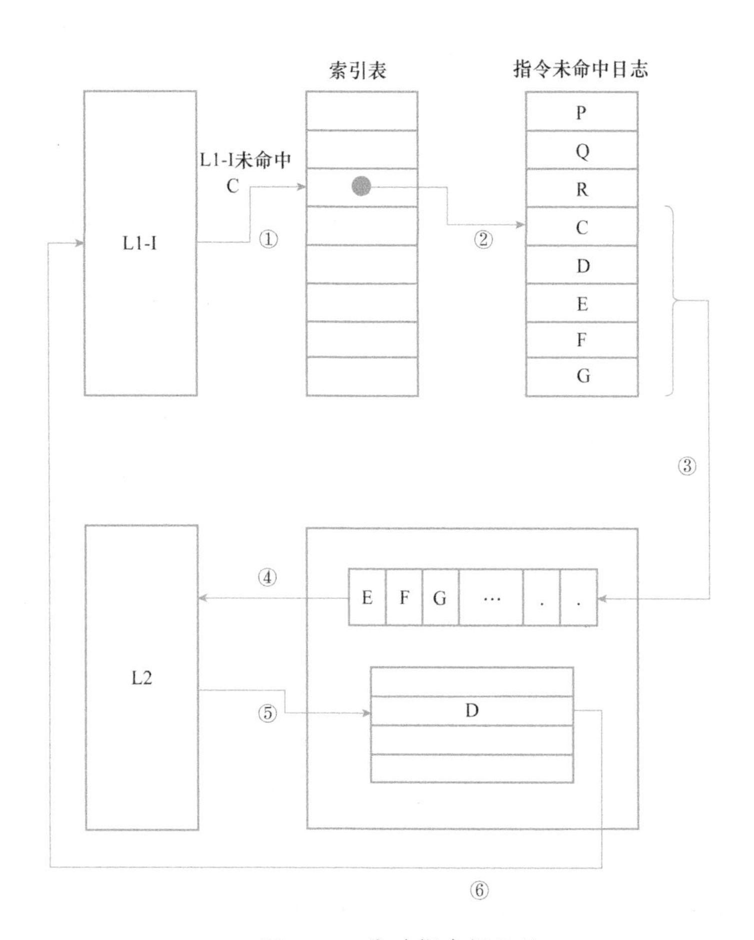

● 图 2-18　临时指令提取流

预测分支路径的指令提取，以及出现异步中断/陷阱而被分割或过滤。

返回地址栈导向指令预取（Return-Address stack-directed Instruction Prefetching，RDIP）使用额外的程序上下文信息来提高预测准确性和前瞻性。RDIP 基于以下两点考虑设计：

- 在调用栈中捕获的程序上下文与指令缓存未命中密切相关。
- 返回地址栈已经存在于所有高性能 CPU 中，简洁地记录了程序上下文。RDIP 将预取操作与根据返回地址栈内容形成的签名相关联，将签名和相关的预取地址存储在一个约 64KB 的签名表中，每次调用和返回操作时都会查询该表以触发预取。

前瞻性指令提取（Proactive Instruction Fetch）修改了 TIFS 设计，以记录由提交的指令序列访问的缓存块的序列（而不是在缓存中未命中的指令提取），并且单独记录在上下文执行的流中断/陷阱处理程序中。该设计的一个关键创新是指令序列的压缩表示，它使用位向量来有效地编码预取地址之间的空间局部性。

与不同指令预取技术相关的技术参数总结见表 2-9。

表 2-9　指令预取技术总结

技　术	目　标　行	预　测	准确度（%）	开销/复杂度
下一行	顺序地址	一部分缓存块	50	<1KB
提取导向	遵循预测控制流的路径	依赖于分支预测精度	>50	<1KB
间断性	预测控制流中的间断性	通常是前面的一个分支	>50	>1KB
预知取指	辅助线程	受辅助线程执行带宽限制	>50	>1KB
临时指令提取流	使用单个 L1 未命中预测 L1 未命中序列	任意数量的缓存块	95	~64k/Core
RAS 导向	时态流的上下文抵消	相同	>95	~64k/Core
前瞻性指令提取	使用 L1 引用预测 L1 未命中流	相同	>99	~265k/Chip

与缓存替换策略锦标赛类似，2020 年举办了第一届指令预取锦标赛（Instruction Prefetching Championship），感兴趣的读者可以通过其官方网站获取相关的信息。

2.5 TLB 与缓存的组织方式

提供给缓存的用于索引和标签比较的地址可以是虚拟地址（程序看到的地址）或物理地址（物理内存的地址）。CPU 层所操作的内存地址称作虚拟地址（逻辑地址），并不是物理的内存地址，从虚拟地址至物理地址的映射由硬件内存管理单元（Memory Management Unit，MMU）来执行。

目前主流的 CPU 是以页面的粒度（通常为 4KB，但可以更大）管理虚拟地址到物理地址的转换。虚拟页地址到物理页地址的转换是在称为页表的软件数据结构中维护的，每个进程对虚拟地址空间都有自己的页表。页表是存储在主存中的结构，因此访问它需要很高的延迟。因为，每次内存访问（加载或存储指令）都需要访问页表以获取提供给缓存的物理地址，这将导致缓存访问时间非常长。因此，大多数 CPU 使用旁路转换缓冲区（Translation Lookaside Buffer，TLB），用于存储最近使用的页表条目。

一般来说，TLB 主要有两个组成部分：TLB CAM 和 TLB DATA。TLB CAM 用于比较传入的虚拟地址以确定 TLB 命中；然后读出命中条目的 TLB DATA 以获取物理地址、页表属性、内存类型和访问权限等信息。以 ARM 架构为例，在 AArch64 定义中，使用长度为 48 位的虚拟地址（最大 52 位），那么确定 TLB 命中理论上需要 48 位虚拟地址进行比较，实际上需要减去低

12 位，因为 ARM 架构中的最小页面大小为 4KB，加上 1 位表示正负地址空间，所以最终比较的是 37 位的虚拟地址。为了减少上下文切换时 TLB 维护的开销，TLB 的查找可以与异常级别（EL0、EL1、EL2、EL3）、安全状态（Secure 或 Non-secure）、ASID、VMID 相关联。上述字段是基于 ARM 架构设计的 TLB 的 CAM 部分的一部分，此处关于 ARM 架构中独有特性不做展开描述，有兴趣的读者可以自行查阅 ARM 架构手册。

TLB 内的逻辑需要快速完成以生成物理地址，用于对缓存进行索引。一旦缓存中的标签阵列读出标签，就会将标签与 TLB 中的物理地址进行比较。以 64 条目、4 路组相联的 TLB 为例，每路（Way）都是 16 个条目，需要 4-bit 索引，对于 4KB 页面来说位于虚拟地址的第 12～15 位（第 0～11 位对应 4KB 页面索引位），那么用于匹配的标签将为虚拟地址的第 16 到最高位。一般指令缓存的 TLB 会设计为全相联结构，便于在一个时钟周期内完成查找（降低访问延迟对于一级缓存的流水线设计至关重要）。TLB 可以使用类似于缓存设计中使用替换策略，如 LRU。当 TLB 条目因 TLB 已满而被替换时，页面转换仍然有效，并且可以随时作为有效条目被带回 TLB。

如果缓存路（Way）的大小等于或小于架构中定义的最小页面大小，则虚拟地址位足以形成访问缓存阵列的索引。还是以 ARM 架构为例，如果缓存是 4 路组相联结构，容量为 16KB，那么每路的大小都是 4KB。在 ARM v9 架构中最小的页面大小为 4KB，此处用于访问缓存阵列的索引可以全部来自未转换的虚拟地址位，因为路的大小与最小页面大小相同。如果一个 4 路组相联缓存容量为 32KB，那么访问缓存的索引长度为 13-bit（8KB），而页面大小为 4KB 需要 12-bit 索引位。这里超出 4KB 页面范围的第 13 位必须是转换后的物理地址位。如果一个 4 路组相联缓存容量为 64KB，则每路大小为 16KB，需要 14-bit 索引位，那么第 13 和 14 位必须转换为物理地址位。

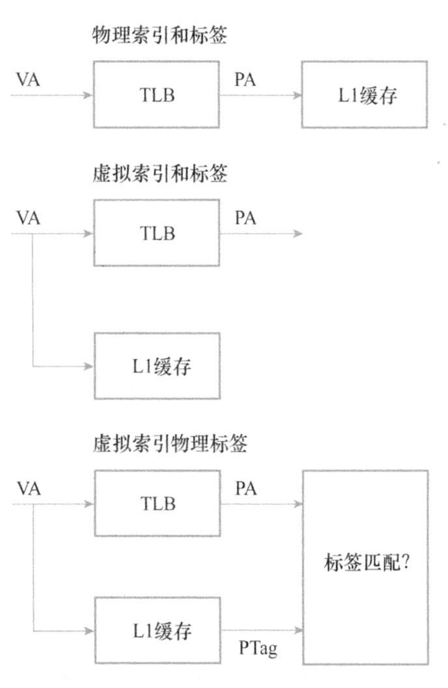

图 2-19　三种不同的缓存寻址方式

图 2-19 所示为缓存寻址中的三个选项。

第一种选择是使用物理寻址。CPU 发出的虚拟地址经过 MMU 转换成物理地址，使用物理地址的索引位对缓存进行索引，并将物理地址的标签位存储在缓存的标签存储器中，这种组织方式称为 PIPT（Physically Indexed Physically Tagged）。物理地址的标签部分是唯一的，对于同一个物理地址，索引也是唯一的，因此加载到的也是唯一的缓存行。为了加快 MMU 转换虚拟地址的速度，硬件上会加入 TLB，用来缓存虚拟地址和物理地址的映射关系。当需要转换虚拟地址时，首先从 TLB 中查找，如果命中则直接返回物理地址；如果未命中则需要 MMU 查找页表。这样就加快了虚拟地址转换物理地址的速度。如果系统采用 PIPT 组织方式的缓存，那么软件层面基本不需要任何的维护就可以避免歧义（Ambiguity）和别名（Alias）的问题，这是 PIPT 最大的优点。这种方法的缺点是 TLB 访问时间直接加到缓存访问时间上。TLB 通常设计得很小以便 CPU 可以在尽可能少的周期内访问它。尽管如此，为每个一级缓存（L1 Cache）访问添加几个周期仍然会显著降低 CPU 性能，其结构如图 2-20 所示。

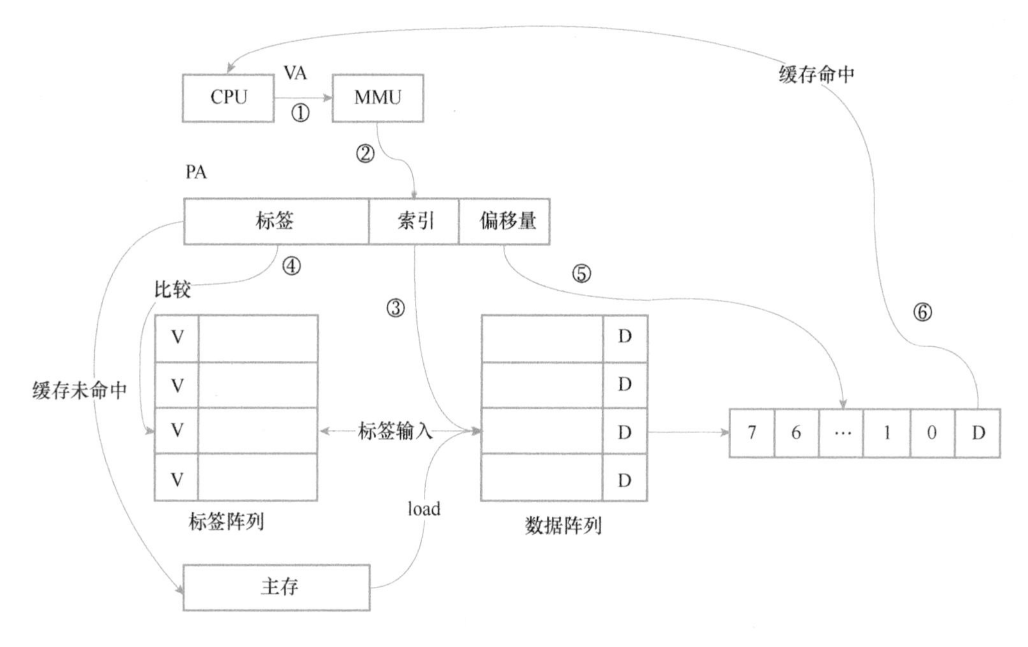

图 2-20　物理寻址结构示例

第二种选择是使用虚拟寻址，即使用虚拟地址的索引位对缓存进行索引，并将虚拟地址的标签位存储在缓存的标签存储器中，这种组织方式称为 VIVT（Virtually Indexed Virtually Tagged）。使用虚拟寻址，TLB 和一级缓存可以并行访问，完全隐藏了访问 TLB 的延迟。并且，不需要每次读取或者写入操作时把虚拟地址经过 MMU 转换为物理地址，这在一定的程度上提升了访问缓存的速度，同时硬件设计也更为简单。但是这种方法的缺点是会面临歧义（Ambiguity）和别名（Alias）两个问题。

歧义的含义是不同的数据在缓存中具有相同的标签和索引，在这种情况下无法区分不同的数据。只要相同的虚拟地址映射不同的物理地址就会出现歧义。别名的含义是不同的虚拟地址（索引不同）映射相同的物理地址，也就是同一个物理地址的数据被加载到不同的缓存行。由于每个进程都有自己的页表，（不同进程的）相同的虚拟页地址到物理页地址的映射在不同的进程中是不同的。因此，虚拟寻址的缓存不能由多个 CPU 共享，无论是同时以多核或多线程方式，还是以分时方式。例如，在上下文切换时，将不同的进程加载到 CPU 中，缓存内容对于该进程无效。因此，必须在上下文切换时刷新缓存。如果 TLB 的条目没有用标识不同进程的地址空间标识符标记，则也需要刷新 TLB。如果上下文切换频繁，则一级缓存刷新的成本（包括使整个缓存无效的延迟和数据丢失）可能是不可接受的，其结构如图 2-21 所示。

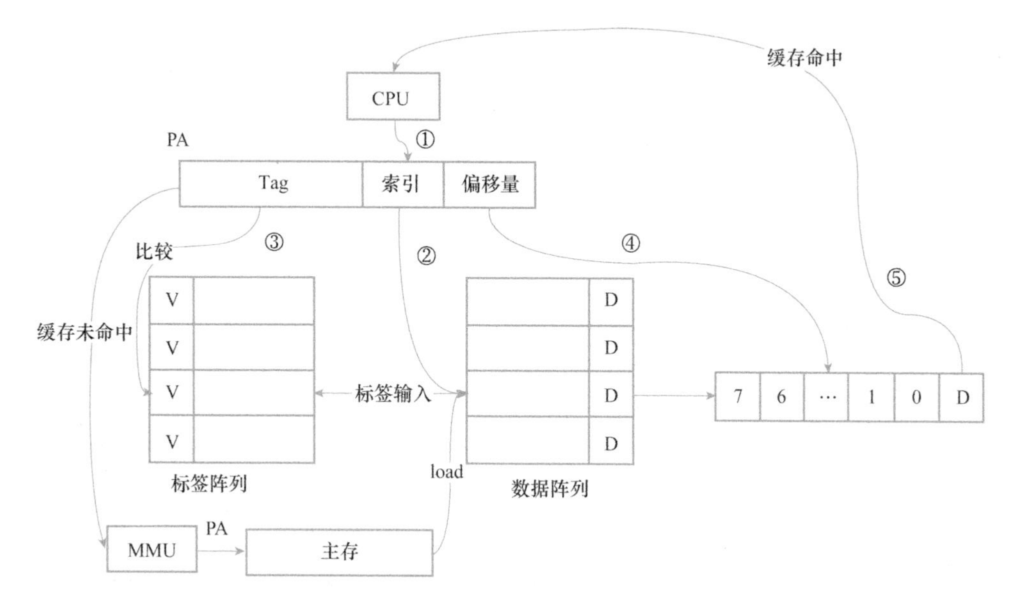

● 图 2-21　虚拟寻址结构示例

第三种选择是使用称为虚拟索引和物理标签的混合寻址（Virtually Indexed Physically Tagged）。这种方法的关键是观察页面偏移位（用于索引页面中特定字节或字位置的位）在虚拟地址和物理地址中是否相同，如果相同，则这些偏移位可以在访问 TLB 之前有效使用。如果确定缓存索引位是这些位的子集，那么无论使用虚拟地址还是物理地址，缓存索引都是相同的。例如，对于一个 4KB 的页面，需要最低的 $\log_2(4096) = 12$ 位作为页面偏移量。对于32-byte 的缓存块大小，需要使用最低的 $\log_2(32) = 5$-bit 作为块偏移量。因此最多可以使用 12-5 = 7-bit 进行缓存索引，这意味着可以在缓存中拥有 $2^7 = 128$ 个组。对于直接映射缓存，可以支持 128×1×32 = 4096 字节的一级缓存大小。对于四路组相联缓存，可以支持 128×4×32 =16KB 的一级缓存容量。一般来说，可以使用的最大缓存容量之间的关系见式（2-2）。

$$\text{MaxCacheSize} = \frac{\text{PageSize}}{\text{CacheBlockSize}} \times \text{Associativity} \times \text{CacheBlockSize} = \text{PageSize} \times \text{Associativity} \tag{2-2}$$

通过虚拟索引和物理标记，使用虚拟地址对应的索引位查找缓存，与此同时用虚拟地址访问 TLB 得到物理地址。之后比较缓存行对应的标签和物理地址标签域，以确定是缓存命中还是未命中。如果想要增加缓存的相联性，可以将一级缓存容量增加到超过最大容量。因此，许多缓存的实现都选择这种混合寻址方式。目前 ARM 的 Cortex A 和 Neoverse 系列大核的一级缓存（包括指令缓存和数据缓存）设计就是基于 VIPT 方式的。

另外，并不存在 PIVT（Physically Indexed Virtually Tagged）的组织方式，因为这样会包含上述方式的所有缺点而没有任何优点。

2.6 微操作缓存与循环缓冲器设计

对于 x86 架构的 CPU，由于具有可变长度指令的复杂指令集的特殊性，使得在动态调度的超标量 CPU 中执行指令变得极其困难。Intel 的解决方案是将 CISC 指令翻译成类似 RISC 的指令，也就是说指令在译码阶段被转换为固定长度的微操作（Micro-operation，μop）。微操作遵循 RISC 设计理念中的固定长度和加载存储执行模型（load-store execution model）。这些固定长度的微操作使指令发射和执行逻辑更简单，并且对指令集架构（ISA）隐藏，以确保向后兼容。这种 ISA 级别的抽象使 CPU 供应商能够根据他们的自定义微架构以不同的方式实现 x86 指令。然而将每条可变长度指令转换为固定长度微操作的这一额外步骤对于 CPU 前端来说所需的工作量非常大。例如，获取可变长度指令、检测多个前缀字节、对齐等，这样会导致较高的译码延迟以及功耗，从而影响到 CPU 后端的指令调度带宽。

为了解决上述问题，Intel 以色列研发中心的 Baruch Solomon、Avi Mendelson、Doron Orenstien、Yoav Almog 和 Ronny Ronen 提出将译码后的微操作缓存在一个单独的硬件结构中，这个硬件结构被称为微操作缓存（Micro-operation Cache 或 μop Cache）[4]。微操作缓存存储最近译码的微操作，一般来说，从微操作缓存中获取的微操作百分比越高，CPU 前端的效率就越高，原因主要有以下两点：

- 微操作缓存提取微操作可以绕过译码单元，从而节省译码延迟和译码功耗。
- 微操作缓存提取的包含分支的微操作可以在早期就检测到分支指令的错误预测，从而降低分支预测错误带来的长流水线冲刷引入的“气泡”。

与传统缓存类似，微操作缓存为组相联结构，由取指令窗口（Fetch Window）中的一系列连续指令（指令块）的起始地址生成索引和标签。微操作缓存是以字节为单位寻址的，每个微操作缓存行存储微操作及其关联的元数据。元数据包括每个条目的微操作和 imm/disp 字段的数量，在读取微操作缓存命中时能够识别这些字段。微操作可以编码为固定长度的 CISC 指令，从而节省微操作缓存面积，但代价是识别重命名、分发和执行每个微操作字段所需的译码逻辑开销。同时，微操作也可以被编码为部分解码且固定长度的 RISC 操作，以降低译码逻辑的复杂性，但代价是额外的元数据存储。虽然微操作缓存物理行具有固定的容量，但缓存条目可能不会占用所有的可用字节，并且每个微操作缓存行的微操作数量可能会有所不同。如果微操作缓存查找命中，则命中的整个微操作缓存条目［存储在命中的微操作缓存行中的微操作集合（组）］将在单个时钟周期内发送到微操作队列。如果取指令预测窗口跨越两个微操作缓存条目，缓存条目在连续时钟中分发。当微操作缓存未命中时，指令从指令缓存中取出，译码后馈送到微操作队列。来自指令缓存路径的译码后的微操作也通过累积缓冲区写入微操作缓存。

另外，Intel 酷睿 2（Core 2）架构中出现了全自动循环缓冲区（Loop Buffer）。循环缓冲区硬件实现一般是一小块 RAM，避免了在某些场景下访问指令缓存。因为循环缓冲区存储了一小块连续的指令，所以寻址其内容不需要标签比较，只需要循环开始的相对寻址就可以生成索引正确访问缓冲区中的所有循环指令。去除标签比较使得循环缓冲区比典型的缓存访问效率更高。

Intel 将循环缓冲区嵌入到指令队列中，被称为循环流检测器（Loop Stream Detector）的硬件循环检测机制可以检测指令队列中已经存在的小循环。一旦检测器检测到循环，在检测到循环分支的错误预测之前，后续循环迭代的指令将从指令队列流式传输而无需任何外部提取。这不仅加快了指令提取速度，而且通过不访问指令（或跟踪缓存）以及不一遍又一遍地译码相同的循环指令可以节省大量功耗。

一个典型的 x86 架构 CPU 前端设计如图 2-22 所示，共有三种硬件结构：

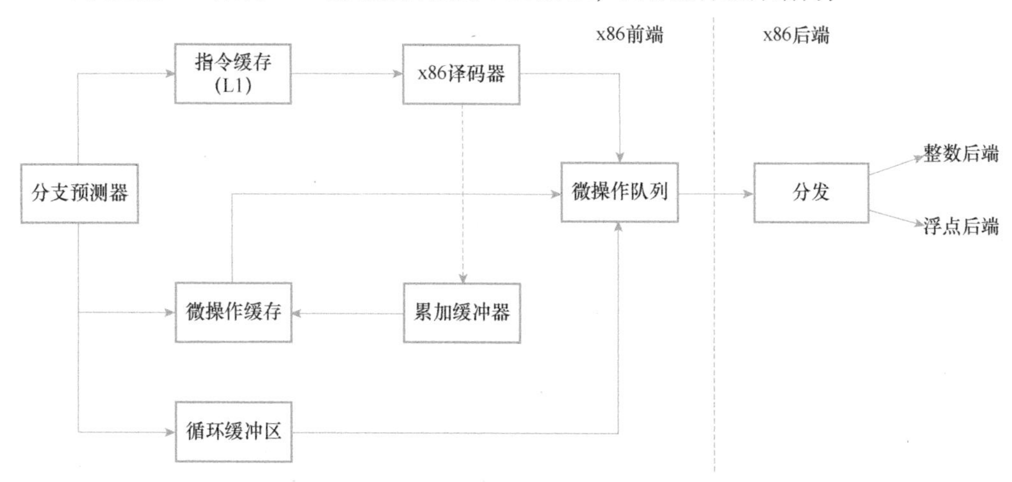

图 2-22　x86 架构 CPU 前端设计示例

- 指令缓存（Instruction Cache）。
- 微操作缓存（Micro-OP Cache）。
- 循环缓冲区（Loop Buffer）。

此架构可以为后端引擎提供微操作。指令缓存存储 x86 指令，微操作缓存和循环缓冲区保存已解码的微操作。从指令缓存提取的指令需要进行译码操作，而从微操作缓存或循环缓存中提取的微操作可以绕过指令译码单元，从而节省了译码单元的流水线延迟和功耗。循环缓冲区存储在较小循环的微操作中，而剩余的微操作存储在微操作缓存中。因此，任何增加从微操作缓存或循环缓冲区馈送到后端的微操作百分比的技术都可以提高性能和功耗效率。

前端分支预测器在解耦的前端架构中生成预测窗口（Prediction Window，与取指令窗口一致）。每个预测窗口指示一系列连续的 x86 指令（由开始和结束地址标记），这些指令预测将由分支预测器执行。预测窗口地址被发送到指令缓存、微操作缓存和循环缓冲区用以并行索引，在命中的情况下，微操作从最节能的源分发到后端。由分支预测器生成的预测窗口可以在指令缓存行的任何位置开始，并且可以在指令缓存行的末尾或中间的任何位置终止。

2.7 指令提取单元设计

一言以蔽之，指令提取单元负责维护不同线程的程序计数器（Program Counter）或指令指针（Instruction Pointer），管理指令缓存子系统，基于程序计数器从指令缓存中提取相应的指令并将它们提供给后续的译码阶段。取指单元一般包含更新程序计数器的部件 FAG（Fetch Address Generator）、一级指令缓存（Level 1 Instruction Cache）、指令旁路转换缓冲（Instruction Translation Lookaside Buffer，ITLB，也被称为快表）、分支预测单元，以及指令对齐与指令队列。图 2-23 所示为一个指令提取单元的微架构示例。

程序计数器作为索引被发送到分支预测单元、L1-ITLB 和一级指令缓存，访问 L1-ITLB 和一级指令缓存以读取指令。程序计数器更新的来源主要可能有以下几个：顺序取指、分支指令跳转地址、流水线冲刷重定向（主要是控制类指令引起），以及 CPU 异常。

指令以对齐的 N 字节每时钟周期为单位（N 一般设计为 32 或 64）读取，并存储在指令缓冲区（Instruction Buffer）中，也就是说一般以 8 条或 16 条指令作为一个指令块（一条缓存行）取出（如果指令块中存在预测为跳转的分支指令，则提取从该指令块的起始地址到第一条分支指令的地址之间的指令）。这样的设计除了满足指令多发射的需求之外，也是旨在减少指令缓存的访问，同时为缓存行填充提供更宽的时间窗口。

指令队列的作用在于解耦取指单元和译码单元两边的流水线，平衡取指单元流水线中断（如缓存未命中）造成的“气泡”和后级单元流水线阻塞造成的效率降低。其存储的指令条目数根据

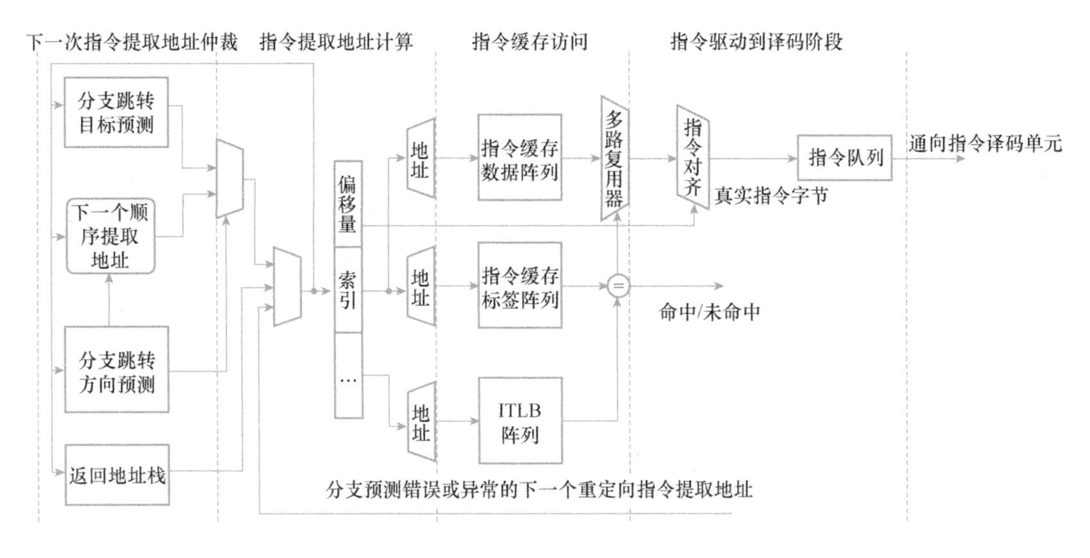

● 图 2-23　指令提取单元微架构示例

设计性能的需求定义，至少大于取指单元流水线深度乘以指令发射宽度，才能在理论上保证不会出现流水线“气泡”（理想情况）。如果指令队列的深度过大，在控制类指令的路径上可能会造成提取到过多错误路径指令而导致无谓的功耗开销，所以设计深度要平衡各方面的因素考虑。

对指令缓存的写访问比读访问具有更高的优先级。如图 2-23 所示，ITLB 负责地址转换，并且与指令缓存的数据（Data）和标签（Tag）阵列并行访问。其中，缓存阵列是用虚拟地址索引的，但标签匹配是用物理地址完成的。这样设计可以减少取指单元流水线深度，这对于性能很重要（因为降低了在分支预测错误后重新启动取指的开销）。当 ITLB 命中和缓存标签阵列命中时，将标签与 ITLB 的物理地址进行比较以生成缓存路径（Way）选择逻辑。ITLB 的替换策略与指令缓存的替换策略相同，并且需要防止多命中（Multiple Hits）。在一个周期内从缓存中提取一组指令块（Fetch Bundle/Block），指令块根据程序计数器对齐（字节），即在程序计数器（指令块起始地址）之前删除不需要的指令。之后，指令块被写入指令队列，等待被发送到译码阶段。

指令缓存的写操作是被动的，只有当缓存未命中时，填充指令包从二级缓存（Level 2 Cache）到指令缓存。一般来说，每次填充的数据量为一条指令缓存行的大小。

指令缓存对外的接口一般还包括与访存单元（Load Store Unit）交互的部分。（指令）缓存未命中后数据加载请求，缓存数据地址信息及相关状态的控制信号由指令提取单元发送到访存单元。当数据加载完成之后，加载的缓存行数据以及相关信息及状态会由访存单元返回给指令提取单元（指令缓存）。一个抽象的 4-Way 2-Bank 规格的指令缓存加载（Load）到单周期 4 条指令提取的数据通路如图 2-24 所示。

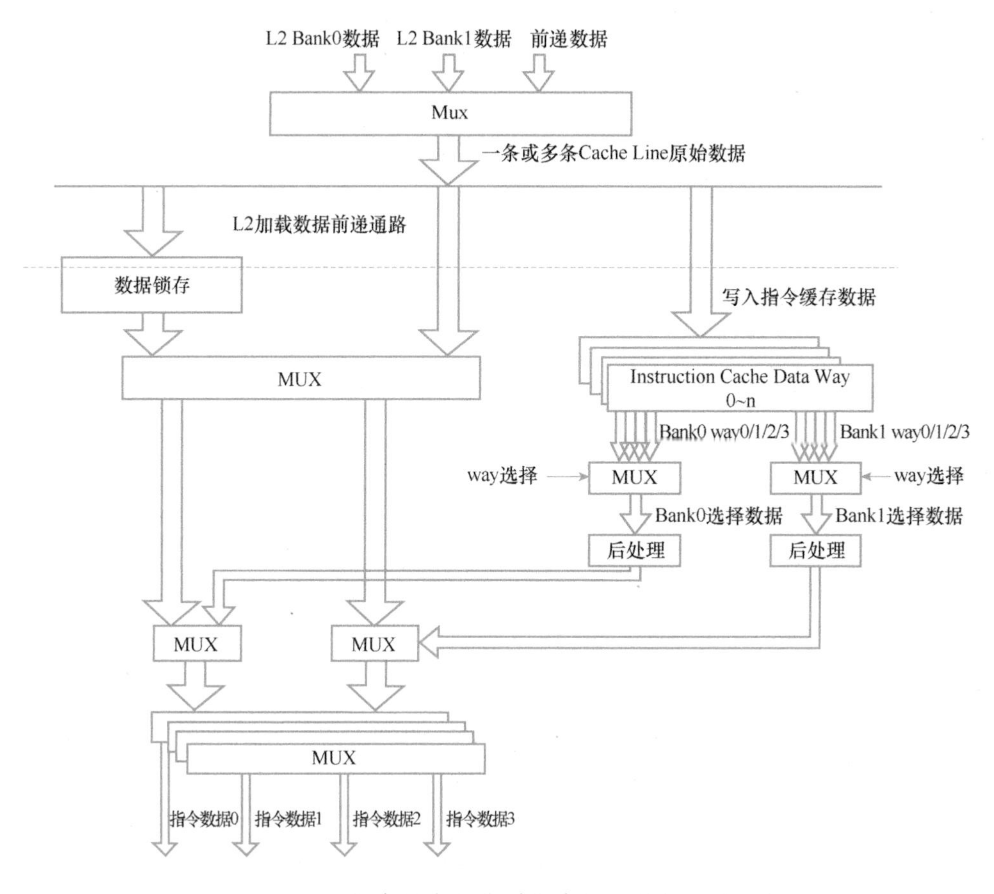

● 图 2-24　指令缓存加载到指令提取数据通路示例

关于中断和错误在指令提取单元的处理。对于每个接收到的中断，处理器会根据中断类型查询中断向量表，然后将中断服务程序入口返回给指令提取单元，并冲刷指令提取单元的流水线。所有中断都将按优先级被优先安排处理；奇偶校验用以保护指令缓存的数据和标签组的正确性，其错误（Parity Error）是指令缓存中常见的错误，一般纠错的形式是从二级缓存重新提取相应的指令行。

这里需要提请读者注意，图 2-23 所示的微架构是以功能组件基本完整的角度所展现的，直观上看需要 4 级左右的流水线设计。然而，在实际的微架构设计中，设计人员需要充分考虑时序（逻辑电路级数）、面积、功耗的影响，对指令提取单元的各功能组件和流水线划分设计不必拘泥于示例微架构本身，可以根据实际情况增删流水线级数，适当调整功能组件的（逻

辑）位置。

2.8 指令译码单元设计

指令译码阶段完成对指令的解析，得到后续指令执行阶段需要用到的信息。例如：

- 指令类型的解析：该指令是计算类指令、访存类指令还是跳转类指令等。
- 指令操作解析：如果当前指令是计算类指令，具体是哪种运算类型；如果当前指令是访存类指令，具体是 Load 指令还是 Store 指令，以及访存的数据位宽是 Byte、Half Word 还是 Word；如果当前指令是跳转类指令，具体的跳转判断条件是哪种。
- 操作数源和目标寄存器解析：该指令需要读取的寄存器索引（Index）是什么，该指令需要写回的寄存器索引是什么。

通常情况下，指令译码单元的输入是一串指令流。指令译码单元需要对指令流进行拆分，识别指令间边界，拆分出多条独立的指令。然后对各条指令进行独立的译码操作，得到后续流水线需要的控制信号。指令译码单元的复杂程度依赖于指令集架构的复杂度，如果指令集架构中定义了多种指令格式，每种指令格式又包含多种指令子集，指令译码单元就要对所有这些格式进行处理。

指令译码单元作为 CPU 前端中指令提取单元的后级组件，其流水线设计与指令提取单元的流水线设计紧密相关，需要设计人员通盘考虑 CPU 前端流水线各级的功能划分，以期达到性能与时序的最优解。2.7 节中提到，指令提取单元中的各功能组件和流水线划分不必拘泥于一般意义上（完整）的 4 级或 5 级，换言之，其中指令缓存子系统后级的功能组件可以考虑放到指令译码单元流水线中。这里主要是提供一个设计的视角，就不具体举例说明了。

RISC 和 CISC 的指令译码单元有较大差别，通常情况下 RISC 指令集较为简单，其对应的指令译码单元也就比较简单。下面分别对 RISC 和 CISC 架构的指令译码进行介绍。

2.8.1 RISC 指令译码设计

一个典型的 RISC 译码的流水线如图 2-25 所示。指令提取单元将指令写入指令队列中，对于一个超标量的 CPU，会进行并行的译码操作，完成指令译码后，将解析出的控制信号送往流水线下级。

通常情况下，RISC 指令比较容易解析。大多数 RISC CPU 有固定的指令长度，这有利于指令译码单元快速解析出指令边界。另外 RISC 指令集通常包含较少的指令格式，对于 RISC-V 指令集，共有 6 种类型指令，分别是 R/I/S/B/U/J 类型指令。这些指令格式较为固定，寄存器源操作数和目标操作数编码位置也较为固定，比较方便译码单元解析出控制信号。对于 MIPS 指令集，共有3种类型指令：立即数类型、跳转类型和寄存器类型指令，这些指令的格式同样较为固定，方便指令译码单元进行解析。

RISC CPU编码格式较为简单，通常指令译码仅需要一个时钟周期即可完成指令译码操作（有些指令需要两个时钟周期来完成，如SIMD的Load、Store，主要是受限于每个时钟周期能处理的资源量，如目标寄存器的数量等），所消耗的面积也较小，对高性能的超标量CPU的实现较为友好。

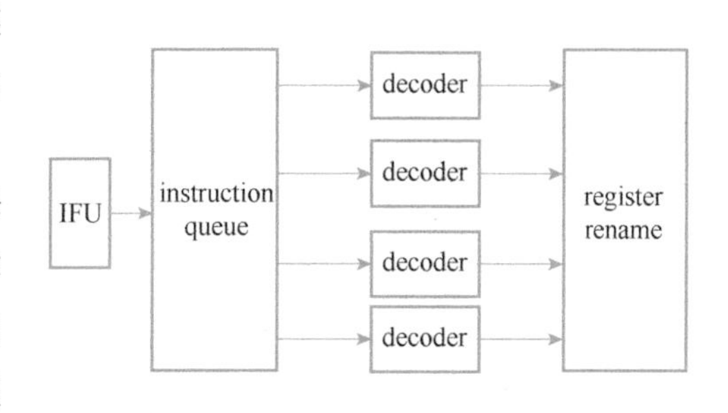

图2-25　RISC译码流水线

2.8.2　x86指令格式概述

x86指令系统是一种典型的CISC指令，有11种操作：数据传输、算术运算、移位循环操作、字符串操作、位测试操作、控制转移操作、高级语言支持、操作系统支持、CPU控制操作、浮点数据操作和浮点控制操作。

所有指令的编码格式如图2-26所示。它包括一个或多个前缀，一个单字节或双字节的操作数，一个寻址方式字节，一个比例-变址-基址字节，0~4字节的位移量和0~4字节的立即操作数域。

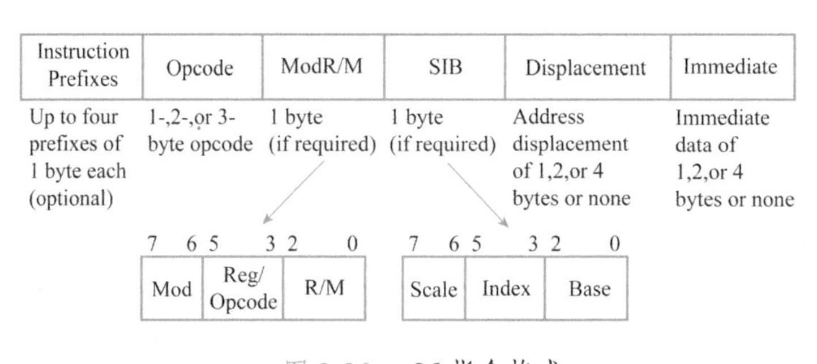

图2-26　x86指令格式

1）前缀有四种：指令前缀、段超越前缀、地址尺寸和操作数尺寸前缀。前缀是一个字节长，且一条指令前可以有一个或多个指令前缀。这些前缀并不改变执行的内容。前缀标明指令执行时是否锁定总线，使用哪一个段，用何种方式重复，以及指明地址和操作数的长度大小。使用这些前缀之后，指令就有了新的属性。

2）操作码占1~2个字节，该操作码可以定义较小的编码字段。在单字节操作码和双字节操作码指令中，都有一些带有扩充操作码的指令。有些压缩形式的指令只有一个字节，这一个字节不但含有操作码，而且指定了操作数和寄存器。

常常在操作码字节定义子域来指定数据流的方向，操作数的尺寸和一个寄存器的操作数是否执行符号扩展。通常编码在操作码字节里的额外域是 d、w、s 域，这些域的定义如下。

- d：方向域，指定指令中数据流的方向，并且在 16 位和 32 位方式下的操作是一样的。由于不允许存储器到存储器的传输，所以至少有一个操作数必须是一个寄存器。该域决定了由 reg 域指定的寄存器是源操作数还是目标操作数。
- w：宽度域，指定操作数是 8 位，16 位，还是 32 位。在多数情况下，指令仅在两个操作数尺寸相同时才有意义。
- s：符号域，置 1 表示编码中包括的一个字节或字的立即数，在使用前要进行符号扩展。如果 s 域为 0，不对立即数做任何操作。这些字段根据操作的类别而有所不同，并定义了一些信息，如数据流的方向、操作数的尺寸、一个寄存器操作数是否执行符号扩展等。

3）ModR/M：寻址方式字节，几乎所有的引用存储器中操作数的指令都有这个字段，它用来指定操作数的寻址方式。

有效寻址的指令在操作码之后将有一个寻址方式字节，还可能有一个比例-变址-基址（SIB）字节。这些字节包含了有关操作数类型，确定用于指令中的寄存器以及存储器存址方式的信息。寻址方式字节分成三个域：Mod（方式）、Reg（寄存器）和 R/M（寄存器/存储器）。同样地，SIB 字节也被分成三个域：Scale（比例）、Index（变址）和 Base（基址）。

- Mod 域决定了如何解释 R/M 域以及编码中是否包括 SIB 字节或 Displacemnt 域。
- 16 位方式下：Mod = 11 时，R/M 域表示寄存器，否则表示存储器；Mod = 10 时，表示指令编码中有一个 16 位带符号的偏移量；Mod = 01 时，表示指令编码中有一个 8 位带符号的偏移量；Mod = 00 并且当 R/M = 110 时，表示指令编码中有一个 16 位带符号的偏移量，否则表示指令编码中不带有位移量，按指令中给出的方式计算物理地址。
- 32 位方式下：Mod = 11 时，R/M 域表示寄存器，否则表示存储器；Mod = 10 且 R/M = 100 时，表示指令中含有 SIB 字节，否则表示指令编码中有一个 32 位带符号的偏移量；Mod = 01 且 R/M = 100 时，表示指令中含有 SIB 字节，否则表示指令编码中含有一个 8 位带符号的偏移量；Mod = 00 且 R/M = 100 时，表示指令中含有 SIB 字节，当 R/M = 101 时，表示指令编码中含有一个 32 位带符号的偏移量，否则表示指令编码中不带有位移量，按指令中给出的方式计算物理地址。
- reg 为寄存器域，表示通用寄存器和段寄存器。Reg 和指令前缀共同表示寄存器的操作数大小是 8 位、16 位还是 32 位。
- R/M 为寄存器/存储器域，它的作用是由域来控制的，以便决定指令是在 16 位方式还是 32 位方式下运行。它所表示的内容和上面的 Mod 域一起指定寄存器或是存储器。当运行在 32 位方式时，在 R/M 编码后面可以紧跟一个 SIB 字节，由 SIB 字节指定操作数。

4）SIB 为比例-变址-基址域，该域只用于 32 位（基地址+比例×变址+Displacement）方式的寻址中。比例域和变址域结合指定了 32 位有效地址的比例变址寄存器部分。基地址寄存器由基址域指定。基址域和变址域指定的寄存器只能是 32 位的寄存器。

5）Displacement：偏移量域，该域在寻址方式字节之后，是一个计算有效地址或程序相对地址的常量。其范围为 0~6 个字节（一个 2 字节的段和一个 4 字节的偏移量）。它有 3 种形式：有符号相对偏移量、无符号相对偏移量和绝对偏移量。有符号相对偏移量用于计算存储器地址或程序地址。无符号相对偏移量指定了一个相对段寄存器的偏移量。绝对偏移量指定了一个特定的存储器单元的段和偏移量的值。采用绝对偏移量的两个指令是 JMP 和 CALL 的远距离直接形式。对于这两个指令中的任何一个，下一条执行指令的地址的段和偏移量包括在编码中。绝对位移量指定的两个常数在指令执行时被装载到 CS 和 IP 寄存器中。

6）Immediate 为立即数域，指令码的最后部分称为立即数域。其范围是 0~4 个字节。如果在编码中有这个域，则包含一个被用作指令操作数或自变量的常量。这个子段一般都跟随于 SIB 字段之后，并且它始终位于指令的最后一个字节。

2.8.3 x86 指令译码设计

x86 指令译码流水线如图 2-27 所示。可以看到，x86 指令译码是由多级流水线组成的。x86 指令译码单元通常可分为两大部分：一是指令长度解析阶段，二是译码阶段。指令长度解析（Instruction Length Decoder，ILD）阶段对输入的原始指令流数据进行拆分，拆分出一系列独立的指令送往下一个阶段。第二阶段对指令进行解析，产生出等价的微操作（Micro-Operations）。这两个阶段通过指令队列进行解耦。

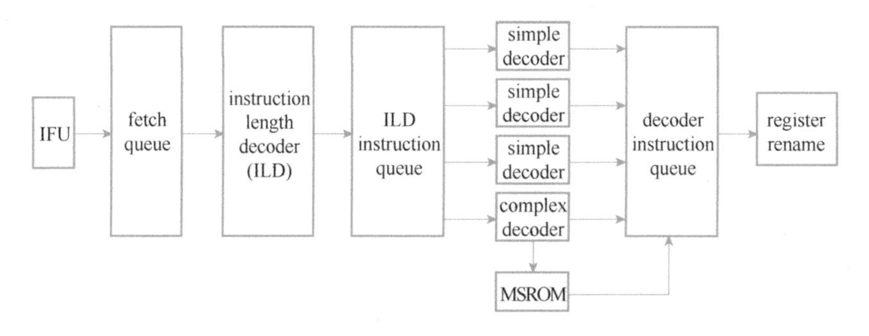

图 2-27　x86 指令译码流水线

ILD 单元从 Fetch buffer 中接收 16 byte 数据，进行指令长度解析及一些初步的译码工作。ILD 解析出各指令的长度信息，对指令流进行拆分。上文讲到 x86 的指令包含指令前缀，ILD 会解析指令前缀信息，生成对应的控制信号送往第二阶段解析。大部分的指令都可在一个周期内完成指令长度的解析。有些特殊指令需要多个周期才能完成指令长度解析，这些指令前缀被称为变长指令前缀（Length-Changing Prefixes，LCP）。要确定 LCP 指令的长度，ILD 需要对指令操作数等域段进行解析，而不仅仅是对指令的操作码进行解析，这增加了指令长度解析的复杂度。

完成指令长度解析后，指令被送往指令队列。进行第二阶段译码工作，该阶段指令译码器将指令解析成微操作。对于 x86 大多数指令，尤其是源和目标寄存器都是寄存器的类型指令，会被解析成单个微操作。对于存在访存操作或运用了复杂寻址模式的 x86 指令，通常会被解析成多条微操作。在典型的 x86 指令译码单元设计中，通常包含多个简单译码器，这些译码器并行处理只会产生单个微操作的指令。另外会包含一个复杂译码器，复杂译码器用来处理产生多个微操作的指令。这种设计方式节省了功耗和面积。

x86 指令中有一些特殊指令，如 string 类指令，会产生超过四条微操作。这些指令会被送往复杂译码单元，同时会暂停译码流水线，将指令交给 Micro-Sequencer（MSROM）单元进行处理。MSROM 包含 ROM 阵列，ROM 阵列中存放提前编译好的微码指令，在控制单元的控制下，微码从 ROM 中读取出来并送往下级进行处理。

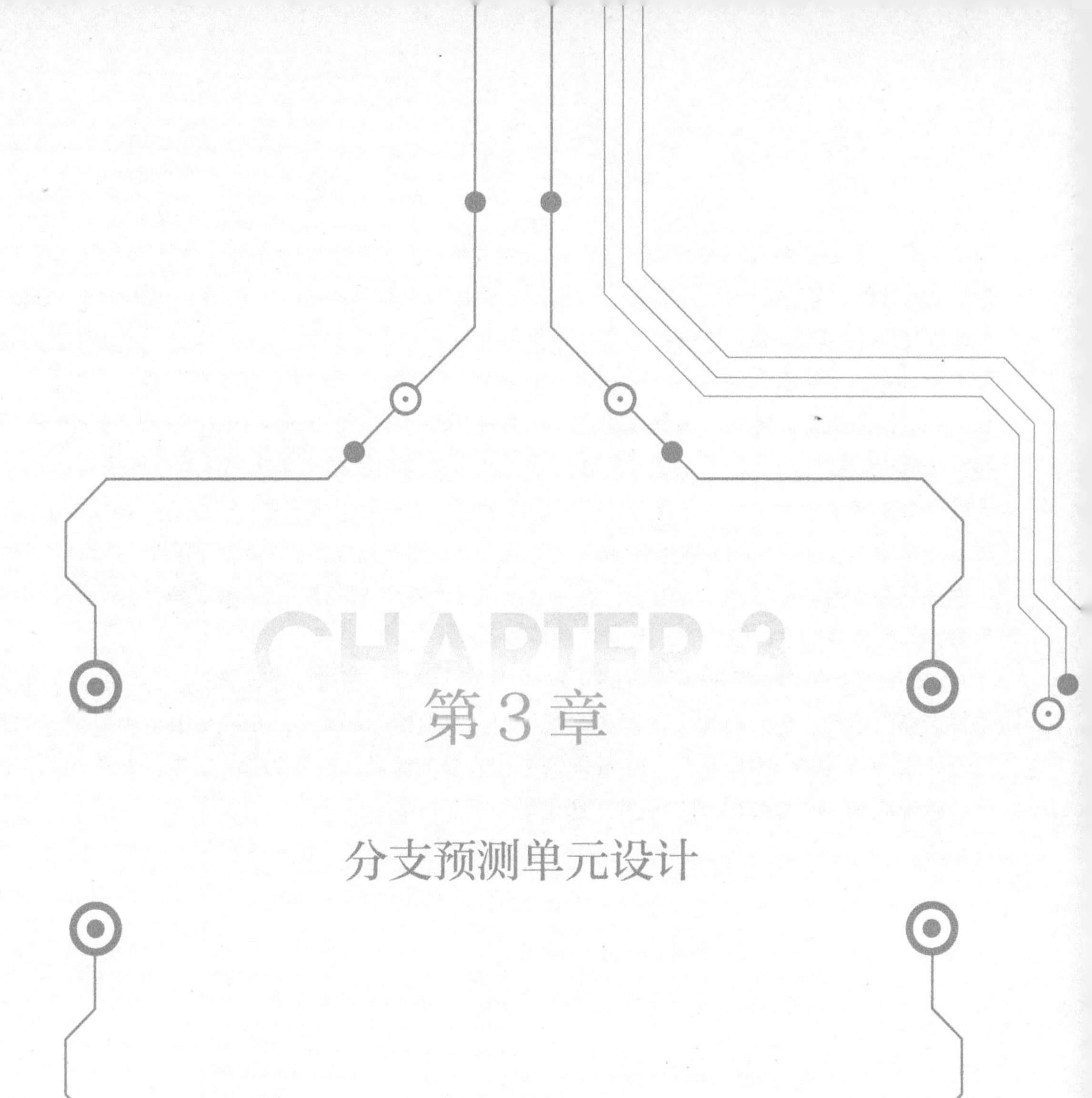

第3章

分支预测单元设计

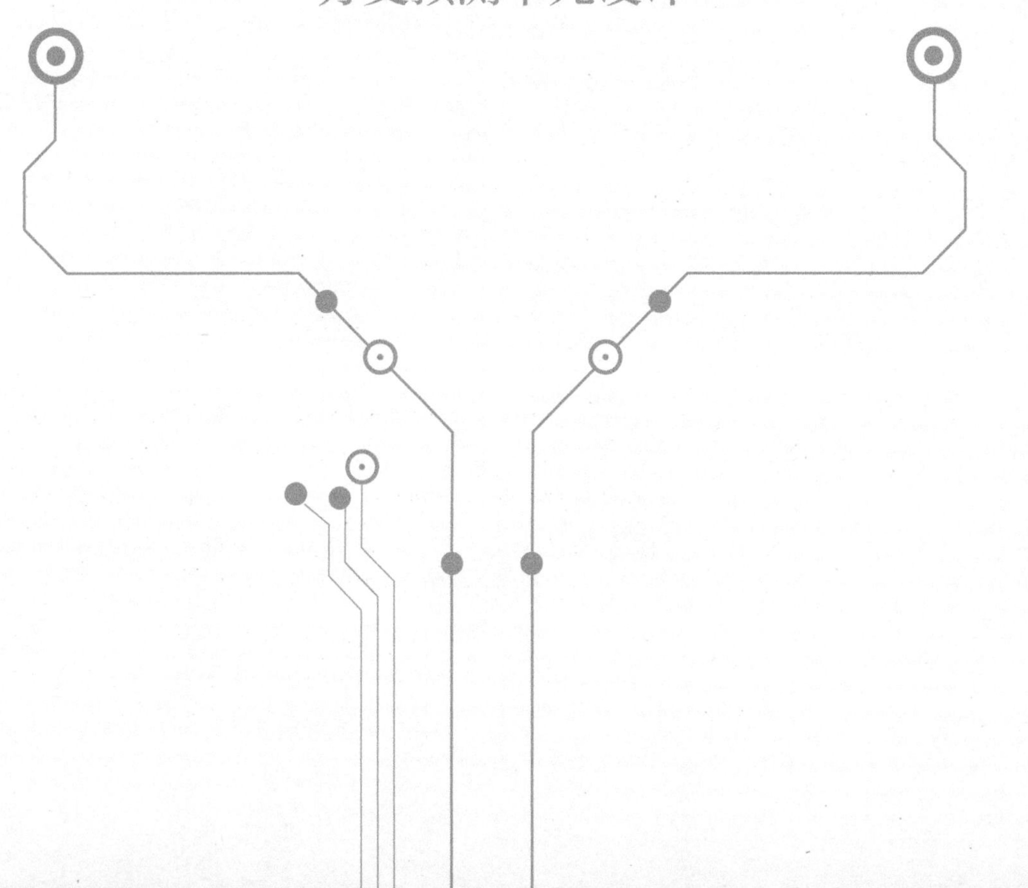

现代超标量 CPU 每个周期可以维持一个指令提取（Instruction Fetch）操作（一次取得的指令条数可以是多条），这意味着每个周期都必须计算一个新的指令提取地址。当前指令提取地址计算完成一定是先于缓存访问并行发生，然而，对于分支指令｛包括条件分支（Conditional Branch）、无条件直接跳转［Unconditional Branch（immediate）］、无条件间接跳转［Unconditional Branch（register）］、子程序调用（Call）和子程序返回（Return）等｝来说，理论上在执行分支［通过指令执行阶段的分支（解析）单元（Branch Unit）］之前无法计算出正确的指令提取地址。

分支预测对于超标量 CPU 的性能至关重要，是在 CPU 前端的分支预测单元（Branch Prediction Unit）中实现。分支预测单元通过训练指令解析（Resolve）时获得的分支跳转方向与地址的统计模型来预测后续未解析分支指令的跳转方向与地址。在当下的超标量 CPU 设计中，指令流水线一般是动态调度的，出于优化性能的考虑会优先选择在分支指令解析完成前尽量不做停顿流水线的处理。分支预测驱动投机指令执行（Speculative Instruction Execution），这是在乱序（Out of Order）CPU 设计中隐藏流水线（冲刷）延迟的关键技术，可以说，分支预测单元的微架构优化能够带来巨大的潜在 IPC 提升收益。当然，因为投机指令执行可能是无用的（指令运行在错误的路径上），微架构必须设计出一套完备的预测和恢复（指令在错误路径执行带来的影响）的机制及资源来应对投机指令执行带来的控制上的风险，如 CPU 挂死。

目前业界的分支预测器以近乎完美的精度预测绝大多数分支指令，特别是在性能测试基准（SPECInt、Geekbench 等）中，这使得超标量乱序 CPU 能够最大限度地提高投机执行的效率，从而最大限度地提高性能。然而，在一些特定的应用场景下，仍然存在着不理想的预测准确率，预测性能仍有提升空间。尽管分支预测准确率提升空间已经较小（小于 3%），但对于流水线级数较深的超标量 CPU 来说，性能提升空间仍然较大。有统计表明，在定点指令程序中执行的指令平均有 30%是由于分支预测错误而被浪费的。另外，如何优化分支预测单元的微架构设计从而达到更优化的面效/能效比，也是设计人员应该考虑的问题。

3.1 分支预测的原理

超标量 CPU 在流水线执行下可达到其最大吞吐量［理想状况下持续执行，没有停顿（Stall）或冲刷（Flush）］。上文提到，在指令提取阶段，需要从指令缓存中连续获取指令。每当遇到分支指令，程序的控制流偏离顺序路径时（也就是说程序计数器不再是顺序累加），流水线的潜在停顿就可能发生。对于无条件跳转分支指令，在分支的目标地址确定之前，无法确保完全正确地提取到后续指令。对于条件跳转分支指令，CPU 必须等待到执行阶段对分支条件进行解析。如果要进行分支指令跳转，则必须进一步等待直到跳转目标地址正确解析。图 3-1

所示为分支指令对流水线执行的影响。分支指令由分支（解析）单元执行，对于条件分支，直到其退出分支单元并且知道分支条件和分支目标地址时，指令提取阶段才能正确提取下一条指令。

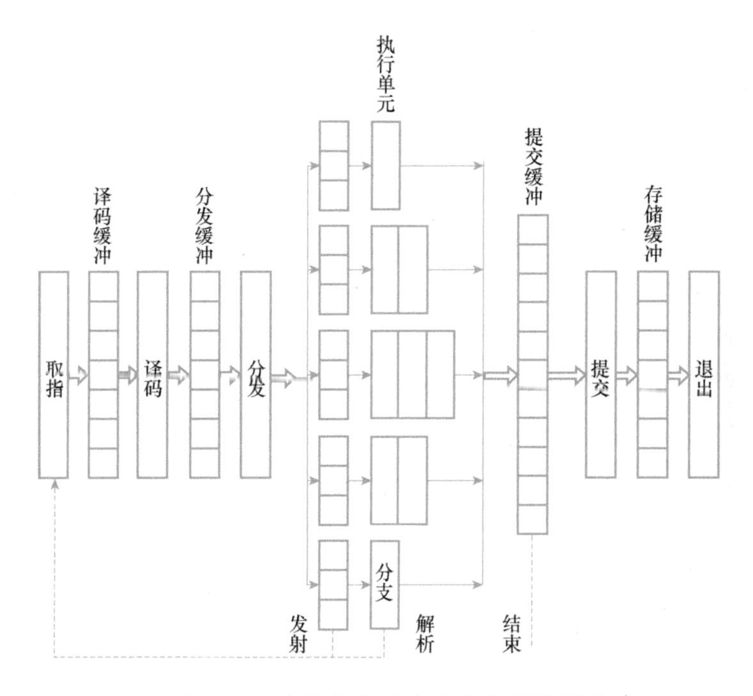

图 3-1　分支指令对流水线执行的影响

如图 3-1 所示，处理条件分支的延迟会导致获取下一条指令时（对应于译码、分发和执行阶段）需遍历多个时钟周期的等待窗口（取决于实际设计的流水线级数）。一般来讲，N 个停顿周期的实际损失不仅仅是标量流水线中的 N 个空指令槽，而是空指令槽的数量乘以 CPU 的发射宽度。例如，对于 6 发射宽度的 CPU，超标量流水线中的总损失为 $6\times N$ 个指令“气泡”，这种流水线停顿周期对应于阿姆达尔定律的顺序瓶颈，并显著降低了 CPU 潜在峰值性能的实际性能。

对于条件分支，流水线停顿（或者说无效投机执行被冲刷的“惩罚”）时钟周期的实际数量可由分支指令跳转目标地址生成或条件解析决定。图 3-2 所示为分支指令跳转目标地址生成可能导致的潜在停顿周期。实际停顿的周期数由分支指令的寻址方式决定。对于程序计数器相对寻址方式，分支指令跳转目标地址可以在取指阶段产生，导致取指周期的“惩罚”。如果使用寄存器间接寻址方式，则分支指令必须遍历译码阶段才能访问寄存器。在这种情况下，会产生取指加上译码周期的“惩罚”。对于具有偏移寻址模式的寄存器间接寻址，必须在寄存器访问后添加偏移，这可能导致多个时钟周期的“惩罚”。对于无条件跳转分支指令，只有目标地址生成引起的流水线停顿是需要关注的。对于条件跳转分支指令，还必须考虑分支条件解析延迟。

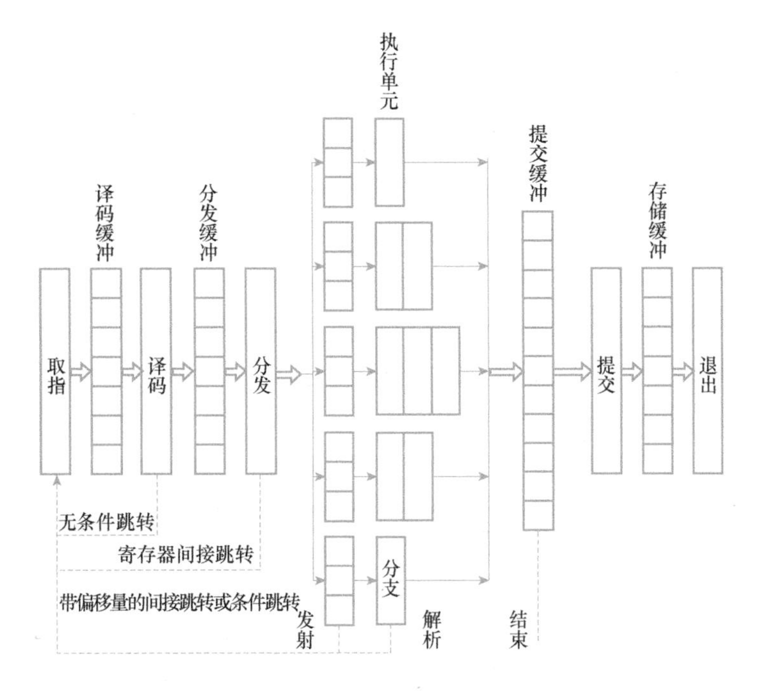

图 3-2 分支指令的地址重定向导致的流水线停顿“惩罚”

执行条件分支指令解析的不同方法也会导致不同的“惩罚”。图 3-3 所示为两种可能的流水线冲刷“惩罚”。如果使用条件代码寄存器，并且假设在指令分发阶段访问了相关条件码寄存器，那么流水线冲刷的“惩罚”周期将是取指到分发之间的流水线级数。如果指令集允许比较两个通用寄存器来生成分支条件，则需要一个周期来对两个寄存器的内容执行算术逻辑运算操作，这将导致多个周期的流水线冲刷“惩罚”。对于条件分支，根据所使用的寻址模式和条件解析方法，流水线的停顿周期也有所不同。例如，即使使用相对（程序计数器）寻址模式，必须访问条件码寄存器的条件分支仍然会导致多个周期的“惩罚”，而不仅仅是目标地址生成周期的“惩罚”。

前文提到，分支指令带来的总损失等于流水线停顿周期数和 CPU 发射宽度的乘积。对于 *N* 发射宽度 CPU，每个停顿周期等于获取 *N* 条无操作指令（NOP）。超标量流水线技术的主要目标是最小化此类取指停顿周期的数量，并且利用这些周期来完成潜在有效的连续执行。实现这一目标的主要方法是通过分支预测，这是本章接下来要讨论的主题。

分支预测的本质是克服指令控制冒险，提高指令并行度，从而使得 CPU 的性能得到提高。

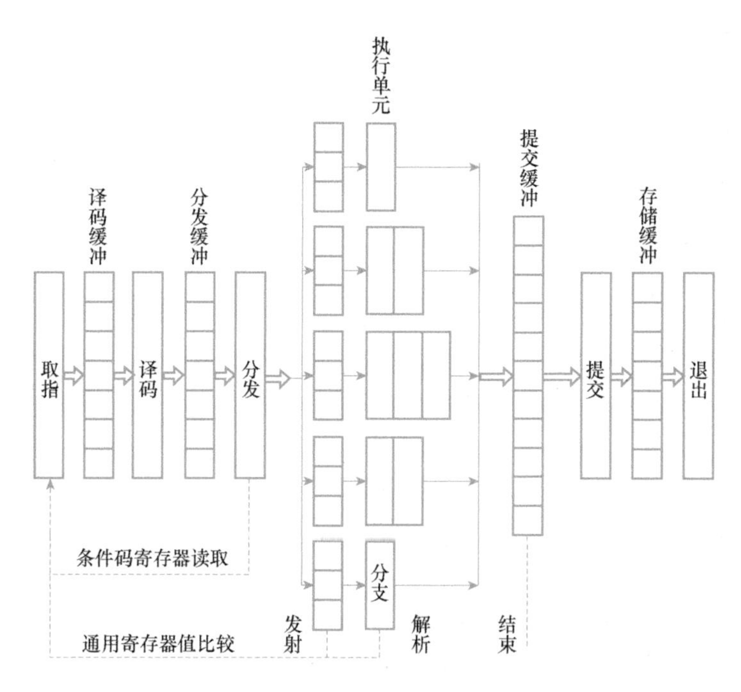

● 图 3-3　分支条件解析导致的流水线冲刷“惩罚”

通过预测分支指令的跳转的目标地址和方向，尽可能地降低错误预测对流水线运行的惩罚，从而最大化指令流的吞吐量。所以，分支预测单元设计的两个基本组成部分是分支跳转目标预测和分支跳转方向预测。分支预测的本质是对分支指令进行投机执行，对于任何投机执行的技术，都必须有对应的机制来验证预测的准确性并从错误路径安全地恢复到正确路径上。

3.2 分支跳转方向预测

对于分支指令来说，所谓的“跳转方向”只有两个：跳转（Taken）或者不跳转（Not Taken）。对于跳转的分支指令，一定会伴随着一个非顺序累加的跳转地址；同理，对于一个不跳转的分支指令，（在非异常的情况下）它之后的指令提取地址是顺序累加的。需要说明的是，分支跳转方向预测的算法和硬件结构有很多种，本节选择目前主流高性能 CPU 中使用的几种预测器进行介绍，对于其他预测器（如 GShare），有兴趣的读者可以自行查阅相关资料相互印证。

3.2.1 基于饱和计数器的预测器设计

有多种方法可以进行分支跳转方向预测。从历史版本的设计中，最简单的形式是静态预测，即将预测器设计为以下四种形式之一。

- 始终预测为不跳转（Always Not Taken）：当遇到分支指令时，在其解析之前，取指阶段会继续沿下落路径取指而不会停顿。
- 始终预测为跳转（Always Taken）：当遇到分支指令时，在其解析之前，取指阶段会根据给定的跳转路径取指。
- 当预测的目标地址大于分支地址，认为不跳转；当预测的目标地址小于分支地址，认为跳转（Back Taken，Forward Not Taken）：这种形式的预测首先确定分支指令地址和目标指令地址之间的相对偏移量。正偏移将触发预测分支指令不跳转，而负偏移（最有可能指示循环跳出分支）将触发预测分支指令跳转。
- 提前对指令译码（Pre-decode）：这种方式一般只针对无条件分支跳转（Unconditional Branch）指令。

基于静态预测器的最小分支跳转方向预测很容易实现，但不是很有效，灵活度也不够高。另一种形式的预测采用软件支持并且可能需要更改指令集。例如，可以在编译器设置的分支指令格式中分配一个额外的位，该位用作对硬件的提示，以根据该位的值确定是否执行未采用预测或采用预测。编译器可以使用分支指令类型和分析信息来确定最适合该位的值，这允许每个静态分支指令都有自己指定的预测。目前超标量 CPU 设计中，除了之前提到的提前译码，常见的分支跳转方向预测技术都是基于先前分支执行的历史信息设计的。

基于历史信息的分支跳转预测根据先前观察到的分支跳转方向对分支方向进行预测，无论是跳转（Taken）还是不跳转（Not Taken）。这种类型的分支跳转方向预测的设计决策包括应该跟踪之前多长的历史，以及对于每个观察到的历史跳转模式应该做出什么预测。基于历史信息的分支跳转方向预测的具体算法可以用有限状态机（Finite State Machine）来表征，如图 3-4 所示。用 *N* 个状态变量编码该分支的最后 *N* 次执行所采取的方向，因此，每个状态都代表了一

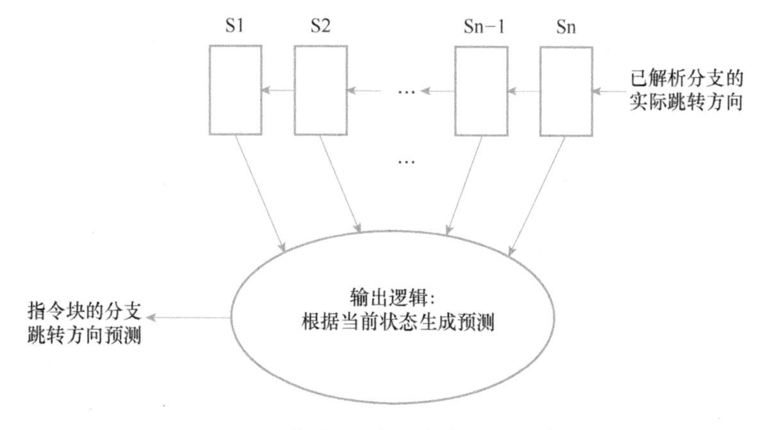

图 3-4　分支预测器的有限状态机模型

个特定的历史跳转模式。输出逻辑根据 FSM 的当前状态生成跳转方向预测。本质上，预测是基于该分支前 *N* 次执行的结果进行的。当最终执行预测分支时，实际结果将用作 FSM 的输入以触发状态转换。

图 3-5 所示为典型的基于 2-bit 饱和计数器的分支跳转方向预测器的 FSM 图，该预测器使用两个历史位来跟踪分支跳转最近执行的结果。这两个历史位构成了 FSM 的状态变量。预测器可以处于以下四种状态之一：Strong Not Taken、Weak Not Taken、Strong Taken 或 Weak Taken，表示在分支最近的执行中倾向的跳转方向。一般来说，Weak Taken 或者 Weak Not Taken 状态可以被指定为初始状态。T 或 N 的输出值与四个状态中的每一个相关联，表示当预测器处于该状态时将进行的预测。当执行分支时，实际跳转的方向将用作 FSM 的输入，并发生状态转换以更新分支历史，该历史信息将用于进行下一次预测。

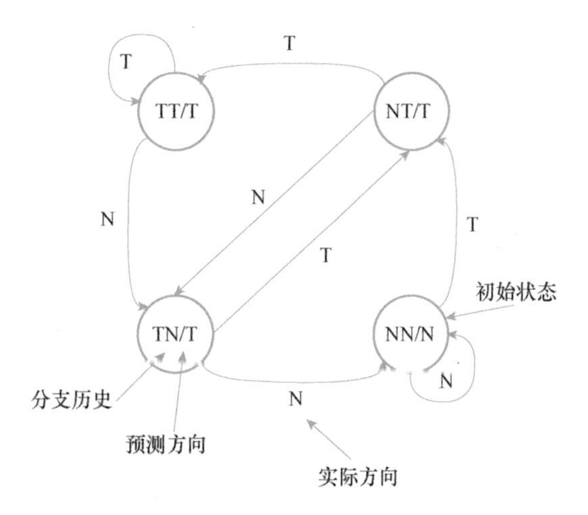

图 3-5　2-bit 饱和计数器预测器

图 3-5 所示的状态机预测跳转（Taken）或者不跳转（Not Taken）的长期运行。只要前两次执行中至少有一个是跳转分支，它就会预测下一次执行为跳转。当连续遇到两个连续的不跳转（Not Taken）时，方向预测才会切换为不跳转。这代表了一种特定的分支跳转方向预测算法。

3.2.2　TAGE 预测器及其衍生设计

TAGE 是标记几何历史长度（TAgged GEometric history length）的缩写。该预测器及其衍生的优化设计由法国国家信息与自动化研究所（INRIA）的高级研究主任 André Seznec 博士提出[5]。TAGE 预测器源自 Michaud 的 PPM 类基于标签的（Tag-Based）预测器。它依赖于默认的无标签预测器（基础预测器）以及由多个［部分（Partial）］标签（Tag）的预测器组件组成的全局预测器。这些组件使用不同的分支历史信息长度进行索引计算，这些历史长度形成几何级数。预测由预测器组件上的标签匹配或默认预测器提供。在多命中的情况下，预测由使用历史信息最长的标签匹配表提供。

由于上文引入了“历史信息”的概念，那么在详述 TAGE 预测器结构之前，有必要对这个概念稍加阐释。所谓“历史”，就是在运行时间内分支指令运行情况（跳转与否）。分支历史信息理论上可以包括与先前指令流中遇到的分支指令相关联的任何合适的信息（例如，分支跳转目标地址或者分支跳转方向)，在实际设计中可以考虑使用指令流中遇到分支指令时程序的状态或者是否进行分支跳转的信息（以一维向量的形式表现)。分支预测器可以利用一个或多个全局（Global）和局部（Local）历史向量组合或者单独使用其中之一进行预测。局部历史向量可以包括遇到特定分支指令的先前 N 个实例（其中 N 可以是任何合适的整数）的条目，其中每个条目包括分支指令跳转的方向的指示。全局历史向量通常不会为每个分支指令保留单独的历史记录，而是保留所有分支指令的共享历史。因此，全局历史可以包括在当前分支指令之前遇到的最后 N 个分支指令的相关信息。全局共享历史的优点是不同分支指令之间的任何相关性都能够在预测中被利用，但是如果分支指令不相关或者在被预测的分支指令之间有许多其他分支指令，则全局共享历史可能会被不相关的信息以及相关的分支指令稀释。这也是分支预测器设计中需要重点关注的一个问题。

理论上记录越长的历史信息越能够保证预测匹配到真实的行为，这同时也意味着需要消耗大量额外的硬件资源。所以实际设计中的处理方法是收集分支指令的新近 K 个运行时间执行的历史模式，也就是维护一个宽度为 K 的寄存器，一般称之为全局历史寄存器（Global History Register，GHR)。GHR 一般存储新近 K 个分支的跳转行为序列（如 111001001101…，其中 1 表示对应分支跳转，0 表示对应分支未跳转）或者跳转目标地址的截取或哈希。其中，新近 K 个分支可以表示实际遇到的最近 K 个分支指令，或者同一分支指令的最近 K 次出现。寄存器更新时进行左移操作。

另外一个被用到的组件被称为模式历史寄存器（Pattern History Register，PHR)。PHR 一般存储 k 个分支中的特定模式的最近 s 次出现的分支行为。举例来说，假设 $k=8$，$s=6$，最近 n 个分支的行为为 11100101，并且在前 8 个分支的最近 6 次中的每一次都具有模式 11100101，分支在跳转和不跳转之间交替，那么 PHR 将包含历史 101010。

需要说明的是，这里引用了德州大学奥斯汀分校（UT Austin）教授 Yale N.Patt 提出的两级自适应分支预测（Two-Level Adaptive Branch Prediction）中的历史信息理念相关内容（其文章发表时 Patt 教授任教于密歇根大学)[6]。然而，Patt 教授提出的是预测器，这里只运用到分支历史信息构造，也就是一个序列，本身不能独立进行预测。分支历史信息的构造方法在实际设计中也不是一成不变的，这里只是给出一个基本的构造思想。

图 3-6 所示为一个 TAGE 预测器结构。TAGE 预测器设有一个负责提供基础预测的基础预测器 T0，以及 4 组带有（部分）标签的预测器 T1～T4。这些带有（部分）标签的预测器组件 Ti 使用形成几何序列的不同分支历史长度与程序计数器 PC 哈希之后进行索引。在实际设计中，使用的几何序列往往需要根据使用的分支历史信息的长度和关注的应用场景做相应的调整，以避免出现不同的分支指令信息哈希出索引或标签之后发生别名（Alias）现象导致预测出错。

基础预测器可以设计成一个简单的由 PC 直接索引的、基于 n 位饱和计数器的预测器。带

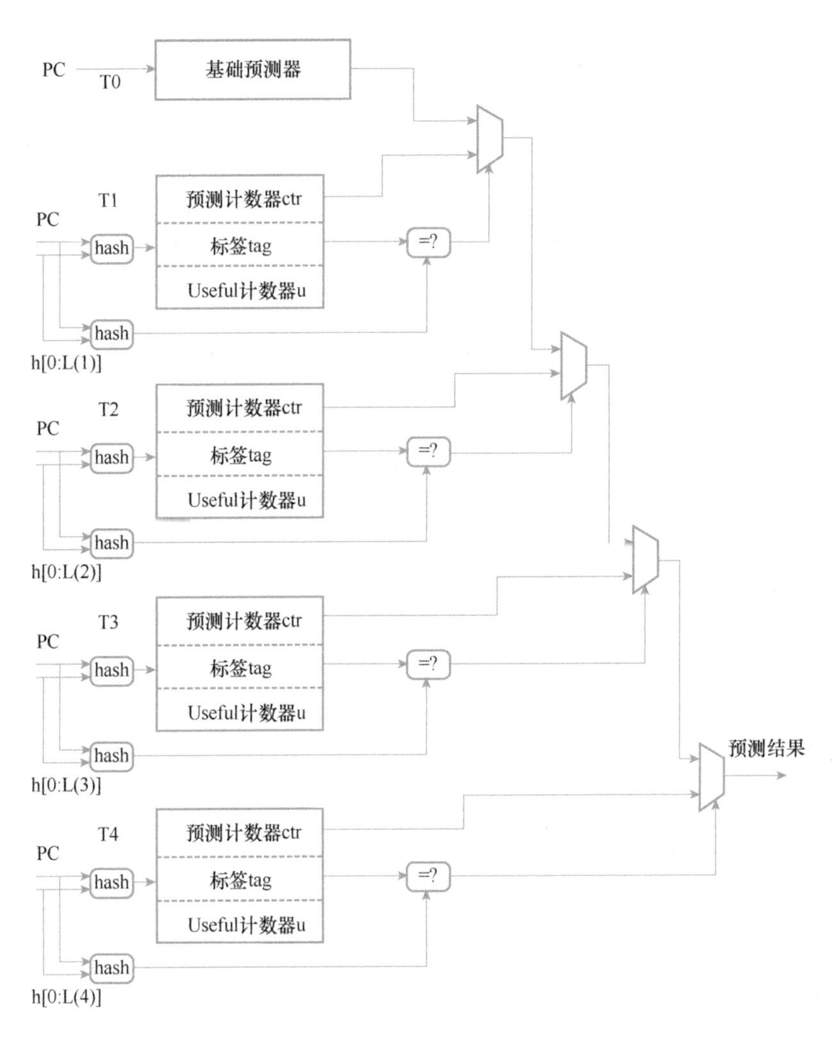

● 图 3-6　TAGE 预测器结构（1 个基础组件+4 个全局组件）

标签的预测器组件中的条目包含一个有符号的预测计数器 ctr（3-bit）、（部分）标签 tag 和无符号的 Useful 计数器 u（2-bit）。

在预测时，同时访问基础预测器（Base Predictor）和使用历史信息索引标签组件的全局预测器。基础预测器提供默认预测，全局预测器仅在标签匹配时提供预测。预测结果由使用最长分支历史信息的命中的全局预测器组件提供。如果没有匹配的全局预测器组件，则使用基础预测器的预测结果。

当预测错误时，需要对预测器相关组件进行更新。如果预测器之前进行了预测，则对提供预测的组件进行更新。此时需要注意，如果提供预测的组件不是使用最长分支历史信息的组件

（前文提到预测结果由使用最长分支历史信息的命中标记的预测器组件提供），那么在这种情况下，需要去分配比当前预测组件使用更长分支历史信息的组件。当尝试分配使用更长分支历史信息的组件时，如果发现距离最近的组件中 Useful 计数器为 0，则分配该组件，否则不会分配新组件，但需要将所有比当前预测组件使用更长分支历史信息的组件中的 Useful 计数器递减。当分配一个新的组件时，预测计数器 ctr 初始化为弱跳转（Weak Taken），Useful 计数器初始化为 0（Strong Not Useful）。

当预测正确时，对应组件的 Useful 计数器递增，预测计数器 ctr 根据分支跳转方向做对应方向的加强。

上述更新策略旨在最小化由单个分支出现引起的扰动。这里需要指出一点，标记的预测器组件中可以设计一个可替代位（alt-pred bit）。例如，当 T2 与 T4 组件有标签命中时，按规则使用 T4 给出的预测结果；当确定 T4 预测错误时，T2 的预测结果就被设置为可替代的（Alternative）。如果没有命中的组件，则被设置为可替代的组件就作为默认的预测组件。

TAGE 预测器被认为是最有效的基于全局分支历史预测器之一。与统计校正器（Statistical Corrector Predictor）和循环预测器（Loop Predictor）等小型辅助预测器相关联，TAGE 预测器可以更有效，这种组合被称为 TAGE-SC-L 预测器[7]。

TAGE-SC-L 预测器由三个组件组成：TAGE 预测器、统计校正预测器和循环预测器，如图 3-7所示。

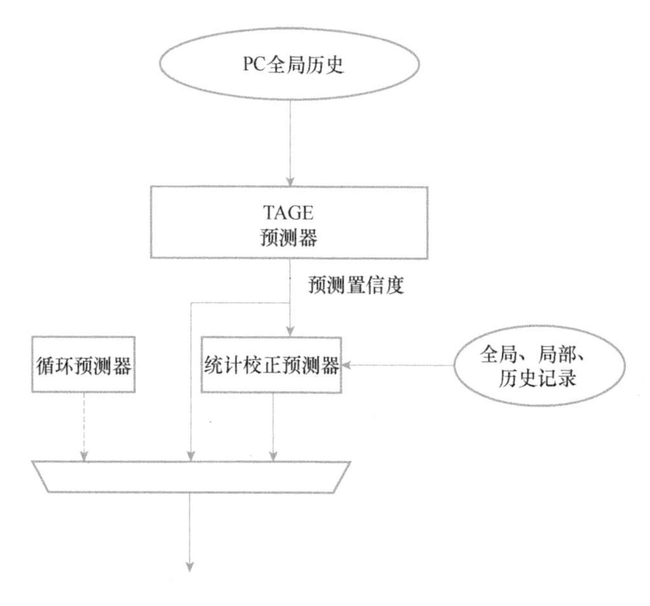

● 图 3-7　TAGE-SC-L 预测器结构

TAGE 预测器提供主要的预测；统计校正预测器作用在于确认（一般情况）或恢复预测。当 TAGE 出现统计错误预测（预测、分支历史、分支置信度等）时，统计校正器会恢复预测；循环预测器可用于预测具有长循环体的常规循环。

TAGE 预测器在预测具有强关联性的分支指令方面非常有效，然而对于与控制流路径不相关、对某个方向只有一些统计偏差的分支预测效果较差。在其中一些分支指令的预测上，TAGE 预测器的性能甚至比基于饱和计数器的 PC 索引表的性能还要差。

为了更好地预测此类具有统计偏差的分支，引入了统计校正预测器。统计校正预测器基于 TAGE 的预测，旨在检测可能错误的预测并还原它们，决定是否反转预测。由于在大多数情况下 TAGE 预测器提供的预测是正确的，因此统计校正预测器在大多数情况下与 TAGE 预测器保持一致。这样相对较小容量的统计校正预测器的性能接近于容量无限大小的统计校正器。

统计校正预测器的结构如图 3-8 所示。局部历史表（Local History Table）与投机性局部历史管理器（Speculative Local History Manager）（见图 3-9）与 TAGE 预测器并行访问。当局部历史表中具有相同索引的分支已经在流水线中时，投机性局部历史管理器提供投机性局部历史。投机性局部历史与 TAGE 预测相关联以索引局部统计校正预测器（Local Statistical Correlator Predictor）。预测计算结合来自 TAGE 的预测计数器值，为在统计校正表上读取的预测值（2×ctr+1）加上 TAGE 中命中块输出值（2×ctr+1）的 8 倍的有符号和。如果统计校正预测器的预测结果与 TAGE 的预测结果不一致，并且预测计算总和的绝对值高于动态阈值，则恢复 TAGE 预测。动态阈值在运行时进行调整，以确保使用统计校正预测器是有益的。

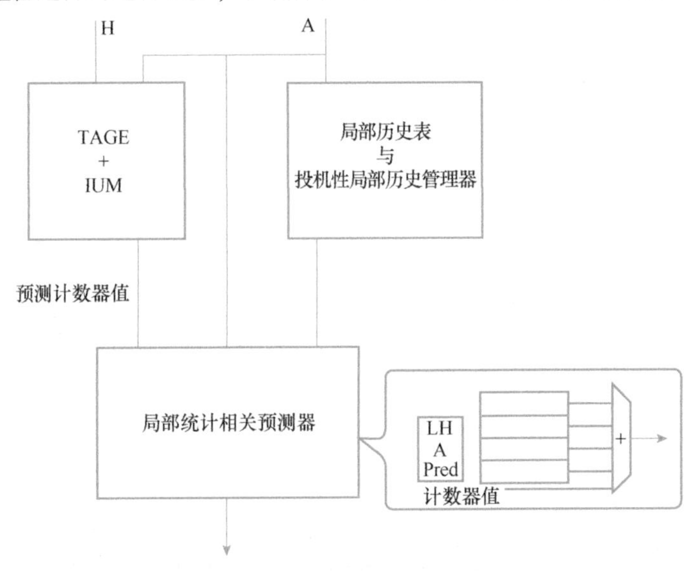

图 3-8　统计校正预测器结构

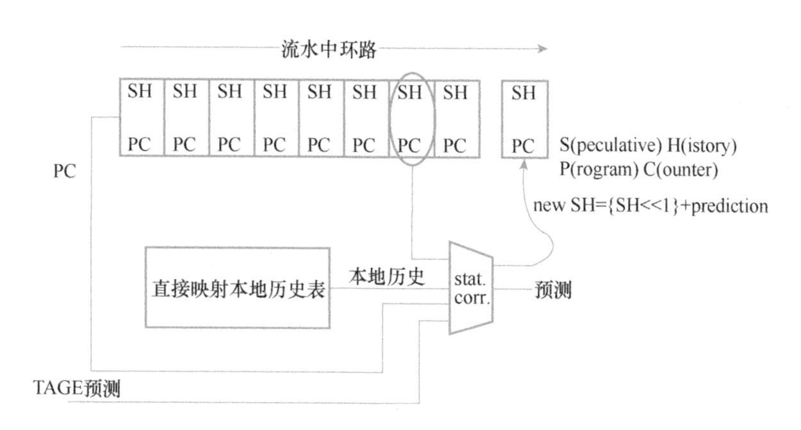

● 图 3-9　投机性局部历史管理器结构

这里需要额外提一下图 3-8 中所示的一个组件：即时更新模仿器（Immediate Update Mimicker，IUM），其在 TAGE 预测器的衍生优化设计中属于一个锦上添花的组件。因为延迟更新（训练）对 TAGE 预测器的影响远低于对其他预测器（包括基于感知机的预测器）的影响，尤其是当 TAGE 仅在预测时读取并在指令退出时更新（这就意味着更新的数据一定是在正确的指令路径上）。而 IUM 的设计则是为了进一步减小延迟更新对于 TAGE 预测性能的影响。

如图 3-10 所示，在提取指令为条件分支类型时，IUM 记录 TAGE 预测器的预测信息，即提供预测的条目的标识（预测组件的编号及其索引）。在解析到错误预测（跳转方向）的分支指令后，IUM 通过初始化使其指向相关 IUM 条目的头指针，并使用正确的跳转方向更新该条目来进行修复。

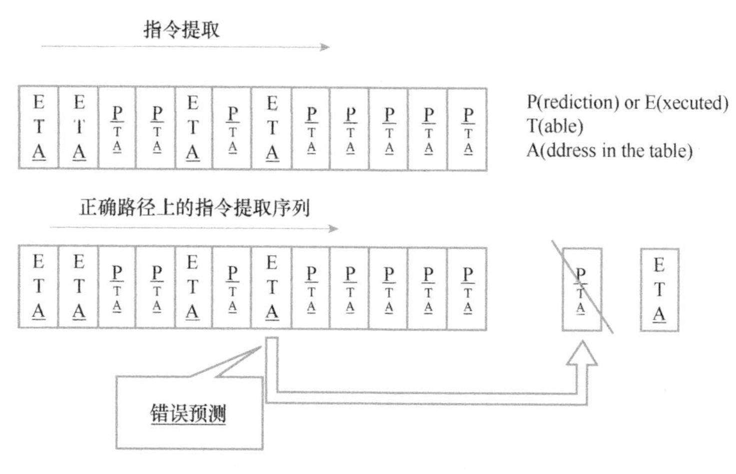

● 图 3-10　IUM 结构示例

当指令流在正确路径上获取时，与流水线中分支指令关联的 IUM 条目匹配预测器条目，该条目提供 TAGE 预测的有效结果（在错误预测的情况下更正）。如果在分支指令退出（Retire）之前预测器中的条目出现新的命中，则预测器可以用 IUM 提供的跳转方向预测结果，而不是 TAGE 的预测结果（TAGE 中对应条目尚未更新）来响应。

IUM 可以通过一个全相联表在硬件中实现，每个流水线中的分支指令都对应一个条目。如果所有预测信息都是在指令退出时更新，IUM 能够恢复由于 TAGE 预测器的延迟更新而导致的大约 3/4 的错误预测。

当只考虑局部历史时，具有恒定迭代次数的循环分支是高度可预测的。当循环内部的控制流是规则的时，TAGE 预测器通常能够以非常高的准确度预测这些循环。然而，当循环体中的控制流不稳定时，TAGE 预测器可能无法正确预测循环的退出。

循环预测器可以简单地识别具有恒定迭代次数的常规循环。当循环预测器将分支识别为具有恒定迭代次数的循环并且当此识别达到高置信度时（即当循环已以相同的迭代次数执行多次时），循环预测器将提供全局预测。

具有有限条目数和高关联性的循环预测器在实际设计中就足够了。Seznec 博士给出了一个 4 路偏移关联 64 条目的循环预测器的设计：循环预测器表中的每个条目由一个 10-bit 的过去迭代计数（Past Iteration Count）、一个 10-bit 的退出迭代计数（Retire Iteration Count）、一个 10-bit 的部分标签（Partial Tag）、一个 3-bit 的置信度计数器（Confidence Counter）、一个 3-bit 的老化计数器（Age Counter）和 1 个方向位组成。替换策略基于老化计数器，仅当其老化计数器为空时才可以替换条目。在分配时，寿命首先设置为 7。只要条目是可能的替换目标，寿命就会递减，只在条目被使用并提供有效预测时递增。每当分支被确定为不是常规循环时，该条目内的老化计数器就会重置为零。

循环预测器的整体硬件复杂性不在于循环预测器表本身，而在于迭代次数的投机管理。图 3-11 所示为这种投机管理的一种可能的实现方案：投机性循环迭代管理器（Speculative

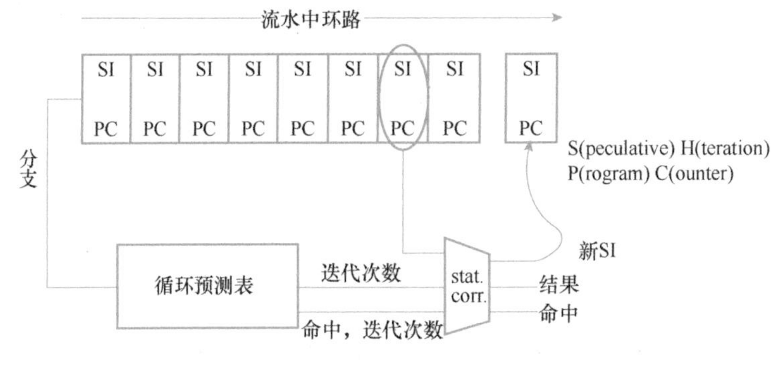

● 图 3-11 投机性循环迭代管理器结构

Loop Iteration Manager，SLIM）。SLIM为每个被识别为循环的分支记录一个新条目，该条目具有分支的PC和已达到的（投机性的）迭代次数。在预测时，会检查循环预测器，如果命中的条目具有高置信度，则在预测器上读取当前迭代的（非投机性）次数和循环中的迭代次数。同时，SLIM是并行读取的，如果分支也在SLIM中命中，则由最近的命中条目提供投机迭代次数。投机迭代次数会增加并对照循环的预测迭代次数进行检查，然后预测分支跳转结果。在预测错误时，错误的SLIM条目将被清除；在循环退出时，相关联的SLIM条目被清除。

3.2.3 感知机预测器设计

感知机被广泛用于构建分支预测器，从而实现低误预测率，应用的典型代表是AMD的Zen和Zen2（感知机+TAGE）、三星Exynos M系列CPU核，以及IBM Z系列CPU核，感兴趣的读者可以自行查阅对应的硬件规格。感知机预测器由德州农工大学（TAMU）教授Daniel A. Jiménez博士提出，使用一层手工编码的特征，并尝试通过学习如何对这些特征进行加权来识别对象[8]。但是这样一个简单的单层感知机预测器只能学习线性可分的分支指令。为了克服此缺点，业内已经提出了不同的变体。其中，有部分变体涉及间接跳转目标地址预测，将在3.3.4节描述，本节主要介绍感知机分支方向预测器基本设计原理。

感知机于1962年作为研究大脑功能的一种方式被提出。单层感知机由一个人工神经元组成，通过加权边将多个输入单元连接到一个输出单元，学习N个输入的目标布尔函数$t(x_1,\cdots,x_n)$。对于感知机预测器，x_i是全局分支历史移位寄存器的位，目标函数预测特定分支是否会跳转。感知机预测器会跟踪全局历史中的分支结果与被预测的分支之间的正相关或负相关。

图3-12所示为感知机的模型。其由一个向量表示，该向量的元素是有符号整数权重，输出是权重向量$\boldsymbol{w}_{0\cdots n}$和输入向量$\boldsymbol{x}_{1\cdots n}$的点积［$\boldsymbol{x}_0$始终设置为1，提供“偏差（bias）”输入］。感知机的输出y计算见式(3-1)：

$$y = \boldsymbol{w}_0 + \sum_{i=1}^{n} \boldsymbol{x}_i \boldsymbol{w}_i \tag{3-1}$$

感知机的输入是双极的，即每个$\boldsymbol{x}_i$要么是-1，表示不跳转，要么是1，表示跳转。负输出预测为不跳转，非负输出预测为跳转。

计算出输出y后，将使用以下算法来训练感知机预测器。如果分支指令没有跳转，则设t为-1，如果分支指令跳转，则设t为1，并令θ为阈值。该阈值是训练算法的参数，用于决定何时完成足够的训练。

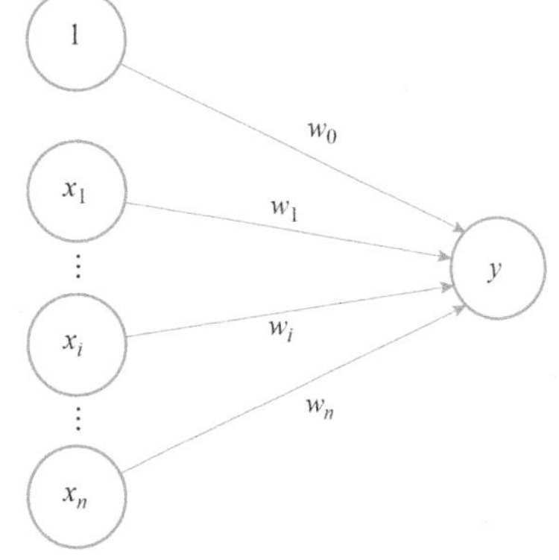

图3-12 感知机模型

```
1.if sign(y_out) ≠ t or |y_out |≤θ then
2.    for i:=0 to n do
3.        w_i: = w_i+t w_i
4.    end for
5.end if
```

由于 t 和 $\boldsymbol{x}_i$ 始终为-1或1，因此该算法在分支指令解析结果与 $\boldsymbol{x}_i$ 一致时增加第 i 个权重，在不一致时减少权重。当大部分一致时，即正相关，权重变大；当大部分不一致时，即负相关，权重大幅度变负。在这两种情况下，权重对预测都有很大的影响。当相关性较弱时，权重保持接近0，对感知机的输出贡献很小。

感知机的局限性在于它们只能学习线性可分函数。将感知机的所有可能输入的集合想象成一个 n 维空间，见式（3-2）：

$$\boldsymbol{w}_0 + \sum_{i=1}^{n} \boldsymbol{x}_i \boldsymbol{w}_i = 0 \tag{3-2}$$

该方程的解是一个超平面（如，如果 $n=2$ 则为一条线）将空间划分为感知机响应为假的输入集合以及响应为真的输入集合。变量 $\boldsymbol{x}_{1\ldots n}$ 上的布尔函数是线性可分的，当且仅当存在 $\boldsymbol{w}_{0\ldots n}$ 的值，使得所有真实实例都可以通过该超平面与所有虚假实例分开。由于感知机的输出由上述方程决定，因此感知机只能完美地学习线性可分函数。例如，感知机可以学习两个输入的逻辑与，但不能学习异或，因为在布尔平面上没有线将异或函数的真实实例与错误实例分开。

许多描述程序中分支指令行为的函数是线性可分的。此外，允许感知机随着时间的推移进行学习，它可以适应程序行为中的相变引入的非线性。在学习线性不可分函数时，感知机仍然可以给出很好的预测，但不会达到100%的准确度。相比之下，如果有足够的训练时间，可以学习任何布尔函数。

图3-13所示为感知机预测器的结构。预测器在SRAM中保存了一个包含 N 个感知机的表项，感知机的数量 N 取决于硬件资源开销和权重的数量，而权重本身由保留的分支历史数量决定。另有电路计算 y 的值并执行训练。当在指令提取阶段遇到分支指令时，采取以下步骤。

1）分支地址被哈希以在感知机表项中产生索引 $i(0,\cdots,N-1)$。

2）从表项中取出第 i 个感知机到一个向量寄存器，也就是 $\boldsymbol{P}_{0\ldots n}$ 的权重。

3）y 的值计算为 $\boldsymbol{P}$ 和全局历史寄存器的点积，当 y 为负时预测分支不跳转，否则预测为跳转。

4）一旦分支指令解析后，训练算法就会使用该结果和 y 的值来更新 $\boldsymbol{P}$ 中的权重，然后将 $\boldsymbol{P}$ 写回表项中的第 i 个条目。

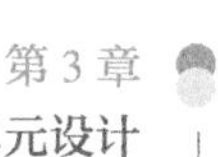

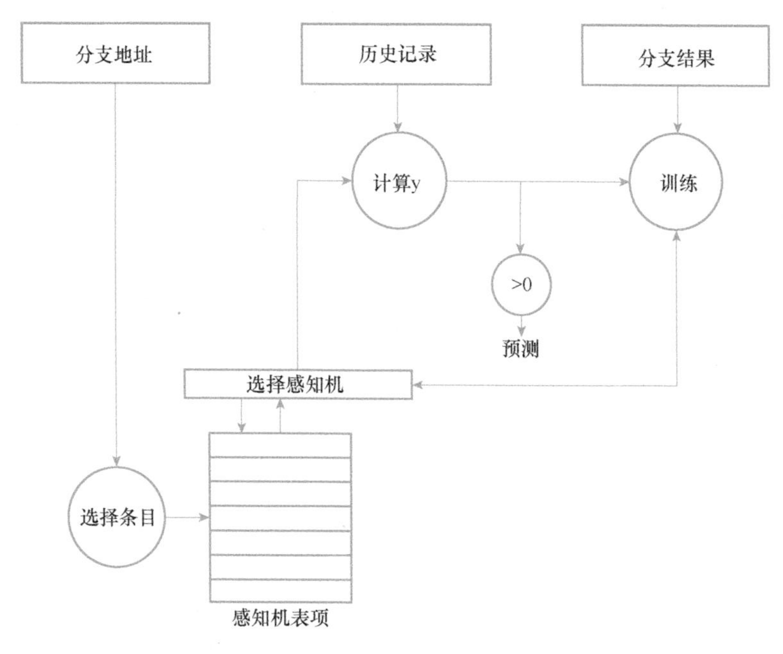

图 3-13 感知机预测器结构

由于此处-1 和 1 是感知机唯一可能的输入值，因此不需要乘法来计算点积，只需要在输入位为 1 时进行加法运算，并在输入位为-1 时进行减法运算。这种计算类似于乘法电路执行的计算，它必须找到部分乘积（整数和单个位的函数）的总和。此外，仅需要对结果的符号位进行预测，因此可以更慢地计算输出的其他位而无需等待预测。

对于预测器训练，由于循环迭代之间没有相关性，所有迭代都可以并行执行。因为在示例中 $\boldsymbol{x}_i$ 和 t 都只能是-1 或 1，所以循环体可以表述为：如果 $t=\boldsymbol{x}_i$，则将 $\boldsymbol{w}_i$ 增加 1，否则递减。

```
1.for each bit in parallel
2.if t= xi  then
3.    wi : = wi +1
4.else
5.    wi : = wi -1
6.end if
```

如上文所述，基于感知机的预测器使用单层感知机，这是最简单的神经网络之一，用于学习分支历史和分支结果之间的相关性。预测器构建一个感知机表项，该表项由分支地址（PC）索引。表项中的每个条目都包含一组权重。在进行预测时，预测器首先将输出计算为输入［即从局部和全局历史（LHR/GHR）合并的历史位］和索引权重的点积，再加上输出的符号提供最终的预测。分支指令解析后，如果预测错误或输出小于预先定义的阈值，则将训练对应的权重。预测器通过在相应的输入位和分支结果之间添加乘积来训练每个权重。这种训练策略有效地加强了与输入相对应的权重，与结果有很强的相关性。

基于感知机的分支预测器本质上是每个分支指令对应 PC 地址的感知机二元分类模型。如果将 PC 地址合并到分支历史位中，如图 3-14 所示，预测器就变成了经典的输入-数据-输出-二进制分类模型。中间的黑盒可以使用任何机器学习分类方法。

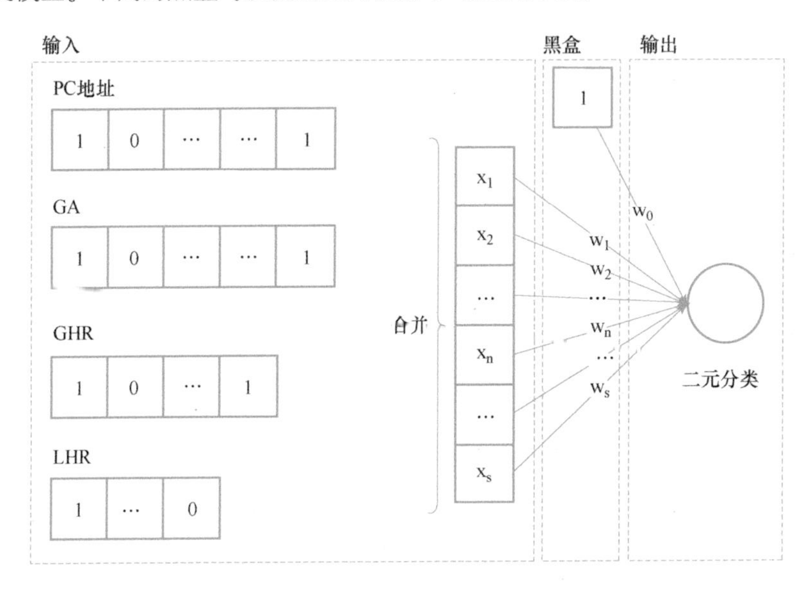

● 图 3-14　基于感知机的预测器模型

业界目标是通过将深度学习算法应用于分支预测来进一步降低错误预测率的下限。深度学习是一组用于训练和利用多层神经网络的算法，深层次架构可以提取和表示训练数据的高阶特征。深度置信网络（DBN）和卷积神经网络（CNN）是这项工作的重点[9]。

显而易见，基于感知机的分支预测器能够使用较为复杂的学习机制与较长的分支历史信息，这对于提升预测器的准确度是有正向作用的。然而其缺点也是不可忽视的。例如，只能学习线性可分函数，以及硬件实现复杂度较高（计算输出时加法器树阵列的实现需要考虑性能、时序与面积的影响），这都是设计人员需要考虑平衡的因素。

3.3 分支跳转目标预测

在当下的分支预测单元设计中，为达到更高的预测准确率，分支指令跳转目标地址预测一般会针对不同类型的跳转指令设计不同的预测器。例如，专门预测子程序返回（Return）的返回地址栈（Return Address Stack），预测间接跳转（Indirect Branch）的 ITTAGE，以及预测 for 循环结束的循环预测器（Loop Predictor）等。然而无论针对哪种类型的分支指令，分支目标缓冲（Branch Target Buffer）一定是跳转地址预测的基石。下面对各类型的分支跳转地址预测器进行介绍。

3.3.1 分支目标缓冲与分支目标缓冲子系统设计

分支预测中的跳转地址预测涉及使用分支目标缓冲（Branch Target Buffer，BTB）来存储先前的分支目标跳转地址以及相关信息。一般来说，BTB 可以用来预测所有类型的分支指令的跳转地址。BTB 的基本结构是在取指令阶段使用指令提取地址（一般为程序计数器 PC）访问的小型存储器。BTB 的每个条目包含分支指令地址、分支指令类型及对应的分支目标跳转地址。当分支（解析）单元（Branch Unit）第一次执行（解析）分支指令后，会为其分配 BTB 中的一个条目，并将对应的信息写入条目的不同内容片段中。BTB 一般设计为全相联存储结构，标签字段用于 BTB 的关联访问。BTB 的访问与指令缓存子系统的访问同时进行。当前的 PC 相应字段与 BTB 中条目的标签（Tag）匹配时，BTB 中的条目被命中。这意味着从指令缓存中获取当前指令之前已经执行过并且是一条分支指令。当 BTB 索引命中发生时，命中条目关于该分支指令信息的字段将被访问，如果预测将采用该特定分支指令，则可以将其用作下一条指令的提取地址，如图 3-15所示。

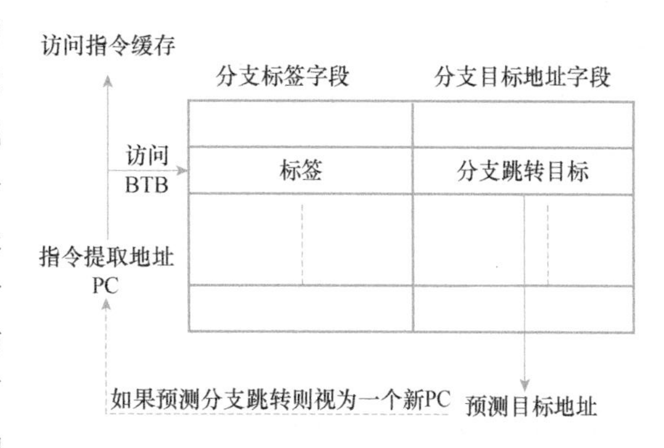

图 3-15 分支目标缓冲结构

可以在每次取指令时访问 BTB 以进行预测，其中预测一般针对指令缓存地址空间内的多个顺序指令，也就是取指令块（Fetch Bundle/Block）。预测的指令块可以由预测块内的第一条指令的起始地址来识别，并且预测的指令块的大小通常是确定的，即一次提取的指令条目数。例如，在设计中可以考虑每次提取 32-byte 的指令块，对于一条指令宽度为 32-bit 的架构，每个取指令块代表指令缓存中顺序地址处的 8 条指令。

如果预测的取指令块中包含一个或多个分支指令，则选取被预测最靠前的跳转指令将其地址作为下一个指令块的起始地址。如果在预测的取指令块中没有识别出分支跳转指令，则下一个指令块的起始地址为当前预测取指令块之后的顺序地址。例如，如果预测取指令块指令序列中的第 4 条指令为跳转分支，则将从取指令块的指令序列中丢弃最后的 4 条指令，在第 4 条指令之后提取的下一个指令块的起始地址将是预测的目标地址。

若 BTB 预测的分支跳转地址结果是正确的，则分支指令在取指令阶段能够准确地执行（投机执行），不会产生因流水线冲刷（Flush）带来“气泡”（Bubble）。在指令执行阶段经过分支单元（Branch Unit）解析指令之后，将得到的分支指令类型和跳转目标地址与预测的信息进行比较，如果一致，那么说明分支预测单元就出了正确的预测；否则，就是发生了错误预测，必须启动流水线恢复，解析后的结果也用于更新 BTB 相应的内容。

图 3-16 所示是一个 BTB 条目设计的示例，包含了 5 个字段：有效、标签、分支指令类型、分支指令位置和分支跳转目标地址。

有效	标签	分支指令类型	分支指令位置	分支跳转目标地址

● 图 3-16　分支目标缓冲条目示例

为了进一步说明 BTB 的机制，假设 BTB 中的条目存储了如图 3-17 所示的取指令块 1 内的分支指令。对应地，有效字段被置位为有效；标签字段记录源于取指令块首地址 A 的标签（可以截取地址 A 的部分）；分支指令类型字段记录该分支指令的类型（如条件分支、函数调用、函数返回等）；分支指令位置字段记录该取指令块中分支指令的位置，此处应记录地址为 A+16 的第五条指令；分支跳转目标地址字段记录跳转目标地址 B。

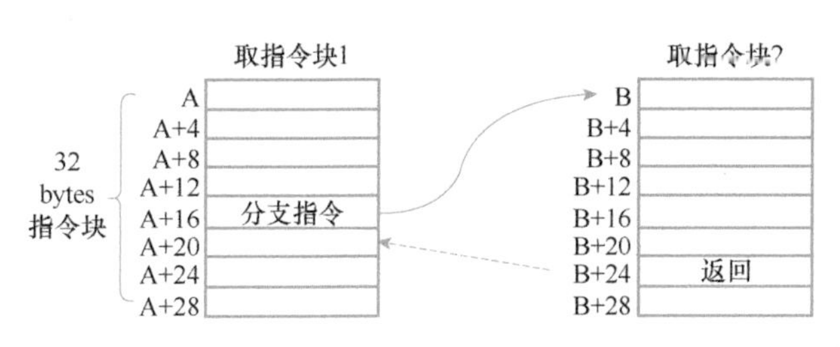

● 图 3-17　分支指令流示例 1

一般来说，即使一个取指令块中有超过一条分支指令，BTB 中对应的条目可以对多条分支指令进行预测，但最终也只会给出位置最靠前的（跳转）分支指令的目标地址作为预测结果。在某些情况下，BTB 条目内可以同时给出两条分支指令的预测结果而不是只选择位置最靠前的（跳转）分支指令预测信息作为预测结果。例如，在函数调用指令具有关联的跳转目标地址的情况下，该目标地址标识了预期表现出静态行为，并以无条件跳转的关联返回指令终止的指令序列，这时可以在单个 BTB 条目中获取足够的信息，使该指令序列和返回指令目标地址处的预测块都被添加到指令提取流水线中，而无需执行与该指令序列相关的任何中间预测。该条目本身可以处理返回指令目标地址处的取指令块的预测。

如果预期指令序列表现出静态行为，则意味着该指令序列的行为不会在每次遇到时改变。因此对于具有静态行为的指令序列，在该指令序列中必须没有条件分支指令。例如，如果除了指令序列末尾的返回指令之外，该指令序列中没有其他分支指令，则该指令序列将被视为具有静态行为。而且末尾的返回指令是无条件跳转的，这也是具有静态行为的，并且其跳转地址是可预测的，也就是函数调用指令地址之后的顺序取指令地址。

如图 3-18 所示的例子，基于与取指令块 1 中的函数调用指令相关联的两个取指令块的首地址，可以将取指令块 2 和取指令块 3 的预测都添加到指令提取流水线中，取指令块 2 不需要单独的预测。

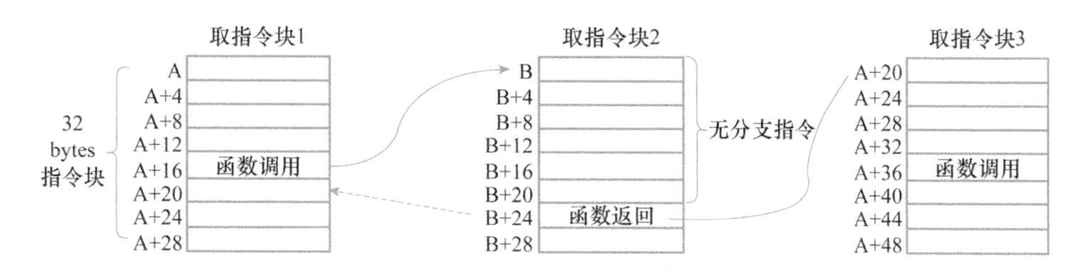

● 图 3-18　分支指令流示例 2

具体来说，支持双跳转（Two-Taken）预测的 BTB 条目与图 3-16 所示的条目相比，要加入额外的字段，如图 3-19 所示。

有效	双跳转	标签	分支指令1类型	分支指令1位置	分支指令2类型	分支长度	分支1跳转目标地址

● 图 3-19　双跳转条目示例

对应于图 3-18 的示例，在图 3-19 中，标签字段将记录源于取指令块首地址 A 的标签；分支指令 1 类型字段记录 A+16 处的分支指令类型，即函数调用；分支指令 1 位置字段记录该取指令块中分支指令的位置，此处应记录地址为 A+16 的第五条指令；分支指令 2 类型字段记录 B+24 处的分支指令类型，即函数返回；分支跳转地址字段记录第一条分支指令的跳转目标地址 B。当类型信息表明条目中第一条分支指令为函数调用指令，第二条分支指令为函数返回指令时，那么就隐式记录了第二个跳转目标地址，即函数返回指令的目标地址（A+20），也就是分支指令 1 位置字段中标识的地址之后的下一个连续地址。因此不需要在条目内记录第二目标地址（A+20）。双跳转字段表明该条目所记录的分支预测信息是否为双跳转的。

在当前的超标量 CPU 设计中，为了尽可能地降低分支预测失败冲刷的流水线级数，在分支预测单元内会提供多个（多级）BTB 结构。一般来说，多级 BTB 的容量随着流水线对应级数的变化而变化，越靠后的 BTB 容量越大。相应地，越靠流水线后级的 BTB 能够获得更多的历史信息，也就意味着预测准确率越高，对应的流水线冲刷带来的“气泡”也就越多。

3.3.2 返回地址栈设计

作为一种特殊的分支指令，返回（Return）指令是一个重要的错误预测来源，因为一个程序可能会从多个位置调用，而特定返回的目标却不相同。如果单纯使用通用的分支目标缓冲区（BTB）预测返回地址，则返回错误预测的数量将是巨大的。

返回地址栈（Return Address Stack）是一个专门针对返回指令的预测器，可预测程序的返回地址。理论上，返回地址栈可以将程序的返回与相应的调用完全匹配，并获得 100% 的返回目标预测准确率。但是在实际的设计中，程序中的函数嵌套深度可能会大于返回地址栈的容量，如递归调用，可能会导致上溢和下溢。同时，返回地址栈进行分支指令预测也是投机性执行和更新，而对于预测的验证要晚很多才能确认。因此，错误路径上的调用和返回会破坏返回地址栈。以上两个问题对返回地址栈预测的准确率影响很大。返回地址栈的容量是固定的，在设计中只能根据关注的应用场景做相应的调整。所以为了获得更高的预测精度，增大返回地址栈大小的实际作用不大，所以重点是要尽量克服错误预测路径上发生的堆栈损坏。

当前设计的返回地址栈通常基于循环 LIFO（先入后出）缓冲区、存储返回地址和访问当前栈顶部的指针。基本操作是程序调用指令将返回目标压入堆栈，相应的返回指令将其预测目标从返回地址栈中弹出。在每次分支预测时保存当前的栈顶（TOS）指针，当检测到分支预测错误时，当前的栈顶指针立即由与错误预测分支关联的备份栈顶指针值恢复。

国家高性能集成电路（上海）设计中心的王国澎、胡向东等人提出了一个优化的返回地址栈设计，称为“自校正返回地址栈”（Self-Aligning Return Address Stack，SARAS）[10]。其逻辑结构如图 3-20 所示。它由一个 LIFO 缓冲区、一个校正队列（Aligning Queue）和一个栈顶计数器组成。LIFO 用于记录返回地址，校正队列记录从 LIFO 弹出以进行恢复的内容，栈顶计数

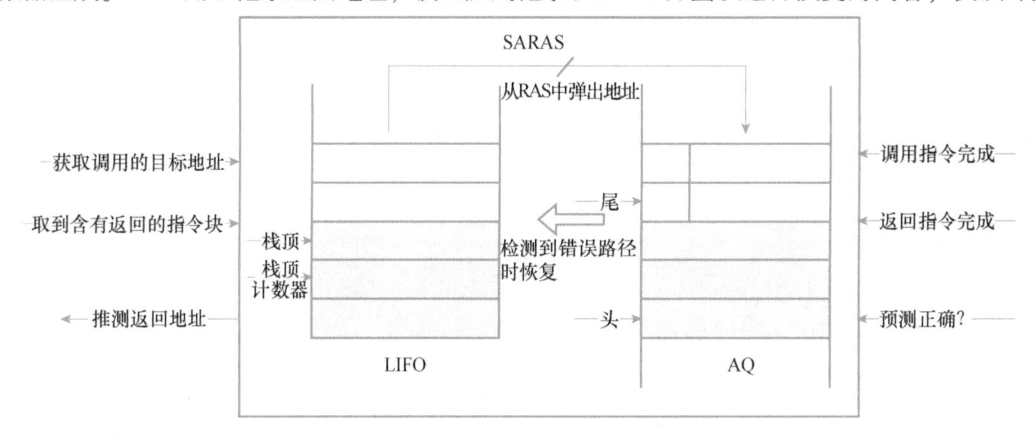

图 3-20 自校正返回地址栈结构

器跟踪栈顶指针的最新正确位置。分支指令应按顺序执行，保证 LIFO 恢复后的内部性和统一性。

SARAS 需要分支类型来指示获取的分支是程序调用还是返回。如果遇到调用指令，则将其返回目标压到栈中。如果遇到返回指令，除了弹出预测的返回地址之外，LIFO 还将弹出的条目及其索引保存到校正队列中。当调用指令被提交并且没有发生分支错误预测时，仅更新栈顶计数器。但是对于返回指令，需要更新栈顶计数器和校正队列中的头指针。一旦分支指令预测错误，如果校正队列不为空，即发生堆栈损坏。在这种情况下，LIFO 由校正队列恢复，而栈顶指针使用栈顶计数器更新。另外，可以通过维护一位标识来表示校正队列是否为空。

栈顶计数器的操作规则如下。

1）栈顶计数器初始化为零。

2）当调用或返回完成时，栈顶计数器分别加 1 或减 1。

3）每次错误预测一个分支指令，且检测到错误路径上的程序调用或返回时，栈顶计数器分别减 1 或加 1。然后用栈顶计数器更新栈顶指针。

栈顶计数器用于修复栈顶指针，即使调用和返回被错误预测，栈顶计数器也能够跟踪栈顶指针的最新正确位置。当程序调用或返回完成时，无论预测是否正确，栈顶计数器都会分别加 1 或减 1。每当检测到分支错误预测时，就应该更新栈顶指针。

校正队列的操作规则如下。

1）头指针和尾指针初始化为零。

2）取到返回指令时，从 LIFO 弹出的预测目标（包括其位置）写入尾指针指向的入口。然后，尾指针加 1。

3）当一个返回完成时，头指针加 1。

4）每次错误预测一个分支指令，且在错误路径上遇到返回指令时，头指针减 1。

根据校正队列保存的索引，将尾指针到头指针的内容写入 LIFO 的原始表项中。然后，初始化头指针和尾指针（注意，如果头指针指向的表项被尾指针覆盖，就会发生校正队列溢出。这种情况下，整个校正队列应该从尾指针开始写入 LIFO）。如果没有发生分支预测错误，随着程序调用和返回指令的获取和提交，校正队列的头尾指针逐渐向前滑动。当检测到分支指令预测错误时，头尾指针之间的窗口顺序保留错误路径返回弹出的内容，因此可以通过保存的信息修复 LIFO。考虑到 LIFO 中相同位置在错误预测后会被反复入栈和出栈的情况，校正队列的内容在恢复的时候应该按照相反的顺序写入 LIFO，即从尾指针开始到头指针。图 3-21a～d 所示为 SARAS 的动态运行过程。

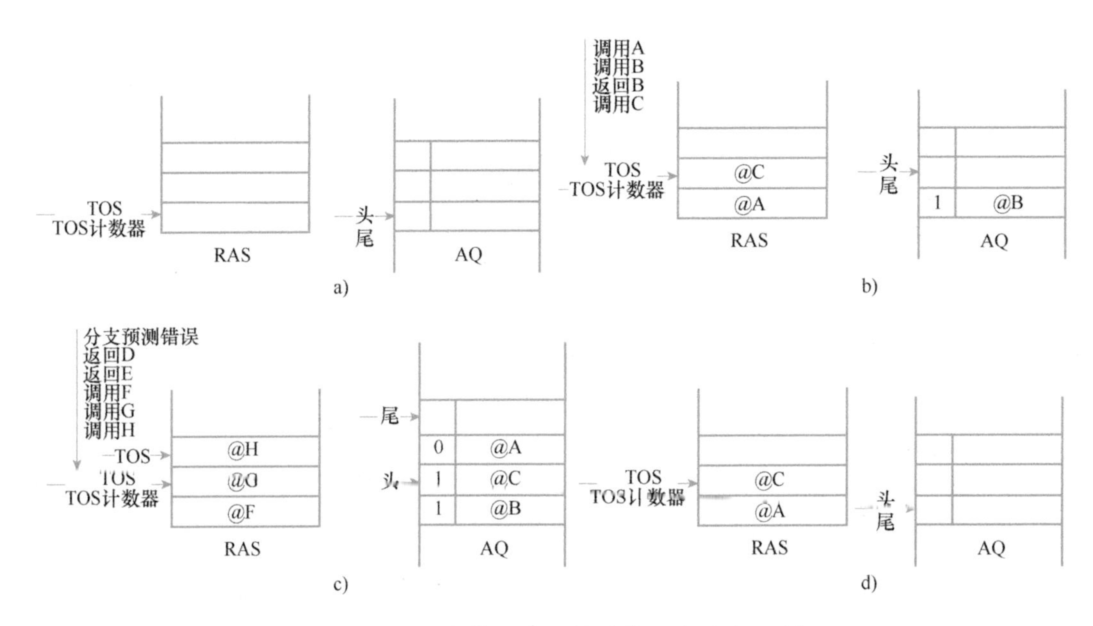

图 3-21　自校正返回地址栈运行流程示例

3.3.3　循环预测器设计

循环预测器（Loop Predictor）是分支预测单元的一个重要组成部分，因为常规循环的预测错误率是其迭代次数的倒数，其在分支预测错误中拥有一定的占比。循环预测是指预测循环分支何时终止其循环行为，因此，在循环分支预测的过程中，必须确定该分支是循环分支，以及预测它是否已经终止。为了提供此预测信息，必须在循环预测器中将该分支指令标记为循环分支，并且记录其循环的计数情况。

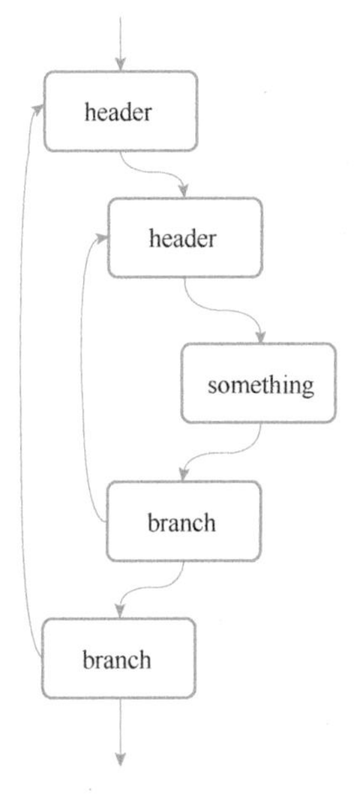

图 3-22　编译后的循环分支示例

循环分支可以通过具有特殊循环的分支指令（有效地让编译器将分支标记为循环分支）或者将条件分支放在循环底部作为目标，如图3-22所示的双嵌套循环代码示例。以这种方式生成的循环分支的数量取决于所使用的编译器。

```
1.for (i=0; i<N; i++) {
2.    for (j=0; j<M;j++) {
3.        do something
4.    }
5.}
```

为了正确预测循环终止（跳出），循环预测器需要预测循环行程，以及跟踪循环内部的当前循环迭代。循环行程计数是循环分支在一行中跳转的次数。对于某些循环，行程计数可以是在编译时确定的常数；对于给定的应用程序运行而言行程计数是常数，但仅在该程序的运行时确定，或者在程序执行期间动态变化。预测循环行程计数可以捕获以上类型的循环分支。

循环迭代计数器用来记录当前的迭代数，分支自上次不跳转以来跳转的次数。迭代计数器用于预测循环何时终止，以及初始化循环行程计数。上述预测信息可以存储到一个专用的关联缓冲区，即循环终止缓冲区来预测循环分支的循环终止。

Timothy Sherwood 和 Brad Calder 提出了循环终止缓冲器（Loop Termination Buffer，LTB），能够用来预测循环分支[11]。预测机制利用了这样一个事实，即许多循环的行程计数在执行过程中不会经常改变。从图 3-23 所示可以看到，LTB 有五个字段：一个标签字段，用于存储分支的索引；一个投机性和非投机性迭代计数，用于存储分支预测连续跳转的次数；循环行程计数字段，用于跟踪在最后一次不跳转之前循环分支预测跳转的连续次数；一个置信位，指示至少连续两次看到相同的循环行程计数。

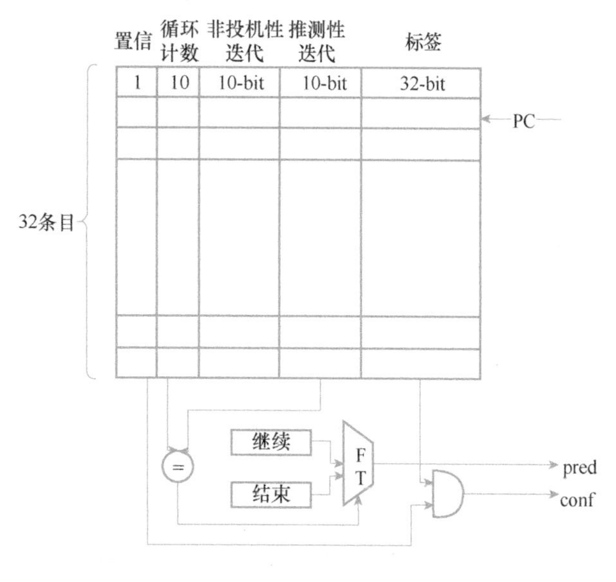

图 3-23　循环终止缓冲器

为了访问 LTB，用于执行正常分支预测的指令提取 PC 也用于并行索引到 LTB。如果存在标记匹配，则根据行程计数检查投机迭代计数器。如果它们相等，则分支被预测为终止；然后检查置信位，如果它被设置，循环分支将被预测为不跳转（退出循环）。反之，如果投机迭代计数器和行程计数不相等，则投机迭代计数递增 1。

分支指令完成并解析其分支跳转方向后，当确定其为循环分支并且不在 LTB 中时，而且默认预测器对其进行了错误预测，则将其插入 LTB。在解析过程中，对 LTB 中的一个跳转的分支的非投机迭代计数器加 1。分支指令解析后，对于在 LTB 中发现的预测不跳转循环分支，更新其行程计数和置信位。如果非投机迭代计数器等于LTB中存储的行程计数，则置信位置1，否则清除。之后，非投机性迭代计数加1并复制到行程计数中，将投机迭代计数器设置为当前投机迭代计数减去非投机迭代计数，因为在不跳转的分支解析之前可能已经再次获取了相同的循环分支。最后，非投机迭代计数器被重置为零。

LTB中设计两个迭代计数器的原因之一是为了在分支预测错误时恢复迭代计数器。当发生分支错误预测时，所有非投机迭代计数器将它们的值复制到投机迭代计数器中。因此，这同步了投机性和非投机性计数器。当循环分支被预测终止时，即该分支被预测为不跳转，否则分支被预测为跳转。

另外需要指出的是，局部分支历史只能支持准确预测执行次数少于L次的分支的循环终止。因为局部分支历史只能准确预测执行次数少于L次的分支的循环终止，其中L是用于局部历史的位数，若将循环分成多个较小的循环，则局部历史能够正确预测它们。对于迭代计数大于L的循环，只要新迭代计数的乘积等于旧迭代计数，循环分支就可以分割成两个或多个分支，所有分支的交互计数都小于L。然后，新分支的模式将适合局部历史，并将准确预测其所有循环和终止行为，如图3-24所示。

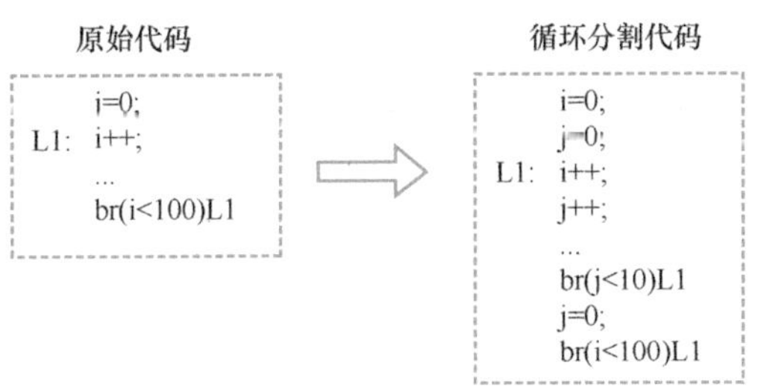

图3-24 分支分割示例

在实际设计中，循环预测器并不一定作为分支预测单元中的独立组件存在。但是由于应用程序中大量存在的循环分支对CPU前端性能有着显著的影响，在业界优秀的分支预测单元设计中，针对循环分支特性的预测组件一定会作为优化项存在于分支预测单元中（例如，作为BTB或者条件/间接分支预测器的一部分）。

3.3.4 间接跳转分支指令预测设计

对于间接跳转的分支指令，一般来讲就是一条分支对应多个跳转地址，所以对于此类分支指令想要尽可能预测得准确，就必须在预测中使用分支历史信息。在实际设计中，间接跳转的目标地址预测也承袭了TAGE预测器和感知机预测器的结构。

将TAGE预测器的原理应用于间接分支跳转目标预测是很简单的，由此Seznec博士提出了间接跳转目标TAGE（Indirect Target TAGE，ITTAGE）预测器的设计[12]。ITTAGE预测器由基础预测器IT0（不带分支历史信息哈希的标签索引）负责提供基础预测和一组（部分）标签的预测器组件。这组标签的预测器组件ITi（$1<i<M$）使用形成几何系列的不同历史长度进行索引。

如图3-25所示，原始TAGE预测的计数器被跳转目标地址和置信位替换，以构成分支跳转地址预测器。除了基础预测器和标签组件上的目标替换（如果命中但错误预测是通过单个置信

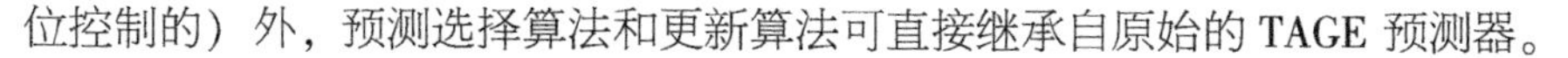
位控制的）外，预测选择算法和更新算法可直接继承自原始的 TAGE 预测器。

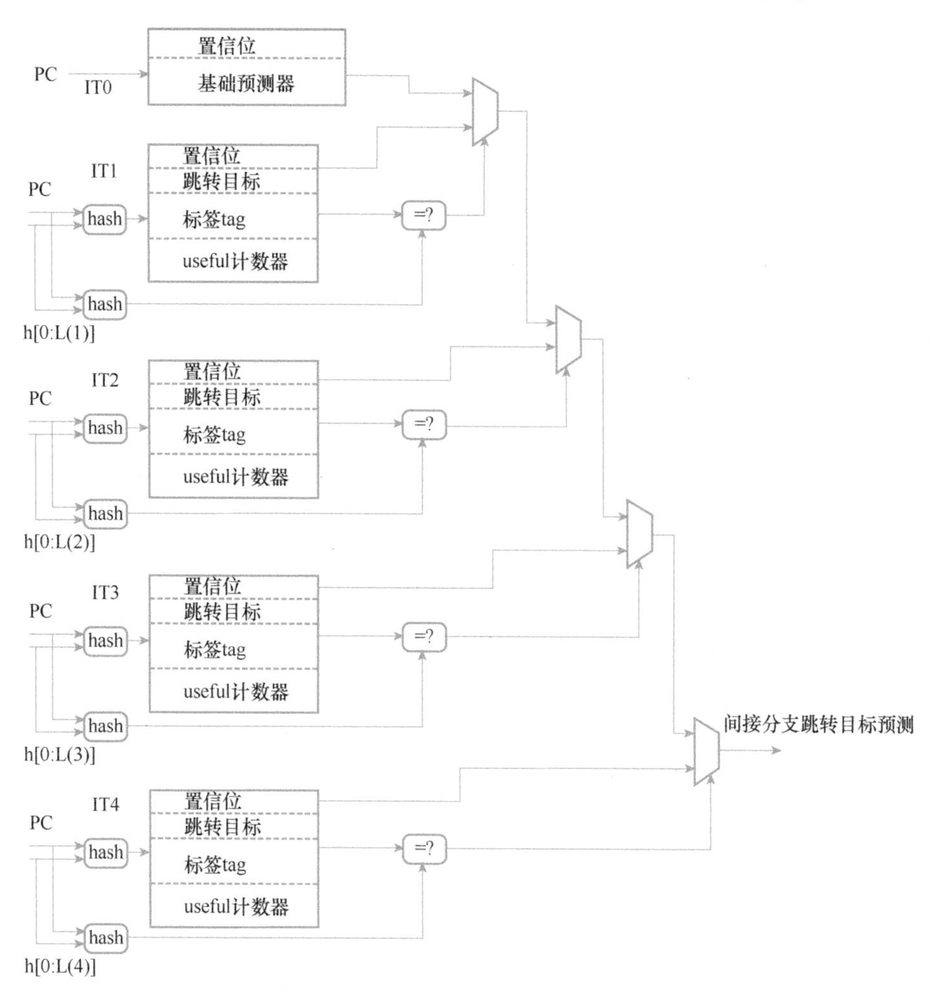

● 图 3-25　ITTAGE 结构

需要指出的是，原始的 TAGE 算法是有缺陷的。如果一个分支指令对应的预测组件已经开启了使用最长分支历史信息索引，那么就意味着在这条分支被覆盖之前，预测信息一定都会使用最长分支历史信息索引的组件给出的预测结果。对于频繁变换跳转地址的多目标地址的间接分支指令，这种预测算法的动态性较差，而且一旦产生索引和标签的别名（Alias）现象，即分支跳转的历史信息哈希不足以区分每一次变化的跳转目标地址，那么预测的准确率就会大幅下降。所以，在间接分支跳转地址预测器的实际设计中，往往对算法和预测组件进行了一定的优化，以一个系统而非单纯的 TAGE 预测器本身进行预测。例如，北卡罗来纳州立大学

（NCSU）的周辉阳教授团队曾经提出过一些优化项：在每个条目中增加 1-bit Alt（Alternative）位，以使用自适应分支历史长度哈希预测仲裁替代最长分支历史长度哈希预测仲裁[13]。当 Alt 位为 0 时，来自当前条目的预测跳转目标地址是预测结果的首选；当 Alt 位为 1 时，将使用分支历史长度较短的表进行最终预测。如果具有最长分支历史信息匹配的表项未能做出正确预测，而另一个使用较短分支历史信息的表项可以，则将为具有最长分支历史信息的表项中对应条目设置 Alt 位为 1。另外，除了 TAGE 预测器的表项，还加入了一个表 Hard-to-predict Branch Table（HBT），如图 3-26 所示。HBT 是一个组相联的结构，其中每个条目包含一个标签（tag），一个错误预测计数器（mc），以及一个历史长度（hlen）项。根据 TAGE 中最长历史信息匹配的表项提供的预测更新 HBT；mc 字段用于替换，以允许难以预测的分支被 HBT 捕获；hlen 用于选择使用第 hlen 个长度的历史信息表项给出的预测结果。

对于基于感知机预测器的设计，Jiménez 博士提出了 Bit-level Perceptron-Based 间接分支预测器（Bit Level Perceptron-Based Indirect Branch Predictor，BLBP）[14]。

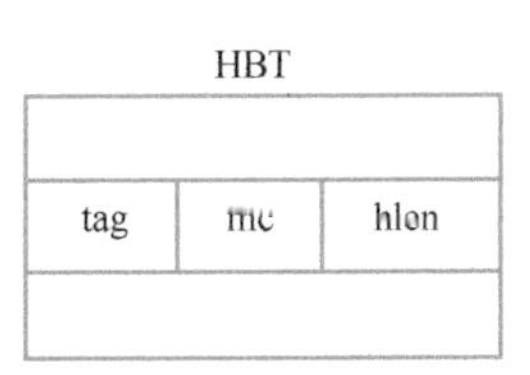

图 3-26　Hard-to-predict Branch Table

BLBP 使用由间接分支指令地址 PC 索引的 64 路组相联间接分支目标缓冲区（IBTB）来存储 64 个间接分支目标。理想情况下，每个分支将有一组目标，但实际上许多分支可能索引同一组。因此，每个 IBTB 条目都用来自分支指令地址 PC 的 9 位标签（Tag）。图 3-27 所示为使用 BLBP 预测目标的过程。

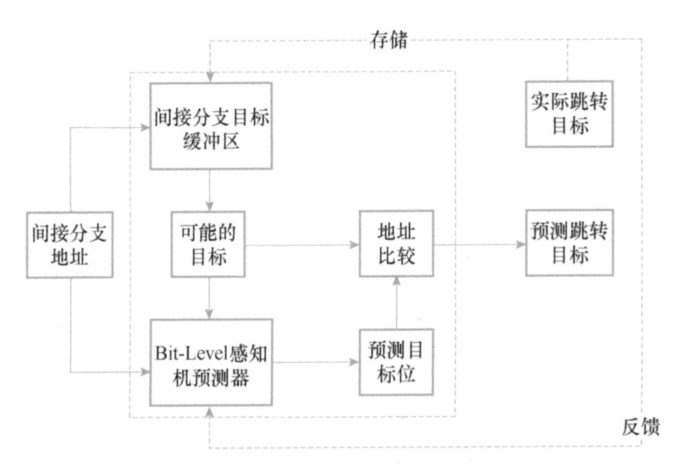

图 3-27　BLBP 目标地址预测器结构

BLBP 以与散列感知机相同的方式训练感知机，但不是为每个分支跳转目标训练单个权重，而是训练一个长度为 K 的权重向量，用于预测分支跳转目标地址的每一位。

算法 1 显示了 BLBP 预测如何计算权重向量点积值。K 值对应于 BLBP 预测的分支跳转目标地址的低阶位数。N 是不同历史的数量（N 个历史长度中的每一个都有自己的子预测器）。M 是感知机权重表中的行数，即全局历史哈希产生的可能索引的数量。Gi 是感知机预测器中第 i 个位置的历史长度（几何历史长度）。$W_{N,M,K}$是 4 位有符号/幅度整数权重的三维数组。W 数组被实现为 N 个 SRAM 阵列，每个阵列由全局历史的不同散列索引以产生感知机的权重向量，每个地址位的预测对应一个权重。

通过更新权重向量进行训练如算法 2 所示。

1）算法 1。预测算法：

```
1.function PREDICT(pc :address):integer vector
2.     for i=1…N in parallel do
3.         j = hashGHIST1…Gi mod M
4.         yout1…K←0
5.         for k =1…K do
6.             yout k←yout k+Wijk
7.     sum1…T←0
8.     max←0
9.     maxTarget←0
10.     for t =1…T in parallel do
11.         for k =1…K do
12.             sumt←sum[t]+ yout k×target[t][k]
13.         if sum[t]>max then
14.             max←sum[t]
15.             maxTarget←t
16.     return maxTarget
```

2）算法 2。更新算法：

```
1.function UPDATE(bits :address ,target :address ,suppress :address)
2.     for k=1…K in parallel do
3.         if suppressk then
4.             continue
5.         a← |bitsk|
6.         correct← target = bitsk ≥ 0
7.         adaptive_training(correct, a, k)
8.         if (! correct or a<thetak then)
9.             for i=1…N do
10.                j = hashGHIST1…Gi mod M
11.            if target then
12.                increment_unless_at_max(W[i][j][k])
13.            else
14.                decrement_unless_at_min(W[i][j][k])
15.
```

BLBP 有 8 个历史特征索引表，也就是子预测器。每个子预测器均对预测每个可能的分支跳转目标地址提供预测信息，在 BLBP 中，子预测器给出的分支跳转目标地址的值反映了该子预测器对目标地址中相应位为 1 置信度。对于每个可能的跳转目标地址中的每个位，BLBP 将每个子预测器的输出添加到该位并建立一个向量（y_{out}）。BLBP 然后计算每个可能的跳转目标地址与向量的相似度，并将选择相似度最高的目标作为预测结果。图 3-28 所示为一个 4-bit 宽度的分支跳转目标预测的示例，BLBP 通过聚合来自其 8 个子预测器的感知机并计算与每个可能目标的相似性来进行预测。第一个子预测器是用本地历史训练的，第一个目标与训练感知机的相似度（点积 51）比第二个目标（点积 43）更高。

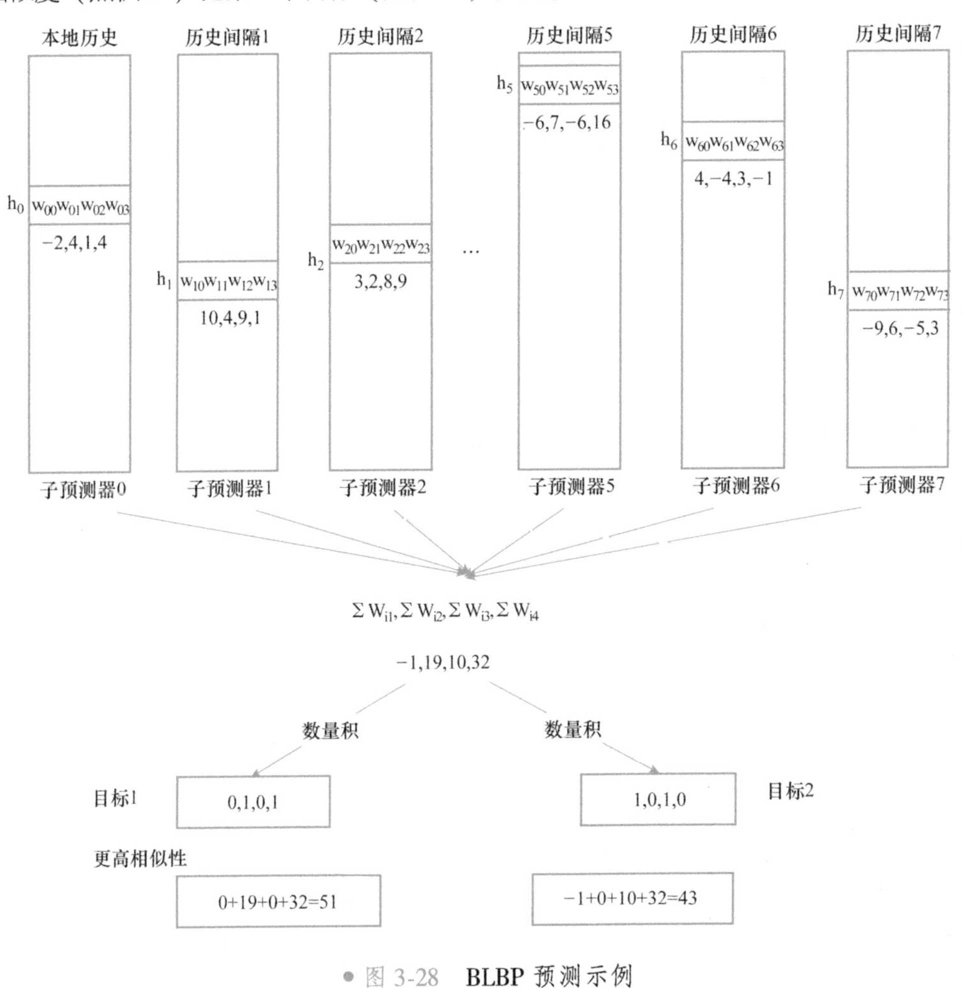

图 3-28　BLBP 预测示例

BLBP 将最近的分支跳转结果（跳转或不跳转）记录到 630 位全局历史信息表（GHIST）中，使用全局历史的不同长度的部分来训练七个不同的子预测器。BLBP 还将最后 256 个分支的先前迭代的结果（跳转或不跳转）单独记录到10位局部历史中，使用局部历史索引子预测器。

3.4 分支预测单元与指令提取单元解耦合设计

在第2章提到，当前的高性能超标量CPU设计中，一般会优先考虑指令提取单元与分支预测单元解耦合设计，也就是说，分支预测单元不依赖于指令提取流水线的运行情况，独立给出分支指令的跳转方向和目标地址的预测结果，并将预测为跳转的指令放入解耦合队列[15]。同时，指令提取单元可以根据指令缓存的行为，在相应的流水线中按需使用这些分支跳转地址。解耦合设计的优点在于，分支预测单元的运行不受指令提取单元行为的影响，特别是在指令缓存未命中的情况下带来的流水线等待。同时，因为分支预测的准确率不可能达到100%，也就是说，在分支预测单元的流水线中一定会存在分支预测错误“惩罚”，插入一个或多个“气泡”，通过解耦合设计，分支预测单元的流水线能够运行在指令提取单元流水线之前，将极大可能隐藏分支预测单元流水线中的“气泡”。具体来说，通过使用解耦合队列，在指令提取单元流水线中指令缓存未命中或其他长延迟事件期间，将分支预测单元预测到的分支跳转地址排列进解耦合队列，从而生成取指地址而不会暂停指令提取单元的流水线。如果解耦合队列占用率足够高，则可以尽可能地压缩分支预测流水线中的“气泡”。如果有足够的取指地址在流水线中供给到指令提取单元，则其延迟会被隐藏。

图3-29所示为解耦合指令提取的流水线设计。每个时钟周期，指令提取与分支预测两条流水线并行执行。生成的指令提取地址（取指令块的起始地址）被排入提取地址队列（Fetch Address Queue，FAQ）。当指令块在指令提取单元的指令缓存中检索时，指令提取单元会提取FAQ内相应的取指令地址。在访问指令缓存的同时，该地址也同时被用于访问分支预测单元。一般来说，分支预测单元的流水线深度与指令提取单元流水线深度一致，两个流水线之间通过为每个取指令块分配的指令提取ID来做同步。

在分支预测流水线中，L0、L1、L2 BTB依次（投机性）被访问，如果L0 BTB命中，能够在同一周期内生成下一个指令块提取地址，此时不会引入流水线“气泡”（因此L0 BTB也被称为Zero-Bubble BTB）。因为时序的原因，预期越靠后的预测器得到的用于预测的信息越全面和准确。所以，如果后续L1或L2 BTB的预测结果与前级的BTB预测结果不一致，则后续的预测将覆盖前级的预测（冲刷掉已经进入流水线的错误路径上的指令），并在流水线中插入1个或2个“气泡”。如果在BTB中没有索引到相应的分支指令，指令提取单元就直接使用顺序取指地址。

另外，一旦在译码阶段或者指令提取单元的预译码模块检测到分支预测单元没有预测的无

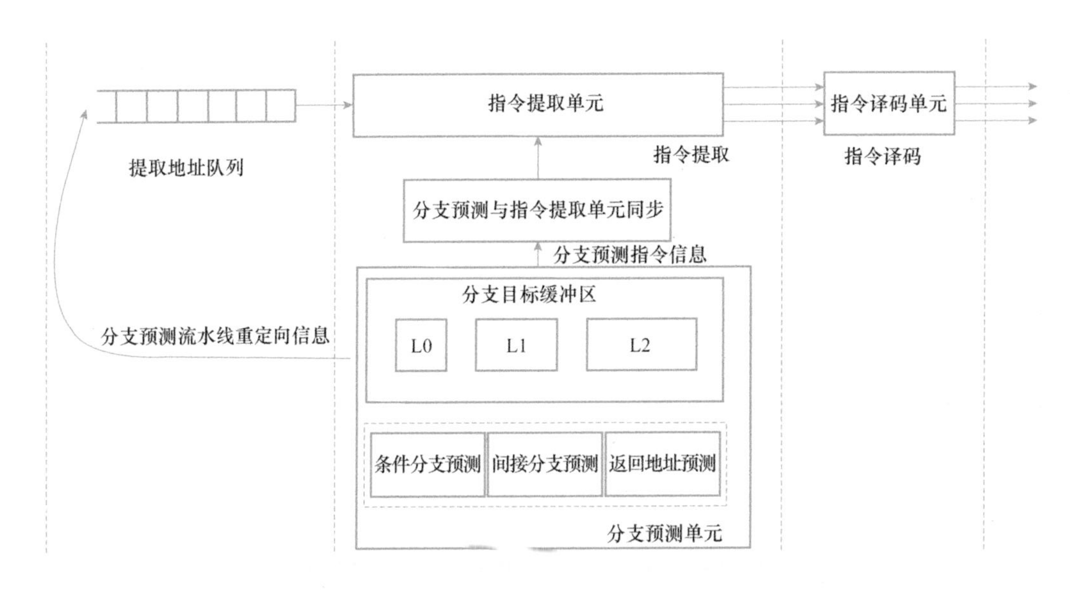

● 图 3-29　解耦合的指令提取单元与分支预测单元结构示例

条件跳转分支指令，可以使用指令码中包含的跳转目标重新引导前端流水线（同样冲刷掉已经进入流水线的指令）。类似地，间接分支预测器与返回地址栈等预测器会引入多个分支预测反馈环，随着分支预测单元流水线中的反馈循环次数增加，其对 CPU 前端性能的影响将增加。

如果 BTB 中存储的信息过时（如冷丢失、自修改代码），译码单元能够在确定无条件直接跳转的分支指令跳转目标与存储在 BTB 中的跳转目标不同时，重新引导前级流水线。同样，CPU 后端将在分支预测错误及其他流水线冲刷事件发生时，给出相应的指令提取地址重新引导整个前端。

来自分支预测单元预测的指令提取请求将直接写入 FAQ，除了分支预测错误，重定向可以旁路 FAQ 直接发送到指令提取单元流水线。FAQ 中最早的指令提取请求将被发送到指令提取流水线。FAQ 由双指针维护，分为读指针与写指针。如果分支预测单元预测错误或任何新的重定向指令提取流水线的请求已准备好，则对应（地址）的指令提取请求将被插入到 FAQ 中。具体操作如下：

- FAQ 的容量由指令提取 ID 的设计数量决定，指令提取 ID 分配/释放方案应确保提前运行队列不会被溢出写入。
- 进入 FAQ 的源于分支预测结果的指令提取请求，或分支预测错误重定向指令提取流水线写入的条目由对应的指令提取 ID 决定。当分支预测错误或其他重定向指令提取流水线发生冲刷（Flush）时，指令提取 ID 将重置为零。指令提取 ID 随流水线向前运行。
- FAQ 的写指针总是指向指令提取请求的队列条目，该条目将分配给下一个进入队列的分支预测结果。

- FAQ 中指令提取信息是否可以进入指令提取单元流水线，取决于写指针和读指针之间的距离。当 FAQ 中只有一个指令提取请求时，在发送到指令取指流水线之前，应检查分支预测单元的硬件资源限制，以确保该指令提取请求能够进入分支预测流水线。

指令提取请求由 FAQ 的读取指针决定，其更新方案按照优先级顺序遵循以下规则：

- 当 CPU 前端流水线重定向或者分支单元预测错误导致流水线重定向时，FAQ（读指针）需要被清零。
- 若某指令块在指令缓存中未命中，FAQ 读指针设置为该指令块的 ID，等到下一级缓存返回指令块后，指令提取单元流水线会从之前记录的 ID 位置重新启动。
- 当发生分支预测流水线重定向并且当前的 FAQ 读指针在错误的指令路径上时，需要将读指针设置为分支单元流水线中预测结果仲裁对应阶段的指令提取 ID。
- 当指令提取单元流水线接受指令提取请求时，FAQ 读指针加 1。

在分支预测单元中的预测结果产生后，需要将预测信息发送到指令提取单元。在这个过程中，需要先经过分支预测单元与指令提取单元的同步组件。所谓“同步”，即当同步组件所在的分支预测单元流水线阶段对应的指令提取单元流水线阶段有效时，如果指令提取单元的流水线阶段中有效的指令提取 ID 对应的（预测）信息已在分支预测单元中就绪，则相应的分支预测信息将通过同步组件从分支预测单元发送到指令提取单元规定的流水线阶段。需要注意的是，这里发送的分支预测信息可以是实际的完整指令（块）信息，也可以是分支预测单元中存储预测信息的存储器的索引信息。

3.5 分支预测单元的设计思路

分支预测锦标赛（Championship Branch Prediction，CBP）从 2004 年举办第一届到 2016 年的第五届，基本上成了 Seznec 博士与 Jiménez 博士两位 IEEE Fellow 的对台戏（有兴趣的读者可以自行查阅相关资料），TAGE 与 Perceptron 之争也似乎渐渐偃旗息鼓，却又从未真正停歇，特别在机器学习兴起的近年来。然而实际上，在大规模的数据中心应用程序的应用场景中，均有由复杂的应用程序逻辑、各种库和众多内核模块组成的深层软件栈，单纯争论哪种预测算法最优或者仅仅基于 Benchmark 中的分支指令数来计算预测器容量指标，无疑是不合时宜的。目前的共识是，分支指令的应用场景呈现以下特征：

- 小于 10%的分支指令可能会贡献超过 90%的跳转错误预测。
- 最高错误预测计数（Highest Misprediction Count，一般也称为 Hard To Predict）的分支指令和占错误预测 90% 的分支指令之间通常有极高的重叠流水线停顿。

- 每个错误预测率最高分支指令的错误预测通常不会立即连续发生。由此可见，减少在应用程序中错误预测率最高的分支指令的错误预测将极大地有益于整体性能。

在 3.3.4 节中曾提到以一个系统而非单纯的 TAGE 预测器本身进行预测，也就是说预测器要作为一个子系统而非一个独立的组件来设计，这点无论对于分支跳转地址或是跳转方向的预测都是同理的。一般来说，分支预测器都会被设计为多级的子系统，另外有相应的控制选择逻辑来仲裁使用哪一级预测器的预测结果。

多级的子系统可以从两个维度来理解。首先，分支预测器可以依据 CPU 前端的流水线逐级展开。基于时序和硬件资源分配的考量，越靠流水线前级的预测器响应越快，预测带来的流水线冲刷的“气泡”越小，但同时能够用于产生预测的信息和预测器的容量也越少，总体的预测可信度低于后级的预测器。所以一般设计为后级预测器的预测结果能够覆盖前级预测器的预测结果，此时，需要着重考虑各级预测器的硬件规格分配和数据交互方式，以达到资源的高效利用。在另一个维度上，分支预测器可以看作是主预测器与次预测器的搭配。主预测器可用于大多数的分支指令预测，次预测器可用于针对某些类型的分支指令的预测（如预测错误率较高的分支或者说主预测器难以覆盖的分支）。对预测器子系统的高效划分可以增加分支预测单元的整体预测准确度并减少相关的硬件资源消耗。

无论是哪一种维度的设计，都要面对共同的问题：如何让程序中较为活跃的分支尽可能久地留在预测器中而不被出现频率较低的分支剔除（涉及替换策略），以及如何更好地预测间接跳转指令（一条分支经常切换多个跳转地址的应对）。对于第一个问题，主次预测器搭配本身就把活跃和难以预测的分支指令的预测做了区分。预测准确率较低的分支指令（基本上可以说主要就是间接跳转指令）的频繁出现，本身就会带来大量的预测器训练的操作，也是对预测算法的极大挑战（本章在 TAGE 部分已经阐述其局限性）。那么比较好的选择就是将这种不容易预测的分支指令专门交给次预测器进行针对性加强，而不干扰主预测器对其他较为常规的分支指令进行预测。

基本上可以说，在硬件资源充足的情况下，目前的分支跳转方向预测算法优化空间已经比较小了。那么对于预测分支跳转地址的 BTB 子系统来说，是否仍有优化空间呢？答案是肯定的。

BTB 容量设计的一个最简单和最直接的方法就是根据关注度高的应用场景中分支指令最多的定向用例中分支指令的个数来选择存储条目的上限，因为预期 BTB 经过训练可以容纳全部的分支指令而不会存在剔除的情况。但是仅仅以此为标准肯定是低效的。一般在前文提到的多级 BTB 结构中，每一级的 BTB 容量加起来应该是小于理想容量上限的。这是由于分支指令跳转偏移量和出现的频率是有差异的，差异中又存在着共性，可以通过复用和动态调度来提升 BTB 条目的存储效率。例如，假设分支跳转偏移绝大多数都集中于 PC 的某一段，那么在设计索引标签的时候就不需要大容量 BTB 中的每个条目都使用完整长度的 PC，而只是使用偏移集中的那段，另外搭配上一个小容量的标签映射表（因为其余的域段不会经常变化，相同的可以归为一个条目），就不会产生明显的别名（Alias）现象了。同时，多级 BTB 设计的一个重要的意义就是动态调整 BTB 的条目，即将被访问较多的条目尽可能放到流水线前级，然后将被访问较少甚至只会零星出现的条目作为替换的高优先级备选，也能够达到设计的性能预期。

此外，上文提到使用单独的预测组件来预测间接跳转（如 ITTAGE），虽然主要原因是使用有针对性的算法来预测特定分支指令，同时也是为了避免在通用的 BTB 中更新预测信息时发生误替换（这里又涉及了 BTB 条目的替换算法，单纯的 LRU 并不能说是一个完美的解决方案）。通过对分支指令跳转地址的观察可以发现一些特征，例如：

- 不同的分支指令存在相同的跳转目标地址，这个比例可能超过 30%。
- 分支指令地址与跳转目标地址在一定的范围内（甚至很近），并且在地址字段中包含重叠部分的比例非常高（有学者对热门定向用例的评估后，认为超过 90%）。

基于上述两点特征，在 BTB 子系统的设计中可以应用 BTB 分区（Partitioning）技术将 BTB 条目分解为单独的结构，每个结构存储分支跳转目标地址的不同部分[16]。这样通过优化分支指令地址和跳转目标位于同一字段中的分支预测信息的存储来进一步提高效率，对于这些分支指令，可以从分支指令地址直接获得重叠的区域地址，因此只需要存储跳转目标相应字段的偏移量即可。同时，将重复的分支跳转目标地址删除，仅存储一次，由多个分支指令共享单个分支跳转目标。另外，可以在 BTB 中设计可变长度的条目来支持单分支指令多跳转目标的动态预测。

其次是 BTB 的预取技术。密歇根大学（University of Michigan）的 Tanvir Ahmed Khan 等人提出了 Twig——一种应用于数据中心场景的新型配置文件引导的 BTB 预取机制[17]。该机制不需要对 BTB 硬件结构进行修改，而是引入了一个 BTB 预取指令。该指令在链接时直接注入程序二进制文件中，根据从整个程序执行中收集的配置文件可以确定哪些分支指令导致频繁的 BTB 预测错误。预取指令将分支指令的地址和相应目标指令的地址作为操作数，即使分支指令不在指令缓存中也会确保将相应的条目插入 BTB。此外，程序中插入多条具有多个参数的 BTB 预取指令会增加静态和动态指令占用空间，为了缓解这种代码膨胀，Twig 提出了 BTB 预取合并，即多个 BTB 条目通过一条指令进行预取。Twig 分析程序配置文件可以识别导致重复 BTB 预测失败的连续执行分支，同时预取所有这些分支指令的 BTB 条目。

在系统层级上，目前也有一些优化的机制。例如，在分支单元解析到错误的分支预测时，对前级流水线进行选择性冲刷而不是直接冲刷前级全部指令，检测投机执行的指令流中能够重新收敛到正确路径的指令，只冲刷需要重新提取和执行以确保正确的指令。这种机制直接提升了性能并降低了功耗。在乱序（Out-Of-Order）执行设计中，指令需要确保顺序提交。分支指令的投机执行增加了进入重排序缓冲区的连续指令流，那么当分支预测错误时，独立于分支预测结果的指令执行会由于按顺序提交模型而被取消或暂停，这个代价非常大。

乱序执行的 CPU 中传统的解决机制是：如果执行了一个被错误预测的分支指令，那么所有较新的指令都会从重排序缓冲（Reorder Buffer，ROB）中清除，并且它们占用的分发、加载和存储队列条目及重命名的物理寄存器都会被释放。在沿着正确的路径提取和分发指令之前，寄存器重命名表必须在分支指令被分发之后恢复到它的初始状态，撤销错误预测路径上的所有寄存器重命名。一般来说，主要有两种机制可以恢复寄存器复重命名表：

- 使用检查点（Checkpoint）：在每条分支指令重命名表中都有检查点。当一个分支指令被错误预测时，检查点将被查找并恢复。这种机制的缺点是需要大量的存储空间来保存所有检查点。
- 使用回滚日志（Rollback Logs）：该机制记录了重排序缓冲中所有指令的寄存器重命名操作，并一一回滚，直到到达错误预测的分支。这种机制对存储的要求较低，但是因为重命名操作需要一个一个撤销，所以需要更多的时间来恢复到正确路径。

Intel 的 Stijn Eyerman 与 Ibrahim Hur 等人提出了一种软硬件结合的机制，软件部分负责通过三条附加指令指示控制和数据指令的独立区域，硬件部分利用这些信息选择性地冲刷依赖于分支预测错误之前指令的指令[18]。他们将一组指令序列定义为一个切片（Slice），这样切片之后的所有指令都在控制和数据平面上独立于切片中的指令（均以切片为单位）。当切片内的指令发生分支预测错误时，仅需要冲刷同一切片中的剩余指令，而在切片区域结束之前可以继续执行较新的指令。

另外还有编译器辅助的分支预计算（Branch Runahead）[19]。编译器给出一个可以在指令提取阶段预先计算分支结果的简短的操作序列，这个序列被称为依赖链（Dependence Chains）。德州大学奥斯汀分校（University of Texas at Austin）HPS 研究团队的 Stephen Pruett 和 Yale N. Patt 教授提出了一种方案：首先通过依赖链提取识别难以预测的分支及属于其依赖链的微操作，之后将依赖链存储在依赖链缓存中；依赖链控制将依赖链与 CPU 核同步并允许它们连续执行，产生近乎完美的分支预测，用于代替来自 TAGE-SC-L 预测器的预测；最后，这些依赖链在与 CPU 核共享保留站、物理寄存器和功能单元的依赖链引擎（Dependence Chain Engine）上执行，旨在更有效地执行依赖链。然而 Branch Runahead 与 History-based 预测器之间仍然没有一个明确的优劣之分，只能说在不同的应用场景下能够表现出不同的性能优势。

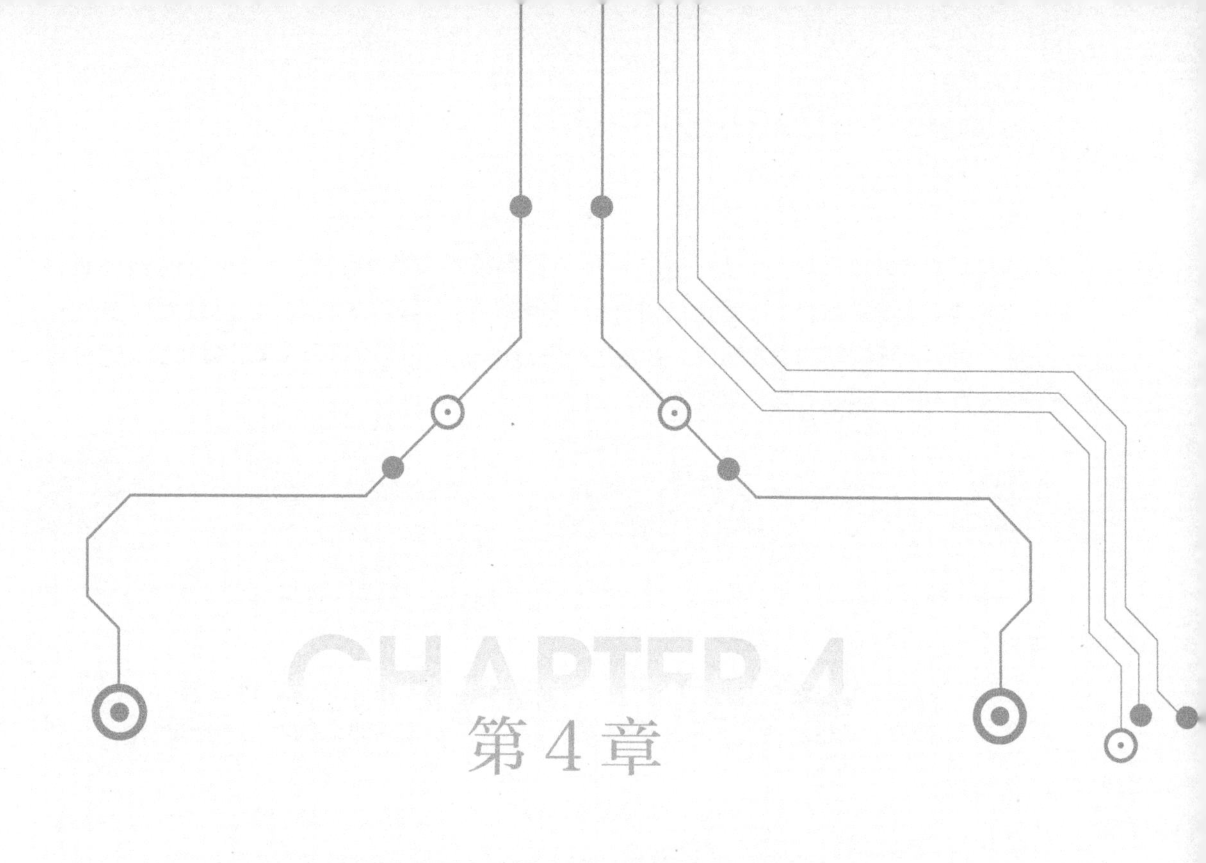

CHAPTER 4

第4章

寄存器重命名单元设计

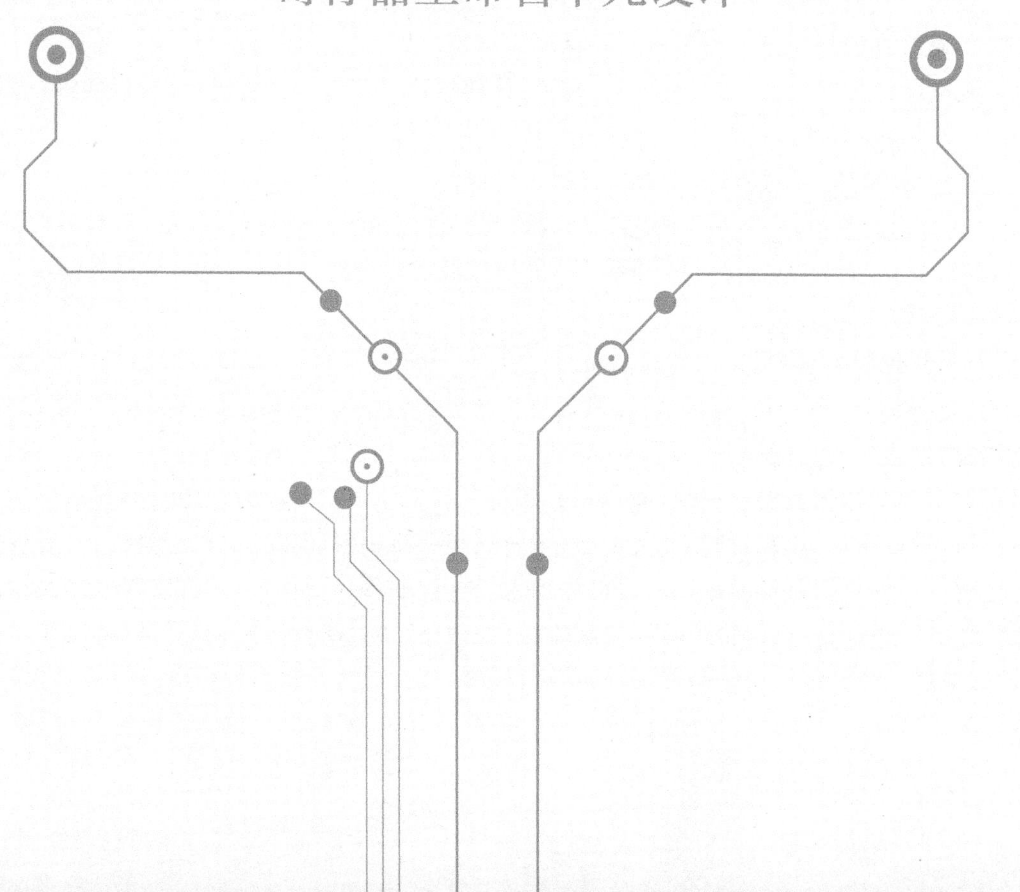

目前几乎所有的超标量 CPU 都应用寄存器重命名技术来提高性能，为了能清楚地阐述这个复杂的问题，本章先概述寄存器重命名过程，再确定寄存器重命名用于超标量 CPU 的可行设计空间，讨论设计空间的主要维度，并在每个维度中指出可能的设计选择，最后讨论寄存器重命名的各种可行的实现方案的真实案例。

4.1 寄存器重命名技术概述

数据相关按在流水线中需要保持的读写执行顺序来命名。例如，两条指令 i 和 j，i 在 j 之前，则可能的数据冲突分为三类：

- 写读相关（RAW）：如果 j 在 i 写入之前去读数据，读出来的将是旧值。这是最常发生的一种相关，这种冲突又称真数据相关，要保证执行结果的正确就必须保证 j 在 i 之后读取数据。
- 写写相关（WAW）：当 j 在 i 写入数据之前写入同一个单元（寄存器或内存地址）时就会发生写写相关。如果写操作以错误的顺序执行，会导致指令结束后的操作数是错误的，本来应该是 j 写入的值，如果 j 先写，则最终结果为 i 写入的值，这种冲突对应于输出相关。
- 读写相关（WAR）：当 j 先于 i 改写了 i 的操作数，则 i 读到的将是一个错误的值，这种冲突是反相关。

需要注意的是，读读相关（RAR）不是一种冲突。

为了解决发生在寄存器操作数之间或内存操作数之间的数据相关性，引入了各种静态、动态或混合技术。为处理代码中的数据相关，在超标量 CPU 中已经使用或提出的动态技术总结如图 4-1 所示。

指令发射分为直接发射（Direct Issue/静态调度）和间接发射（Indirect Issue/动态调度）。当可执行指令静态调度到执行单元时，需要检查当前指令包中，以及之前指令的数据相关，需要的操作数是否已经计算完毕，指令需要的执行周期数，当前运算单元是否繁忙，是否有控制相关等，这些都会阻止指令发射，降低 CPU 的指令级并行性。指令动态调度消除了直接发射中出现的发射瓶颈，动态调度的主要思想是解耦这些复杂的相关检查。在动态调度中，指令首先发射到发射队列（Issue Queue），确定指令的数据相关关系，而并不要求操作数马上准备好。随后发射队列根据之前确定的指令相关性唤醒相关指令，并且准备好的可执行指令经过仲裁后被分发到空闲执行单元（Dispatch）。Issue 和 Dispatch 这两个术语在计算机体系结构中经常不加区分地用来描述指令进入发射队列，或者从发射队列到执行单元的过程，在这里做如下的区分。Dispatch 有从一个点调度到很多不同地方之意，而 Issue 并没有这一层意思。基于此，本书

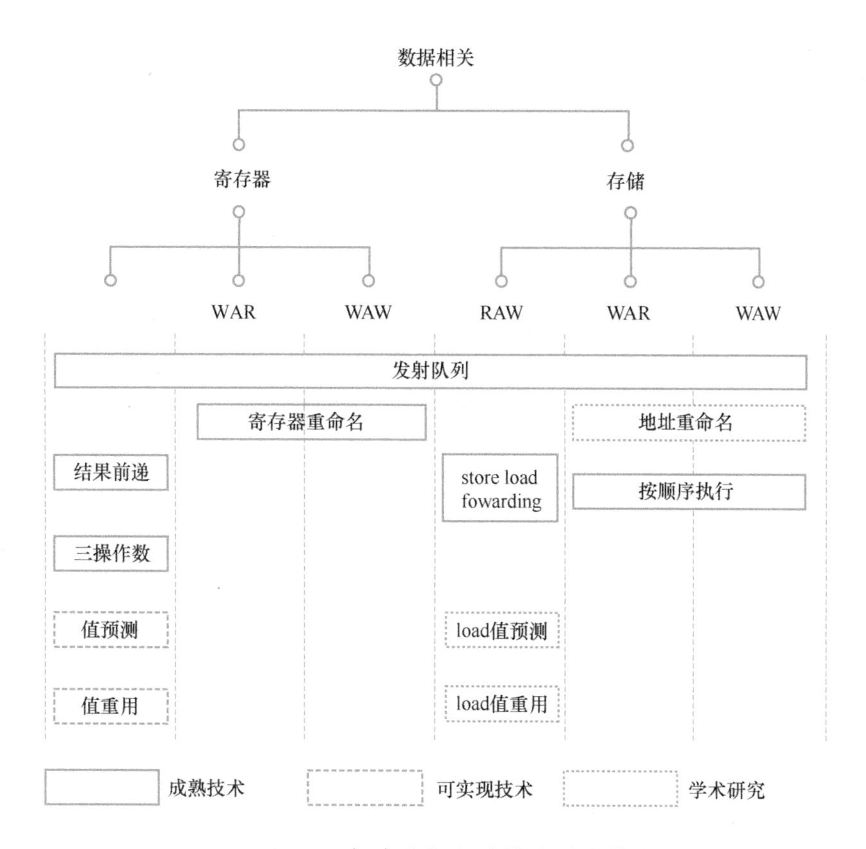

● 图 4-1　解决数据相关性的动态技术

中将 Dispatch 译作“分发”，将 Issue 译作“发射”。所以对于采用分立式发射队列的 CPU 来说，是先分发（Dispatch）再发射（Issue），而对于集中式发射队列的设计来说，则是先发射（Issue）再分发（Dispatch）。

首先介绍用于处理寄存器操作数之间发生的数据相关的技术。

寄存器重命名（或简称重命名）是一种广泛使用的技术，用于消除寄存器操作数之间的虚假数据相关（WAR 相关和 WAW 相关）。

假设 CPU 通过重命名去除寄存器操作数之间的虚假数据相关，并通过分支预测处理遇到的控制相关，那么只有 RAW 相关（和资源限制）可以限制指令并行执行。先介绍两种已经在许多超标量 CPU 中使用的解决 RAW 数据相关的技术，以及两种因为资源限制仍处于研究阶段的更进一步的技术。

第一种是结果前递（Forward/Bypass）。现在这是一种标准技术，用于减少指令之间的 RAW 相关。结果前递的做法是将产生的结果从执行单元的输出立即转发到相关指令的输入，省略生产者-消费者链条中的寄存器写入和寄存器读取操作。

第二种是三操作数指令（如浮点融合乘加）。消除了使用二元运算计算结果（$A \times B + C$）时产生的 RAW 相关性。

为了进一步超越由于寄存器真数据相关导致的指令级并行性限制，有两种解决 RAW 相关的技术正在做进一步的研究：值预测（Data Value Prediction）和值重用（Value Reuse）。

对于值预测，首先根据指令执行的历史数据对当前指令的结果是否可预测进行猜测。如果认为结果是可预测的，CPU 会执行生产者指令，产生当前指令需要的操作数，与此同时，CPU 使用预测的源操作数的值来执行当前的消费者指令。当生产者指令执行结束得到真实的结果时，CPU 将会检查预测的结果是否是正确的。如果是，则增加其置信度，如果不是，则撤销错误的执行并使用正确的结果恢复执行。

值重用的思路是通过删除重复的复杂计算（如浮点的除法、平方根和访存）来部分消除 RAW 相关，降低 CPU RAW 相关的代价。在之前程序的执行过程中，CPU 将使用寄存器操作数执行的复杂计算的相关信息（源操作数、操作和结果）存储在适当的操作缓存中。这个操作缓存有很多项，可以保存很多操作的结果。如果当前指令要使用寄存器操作数执行新的复杂计算，CPU 会检查缓存中是否有已经执行过的相同的运算。如果是，则 CPU 重用保存在操作缓存中的先前计算的结果，避免了重新计算的过程。

现在讨论内存操作数，对于内存操作数，此处将讨论限制在 Load/Store 指令架构上，这是因为即使是具有 CISC 指令集的超标量 CPU 通常也采用内部 类似 RISC 的微操作转换。假设采用 Load/Store 架构，只有 Load 和 Store 指令访问内存，因此内存数据相关关系仅限于 Load 和 Store 指令之间的相关关系。如果它们寻址相同的内存位置，就会产生相关。除了采用发射队列解耦相关的检查之外，还使用或建议使用以下技术来处理内存数据相关性。

Store 指令通常按照顺序执行，其结果按程序顺序写入内存/缓存中，因此不会出现 WAW 和 WAR 相关关系。也有学者提出物理地址的重命名，但还没有 CPU 采用，属于学术领域的研究课题。

另一方面，有两种主要方法可以解决 Load 指令和 Store 指令之间的 RAW 相关：

- Store-Load 前递（Forwarding）。
- 通过 Load 值预测或 Load 值重用避免内存 RAW 相关性，如图 4-1 所示。

4.2 寄存器重命名的原理与过程概述

4.1 节提到，寄存器重命名是一种消除寄存器操作数之间伪数据相关性（WAW 和 WAR）的技术。它消除了所涉及指令按顺序执行的要求，因此，平均而言每个周期将有更多指令可用于并行执行，从而提高 CPU 性能。

寄存器重命名的原理很简单：如果 CPU 遇到需要目标寄存器的指令，它会将指令的结果临时写入动态分配的重命名缓冲区，而不是写入指定的目标寄存器。例如，在下面写写（WAW）相关情况下的两条指令：

```
1.ADD r1, r2, r3
2.MUL r1, r4, r5
```

假设指令 1 寄存器重命名之后，r1 指向 p33，指令 2 经过寄存器重命名之后，r1 指向 p34。这时若执行这两条指令，指令结果会分别写入两个不同的寄存器 p33 和 p34，之后这两条指令就可以乱序执行提升 CPU 性能了，这解决了之前 *i*1 和 *i*2 之间的 WAW 依赖关系。然而，在后续指令中对源寄存器 r1 的引用必须重定向到分配给 r1 的重命名缓冲区 p34，后文将详细介绍整个重命名过程，这里暂不展开。

1967 年，在 IBM360 中为浮点指令引入了寄存器重命名的前身——Tomasulo 算法，IBM360 是当时的标量超级计算机，开创了流水线和发射队列的先河。

Tjaden 和 Flynn 是第一个建议使用寄存器重命名来消除伪数据相关性的人。但是，他们还没有使用术语“寄存器重命名”。这个术语后来在 1975 年由 Keller 引入，他将重命名扩展到涵盖所有指令，包括目标寄存器。他还描述了如何在 CPU 中实现寄存器重命名。即便如此，由于该技术的复杂性，在其概念出现大约 20 年后，直到 20 世纪 90 年代初，寄存器重命名在超标量中才得到广泛使用。

一些重要 CPU 系列中的早期超标量型号，如 PA7100、SuperSparc、Alpha 21064、MIPS R8000 和 Pentium，均没有使用寄存器重命名。寄存器重命名是逐渐出现的，首先是以一种受限制的形式，称为部分重命名。在 20 世纪 90 年代初，在 IBM RS/6000（Power1）、Power2、PowerPC 601 和 Nx586 CPU 中，采用部分重命名的 CPU 实现了一般限制重命名到一种或几种数据类型的重命名，如浮点 Load 或浮点指令，在后文寄存器重命名范围章节会详细描述。从 1992 年开始，出现了完全重命名，首先是 IBM 大型机系列 ES/9000 的高端型号，然后是 PowerPC603。随后，重命名扩展到几乎所有的超标量 CPU 设计中。目前寄存器重命名被认为是面向性能的超标量 CPU 的标准特性，2000 年以后，几乎所有的高性能 CPU 全部都采用了寄存器重命名技术。

在讨论寄存器重命名相关的设计空间之前，先要了解寄存器重命名的过程。重命名过程本身相当复杂，因为它包含许多重命名特定任务。例如，重命名目标和源寄存器，获取重命名的源操作数，从错误的投机执行路径上恢复重命名的过程等。另一方面，选择的寄存器重命名技术和底层微体系结构都会影响重命名过程，重命名过程的每个具体描述都与所采用的重命名技术和底层微体系结构的特定类型有关。因此在描述重命名过程之前，需要具体说明相关的 CPU 微架构设计。

CPU 微架构在两个设计方面会影响 CPU 如何实现重命名过程：CPU 是否使用发射队列，以及如果 CPU 使用发射队列，采用什么样的操作数获取策略（参见本书 5.3 节）。由于近些年的超标量主要使用发射队列，这里认为这种设计选项是理所当然的。关于操作数获取策略，这属于发射队列的设计空间，有两种选择，即发射队列前读寄存器（Issue Bound Operand Fetch）和发射队列后读寄存器（Dispatch Bound Operand Fetch）。这两种选择在超标量 CPU 中都有广泛使用。当介绍重命名过程时将在两种情况下分别讨论。

本节接下来将介绍 8 种基本的重命名实现。总体来说可以分成两类：通过使用独立的重命名寄存器堆（RRF）或重排序缓冲（ROB）实现寄存器重命名，以及架构寄存器通过重命名映射表映射到重命名寄存器。

4.2.1 发射队列前读寄存器重命名设计

在前面提到的两类重命名过程的实现中，一般会关注 CPU 微架构的一小部分来介绍重命名过程，以突出重命名过程中的一些特定任务的实现。这一部分需要执行计算指令，并由架构寄存器堆（ARF）和执行单元（EU）组成，如图 4-2 所示。

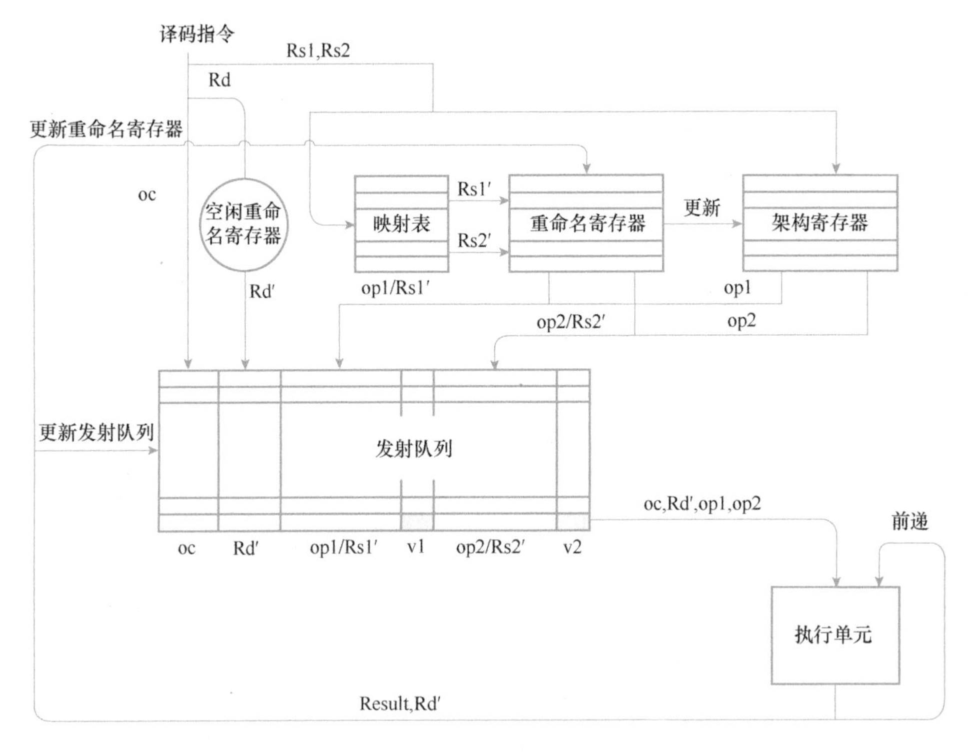

图 4-2 寄存器重命名过程（一）

假设利用发射队列（Issue Queue）来解耦相关性的检查，当指令准备好的时候从发射队列分发（Dispatch）到执行单元。在指令的执行过程中有以下四个阶段：

1）译码指令被发送到发射队列（Issue）。

2）可执行指令从发射队列分发到执行单元（Dispatch）。

3）执行单元执行规定的操作并将结果写入相关联的重命名寄存器。

4）指令执行完成（Finish），CPU 以有序的方式提交指令（Commit）。

当 CPU 在发射队列之前读寄存器时，重命名过程执行如图 4-2 所示。在指令发射（Issue）期间，需要执行三个与重命名相关的任务：指令的目标寄存器 Rd 需要重命名；指令的源寄存器 Rs1 和 Rs2 也应该重命名，以便将源引用重定向到相关的重命名寄存器；需要获取所需的源操作数。

为重命名发出指令的目标寄存器，首先需要为发出指令分配一个空闲的重命名寄存器。这个任务是通过重命名寄存器空闲表来实现的。目标寄存器的重命名会产生重命名的目标寄存器标识符（Rd′），该标识符被写入发射队列。通常，CPU 使用分配的重命名寄存器的索引作为 Rd′。

源寄存器也需要重命名。这里的重命名并不是真正的分配目标寄存器，而是读重命名映射表，这是通过访问以源寄存器标识符 Rs1 和 Rs2 作为索引的映射表，并从表中获取分配的重命名寄存器（映射为 Rs1′和 Rs2′）的标识符来实现的。

最后需要获取源操作数。在重命名后，请求的源操作数会位于两个可能的位置之一。如果存在有效的重命名，则需要从重命名寄存器堆（Rename Register File）中获取所请求的操作数，否则需要从架构寄存器（ARF）中获取。CPU 通常同时访问 RRF 和 ARF。如果只有 ARF 命中，指令的源寄存器实际上没有重命名，访问 ARF 得到的值是有效的。如果两个寄存器堆都命中给出相应的值，则 CPU 将优先考虑来自 RRF 的值。在这种情况下，索引的源寄存器存在有效的重命名，并且这个数据要比 ARF 中的新。如果 RRF 是有效的，即其结果已由前面的指令产生，则直接读出来，然后写到发射队列中。如果无效，后续可以通过前递/旁路网路去捕获，这时 Rs1′和 Rs2′也要写入发射队列中。

CPU 将检查保存在发射队列中的最旧指令的源操作数的有效位。如果该指令的有效位都被置位，并且执行单元也空闲，则将该指令发送到执行单元执行。

执行单元执行完一条指令后，发射队列和重命名寄存器堆都需要用生成的结果更新。为了更新发射队列生成的结果，它们的标识符 Rd′被广播到发射队列中保存的所有源寄存器条目。通过相联比较找到所有等待新结果的源寄存器标识符 Rs1′和 Rs2′。如果相等，CPU 将匹配的寄存器替换为广播的结果值并设置相关联的有效位，表示源操作数可用。这与没有重命名的时候基本相同，区别是使用重命名的目标寄存器标识符 Rd′而不是原始目标寄存器标识符 Rd。第二个任务是更新重命名寄存器堆，只需使用产生结果的标识符 Rd′作为索引将新值写入重命名寄存器堆，并设置相关的有效位，表示相应的寄存器数据可用即可。

当一条指令执行完毕提交时，保存在相应重命名缓冲器（Rename Buffer）中的临时结果会被写入 Rd 指向的体系结构寄存器。剩下的任务是回收 Commit 指令占用的重命名寄存器，而这与操作数的获取时刻有关。当指令发送到发射队列时获取操作数（Issue Bound Operand Fetch），正在发送的指令立即可以从执行单元的结果得到操作数发射队列中等待的指令，也可以监听结果总线的方式捕获这个结果。在这种情况下，指令完成后可以立即回收分配的重命名寄存器。

4.2.2 发射队列后读寄存器重命名设计

发射队列后读寄存器的重命名过程如图 4-3 所示。与 4.2.1 节中发射队列前读寄存器的重命名过程类似，这里同样执行指令的目标寄存器 Rd 重命名、指令的源寄存器 Rs1 和 Rs2 重命名，以及获取所需的源操作数三个任务。

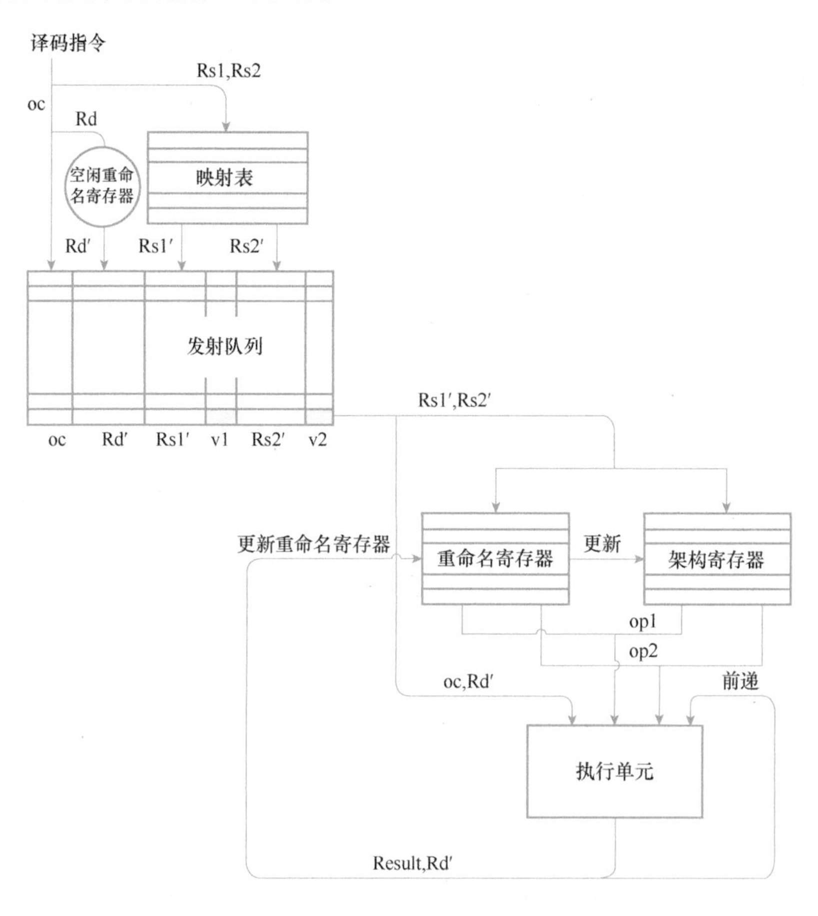

图 4-3 寄存器重命名过程（二）

在指令发射（Issue）到发射队列的阶段，目标寄存器 Rd 和源寄存器 Rs1 和 Rs2 都用和发射队列前读寄存器相同的方式重命名；然后将重命名的寄存器值 Rd′、Rs1′和 Rs2′与操作码（Operation Code）一起写入发射队列。

在指令分发（Dispatch）时需要执行两个任务：

- 需要检查条目中持有的指令操作数是否就绪，如果就绪，选出一条最旧的，如果这时执行单元也是空闲的，则可以将这条指令转发给执行单元执行。
- 在指令发送期间，其操作数需要从 RRF 或 ARF 中获取，方式与发射队列前读寄存器的重命名方式一样。

当执行单元执行完成得到结果时，生成的结果用于更新 RRF。更新时使用重命名的寄存器标识符 Rd′作为 RRF 的索引，并设置相关的有效位将结果写入分配的重命名寄存器。

最后，当 CPU 完成一条指令时，保存在相关重命名寄存器中的临时结果将被写入指令的目标字段中指定的架构寄存器。剩下的唯一任务是回收与已完成指令关联的重命名寄存器，这要比发射队列前读寄存器的重命名方式复杂些。发射队列前读操作数时，会用执行单元的结果更新 RRF 和发射队列，所以提交之后可以马上释放 PRF。而发射队列后读操作数的方案中，因为发射队列不存操作数，也就不会像上面情况中一样捕获操作数。指令提交时，结果从重命名寄存器写入体系结构寄存器，同时在发射队列每一个指令的源操作数标识符 Rs1′和 Rs2′中匹配重命名寄存器 Rd′。如果相等，则修改重命名并映射到相应的体系结构寄存器 Rd，这样 Rd′占用的重命名寄存器就可以被释放回收利用了。

4.3 寄存器重命名技术的设计空间

寄存器重命名的设计空间有四个主要维度：寄存器重命名的范围、寄存器重命名的布局、寄存器映射的方法和重命名宽度，如图 4-4 所示。这些内容将在本章后续小节中讨论。

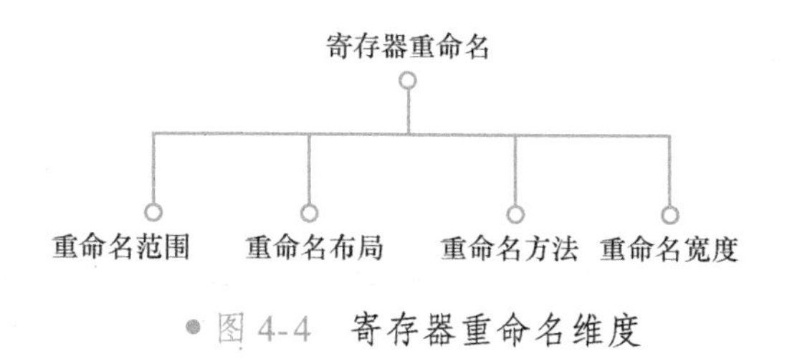

图 4-4 寄存器重命名维度

4.3.1 寄存器重命名的范围与结构

寄存器重命名的范围是指 CPU 使用重命名的范围，在此区分为部分重命名和完全重命名。

部分重命名仅限于一种或几种指令类型，如仅限于浮点、Load/Store 指令。部分重命名技术主要应用在 20 世纪 90 年代初开始设计的 CPU 中，当时使用部分重命名的 CPU 主要有 IBM Power1（RS/6000）、Power2、PowerPC 601 和 Nx586，如图 4-5 所示。Power1（RS/6000）仅重命名了浮点 Load 指令，Power1 只有一个 FP 运算单元，它按顺序执行浮点运算指令，浮点运算指令没有使用寄存器重命名技术。Power2 引入了多个浮点单元，因此它将重命名扩展到所有浮点指令，而 PowerPC 601 仅重命名链接和计数寄存器。在只实现了 x86 整数核心的 Nx586 中，重命名也就仅限于整数指令。

完全重命名涵盖所有包括目标寄存器的指令，如图 4-5 所示，几乎所有追求性能的超标量 CPU 都使用完全重命名。值得注意的例外是 Sun 的 UltraSparc 系列，Alpha 21264 之前的 Alpha CPU，Intel 的早期 Atom，ARM 的 A5/A7/A8/A53/A55 等是不使用寄存器重命名技术的。

图 4-5 不同 CPU 采用的寄存器重命名的范围

（寄存器）重命名缓冲（Rename Buffer）是重命名的载体，组成了重命名的实际框架。在 CPU 的设计过程中，寄存器重命名缓冲的结构有三个基本的设计方向：寄存器重命名缓冲的类型、数量以及读写端口的数量，如图 4-6 所示。

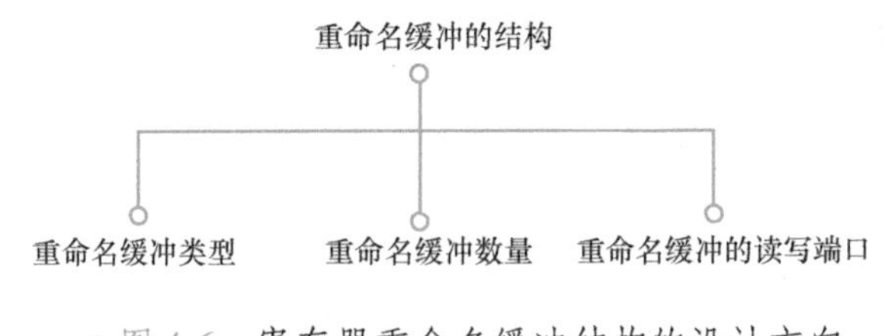

图 4-6 寄存器重命名缓冲结构的设计方向

4.3.2 重命名缓冲的类型

在 CPU 中选择使用哪种类型的重命名缓冲对寄存器重命名的实现具有深远影响，本节将概述各种设计选项。首先假设 CPU 内部只有一个通用的体系架构寄存器堆，稍后再讨论扩展到整数和浮点等分立的寄存器堆的场景。

如图 4-7 所示，根据重命名缓冲所在位置的不同，有四种可能的方式来实现重命名缓冲。这些选择包括使用融合的架构和重命名寄存器堆，使用独立的重命名寄存器堆，在重排序缓冲区（ROB）和使用发射队列作为重命名缓冲。

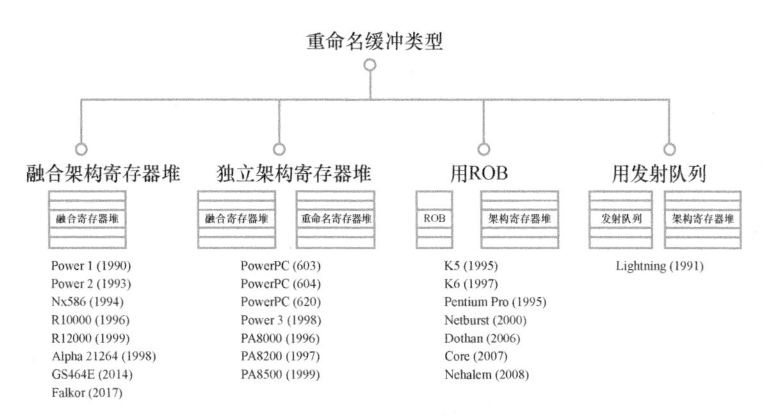

图 4-7　不同 CPU 采用的寄存器重命名缓冲类型

在上述第一种方法中，重命名缓冲与架构寄存器在同一物理寄存器堆中一起实现，称为融合寄存器堆，架构寄存器和重命名寄存器都被动态分配给寄存器堆中的特定物理寄存器。

融合架构和重命名寄存器堆的每个物理寄存器在任意时刻都处于以下四种状态之一，这些状态反映了物理寄存器的实际使用情况。

- 寄存器空闲。
- 用作重命名缓冲，但该寄存器还没有有效的数据。
- 用作重命名缓冲，并且该寄存器已包含有效数据。
- 架构寄存器。

在 CPU 初始化期间，前 N 个物理寄存器被分配给架构寄存器，其中 N 是指令集架构声明的寄存器数量。这些寄存器被设置为处于“架构寄存器”状态，而其余的物理寄存器则处于“寄存器空闲”状态。当发出的指令包含目标寄存器时，需要一个新的重命名缓冲，从可用寄存器堆中选择一个物理寄存器并将其分配给相关的目标寄存器。因此，其状态被设置为“重命名缓冲区，数据无效”状态，数据有效位是复位状态。相关指令执行完毕后，将产生的结果写入分配的重命名缓冲区，然后设置其数据有效位，并将其状态更改为“重命名缓冲区，数据有效”。稍后，当相关指令完成时，分配给它的重命名缓冲将被映射为架构寄存器，指向刚刚完成的指令中指定的目标寄存器，它的状态更改为“架构寄存器”。最后，当一个映射到同样目标寄存器的新的指令提交时，对应的重命名缓冲被映射成新的目标寄存器，这个旧映射的重命名缓冲被回收，它的状态又变为“寄存器空闲”。

还可能发生由于异常或投机执行错误，取消尚未完成的指令的情况。这时处于“重命名缓冲，数据无效”或“重命名缓冲，数据有效”状态的已分配重命名缓冲被释放，并且它们的状态更改为“寄存器空闲”。此外，还需要取消保存在映射表或重命名缓冲中的相应映射，即 Flush 恢复。

融合架构与重命名寄存器堆已经用在了很多 CPU 设计当中。例如，在 IBM ES/9000 大型机系列的高端型号、Power 和 R1x000 系列 CPU 以及 Alpha 21264、龙芯 GS464 系列中都采用了融合的架构和重命名寄存器堆。

另外三种寄存器重命名的实现方法都将重命名缓冲与架构寄存器分开。

在第一种重命名缓冲与架构寄存器分离的实现方式中，独立的重命名寄存器堆用于实现重命名缓冲。PowerPC 603/604/620/740/750 和 PA-8x00 系列 CPU 都是使用这种重命名方法的例子。

重命名也可以基于重排序缓冲（Reorder Buffer，ROB，详细内容参见本书第 9 章），重排序缓冲广泛用于保持指令执行的顺序。使用重排序缓冲时，会在执行期间为每个指令分配一个重排序缓冲条目，通过扩展一个新字段来保存该指令的临时结果，使用这种方式进行重命名也是很常见的。使用重排序缓冲进行重命名的 CPU 示例包括 AMD Am29000、K5、K6、Pentium Pro、Pentium Ⅱ一直到 Nehalem 系列的 P6 微架构的 CPU。

重排序缓冲甚至可以进一步扩展以用作发射队列。这种集重命名缓冲、发射队列和重排序缓冲功能为一体的结构被称作 DRIS（Deferred Scheduling Register Renaming Instruction Shelve）。Lightning CPU 和 AMD K6 就采用了这种解决方案，其最早可以追溯到 20 世纪 90 年代初的 Lightning 微架构，由于当时的工艺落后，微架构过于激进，无法量产。

重命名缓冲的最后一个可能的实现方案是使用发射队列进行重命名。在这种情况下，每个发射队列都需要在功能上进行扩展，以执行重命名缓冲的任务。但是发射队列和重命名缓冲的释放机制并不相同，发射队列在指令发射到运算单元就可以释放，而重命名缓冲需要在指令提交并把结果写入架构寄存器才可以释放，导致这种重命名方法有一个缺点，就是发射队列的释放周期太长，到目前为止，还没有 CPU 使用这种重命名方法。

之前为了简化描述，假设所有的数据类型都存在一个架构寄存器堆中，但一般来说，CPU 中整数、浮点、SIMD/Vector 指令都有独立的架构寄存器堆，所以它们各自的重命名寄存器缓冲一般也是各自独立的，如整型一个，浮点一个，也可以是统一的。

如图 4-8 所示，当 CPU 采用整数浮点各自独立的架构寄存器时，不管是用融合的重命名寄

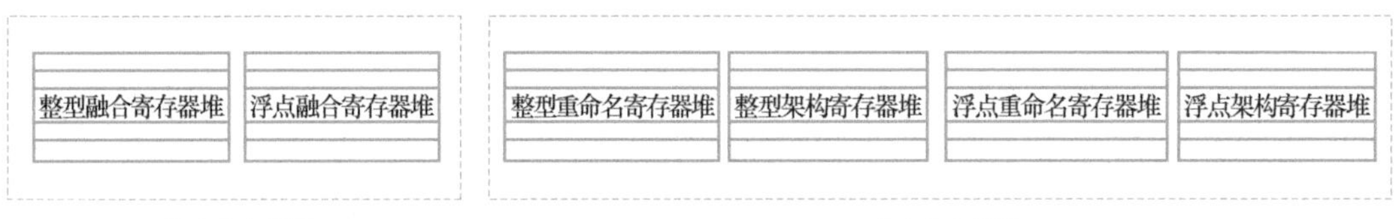

图 4-8 融合与分立寄存器堆

存器堆，还是分立的重命名缓冲实现重命名，大部分的 CPU 都会区分整数、浮点数据通路，各自独立地实现。唯一的例外是当采用重命名到重排序缓冲的实现方式时，每一个重排序缓冲条目的结果位域需要足够长，以保存任何 CPU 可以产生的指令结果。

4.3.3 寄存器重命名缓冲的数量设计

寄存器重命名缓冲可以暂存指令执行的结果，直到指令提交。尽管并非每条指令都会产生结果并修改架构寄存器。在最悲观情况下，CPU 中重命名缓冲的数量就是 CPU 中正在执行的指令（Inflight Instruction）的最大值，即已发出但尚未完成的指令。这些指令可能处于下面四种状态：

1）保存在发射队列中等待执行。

2）正在执行单元中处理。

3）在 Load Queue（如果有）中等待缓存访问。

4）在 Store Queue（如果有）中等待完成，然后将它们转发到缓存中以执行所需的 Store 操作。

因此，CPU 中可能已发出但尚未完成最大指令数（inflight_max）见式（4-1）：

$$\text{inflight\_max} = wdw + n\text{EU} + n\text{Lq} + n\text{Sq} \tag{4-1}$$

其中，wdw 是乱序窗口的数量；nEU 是执行单元中可以并行执行的指令数量；nLq 是 Load 队列的数量；nSq 是 Store 队列的数量。

采用最坏情况估计，从式（4-1）可以确定所需的重命名缓冲区总数（$n$rmax），见式（4-2）：

$$n\text{rmax} = wdw + n\text{EU} + n\text{Lq} \tag{4-2}$$

而 Store 指令是不需要重命名缓存的。

此外，如果 CPU 包含重命名缓冲，则基于式（4-1）计算出所需的重命名缓冲总数最大（nROBmax），见式（4-3）：

$$n\text{ROBmax} = \text{inflight\_max} \tag{4-3}$$

如果 CPU 的重命名缓冲条目少于根据最坏情况［分别由式（4-2）和式（4-3）给出］的估算，则有可能由于缺少空闲重命名缓冲或重排序缓冲而发生资源冲突，引起指令停顿。随着数量的减少，预计性能会平稳且略有下降。具体重命名缓冲的数量需要进一步地权衡，这取决于可容忍的性能下降水平。

基于式（4-1）~式（4-3），以下关系通常适用于 CPU 调度窗口的宽度（wdw），即发射队列数量、重命名缓冲的数量（nr）和重排序缓冲的数量（nROB），重命名缓冲数量的设计范围见式（4-4）：

$$wdw < nr <= n\text{ROB} \tag{4-4}$$

几乎所有的 CPU 均符合式（4-4）的设计关系。CPU 重命名缓冲数量设计范围实例见表 4-1。

表 4-1　CPU 重命名缓冲数量设计范围实例

Processor	*wdw*	*nr*1	*nr*2	*n*ROB
R12000（1998）	16+16+16	32	32	48
Alpha21264（1998）	20+15	48	41	80
GS464E	16+24+32	128	128	128
K5（1995）	11	16		16
K6（1997）	24	24		24
Zen3	?	192	180	256
Firestorm	?	354	384	630+
Pentium Pro（1995）	20	Na	Na	40
Netburst（2000）	8+38	128	128	126
Dothan（2006）	24	Na	Na	80
Core（2007）	32	Na	Na	96
Nehalem（2008）	36	Na	Na	128
Sandy bridge（2010）	54	160	144（FP+V）	168
Haswell（2013）	60	168	168	192
Skylake（2015）	97	180	168	224
Sunny Cove（2019）	?	?	?	352
Golden Cove（2021）	?	?	?	512

4.3.4　重命名缓冲的读写端口设计

考虑到现实中 CPU 设计的实践，在下面的讨论中，假设整数浮点向量等数据类型使用拆分的寄存器堆。

先来考虑重命名缓冲所需的读端口的数量。需要的读端口数量与重命名缓冲每个周期需要提供的源操作数是相关的，在最悲观的情况下，需要的所有操作数都来自于重命名缓冲，读端口的数量就是需要的操作数的最大数量。除了读取源操作数，在指令提交时，重命名缓冲中的结果需要额外的读端口读出来并写入架构寄存器。综上所述，读端口的数量可以等于需要的操作数的最大数量加上提交指令的数量。

一个周期内需要的源操作数的数量取决于 CPU 是在发射队列前读源操作数还是在发射队列后读源操作数。

如果采用发射队列前读源操作数的架构，重命名缓冲需要为在一个周期中发射（Issue）

的所有指令提供操作数到发射队列。如果指令译码没有发射限制，分立实现的整数浮点等重命名缓冲都应该在每个周期中为最大的指令发射速率提供所有必需的源操作数。例如，在四发射的超标量 CPU 中，整数重命名缓冲应该提供 8 个源操作数，浮点重命名缓冲甚至需要提供多达 12 个源操作数（考虑每个指令需要操作数最多的乘加操作）。

相比之下，如果 CPU 采用发射队列后读源操作数的重命名方式，则重命名缓冲要为从发射队列发射到运算单元的所有指令提供操作数，以便在同一周期内执行。一般来说，指令分发（Dispatch）的发射宽度要高于发射（Issue）的宽度。如果发射宽度比较小，如 2 发射，前读的架构有些优势，因为其需要的读端口数量少于后读。

此外，如果重命名缓冲与架构寄存器分开实现，则重命名缓冲需要能够在每个周期中将需要提交的指令的结果值写入到架构寄存器。假设发射宽度还是 4，则 CPU 通常每个周期最多可以提交的指令也是四条，通常会将重命名缓冲所需的读端口数量增加四个。

一个需要注意的问题是：由于寄存器堆的面积与读写端口的平方成正比，读写端口数量太多可能会导致这部分占用的芯片面积暴增，从而导致周期时间增加。为了避免该问题，一些高性能 CPU（如 Power2、Power3 和 Alpha 21264 等）会通过两个或更多个读端口少的寄存器堆拼成一个更多读端口的寄存器堆。一个寄存器堆分成两个相同的小寄存器堆实体时，每个实体中需要的写端口数量不变，需要的读端口数量就变成了一半。

至于重命名缓冲写端口的数量，由于重命名缓冲需要在每个周期中保存执行单元产生的所有结果，因此执行单元每个周期可能产生多少结果，就需要提供多少个写端口。大多数指令只需要一个写端口来保存结果，但也有一些例外。例如，当执行单元产生两个结果时，如 DIV 产生商和余数，或 PowerPC 架构 CPU 中 LOAD-WITH-UPDATE 指令，这些单元返回 Load 的数据和更新的地址值就需要更多的写端口。如果不想增加写端口，也可以将这种指令在前端译码时拆分成多个微操作，每个微操作产生一个结果。

4.4 寄存器重命名的映射方法

应用重命名的 CPU 在指令发射（Issue）期间，将引用的架构寄存器源操作数映射到相应的重命名缓冲，出现在指令中的目标寄存器被映射到分配的空闲重命名缓冲，建立的映射将一直保持，直到有一个新的映射使旧映射失效。有两种重命名实现方法可以映射架构寄存器到已分配的重命名缓冲。一种实现方式是在 CPU 中实现一个映射表，另一种方法是在重命名缓冲中记录每一个条目映射到哪里。

最常用的是映射表的方式。映射表具有与指令集规定的架构寄存器一样多的条目（通常为 32），每个条目都持有一个状态位（条目有效位），表示相应的架构寄存器是否被重命名，每个有效条目提供重命名缓冲的索引。如图 4-9 所示，左侧显示的映射表包含架构寄存器 r7 的有效条目，其中包含的索引是 12，表明架构寄存器 r7 实际上已重命名到重命名缓冲区的编号是 12。重命名硬件在指令发射期间为发射的指令分配新的重命名缓冲，并建立映射。当属于该条目标架构寄存器再次被重命名时，有效映射被更新，当分配的重命名缓冲被回收时，也就不再需要相关的映射了，这时该映射将失效。映射表用这种方式不断提供最新的架构寄存器映射。访问源寄存器时，先访问映射表，如果映射有效则得到重命名缓冲的索引，再访问这个索引对应的重命名缓冲得到源操作数。如果映射无效，则直接访问架构寄存器，获得源操作数。

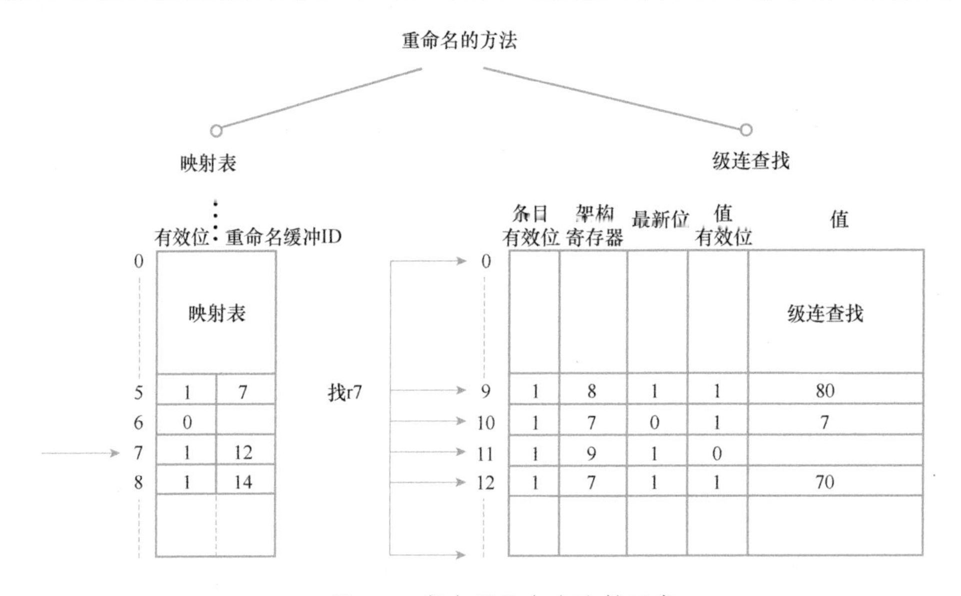

图 4-9 寄存器重命名映射示意

CPU 设计中，对于分立实现的整数浮点等数据类型，映射表一般也是分立的，分别实现整数浮点类型的重命名映射表。

映射表应该为一个周期中，每个可能被读的源操作数提供一个读端口，每个可能被分配的重命名缓冲提供一个写端口（如 4.3.4 节所述）。

另一种重命名方式是相联查找方式（图 4-9 右侧所示）。在这种实现方式下，每个重命名缓冲都保存相关架构寄存器的标识符（通常是重命名的目标寄存器的寄存器编号）和其他状态位。与映射表的方式一样，这些条目都是在指令发射期间建立的，这时会给每一个发射的指令的目标寄存器分配一个空闲的重命名缓冲。每一个重命名缓冲的结构包含五个信息：

- 状态位，表示该重命名缓冲已经分配给了某个架构寄存器（图中称为条目有效位）。
- 相关的架构寄存器号。
- 最新位，最新位的作用将在下文介绍。

- 值有效位，表示相应架构寄存器的值是否已经算出来了。
- 架构寄存器的值本身，是指有效位对应的已经产生的指令结果。

随着指令的不断执行，一个架构寄存器可能会被反复重命名多次，这时重命名缓冲中会有多个该架构寄存器的有效映射，最新位的作用是标记该架构寄存器的最新的映射。在图 4-9 右侧的示例中，架构寄存器 r7 有两个有效的映射，其中 12 号重命名缓冲的最新位为 1，是最新的映射。当重命名源操作数 r7 时，需要用 r7 相联查找整个重命名缓冲，寄存器标号一致并且最新位为 1 的条目才是需要的。在发射（Issue）时取操作数的实现，重命名和读源操作数是同时的，这时五个信息同一拍使用，一般放在一起实现。在分发（Dispatch）时取操作数的实现，重命名和取源操作数是分开的：发射（Issue）时重命名，分发（Dispatch）时取源操作数，这时候重命名实现前四个信息。

用映射表方法实现寄存器重命名时为了快速恢复，需要记录多个完整的映射表检查点（Checkpoint），一个检查点的面积是 $N\times\log_2(D)$。N 是架构寄存器的数量，一般 RISC CPU 中 $N=32$，D 是重命名缓冲的数量。相联查找的重命名实现方法快速恢复只需要保存最新的 Bit（Latest Bit）。一般来说，在 CPU 并行的指令比较少的时候，相联查找的方法有优势，映射表的实现方法面积相对要大。随着 CPU 规模越来越大，正在执行的指令数的进一步增加，在 $D>256$时，相联查找方法的优势就不复存在了。

另外需要提到一个概念：寄存器重命名吞吐率。它是指 CPU 在一个时钟周期内能够重命名的最大指令数。CPU 应该能够重命名在同一周期内发射的所有指令，以避免性能下降，因此，寄存器重命名吞吐率应等于发射的最大指令数。然而在 CPU 中实现高重命名吞吐率（四或更高）并不是一件容易的事。主要有两个原因，首先为了实现更高的重命名吞吐率，需要检查一个周期内的发射的指令间的依赖关系（如下文“重命名过程的实现”部分所述），在发射的指令比较多时，需要更多的组合逻辑延时。其次，更高的重命名吞吐率需要在寄存器堆和重命名映射表上有更多的读写端口。举个例子，4 路超标量的 R10000 每个周期可以发出四个整数和浮点指令的任意组合；整数重命名映射表需要 12 个读端口和 4 个写端口，浮点重命名映射表需要 16 个读端口和 4 个写端口。更多的端口意味着更大的面积和更长的延时。

4.5 寄存器重命名可能的实现方案

在寄存器重命名的设计空间里，理论上设计选择的每个可能排列组合都产生一种可能的实现方案。然而，与其考虑所有可能的设计方案，不如只关注那些实现起来更合理的方案，这些可能的方案是设计 CPU 重命名部分微架构需要重点考察评估的基本备选方案。可以分两步找出可能的基本备选方案；先选择出相对合理的设计维度选择，再排列这些设计维度选择的可能组合。为了找出相对合理的设计维度选择，回想 4.3 节介绍的寄存器重命名的设计空间。首先，可以忽略两个维度，寄存器重命名的范围——因为最新的 CPU 通常实现了完全重命名，以及重命名吞吐率——这和指令吞吐率相关。剩下的两个主要的设计维度仍然还在，即重命名缓冲的结构和重命名的映射方法。此外，如图 4-6 所示，重命名缓冲的结构本身涵盖三个设计空间：重命名缓冲的类型和数量，以及读写端口的数量，其中只有重命名缓冲区的类型需要重点考虑。由此可见，寄存器重命名的设计空间需要重点考查两个设计维度选择，即重命名缓冲的类型和重命名的映射方法。

这两个维度的设计选择排列组合，可以得到 8 种可能的设计方案。此外，源操作数读取的策略是发射队列的一个设计维度，对寄存器重命名也有显著的影响，需要加以考虑，寄存器重命名的基本备选方法见表 4-2。表中给出了 16 个可行的寄存器重命名实现方案。此外，在表 4-2 中还整理了一些重要的超标量 CPU 采用的重命名实现方案并加以分类。

表 4-2 寄存器重命名的基本备选方法

年份	融合架构寄存器组				架构和重命名缓冲分开				重命名到 ROB				重命名到发射队列			
	RAM		CAM		RAM		CAM		RAM		CAM		RAM		CAM	
	前读	后读	前读	后读	前读	后读	前读	后读	前读	后读	前读	后读	前读	后读	前读	后读
1990		IBM Power1														
1991																Lightning
1992																
1993		IBM Power2					PowerPC 603									
1994																
1995	Sun PM1						PowerPC 604			Intel P6	AMD K5					
1996		MIPS R10000					PowerPC 604	HP PA8000								
1997								HP PA8200				AMD K6				
1998				DEC 21264				IBM Power 3								
1999		R12000						HP PA8500								
2000		Intel Netburst														
2006										Intel Dothan						
2007										Intel Core						

（续）

年份	融合架构寄存器组				架构和重命名缓冲分开				重命名到 ROB				重命名到发射队列			
	RAM		CAM		RAM		CAM		RAM		CAM		RAM		CAM	
	前读	后读	前读	后读	前读	后读	前读	后读	前读	后读	前读	后读	前读	后读	前读	后读
2008										Intel Nehalem						
2010		Intel Sandy bridge														
2013		Intel Haswell														
2015		Intel Skylake														
2017	Qualcomm Falkor															
2019		Intel Sunny Cove														
2021		Intel Golden Cove														

4.6 寄存器重命名的实现过程

寄存器重命名的实现过程可以分解为以下子任务：

- 重命名目标寄存器。
- 重命名源寄存器。
- 获取重命名的源操作数。
- 分配重命名缓冲。
- 更新架构寄存器。
- 回收重命名缓冲。
- 从错误的投机执行或异常恢复重命名。

这些子任务在 16 种不同的重命名实现方案中多少有一些区别。在 4.3 节中介绍了使用独立的重命名寄存器堆和重命名映射表的设计方案，分别在两种源操作数获取策略下重命名的过程。下面将不介绍所有组合下寄存器重命名实现过程的异同，而仅关注在各种重命名的实现方案中部分子任务实现的显著差异，以及讨论重命名时如何处理指令间的相关关系，CPU 如何从错误投机执行中恢复，还有如何处理异常。

关于分配重命名缓冲：CPU 如何分配重新命名缓冲取决于重命名缓冲的类型。如果用重排序缓冲作为重命名缓冲，为了指令乱序执行顺序提交，分配重排序缓冲的同时也预留了重命名缓冲的位置。如果使用其他类型的重命名缓冲，则只有那些有目标寄存器的指令才需要分配相应的重命名缓冲。

关于更新架构寄存器：当指令完成时，它们的结果需要从相关联的重命名缓冲写入指令指定的架构寄存器中。如果重命名缓冲的类型是重命名到独立的重命名寄存器堆，重命名到重排序缓冲或重命名到发射队列（重命名缓冲与架构寄存器堆独立实现），这个传输过程不可避免。作为对比，如果 CPU 使用融合的架构和重命名寄存器堆，则不需要真的传输指令结果，只需要修改重命名的状态就可以了。

关于回收重命名缓冲：回收不再使用的重命名缓冲的条件和重命名的实现方式有关。如果 CPU 采用分立的重命名缓冲和架构寄存器堆，不管是在发射还是分发时读取源寄存器，重命名缓冲都可以在指令提交后立即释放。如果采用融合的重命名缓冲与架构寄存器堆，当一条指令提交时，相应的重命名缓冲状态变成该指令的目标寄存器的架构寄存器，这个架构寄存器原来对应的重命名缓冲即可被释放。

关于同一拍重命名的指令间的数据相关：在同一周期内发出的指令之间如果存在指令间的 RAW 相关关系，顺序上前面的指令的重命名目标寄存器要前递（Forward）给后面的指令作为源寄存器。

关于从错误的投机执行或异常恢复重命名：如果 CPU 应用投机执行技术，由于分支预测失败，投机执行结果可能是错误的，在这种情况下，CPU 需要从错误投机执行中恢复。这主要涉及两个任务，即撤销所有错误的寄存器重命名映射和回收错误分配的重命名缓冲。要使已建立的重命名映射无效，有两种基本方法可以选择，这两种方法都独立于寄存器重命名的实现。第一种方法是通过使用由 ROB 提供的错误指令的标识符来回滚在投机执行期间进行的所有寄存器重命名映射。使用这种恢复方法时，恢复过程会持续几个周期，因为 CPU 每个周期只能回滚少量指令的映射（2~4 条）。当然这里也有一些加速机制。例如，保存所有 In-Flight 的映射关系，一旦分支预测错误，不用等分支提交再恢复。第二种方法是基于 Checkpoint。在这种方法中，CPU 在开始投机执行之前，将相关的机器状态（包括当前的重命名映射）保存在 CPU 内部的检查点（Checkpoint）寄存器中。如果投机执行结果是错误的，则 CPU 通过重新加载保存的状态，一个周期就可以恢复机器状态。Sparc64 和 R10000 都应用了这种方法进行重命名的恢复，两个 CPU 都用寄存器映射表来做寄存器重命名，R10000 有 4 个 Checkpoint 寄存器，而 Sparc64 有 16 个用于后续投机执行。

除了这两种恢复方法，如果 CPU 用映射表方法重命名并且在指令分发时取源操作数，还有一种利用提交阶段映射表恢复的方法。这种方法需要 CPU 维护一个已提交指令的重命名映射表，当指令提交，之前分配的重命名缓冲被回收时，建立相应指令的提交阶段重命名映射；当发现当前在一条错误的投机路径上时，只需要用当前的提交阶段重命名映射表覆盖投机的重命名映射表就可以了。

当 CPU 投机执行错误时，除了恢复寄存器重命名映射关系外，另一个工作是回收错误分配的重命名缓冲，将由重排序缓冲提供的错误指令的标识符与每个重命名缓冲中保存的标识符进行比较，比重排序缓冲提供的新的重命名缓冲把自己的状态置为空闲可用就可以了。

当异常发生时与上面 CPU 错误投机的情况非常类似，异常会标记到相应的指令上，等到该指令变得最旧等待提交时，CPU 看到并开始处理这个异常。这个被标记异常指令和后面的所有指令都需要被取消，并恢复任何对 CPU 的状态更改，恢复过程与上面介绍的一致。在 R10000CPU 中，当发生异常时，CPU 会用回滚的方式恢复发生异常的指令状态，而 Sparc64 会先在当前保存的检查点（Checkpoint）中查找，然后用异常后的第一个检查点恢复，再用回滚的方式恢复到异常指令的重命名映射。

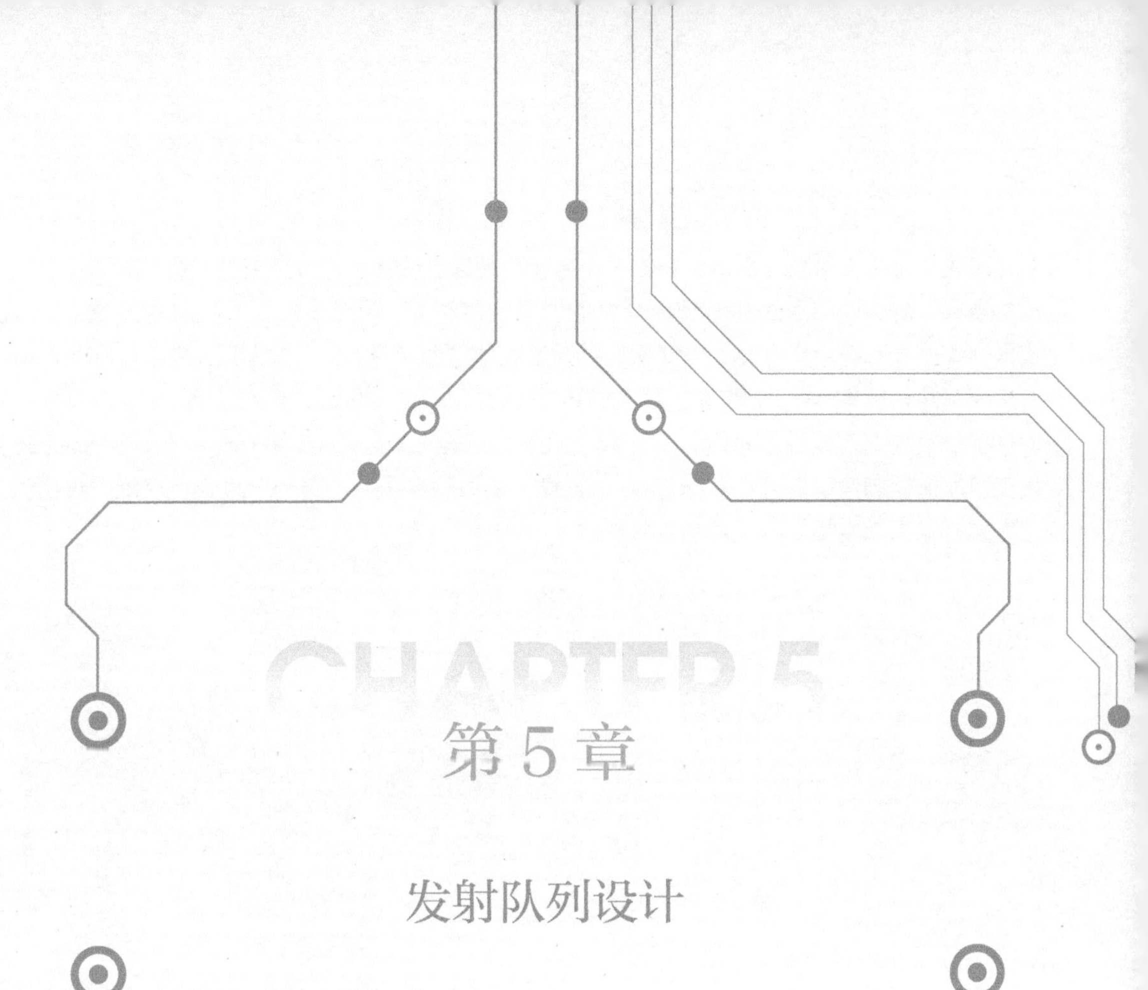

CHAPTER 5

第5章

发射队列设计

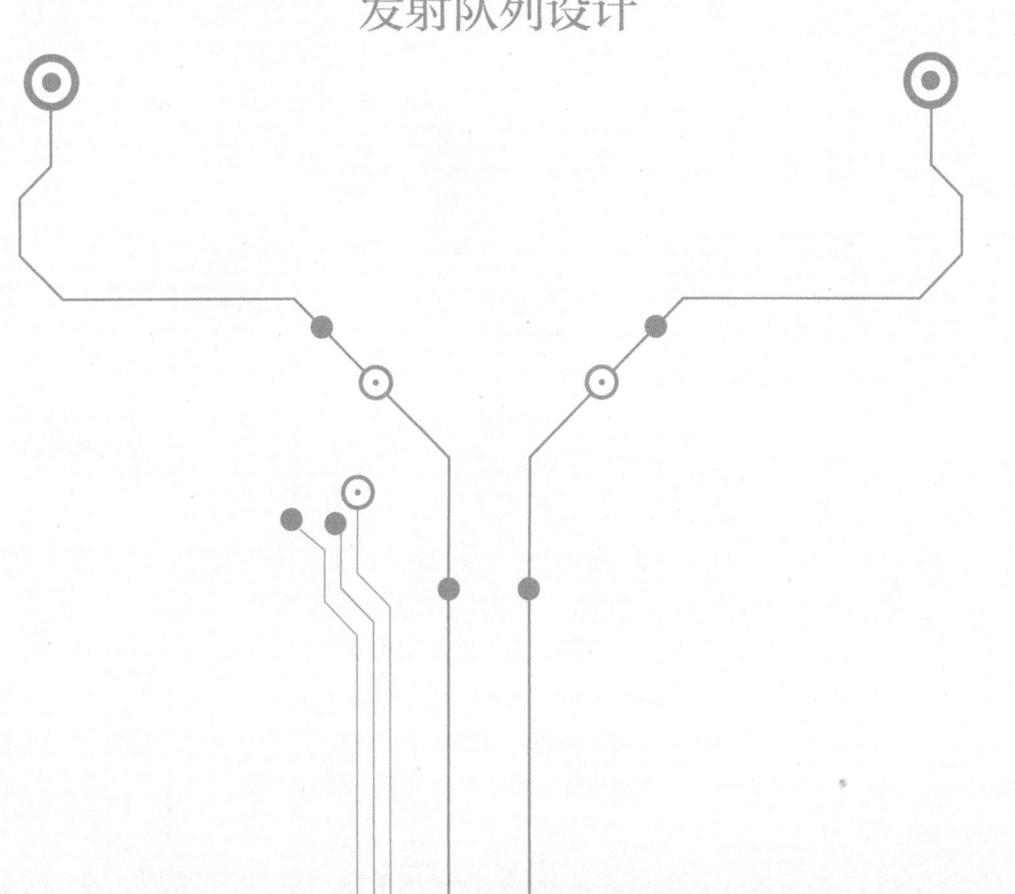

如果 CPU 用直接发射（Direct Issue）的方式译码执行指令，有数据相关关系的指令会导致发射阻塞，从而成为性能瓶颈。发射队列是一种避免这种情况发生、并提高持续发射速率的技术。它应用了两个观念：将源操作数检查与指令发射（Issue）解耦，以及拓宽在每个时钟周期中扫描的指令窗口以获取更多可执行指令。在本章中将探索发射队列的设计空间，首先概述它的主要维度，然后沿着它的关键维度提出并讨论可行的基本设计方案，最后整理哪些设计选择被用在现代的超标量 CPU 中。

尽管在大约 50 年前标量超级计算机中就引入了发射队列，但直到最近 20 多年才在高端超标量 CPU 中广泛使用。Control Data 6600 和 IBM 360/91 的设计者在开创并行指令执行的基本方法，即执行单元和流水线的同时，利用发射队列来避免数据相关关系导致的指令发射（Issue）阻塞。通过这种方式，可以提高 CPU 的持续发射速率和整体性能。尽管如此，由于多种原因，包括其实现的复杂性以及标量 CPU 的性能提升，发射队列的概念本身被搁置了数十年。直到 20 世纪 90 年代中期左右，该技术又被重新拾起，以提高 CPU 发射效率，提高超标量 CPU 的性能。

5.1 发射队列的原理

最初应用于超标量 CPU 的直接发射设计的局限性在早期引发了对更复杂的发射方案的需求，在直接发射模式中，可执行指令从发布窗口直接发射到执行单元（Execute Unit）。在 N 路超标量 CPU 中，发射窗口包括指令缓冲区的最旧的 N 个指令。如图 5-1 所示，在每个时钟周期中，检查此窗口中正在译码的指令是否相关于先前仍在执行中的指令。在没有相关关系的情况下，所有 N 条指令都是可执行的，并将直接发射（Issue）给执行单元。但是，如果窗口中的指令相关于前面的指令就会导致发射阻塞。根据 CPU 中处理发射阻塞的有效程度，它们或多或少会降低持续发射速率并导致发射瓶颈。例如，在执行通用程序时，4 路超标量 CPU 的持续发射率预计低于 2，直接发射模式严重限制了 CPU 的性能。因此，高性能 CPU 被迫采用更高级的发射模式，如发射队列。

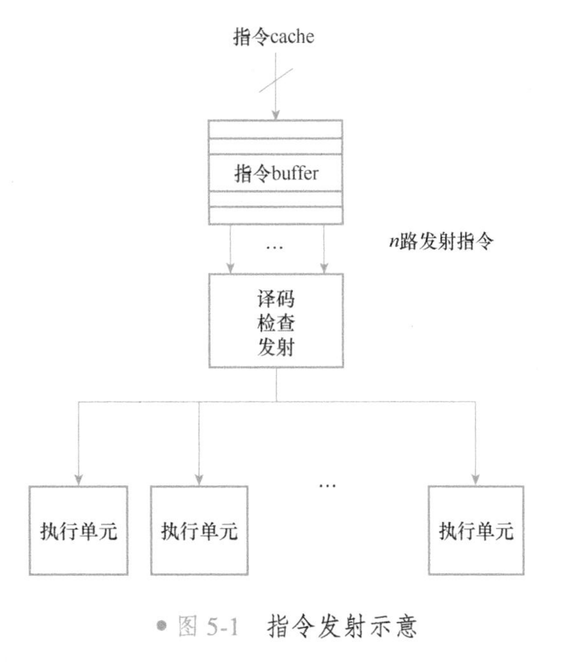

图 5-1　指令发射示意

发射队列通过同时利用前述的两个观念来避免直接发射模式的局限性：源操作数检查与指令发射的解耦，以及拓宽每个时钟周期扫描的指令窗口获取更多可执行指令。发射队列实现方式为：在检查相关关系的同时将指令发送到发射队列中，该发射队列位于执行单元的前面（见图 5-2）。因此，相关指令不会导致发射阻塞，因而避免了发射瓶颈。发射队列的下一个任务是分发（Dispatch），在此期间，要确认发射队列里面的指令检查操作数是否准备好，并将最多 M 条准备好的指令转发到可用的执行单元。通过这种方式，发射队列可以提高 CPU 性能。

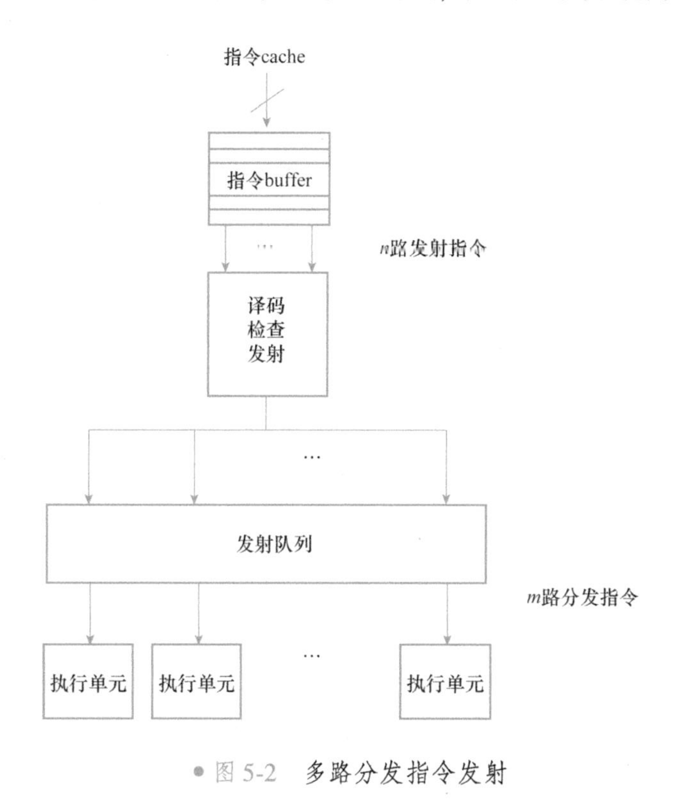

● 图 5-2　多路分发指令发射

应用发射队列并不意味着对发射（Issue）指令完全没有限制。就指令发射而言，还是会有一些资源约束，例如，所需缓冲区中缺少空闲条目，如发射队列、空闲的重命名缓冲或重排序缓冲以及某些数据路径限制。尽管如此，由于上述资源限制而导致的发射阻塞发生的频率远低于直接发射模式的情况。

另外，如果重命名技术和发射队列一起使用，同时发射（Issue）的指令需要检查这些指令之间的相关关系（见重命名章节描述），这些指令间的相关关系会影响重命名的实现，但并不会造成发射（Issue）阻塞。

发射队列主要用于高性能超标量 CPU，通常与分支预测和寄存器重命名一起使用（当然早期也使有用发射队列但没有设计寄存器重命名的 CPU，如 IBM360/91 等）。分支预测减少了由于控制指令引起的性能下降，而寄存器重命名则消除了由于虚假的数据相关引起的发射阻塞问题，即由于寄存器数据之间的 WAR（读后写）和 WAW（写后写）相关性。假设执行和内存带宽足够高，分支预测命中率和分发（Dispatch）窗口的宽度决定了数据和控制相关在多大程度上限制了 CPU 的性能。因此，超标量 CPU 通过引入越来越复杂的分支预测方案来提高预测的命中率，并通过提供越来越多的发射队列容量来加宽调度窗口的宽度。应用分支预测、寄存器重命名和发射队列之后，只有真正的数据相关性，即 RAW（写后读）相关性可以阻塞发射队列中保存的指令被执行。换句话说，当所有操作数都准备好时，发射队列的指令就有资格执行。

从软件的角度来看，程序的执行需要保持顺序一致性，尽管 CPU 内部指令是并行执行的，但对外要保持执行的逻辑完整性。应用发射队列后，因为分发窗口比发射窗口大得多，可以看到更多准备好等待执行的指令，CPU 中指令执行的时刻更加分散。为了解决这个问题，发射队列通常与指令重排序缓冲这个保持顺序一致性的方法一起使用。

最后，明确术语的含义也是必要的。这里使用了两个不同的术语，指令发射（Issue）和分发（Dispatch），来表达不同的动作。发射（Issue）一词本身具有不同的含义，在直接发射模式中，发射是指直接向执行单元转发没有相关关系的指令。当使用发射队列时，它指的是将指令发射到发射队列中。另一方面，分发（Dispatch）仅适用于发射队列。它是指准备好执行的指令从发射队列到可用执行单元（Execute Unit）的过程。

发射队列是一个复杂的技术，在近期的各种超标量 CPU 中以多种方式实现，下文将为这种具有挑战性的多样性做一个总结。

5.2 发射队列设计空间

发射队列的设计空间相当复杂，主要维度包括发射队列的范围、发射队列的结构、操作数获取策略和指令分发的方法，如图 5-3 所示。发射队列的范围是指发射队列涵盖所有指令类型还是仅限于其中的几种；发射队列的结构指定了发射队列的架构；操作数获取策略决定了操作数是在发射的时候获取的还是指令分发的时候获取；最后，指令的分发方法指定了发射队列中准备好的指令的选择和分发执行的细节。由于指令的分发方法本身就是一个复杂的问题，本节将讨论限制在前三个维度。

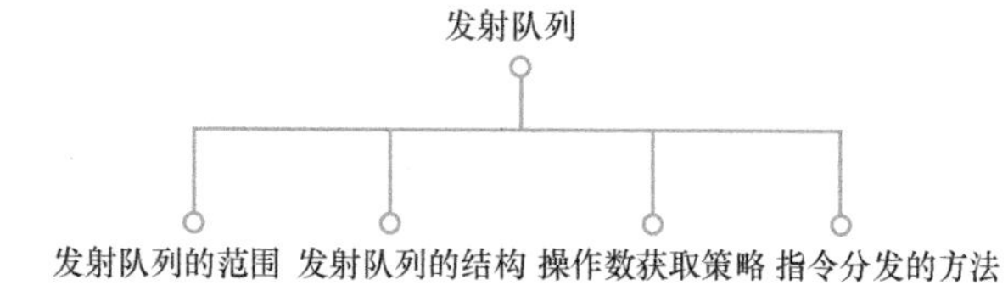

图 5-3　发射队列的设计空间

5.2.1 发射队列的范围与结构

发射队列的范围表明了CPU中该技术的应用程度。部分发射队列仅限于部分指令类型，而完全发射队列则涵盖CPU的所有指令，如图5-4所示。

一些早期的超标量CPU，如，Power1、Power2、MC88110和R8000，中使用了部分发射队列。其中Power1/2和R8000将发射队列用于浮点指令的执行，而MC88110则将发射队列用于执行存储和条件分支。显然，部分发射队列是消除由相关引起的指令发射阻塞问题的不完整解决方案，因此后来几乎所有的超标量乱序CPU都采用完全发射队列。

图5-4 不同CPU采用的发射队列的范围

发射队列保存已经分发（Dispatched）的指令，直到它们准备好被转发到执行单元执行。发射队列的结构包括以下几个部分：发射队列的类型、容量以及读写端口的数量，如图5-5所示。

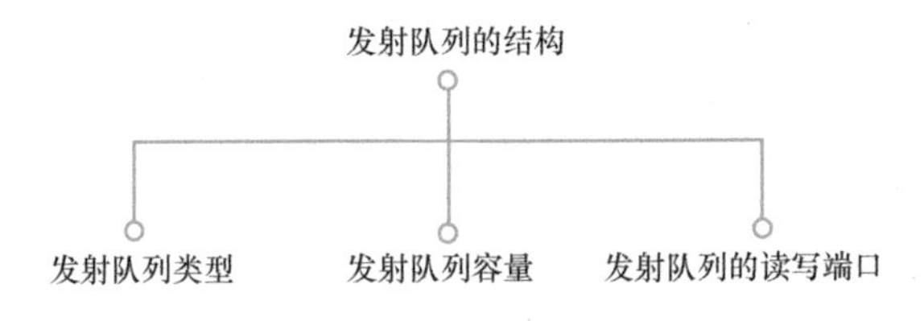

图5-5 发射队列的结构

5.2.2 发射队列的类型与结构参数

一般来说，发射队列的结构有两种类型，单纯发射队列和多功能复合发射队列，如图5-6所示。单纯发射队列的作用比较单纯，只是用于实现指令的间接发射。作为对比，多功能复合发射队列还可用于重排序缓冲，甚至也用于寄存器重命名［如Lightning（1991）］。

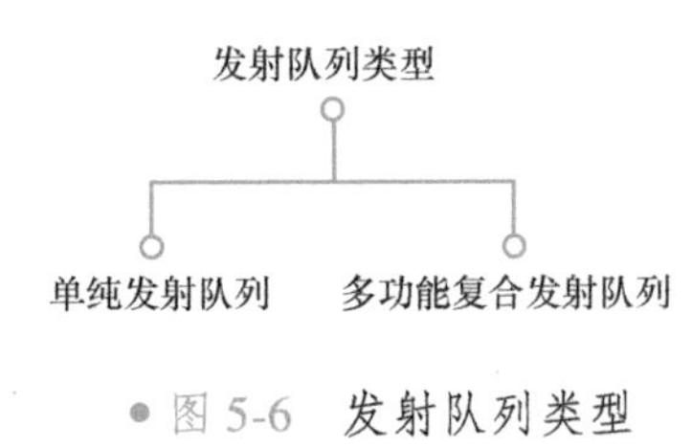

图5-6 发射队列类型

需要强调，当使用发射队列时，指的是所有可能的实现类型，包括单纯发射队列和多功能复合发射队列。如果使用单纯的发射队列，则指的是特定的一种发射队列的实现类型。绝大多数超标量 CPU 中实现的发射队列类型都是单纯的发射队列，如不多加说明，下文中单纯的发射队列就简称为发射队列。发射队列有三种基本结构，如图 5-7 所示。

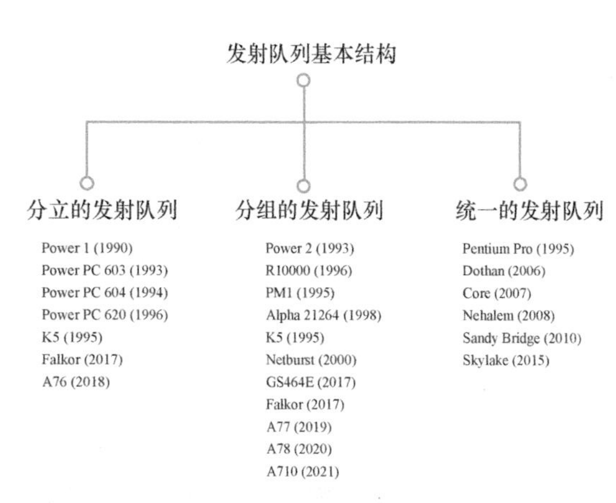

图 5-7　不同 CPU 采用的发射队列的基本结构

最简单的是在每个执行单元前面使用分立的发射队列。此时需要在特定执行单元中执行的指令首先被发射到该执行单元之前的发射队列，分立的发射队列每个只需要提供空间来容纳每个周期发射的部分指令。例如，在 PowerPC620 中，3 个整数单元和唯一的浮点单元之前的发射队列每个可以容纳两条指令，而加载/存储单元和分支处理单元相关的发射队列分别具有 3 个和 4 个指令的位置。在 Qualcomm Falkor 中，有 7 个分立的发射队列，分别是三个整数发射队列（每个是 10 条），两个浮点向量发射队列（每个是 10 条），一个加载/存储发射队列（有 10 条），一个分支发射队列（16 条）。早期的 CPU 基本都采用了分立的发射队列，这样设计简单、容易实现，但容量效率较低。

一个折中的方法是分组发射队列。这时一个发射队列保存着多个执行单元的指令，这些执行单元执行相同类型的指令。例如，R10000 有三个发射队列，其中一个发送指令给两个整型 ALU，另一个服务于访存单元，而第三个服务于浮点运算单元。ARM 在 2019 年后也开始采用分组发射队列。例如，Cortex A77 有三个发射队列，分别用于整型、向量/浮点和访存，具体每个发射队列的容量暂时没有数据。

显然，分组发射队列需要比分立发射队列更多的容量。由于分组发射队列服务于多个执行单元，因此每个周期内需要能够接收和调度多条指令，以避免性能瓶颈。

分组发射队列比分立发射队列更具性能优势。因为与分立发射队列相比，它们能更灵活地向执行单元发送指令。另外，假设给两种发射队列提供的容量相同，设计良好的分组发射队列比分立发射队列能得到更好的利用，代价是分组发射队列需要多个输入和输出端口，导致相关逻辑的复杂性增加。

最后一种是统一发射队列，为所有执行单元提供指令。显然，统一发射队列需要比分组发射队列更大的容量。此外，与分组发射队列相比，需要能够在每个周期接受和分发（Dispatch）更多数量的指令。统一发射队列在实现上也确实有一些缺点。首先，它的每个条目必须可以容纳任何支持的指令，需要保存可能的最长数据长度。其次，由于统一发射队列每个周期需要接受和分发（Dispatch）比分组发射队列更多的指令，因此它们的实现成本更高。尽管如此，经典的 Intel Pentium Pro 还是选择了统一发射队列。在 Pentium Pro 中，有 20 个条目的统一发射队列服务于所有可用的执行单元。Intel 一直使用统一发射队列，到 Sky Lake 发射队列的数量达到了 97。遗憾的是，Intel 从 Sky Lake 之后就不再披露发射队列的实现方式了。不过笔者认为，后续随着 CPU 中正在执行的（Inflight）指令的增加，发射队列的容量也需要相应增加，在 Sunny Cove，Willow Cove 或者 Golden Cove 上更可能使用了分组发射队列。

另外一种非常不同的实现发射队列的方法是使用多功能复合发射队列，包含寄存器重命名、发射队列和重排序缓冲的功能，如图 5-8 所示。

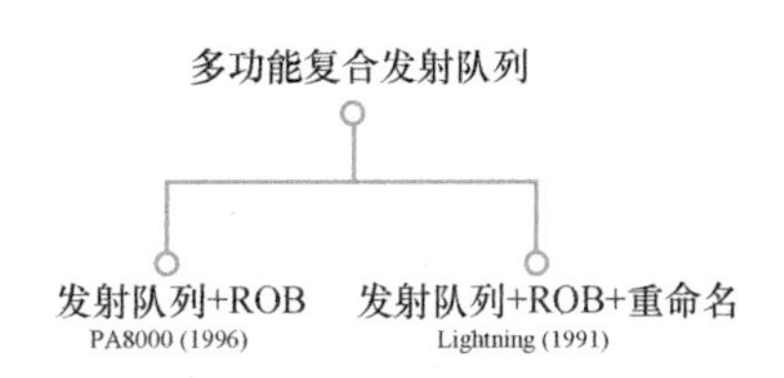

图 5-8　多功能复合发射队列实现方法

需要强调的是，发射队列也可以用于重命名。这时发射队列的条目需要扩展以保存指令的结果，直到指令完成并且结果被写入架构寄存器，所有三种类型的发射队列都适合与重命名组合使用。

多功能复合发射队列，通过扩展确保程序执行逻辑完整性的重排序缓冲（ROB）以提供发射队列功能，一个著名的例子是 HP 的 PA8000。多功能复合发射队列甚至还能用来做重命名缓冲，就像 Metaflow 的 Lightning CPU，于 1991 年发布，但因为量产困难从未进入市场。在 Lightning 中，多功能复合发射队列被称作 DRIS（Deferred Scheduling，Register Renaming，Instruction Shelve）。多功能复合发射队列很复杂，但也是很有效的。

随着 CPU 性能的逐步提高，发射队列的容量也越来越大。CPU 发展过程中，一些经典的 CPU 发射队列容量变化的整理见表 5-1。

表 5-1　经典 CPU 发射队列容量

CPU	发射队列容量
PowerPC 603（1993）	3
PowerPC 604（1995）	12
PowerPC 620（1996）	15
Nx586（1994）	42
K5（1995）	11
K6（1997）	24
PM1（Sparc64）（1995）	36
R10000（1996）	48
PA8000（1996）	56
Alpha 21264（1998）	35
Power 8（2014）	64
GS464E（2017）	72
Falkor（2017）	76
Pentium Pro（1995）	20
Netburst（2000）	46
Dothan（2006）	24
Core（2007）	32
Nehalem（2008）	36
Sandy bridg（2010）	54
Haswell（2013）	60
Skylake（2015）	97

发射队列的最后一个结构参数是输入和输出端口的数量，是指在一个周期内最多可以将多少指令写入发射队列，以及可以从发射队列中读取

多少指令。

先考虑输出端口（读端口）数量。分立发射队列每个周期只需要最多发出一条指令，而一个分组或统一发射队列则需要在每个周期分发（Dispatch）多条指令，理想情况下与连接到发射队列的执行单元一样多。因此，分立发射队列具有单个输出端口，分组发射队列提供多个输出端口，而统一发射队列则具有更多的输出端口。

分立的、分组或统一发射队列都需要越来越多的输入端口（写入端口）。采用分立发射队列的 CPU 通常每个周期只允许向任何一个发射队列写入一条指令，相应的例子是 PowerPC 604 或 Nx 586 或 Qualcomm Falkor。作为对比，最新的应用分组发射队列的超标量 CPU 允许将一个以上甚至所有发射的指令写入任何一个发射队列。例如，ARM Cortex A77 可以向相应的分组发射队列写入五条整型计算指令，两条浮点/向量计算指令，或者三条访存指令。从相应的分组发射队列读出六条整型计算指令，两条浮点/向量指令，或者两条访存指令。统一发射队列一般有最多的输入/输出端口，如 Intel 的 Sky Lake，可以写入八条微操作和读出八条微操作。

5.3 操作数获取策略

与发射队列密切相关的是 CPU 获取操作数的策略。操作数获取策略有两种选择：发射队列前读寄存器或者发射队列后读寄存器，如图 5-9所示。

发射队列前读寄存器，也称为发射队列前获取操作数，意味着在指令发射（Issue）期间获取操作数。在这种情况下，发射队列要保存带有操作数的指令，要求发射队列宽度比较大，便于为需要的所有源操作数提供空间。发射队列后读寄存器是在分发（Dispatch）期间获取操作数，也称为发射队列后获取操作数。在这种情况下，发射队列宽度可以短些，因为只需要保存指令源操作数寄存器的索引，而不需要保存操作数本身。

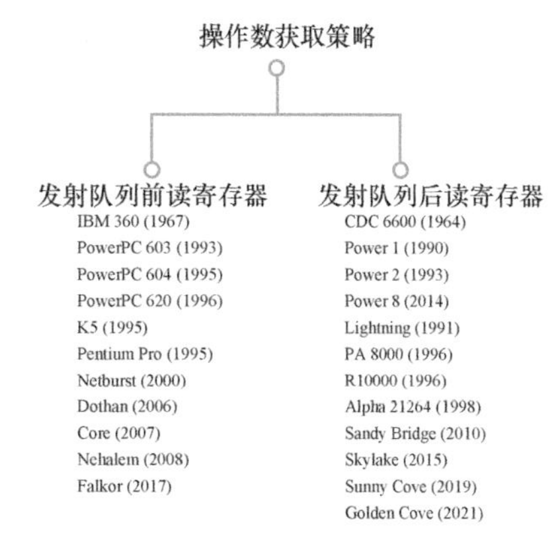

图 5-9 不同 CPU 采用的操作数获取策略

下文将详细介绍这两种操作数获取策略。假设为分立的发射队列，整数浮点共享一个物理寄存器堆，同时也假设没有使用寄存器重命名，这些假设不会影响所讨论的原理。随后，将讨论扩展到分立的整数/浮点寄存器堆的场景，以及使用重命名的情况。

5.3.1 发射队列前读寄存器与发射队列后读寄存器策略

发射队列前读寄存器设计的基本结构如图 5-10 所示。这种情况下，用发射指令的源寄存器索引来读取寄存器堆以获取源操作数，同时将操作码（Operation Code，OC）、发出指令的目标寄存器号（Rd）和获取的源操作数（Op1 和 Op2）写入分配的发射队列。

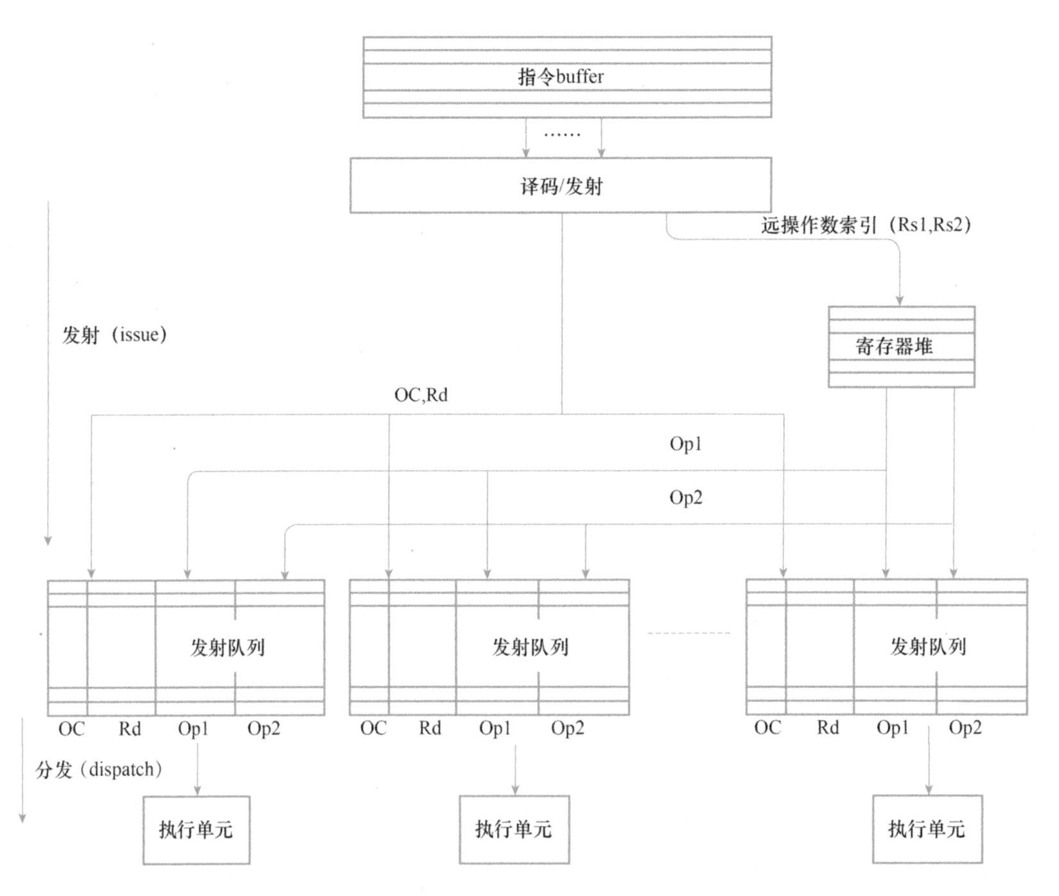

● 图 5-10　发射队列前读寄存器的基本结构

在发射队列后读寄存器时，操作数的获取与指令分发（Dispatch）有关，如图 5-11 所示。发射队列的每个条目都包含操作码（OC）、目标寄存器（Rd）和源寄存器索引（Rs1、Rs2）。在分发过程中，分发指令的操作码和目标寄存器索引从发射队列分发到相关的执行单元，源寄存器索引传递给寄存器堆。获取操作数后，源操作数被送入相应执行单元。

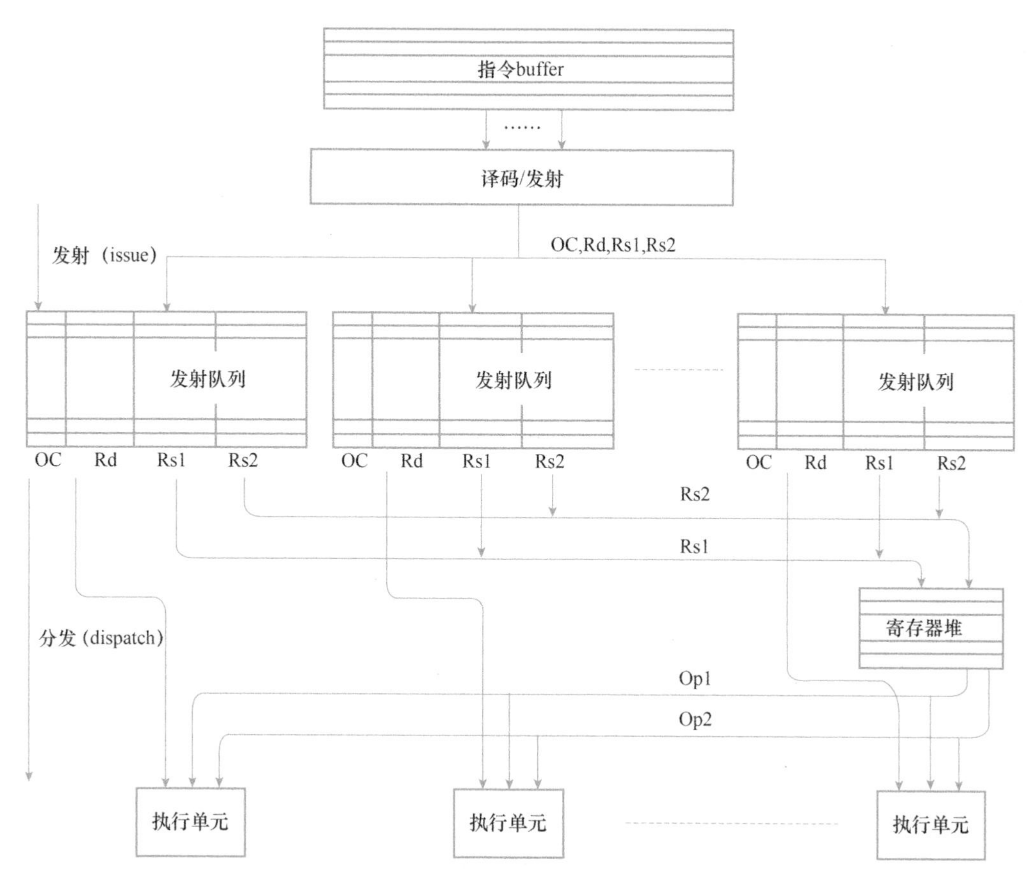

● 图 5-11　发射队列后读寄存器的基本结构

5.3.2　整型和浮点寄存器分开的操作数获取策略

在介绍操作数获取策略时，假设整型和浮点数据有一个共同的寄存器堆。现实中很多架构，如 MIPS、PA-RISC、Alpha、PowerPC 及 x86、ARM 架构，对整型和浮点数据使用不同的寄存器堆，极少数 CPU 只有整型寄存器堆，如 AMD 的 Am29000 架构。现代 CPU 基本都有向量指令，需要额外的向量寄存器堆。下面重新假设 CPU 中整数和浮点使用不同的寄存器堆时，CPU 两种操作数获取策略的微架构。

如图 5-12 和图 5-13 所示，当保存分立的整数浮点寄存器堆时，微架构具有对称的内部结构。一边是整型的指令和数据，另一边是浮点的指令和数据，由两个分立且基本对称的数据通路处理。

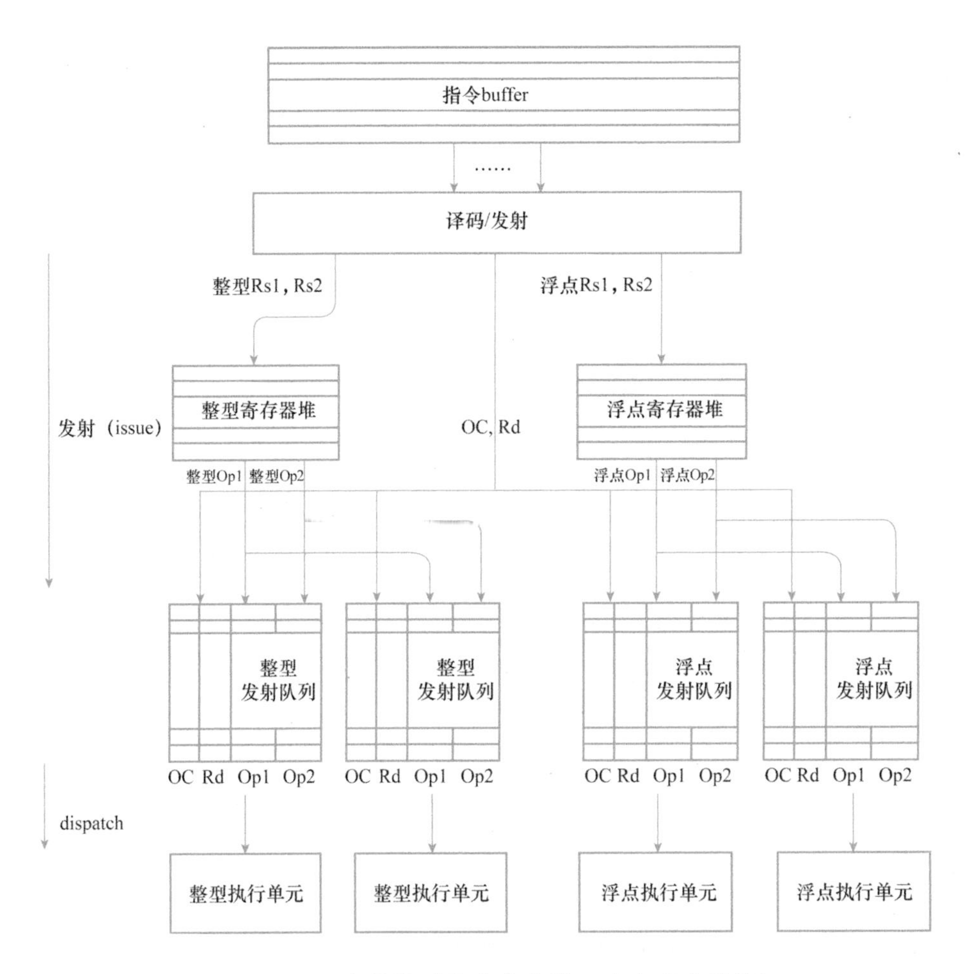

● 图 5-12 发射队列前读寄存器（分立寄存器堆）

需要指出的是，在没有寄存器重命名的情况下，所有需要的寄存器操作数都由架构寄存器堆提供。然而，当使用寄存器重命名时，会出现完全不同的情况。因为在这种情况下，中间结果保存在一个额外的寄存器空间中，称为重命名寄存器堆。中间结果由具有重命名目标寄存器的指令生成，当指令按程序顺序完成时，它们成为最终结果和程序状态的一部分。在这里，显然不止一个中间结果可能属于特定架构寄存器，因为可能会发生同一架构寄存器的多次有效重命名。现在，如果在发射队列前读获取操作数，显然，对于每个引用的源操作数，需要访问其最新重命名的值。根据采用的重命名方案，这个额外的寄存器空间可以实现为重命名寄存器堆，作为架构和重命名寄存器的公共寄存器，或者作为重排序缓冲的扩展。

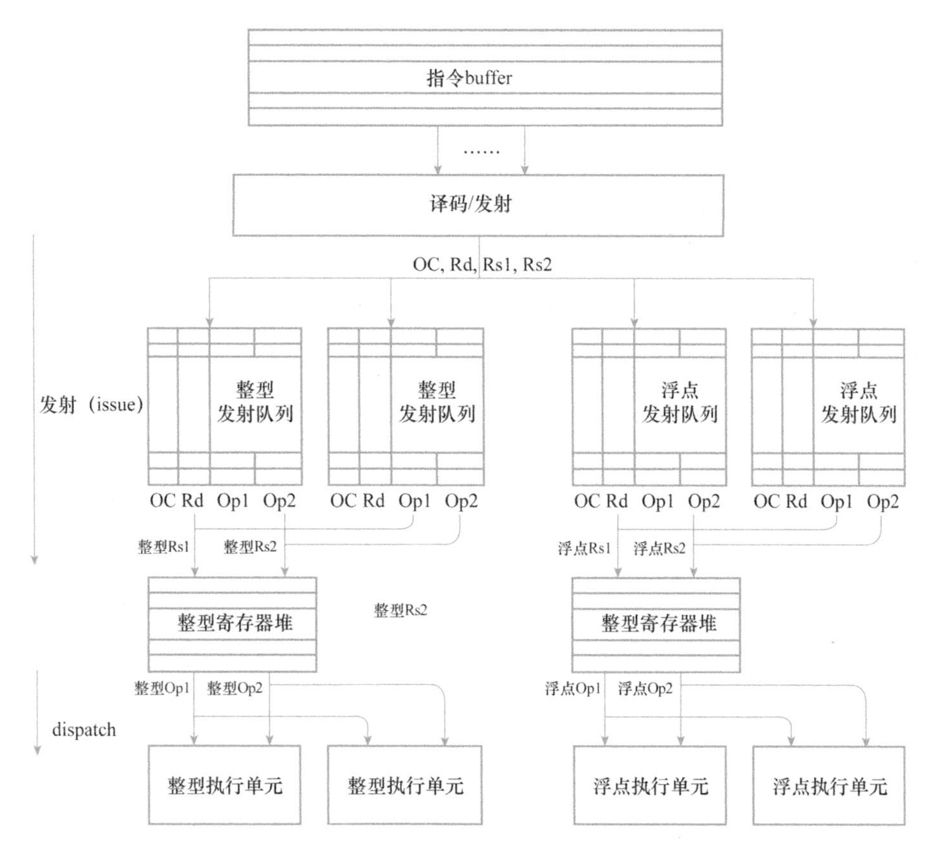

图 5-13 发射队列后读寄存器（分立寄存器堆）

5.3.3 发射队列前读寄存器与发射队列后读寄存器的比较

在没有寄存器重命名的情况下，可以基于三个方面来评估操作数获取策略：

- 对指令译码和发射时序的影响。
- 发射队列的复杂性。
- 寄存器堆中的输出端口数量。

发射队列后读对于指令译码和发射的时序相对好些，发射队列也精简些，因为寄存器标识比操作数宽度要少得多。但是，当查看寄存器输出端口的数量时，比发射队列前读要复杂得多。

所需输出端口（读取端口）的数量对实现寄存器所需的面积有主要影响。在发射队列前读的情况下，寄存器堆必须在指令发射过程中提供源操作数。这需要与发出的指令组中的操作数一样多的输出端口。如果对可发射指令组合没有限制，则整型和浮点寄存器堆都必须能够为最大数量的可发布指令提供所有源操作数。例如，在四路超标量 CPU 中，整型寄存器堆通常必须提供八个输出端口，浮点寄存器堆必须提供 12 个输出端口，假设每条指令最多有两个整型和三个浮点源操作数。如果指令混合有限制，如四路超标量 CPU 在同一周期内不能发出超过两条浮点指令，则整型和浮点寄存器堆中请求的输出端口数量将相应减少。

当考虑发射队列后读寄存器的输出端口要求时，情况就不同了。在这种情况下，每个整型和浮点寄存器堆都必须具有最大数量的分发指令所需的输出端口。例如，如果在同一周期内最多可以发送四个整型指令和最多两个浮点指令，则整型和浮点寄存器堆必须分别具有八个和六个输出端口，这里再次假设每条整型指令需要最多两个操作数，每条浮点指令需要最多三个源操作数。

通过这些基本信息能够比较发射队列前读寄存器和发射队列后读寄存器的获取策略对输出端口的要求。假设没有发射组合限制，对于高端超标量 CPU，可以进行以下评估。使用发射队列前读寄存器获取策略，整型和浮点寄存器堆都应该能够为与发射宽度一样多的指令提供操作数。换句话说，整型和浮点寄存器堆一起应该能够提供两倍于发射宽度的指令。相比之下，在发射队列后读寄存器的情况下，整型和浮点寄存器堆一起应该提供与分发（Dispatch）宽度一样多的指令。由于分发宽度通常高于发射宽度，但低于发射的两倍（见表 5-2），在没有发布混合限制的情况下，预计发射队列后读寄存器的获取策略需要的输出端口比发射队列前读寄存器的获取策略少。

表 5-2　经典 CPU 的发射与分发宽度

CPU	发射宽度	分发宽度
PowerPC 603（1993）	3	3
PowerPC 604（1995）	4	6
PowerPC 620（1996）	4	6
Power2（1993）	6	10
Power8（2014）	8	12
AMD K5（1995）	4	5
Pentium Pro（1995）	3	5
PA8000（996）	4	4
R1000（1996）	4	5
Alpha 21264（1997）	4	6
Qualcomm Falkor（2016）	4	8
ARM Cortex A76（2018）	8	8
ARM Cortex A77（2019）	10	12
ARM Cortex A78（2020）	6	13
ARM Cortex X1（2020）	8	15

如果采用寄存器重命名，就输出端口要求而言，发射队列前读寄存器操作数获取策略变得更加不利。原因是发射队列前读寄存器需要比发射队列后读寄存器更多的输出端口。

如果对发射队列前读作一些限制，会对性能造成负面影响，但可以减少前读策略的输出端口要求。

简言之，根据之前的评估，高性能 CPU 发射队列后读比发射队列前读更有利。然而在某些对 CPU 性能要求很低的情况下，即前面发射宽度很小、后面分发宽度较大的时候，寄存器前读反而有优势。

5.4 发射队列的工作机制

为了尽可能言简意赅地介绍清楚发射队列的工作机制，本节假设了一个简单的场景。该场景由一个共享寄存器堆、一个单独的发射队列（这里为了便于理解，采用压缩队列）和发射队列前读寄存器的获取操作数策略组成。此外，还假设一个重排序缓冲，在其中保持指令执行和寄存器重命名的顺序一致性。

重排序缓冲通过以下方式保持程序执行的顺序一致性：

- 所有发出的指令都按程序顺序写入 ROB，它们存储在头指针（Head Pointer）指向的后续空闲条目中。
- 指令可以完成，即将其结果写入架构寄存器堆，或仅按程序顺序再次写入存储器。程序顺序中的下一条指令，由尾部指针（Tail Pointer）指示。

在示例中，假设寄存器重命名是在重排序缓冲中执行的，这意味着指令的结果首先写入分配给生成结果的指令的重排序缓冲条目，而不是写入指定的架构寄存器。因此，每个重排序缓冲条目必须具有三个字段，如图 5-14a～g 所示。这些字段如下：

1）Rd 字段，用于保存相关指令的目标寄存器的编号。

2）Value 字段，用于存储生成的结果。

3）状态位 E，指示相关指令是否已被执行。

显然，只有在设置了 E 位时，Value 字段才有效。此外，将重排序缓冲条目扩展为进一步的字段（OC）。尽管对于重排序缓冲的操作不是必需的，但该字段指示操作代码对重排序缓冲中保存的指令是有用参考。

整体操作如下：首先，指令被发送到发射队列和重排序缓冲。当指令被发送到发射队列时，引用的源操作数被提取并且它们的可用性被标记在发射队列的分配条目中。如果所有源操作数都可用，则启动发射队列分发指令以供执行，执行结果用于更新发射队列和重排序缓冲。最后，当按照程序的逻辑顺序执行（即完成）下一条指令时，其结果将写入架构寄存器堆以更新程序状态。在对示例的描述中区分了以下子任务：

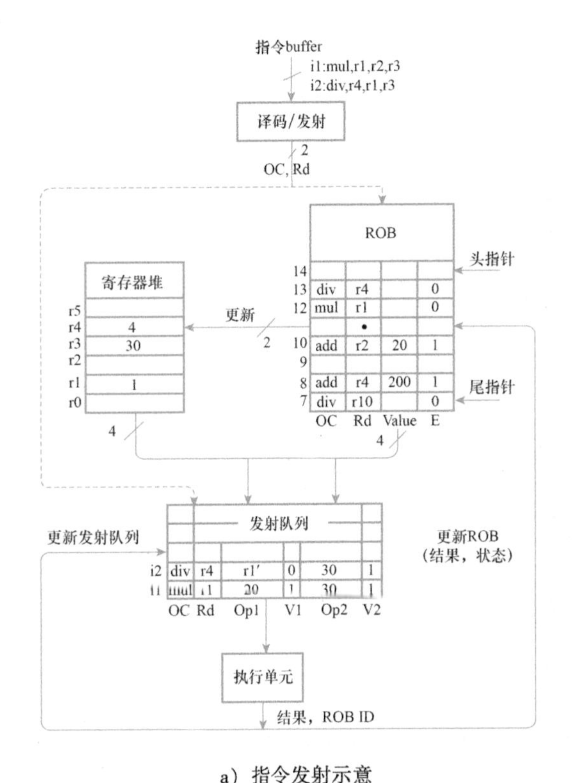

a）指令发射示意

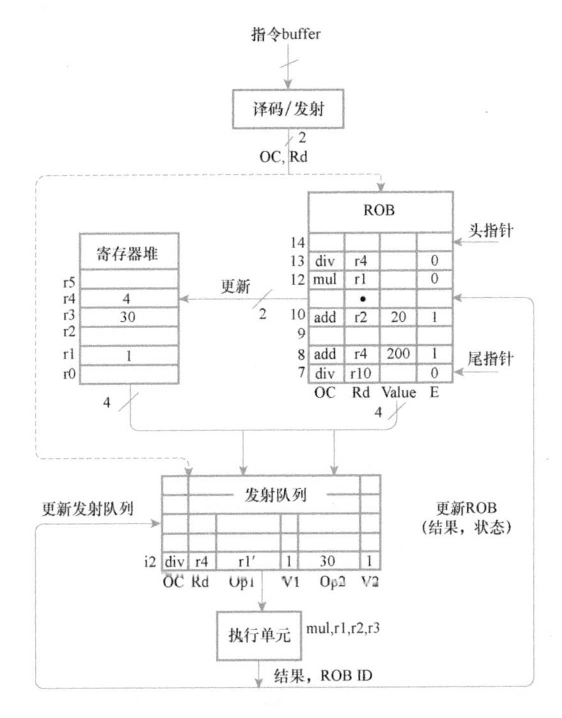

b）指令分发示意

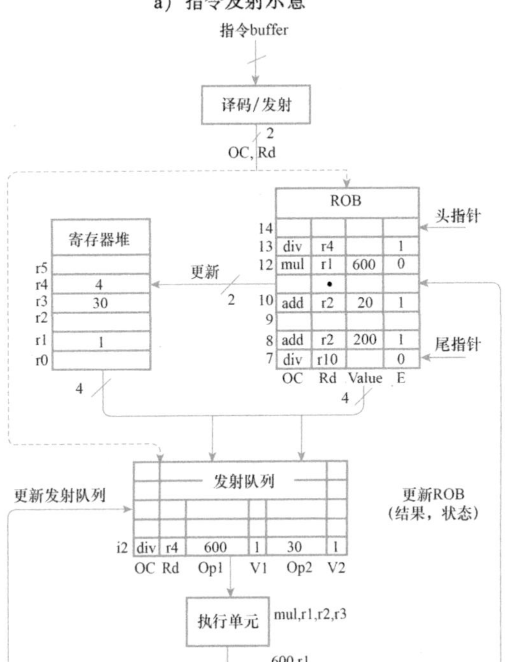

c）更新 RS 和 ROB 示意（一）

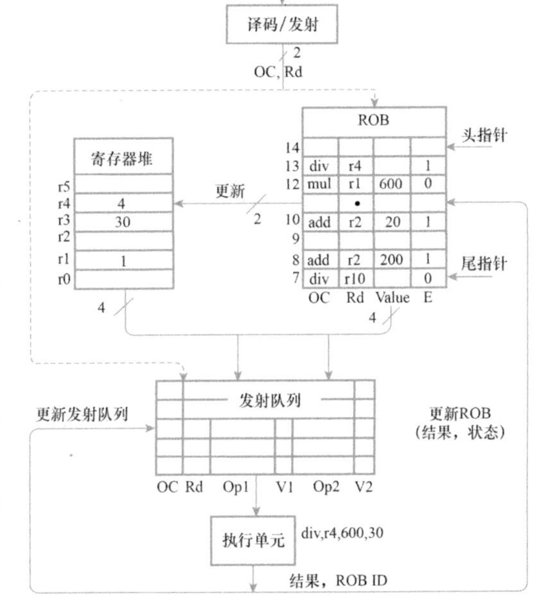

d）更新 RS 和 ROB 示意（二）

图 5-14　发射队列

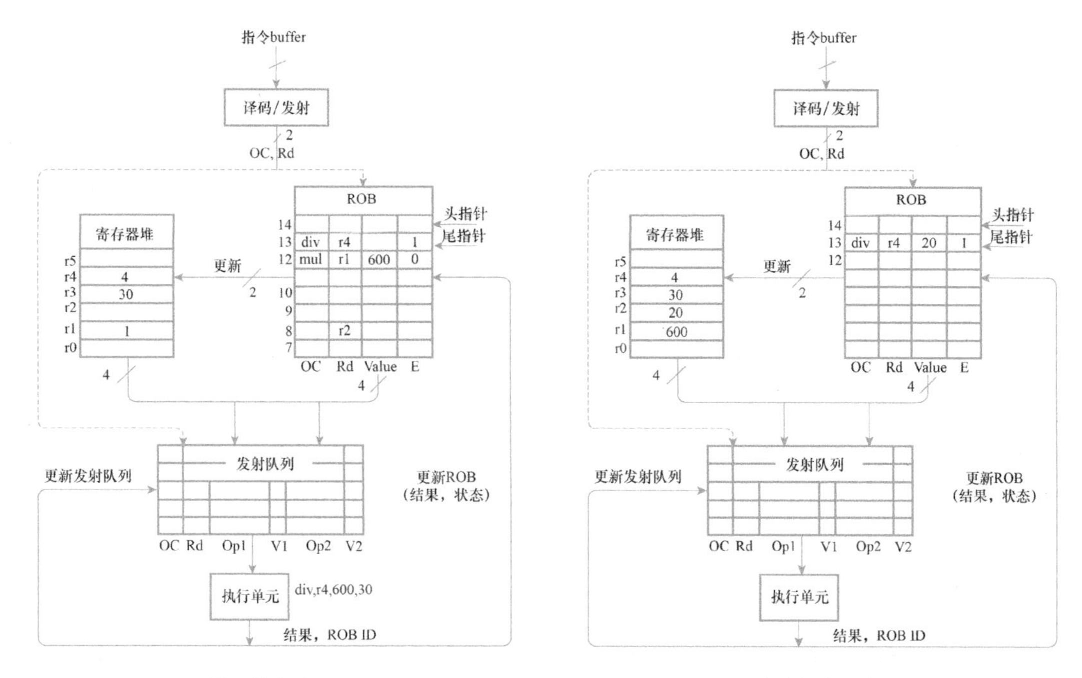

e）指令提交示意（一）　　f）指令提交示意（二）

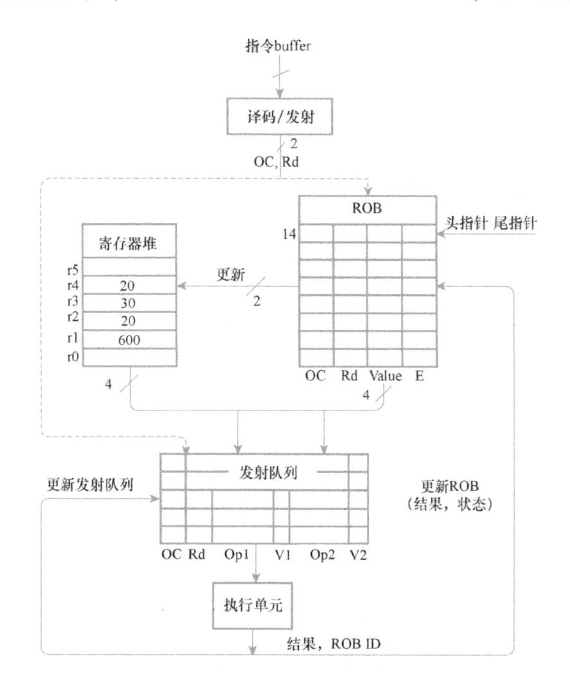

g）指令提交示意（三）

工作场景示意

1）指令发射（Issue）。

2）指令分发（Dispatch）。

3）更新 RS 和重排序缓冲。

4）完成指令。

在示例中，假设发射和处理以下两条指令：

```
1.MUL r1, r2, r3; //r1 ⇐ (r2) * (r3)
2.DIV r4, r1, r3; //r4⇐ (r1) / (r3)
```

对于指令发射子任务，假设至少有一个双发超标量 CPU，指令以相同的周期发送到 ROB 和发射队列。在将 i1 和 i2 发送到 ROB 时，它们的目标寄存器编号（r1 和 r5）被写入接下来两个空闲条目的适当字段，由头指针指向，并且相关联的 E 位（已执行位）被重置，如图 5-14a 所示。

指令 i1 和 i2 也写入发射队列，其操作数已从寄存器堆中获取。如图 5-14a 所示，发射队列的每个条目保存操作码（OC）、目标寄存器的编号（Rd）、操作数值（Op1 和 Op2）和两个指示相关操作数可用性的状态位（V1 和 V2）。因此，所发出指令的操作码（mul 和 div）和目标寄存器编号（r1 和 r5）存储在相关字段中。但是，获取操作数是一项更复杂的任务，因为对于每个源操作数，都需要获取其最新值。由于此原因，架构寄存器堆和重命名缓冲区文件（在示例中是重排序缓冲）需要同时访问。假设 ROB 以关联方式查找操作数的最新值，在访问这两个文件期间，可能会发生三种不同的情况：

- 在重排序缓冲中找不到引用的操作数。
- 在重排序缓冲中保存了引用的操作数并且可用。
- 引用的操作数保存在重排序缓冲中但不可用。

如果重排序缓冲不包含引用源寄存器的条目，则该源寄存器的最新值存储在相应的架构寄存器中。在示例中，假设重排序缓冲条目中均不包含目标寄存器 r3，必须从相应的架构寄存器中获取它的最新值，即“30”。

如果在一个或多个重排序缓冲条目的“Rd”字段中找到引用的寄存器编号，则它始终是需要获取的最新值。在示例中，r2 在重排序缓冲中出现了两次。其中，“20”的值是最新的。该值可用，如相关联的 E 位所示，因此将为 r2 获取值“20”。

如果在重排序缓冲中找到了一个被引用的操作数但不可用，显然，引用操作数的最新值需要从重排序缓冲访问，但尚未可用，因为它的计算仍在进行中，这可能会发生。在这种情况下，将唯一标识符而不是所请求的值转发到发射队列，该标识符通常是重命名寄存器的索引。在示例中，这与生成请求值的指令的重排序缓冲索引相同。r1 保存在重排序缓冲的第 12 号条目中，但其值尚不可用。因此，需要将重排序缓冲索引（12）写入发射队列而不是其值。但是，为了更好地区分数据值和标签，在图中通过其寄存器编号（r1）象征性地标识此标签。

指令分发（Dispatch）子任务是在每个时钟周期扫描发射队列中的指令以检查可执行的指令。如果一条指令的所有操作数都可用，则它是可执行的并且可以转发到可用的执行单元。在图 5-14b 中，mul 指令的两个操作数都可用，并将被转发到相关的执行单元。

对于更新 RS 和重排序缓冲子任务，如果执行单元产生结果，则发射队列和重排序缓冲都需要更新。为了更新发射队列，生成的结果值及其标识（在示例中为“600”和 r1）被转发给发射队列，如图 5-14c 所示。更新需要在发射队列的所有条目中进行关联搜索，以查看它们的任何源操作数字段是否包含接收到的结果标记。然后所有匹配的标签被替换为实际结果值，并设置相关的 V 位。在示例中，唯一的命中是 div 指令的第一个源操作数。因此，相应的“600”值将被写入 Op1 字段及其 V 位置 1。随后在检查发射队列是否有可执行指令的下一个周期时，该操作数将显示为已经可用，并且可以使用与之前针对 i1 所讨论的相同的方式分发（Dispatch）指令 i2（见图 5-14d）。

发射队列必须全局更新，因为发射队列中不可用的操作数值不一定由相关联的执行单元产生。因此，为了更新，所有结果必须连同它们的标签一起转发到任何可能持有相同类型指令（如整型、浮点或访存指令）的发射队列。

在多个发射队列的情况下，需要的结果总线与执行相同类型指令的执行单元一样多。

重排序缓冲的更新更加直接，因为伴随生成结果的标签是重排序缓冲索引。

对于指令提交子任务，重排序缓冲只允许完成程序顺序中的下一个指令。在完成期间，一条指令通过将其结果写入架构寄存器堆或内存来更新程序状态。出于此原因，重排序缓冲维护一个指向指令的尾指针，该指令是程序顺序中的下一个指令。如果该指令已完成（E=1），则允许该指令提交。当这条指令完成时，相关的重排序缓冲条目被释放，尾指针被步进以检查下一条指令。

在示例中，假设下一个要完成特定的时钟周期指令 i1，因为尾指针指向它，如图 5-14e 所示。由此可见，在完成过程中 r1 的生成结果“600”被写入寄存器堆中，如图 5-14f 所示，并且重排序缓冲的尾部指针加 1。当 i2 提交后，尾指针继续步进，如图 5-14g 所示。

到目前为止，已经讨论了假设使用发射队列前读寄存器获取策略的操作。当采用发射队列后读寄存器的获取策略时，发射队列以基本相同的方式执行。主要区别在于，在这种情况下，发射队列保存源寄存器标识符而不是操作数值。

5.5 发射队列在超标量 CPU 中的应用

发射队列的发展历史有些曲折。在 20 世纪 60 年代后期发明发射队列后，它沉寂了超过 25 年，直到 1990 年，RS/6000 中才再次出现发射队列，后来更名为 Power1。毫不奇怪，Power1 仅部分实现了部分指令的发射队列，因为发射队列里只保存浮点指令。1993—1995 年又出现了三个 CPU：MC88110、Power2 和 R8000，它们也采用了部分指令的发射队列。全指令发射队列于 1992 年由 IBM 在其 ES/9000 系列大型机 CPU 的高端型号中首次引入，随后在 PowerPC 603 中推出。此后，发射队列几乎在所有主要 CPU 中得到广泛使用。

在设计空间中讨论了设计选择的每个可行组合，从而产生了一个可能的发射队列设计方案，由此会产生大量可能的方案。然而，可以通过考虑最新的超标量 CPU 采用全指令发射队列，以及在定性讨论中省略设计空间的定量方面来进行简化。因此，在随后对发射队列的方案讨论中，考虑了一个减少设计空间的方案，它只包含两个关键的设计，分别是发射队列的类型和操作数获取策略。相关的发射队列设计方法如图 5-15 所示，在图中还给出了最新的超标量 CPU 中使用的发射队列实现方案。

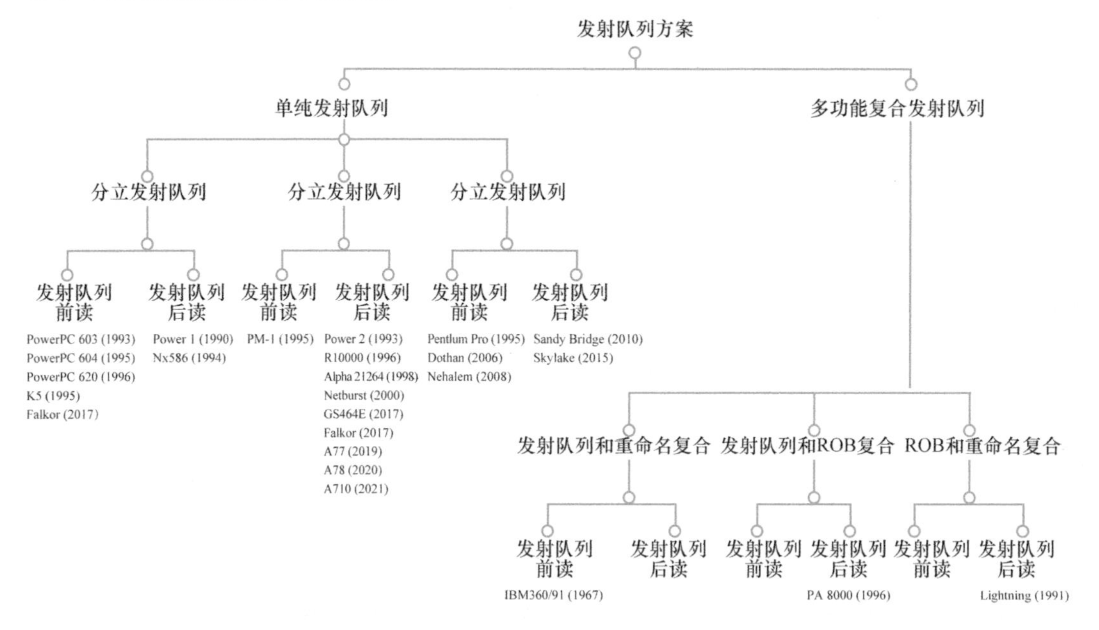

● 图 5-15　发射队列实现方案

总结如下。发射队列的发展趋势是分组的发射队列，发射队列后读寄存器的操作数获取方式正在成为众多高性能 CPU 的设计选择。这是因为分组的发射队列能兼顾发射队列效率和仲裁的时序，而后读是因为随着现代 CPU 数据的宽度越来越大，后读可以让 CPU 的发射队列瘦身，而且，相对前读，后读在发射宽度较宽的时候，能减少寄存器的读口，也节省了寄存器堆的面积。

发射队列的应用能够提高超标量 CPU 的性能，这是业界的共识。在本章中介绍了发射队列的设计空间，它有以下四个维度跨越：发射队列指令的范围、发射队列的布局、发射队列操作数获取策略和指令分发（Dispatch）方案。在前三个维度中，概述和评估了可行的实施替代方案，表明全发射队列、分组发射队列以及发射队列后读寄存器的操作数获取策略是最有利的设计选项。

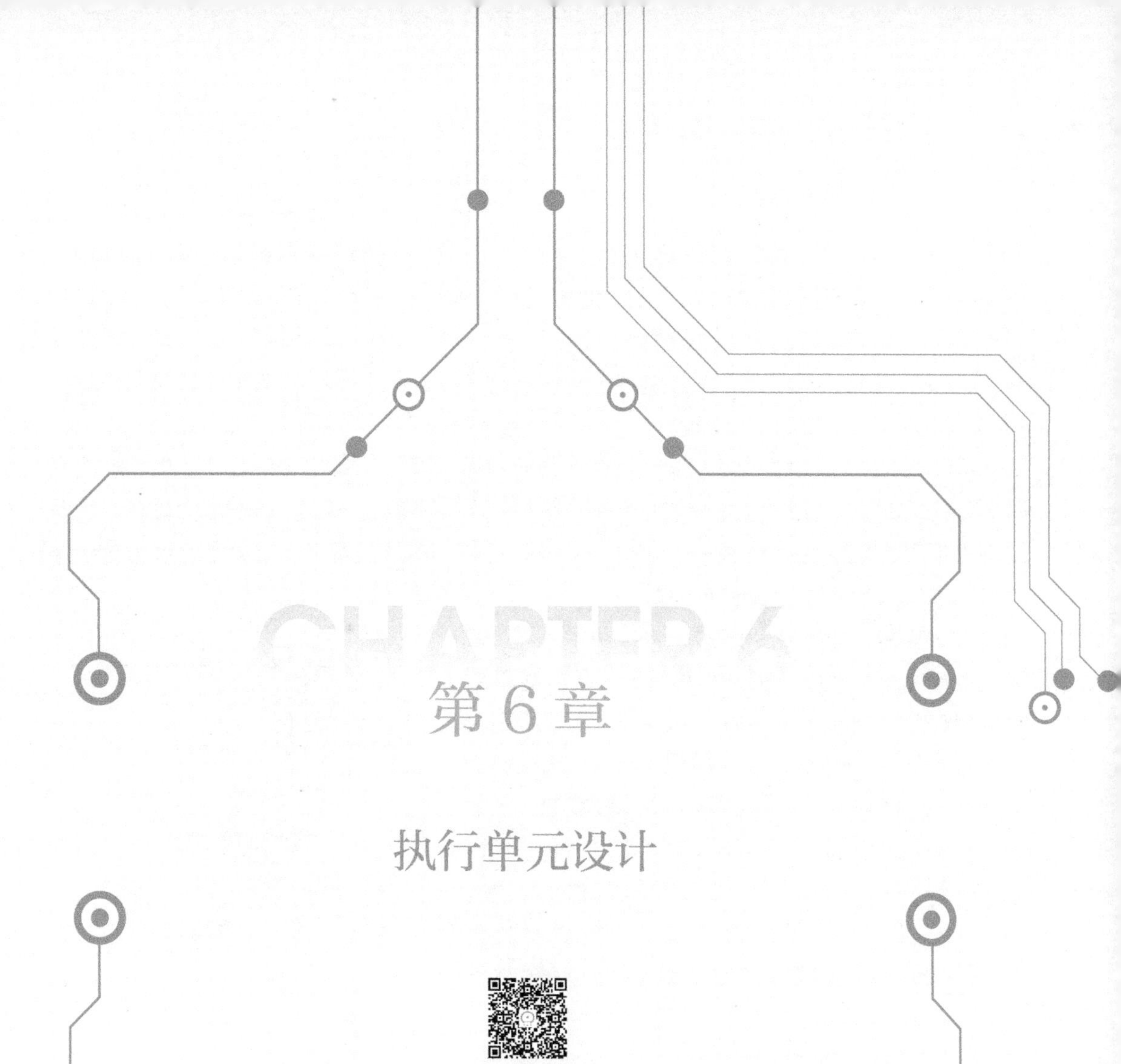

第6章

执行单元设计

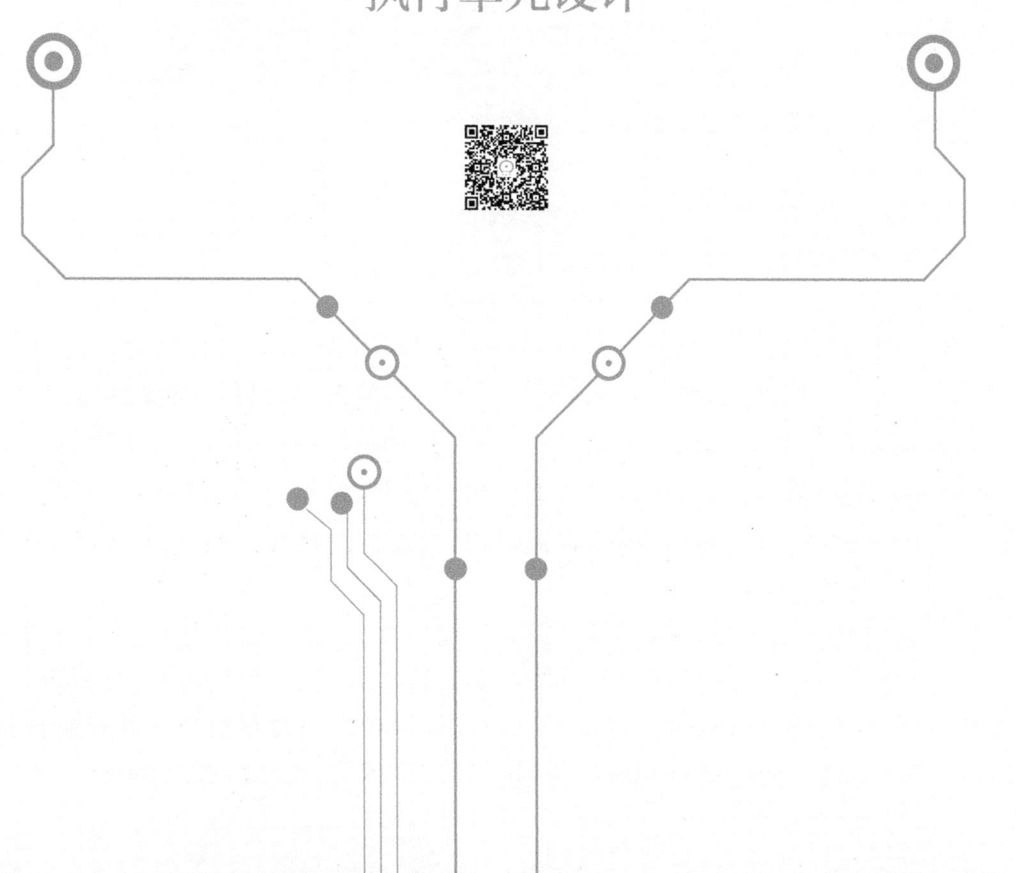

指令的计算结果在执行阶段得到。在这个阶段，指令的输入操作数（也称为源操作数）以及相应的控制信号被发送到 CPU 的计算单元。CPU 可以在执行阶段执行多种类型的操作，最常见的是算术运算（加法、乘法等）；访存类指令将数据从内存中加载（Load）到寄存器或将数据从寄存器存储（Store）到内存中；控制类指令更改程序计数器（PC）寄存器的值。还有一些其他类型的指令，对 CPU 的控制状态寄存器进行读写。

不同类型的操作的复杂度不同，具有不同的延迟。因此，在当代 CPU 中，执行阶段不是一个时钟周期可以完成的，复杂的指令需要多个时钟周期完成。执行阶段一般会分多个数据通路完成对不同类型的指令的执行。例如，处理整型数据的数据通路、处理浮点数据的数据通路、处理 Load/Store 指令的数据通路。

执行单元在 CPU 中的位置如图 6-1 所示。图中的灰色阴影区域表示 CPU 的功能单元。这些功能单元对应于 CPU 的实际计算资源。在图 6-1 中可以看到四种不同类型的单元：浮点运算单位（FPU）执行算术运算浮点值的操作，浮点运算的实现比较复杂，一种运算有多种实现方式，后文会在第 7 章单独介绍；算术和逻辑单元（ALU）执行整数算术运算和布尔逻辑操作；地址生成单元（AGU）计算 Load 和 Store 指令的访存地址；最后是分支单元计算控制流指令的结果 PC 值。

数据缓存是 CPU 执行单元中的另一个重要部分。数据缓存用于提供对内存中常用数据的快速访问，是访存单元（Load/Store Unit）的重要组成部分（访存单元相关内容请参见本书第 8 章）。

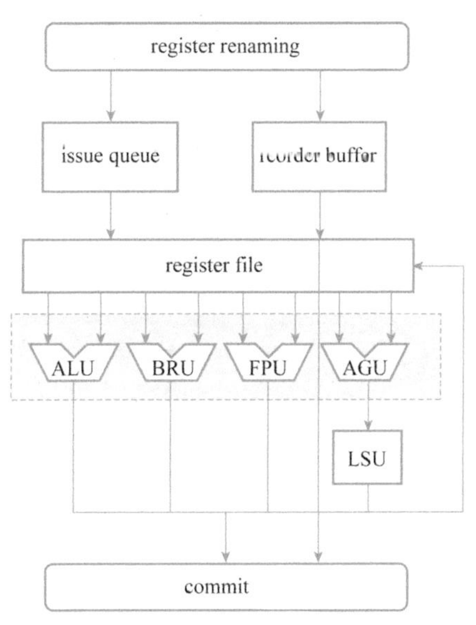

图 6-1　执行单元在 CPU 中的位置

执行阶段的另一个重要的概念是旁路网络。旁路网络将指令的源和目标操作数在计算单元、寄存器和缓存之间传递。在现代 CPU 中，如果要求具有依赖关系的指令背靠背执行，则需要加入旁路网络。旁路网络对性能提升具有重要作用，是执行阶段的关键部件之一。本章将介绍现代 CPU 中常见的运算单元的实现，以及应用于不同 CPU 架构中的旁路网络。

6.1 算术逻辑运算单元设计

算术逻辑运算单元（Arithmetic and Logic Unit，ALU）对来自通用寄存器的操作数进行指定的算术或逻辑运算。有的 CPU 会定义状态标识来记录算术逻辑运算的状态，如 x86 定义了如下六种状态标识：

- CF：Carry Flag，如果算术操作产生的结果在最高有效位（Most Significant Bit，MSB）发生进位或借位，则将其置 1，否则置为 0。
- PF：Parity Flag，如果运算结果的最低有效字节包含偶数个 1 位，则该位置 1，否则置为 0。
- AF：Adjust Flag，如果算术操作在结果的第 3 位发生进位或借位，则将该标志置 1，否则置为 0。这个标识在 BCD（Binary-Code Decimal）算术运算中被使用。
- ZF：Zero Flag，若结果为 0 则将其置 1，否则置为 0。
- SF：Sign Flag，该标识被设置为有符号整型的最高有效位（0 指示结果为正，1 指示结果为负）。
- OF：Overflow Flag，如果运算结果大于目标操作数能表示的最大值，或小于目标操作数能表示的最小值，则将该位置 1，否则置为 0。

一个典型的算术逻辑运算单元的结构如图 6-2 所示。包括加法单元，实现加法和减法操作；移位单元，实现逻辑移位、算术移位操作和循环移位；逻辑运算单元，实现逻辑与/或/非/异或等操作；特殊运算单元，实现一些特殊的运算，如前导零或前导一统计等特殊指令。其中预处理模块做一些公共的预处理操作，如取反、按位屏蔽等操作，后处理模块包括一些公共的后处理操作，如饱和处理、标识位的处理等。

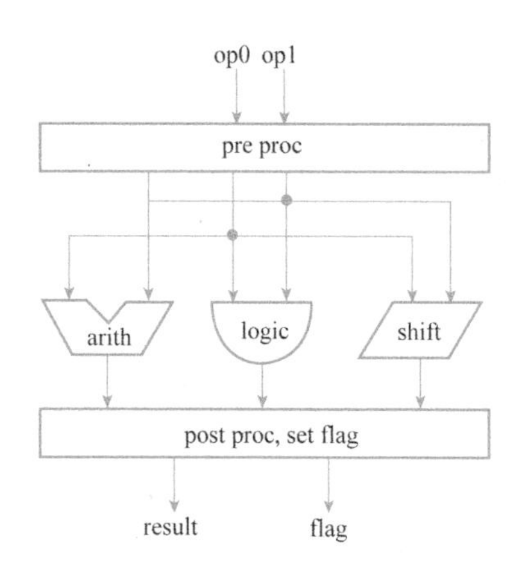

图 6-2　算术逻辑单元设计示例

6.1.1　加减法类与移位类指令的实现

假设要实现表 6-1 中的加减法指令，表中 carry in 项表示输入的进位，sat 项表示该指令是否需要进行饱和处理。在一条数据执行通路中，每次只会选择一条指令进行执行，无需重复多次例化加法器，只例化一个加法器即可实现表中所有指令，最终的硬件实现如图 6-3 所示。对于减法操作 $A-B$，可转换为 $A+(-B)+1$，从而复用加法器。对于 carry in 项而言，根据表 6-1 可得到三种情况。其中带进位的加法 carry in 项为 CIN，对于减法而言 carry in 项为 1，对于普通的加法指令 carry in 项为 0。

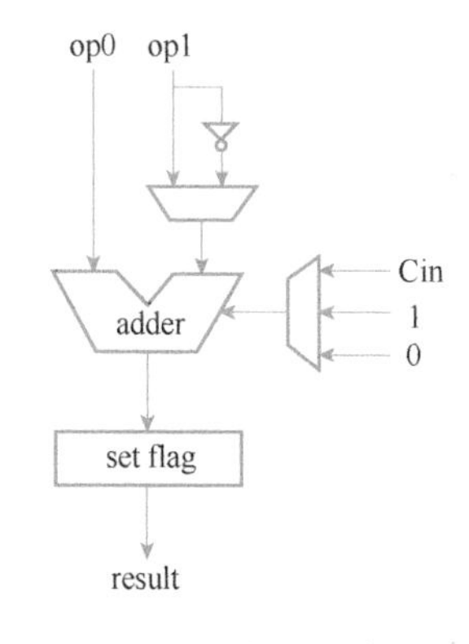

图 6-3　加减法指令的实现

表 6-1　加减法类指令

指　　令	指令描述	carry in	sat
ADD	完成两操作数的加法操作	0	0
ADD_SAT	完成两操作数的加法操作，并对结果进行饱和处理	0	1
ADD_CIN	完成两操作数和进位的加法操作	CIN	0
ADD_CIN_SAT	完成两操作数和进位的加法操作，并对结果进行饱和处理	CIN	1
SUB	完成两操作数的减法操作	1	0
SUB_SAT	完成两操作数的减法操作，并对结果进行饱和处理	1	1

常见的移位类指令见表 6-2。算术移位和逻辑移位的区别在于填充位，对于右移操作，算术移位的填充位是符号位，逻辑移位的填充位是 0；对于循环移位而言，填充位为被移出去的数据。表 6-2 中第三列为移位后的结果，这里以 8-bit 数据 a[7:0] 为例进行说明。N 表示移位的位数，根据指令的不同，N 可以是一个立即数，也可以来自寄存器，花括号为位拼接符。

表 6-2　移位类指令

指　　令	指令描述	移位结果
ASR	算术右移	{N'a[7], a[7:N]}
LSR	逻辑右移	{N'0, a[7:N]}
LSL	逻辑左移	{a[7:N], N'0}
ROR	循环右移	{a[N-1:0], a[7:N]}
ROL	循环左移	{a[7-N:0], a[7:7-N+1]}

图 6-4 所示是上文介绍的几种移位操作的示意图。有多种实现移位逻辑的方法，下面介绍一种基于逻辑复用的方法，例化一个基础移位逻辑，其他的移位指令都是在此基础上进行复用。

基础移位逻辑如图 6-5 所示。以 8-bit 的移位进行举例说明。移位数量 N 的位宽为 3-bit，移位范围是 0~7，整个移位过程分为三个阶段。第一阶段根据 $N[0]$ 决定是否需要移 1-bit，第二阶段根据 $N[1]$ 决定是否需要移 2-bit，第三阶段根据 $N[2]$ 决定是否需要移 4-bit。整个基础移位逻辑的延迟是三个 MUX 的延迟。对于 n-bit 的移位逻辑而言，需要$\log_2 n$ 级 MUX 逻辑。

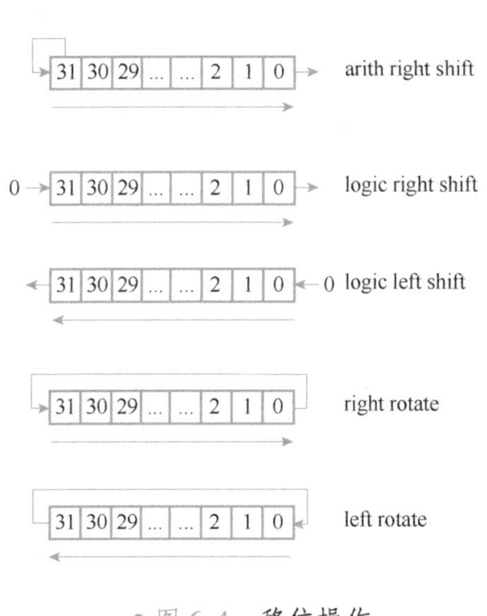

图 6-4　移位操作

基于基础移位逻辑的复用电路如图 6-6 所示。基础移位逻辑实现的是右移操作，要基于次实现左移操作，需要进行前处理和后处理。前处理和后处理都是一个 MUX，对于左移操作，前处理的 MUX 选择的是经过位反转后的操作数，同样后处理的 MUX 选择的是经过位反转后的移位结果。对于填充位，根据操作码（Operation Code），选择填充的数据是符号位、零或者是被移出的数据。基于这种复用逻辑，只需例化一个右移逻辑即可。

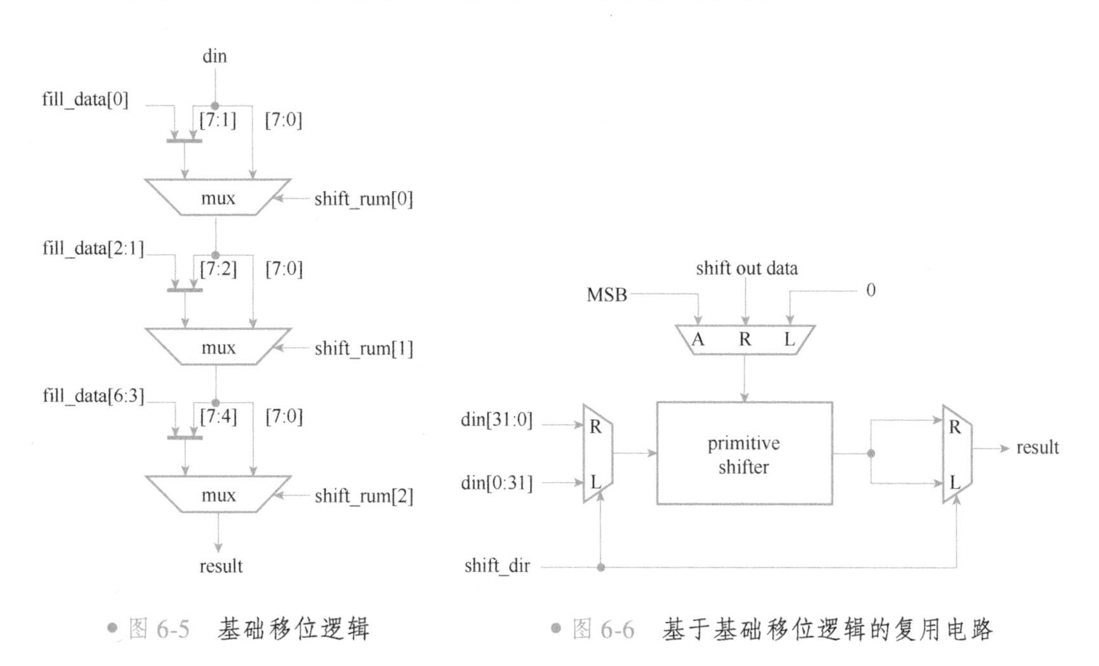

● 图 6-5　基础移位逻辑　　● 图 6-6　基于基础移位逻辑的复用电路

6.1.2　前导零检测指令实现

MIPS 有两条指令用于实现前导零和前导一检测。其中 CLZ 是前导零检测指令，检测输入操作数从最高位（MSB）开始连续零的数量；CLO 是前导一检测指令，检测输入操作数从最高位（MSB）开始连续一的数量。ARM 也有相关的指令，CLZ 是前导零检测指令，和 MIPS 的前导零检测指令功能一致。CLS 是前导符号位检测指令，检测从符号位的下一位开始，数值等于符号位的连续位的位数。前导零检测逻辑在很多场景中都要用到，如果直接用软件实现，需要使用移位、位运算和加法等指令，并且需要循环多次，直到所有前导零检测完成为止，这种实现方式效率很低。CLZ/CLO 是硬件加速指令，一条指令即可完成前导零/前导一的检测，实现效率大大提升。下面以 16-bit 数据前导零检测为例，给出一种实现方案。

基本的思路是基于自底向上拼接的方式。考虑最简单的 2-bit 数据的前导零检测，很容易得到其真值表，见表 6-3。其中第二列 cnt 为前导零位数，第三列 vld 表示输入数据中是否包含

1。通过真值表可以得到相应的前导零检测电路。

表 6-3　2-bit 前导零检测真值表

输入数据	前导零位数 cnt	vld
00	X	0
01	1	1
10	0	1
11	0	1

由 2-bit 前导零检测电路可以构成 4-bit 前导零检测电路，如图 6-7 所示。LZD4 的输入是两个 LZD2 电路的输出，如果 vld0 是 1，则 LZD4 输出的 cnt 为 {1 'b0, cnt0}；如果 vld0 是 0，vld1 是 1，则 LZD4 输出的 cnt 为 {1 'b1, cnt1}，LZD4 输出的 vld 为 vld0 和 vld1 逻辑或的结果

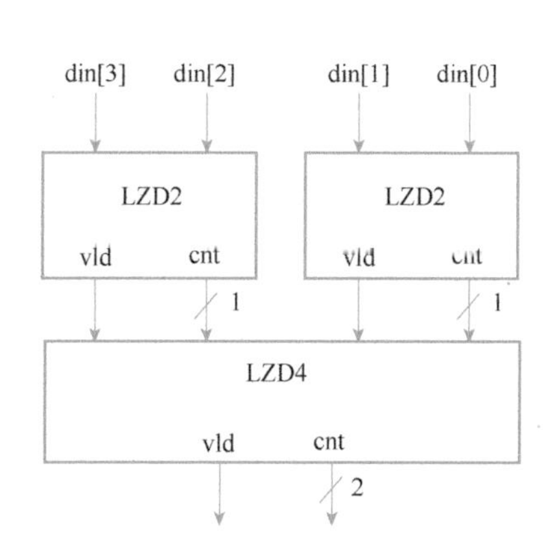

图 6-7　4-bit 前导零检测电路

同样的方式可以得到 LZD4～LZD8 的拼接，以及 LZD8～LZD16 的拼接，如图 6-8 所示。总结每一级拼接逻辑见式（6-1），其中vld_i和cnt_i表示第 i 级前导零检测电路的输出，vld_{i-1}^0/cnt_{i-1}^0和vld_{i-1}^1/cnt_{i-1}^1分别表示第 $i-1$ 级两个前导零检测电路的输出。

$$vld_i = vld_{i-1}^0 \mid vld_{i-1}^1 ; cnt_i = vld_{i-1}^0 ?\ \{1'b0, cnt_{i-1}^0\} : \{1'b1, cnt_{i-1}^1\} \tag{6-1}$$

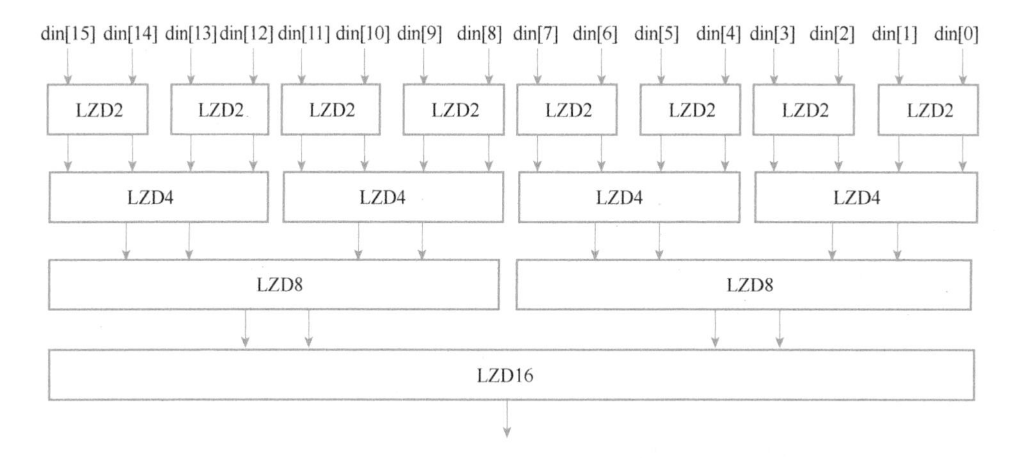

图 6-8　16-bit 前导零检测电路

6.2 定点乘法运算设计

现代 CPU 中一般都会包含定点乘法指令，乘法器占用面积较大，延迟也很大，人们对乘法器已经进行了大量研究工作。实际 RTL 编码中，通常直接写 * （乘号）来实现乘法逻辑，具体的乘法实现交给综合工具完成。本节从原理出发，介绍一种乘法器的底层实现方案。

乘法器基本的工作原理与手写乘法类似，大体分为三个步骤。以无符号 4×4 乘法为例：第一步，先将二进制的被乘数与乘数的每一位分别相乘，得到与乘数的位数相同个数的数值，这里就是 4 个数值，在乘法器里这些数值称为部分积，它们将作为后续数据流的基础，如图 6-9 所示。第二步，将得到的部分积按权值错位相加，得到最终的 8 位结果，这个过程在乘法器中称为部分积压缩。在实际的乘法器设计中，由于部分积压缩器产生的是两个需要相加的数据，除了部分积生成模块和部分积压缩模块，还需要增加一个步骤——一级加法运算。以上三步就是一个乘法器的基本组成部分。

乘法器由部分积生成器、部分积压缩器和加法器构成，如图 6-10 所示。加法器比较简单，本节不再做介绍，后面主要介绍部分积生成器和部分积压缩器。

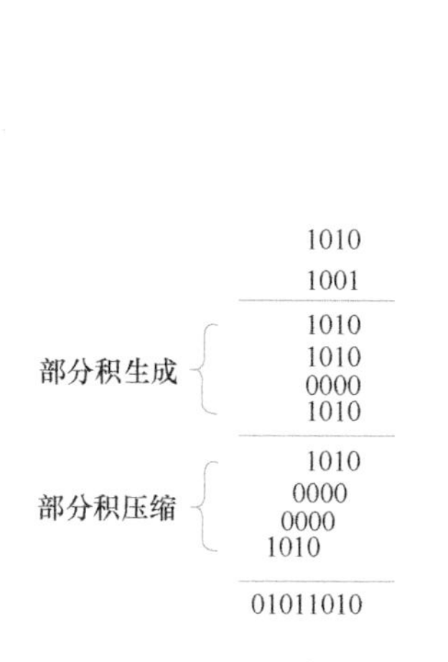

● 图 6-9　乘法运算示意图

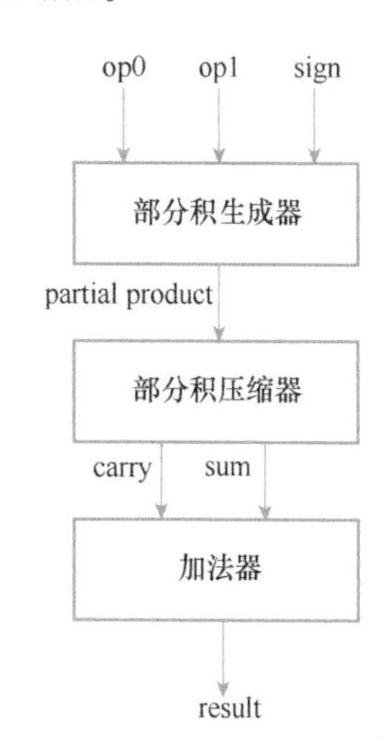

● 图 6-10　乘法器数据流

6.2.1 部分积生成器实现

对于乘法运算的最基本想法是将乘数的每一位分别与被乘数相乘，再逐一错位相加，得到最终的乘积。英国计算机科学家 Andrew Booth 发现了另一种解决问题的办法，他注意到使用简单的加法和减法的混合运算，就可以得到同样的结果。例如，6可以表示成-2+8，即4'b0110 = -4'b0010+4'b1000，因此当乘数中连续若干位都为1时（这里有两个），可以在其中从左数第一个1的前一位做一次加法，然后在最后一个1的所在位做一次减法即可。Booth提出这种想法的目的在于提高乘法运算的速度，因为在当时，移位运算比加法运算要快一些。他的这种算法给人们带来的最大好处是它可以应用于有符号的乘法运算。Booth算法的要点是将乘数中连续出现的一组1分成第一位、中间各位和最后一位来分别进行处理。对于数值为0的位，由于与被乘数的乘积是0，可以不作任何操作，只需要根据相邻两位的值就可以决定应该采取何种措施进行计算。相邻两位的所有四种可能情况见表6-4。表中a_i表示当前处理位，a_{i-1}表示当前处理位的低一位数据，P_i表示第i个部分积的系数。

表6-4　Booth算法部分积系数

a_i	a_{i-1}	P_i
0	0	0
0	1	1
1	0	-1
1	1	0

当相邻两位为00时，部分积为0；当相邻两位为01时，表示一组连续1的开始，部分积为被乘数本身；当相邻两位为10时，表示一组连续1的结束，部分积为被乘数取负的结果；当相邻两位为11时，表示处于一组连续1的内部，部分积为0。

原始的Booth算法的研究对象是乘数中相邻的两位，并没有减少部分积的数量，后来人们对Booth算法进行了改进，发现可以以乘数中的更多相邻位为判据，对被乘数进行一次性操作。改进后的二阶Booth算法可以根据乘数中的相邻三位来决定与被乘数相乘的系数。假设要进行$C=A\times B$的16-bit有符号乘法运算，其中$A=a_{15}a_{14}\cdots a_1a_0$，则$A$可表示为式（6-2）的形式：

$$A=-a_{15}\times 2^{15}+a_{14}\times 2^{14}+\cdots+a_1\times 2^1+-a_0\times 2^0 \tag{6-2}$$

将奇数位的a_1、a_3、…、a_{13}替换成$a_i\times 2^i=a_i\times 2^{i+1}-2\,a_i\times 2^{i-1}$，带入式（6-2）可得式（6-3）：

$$\begin{aligned}A &=(-2a_{15}+a_{14}+a_{13})\times 2^{14}+(-2a_{13}+a_{12}+a_{11})\times 2^{12}+\\ &\quad\cdots+(-2a_3+a_2+a_1)\times 2^2+(-2a_1+a_0+a_{-1})\times 2^0\\ &=P_7\times 2^{14}+P_6\times 2^{12}+\cdots+P_1\times 2^2+P_0\times 2^0\end{aligned} \tag{6-3}$$

其中$a_{-1}=0$，$P_0\sim P_7$为8个部分积系数。如果基于原始的部分积产生策略，总共需要产生16个部分积，而使用二阶Booth算法，16-bit有符号乘法运算的部分积降低到了8个。部分积系数P和相邻三位数据的对应关系见表6-5。

表 6-5　二阶 Booth 算法部分积系数

a_{2i+1}	a_{2i}	a_{2i-1}	P_i
0	0	0	0
0	0	1	1
0	1	0	1
0	1	1	2
1	0	0	-2
1	0	1	-1
1	1	0	-1
1	1	1	-0

可以看到二阶 Booth 算法的部分积系数有-0/1/2/-1/-2 这几种，其中乘 2 和乘-2 可以通过简单的左移操作实现，而对于P_i为负数的情况，可以通过按位取反加 1 的方式实现取负操作。这些操作都比较简单，并且可以和部分积压缩电路一起进行优化。二阶 Booth 算法在乘法器的实现中应用较为广泛。

继续增加编码位宽，可以得到更高阶的 Booth 编码算法，三阶 Booth 算法部分积系数见表 6-6。三阶 Booth 算法以 4 位为单位进行交叠编码，可以看到部分积系数 P 的取值中有 3 这种非 2 的幂次的系数，实现 3 乘 B 运算不是简单的取负和移位就可以完成的，需要引入加法器，硬件开销很大，三阶、四阶等高阶的 Booth 算法的应用较少。

表 6-6　三阶 Booth 算法部分积系数

$a_{i+2}a_{i+1}a_ia_{i-1}$	P	$a_{i+2}a_{i+1}a_ia_{i-1}$	P
0000	0	1000	-4
0001	1	1001	-3
0010	1	1010	-3
0011	2	1011	-2
0100	2	1100	-2
0101	3	1101	-1
0110	3	1110	-1
0111	4	1111	-0

6.2.2　部分积压缩器实现

作为乘法器的核心部件，部分积压缩器的设计一直是研究的重点所在。由澳大利亚计算机科学家 Christopher Wallace 提出的 Wallace 树结构将 3 : 2 压缩器组成树状的阵列，使多个加法并行执行，有效地减少了各级加法之间的等待延迟，成为当今大多数研究者的原始参考结构。通过改进设计，产生了各种各样的树状结构，并逐渐演化出 4 : 2 压缩器等高阶压缩器。

3 : 2 压缩器本质上是一个保留进位加法器（Carry Save Adder，CSA），如图 6-11 所示。它的基本思想是将 3 个加数的和减少为 2 个加数的和，将进位 *C* 以及和 *S* 分别输出，并且每比特可以独立计算 *C* 和 *S*，不存在低位到高位的进位传递，所以速度极快。

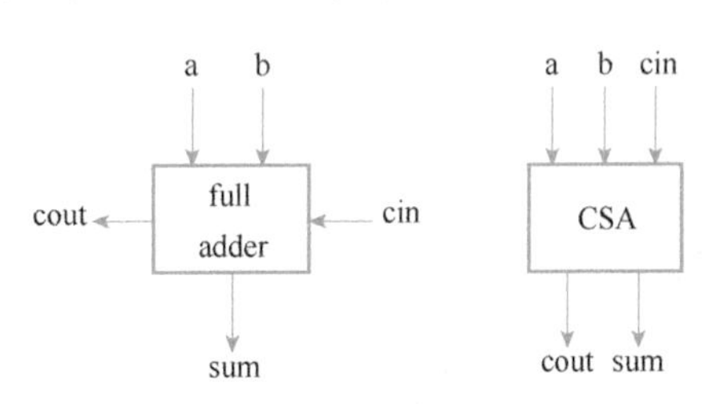

图 6-11　全加器与 3 : 2 压缩器

对于三个 16-bit 操作数的压缩，可以例化 16 个 3 : 2 压缩器，如图 6-12 所示。这 16 个 3 : 2 压缩器并行进行运算。

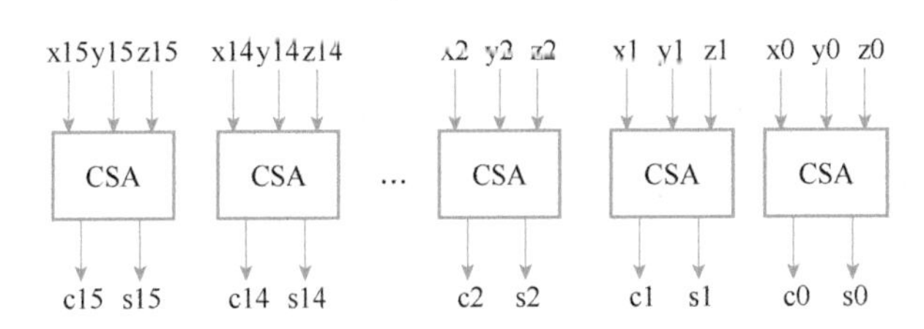

图 6-12　三个 16-bit 操作数的压缩

实现部分积压缩最直观的结构是线性结构，如图 6-13 所示。线性结构较为简单，其延迟与部分积个数成线性关系，第一级 3 : 2 压缩器的输入是三组部分积，得到两个加数，然后与第四组部分积一起输入第二级 3 : 2 压缩器中。可以看到要实现 *N* 组部分积的压缩，需要 *N*-2 级3 : 2 压缩器，延迟较大。

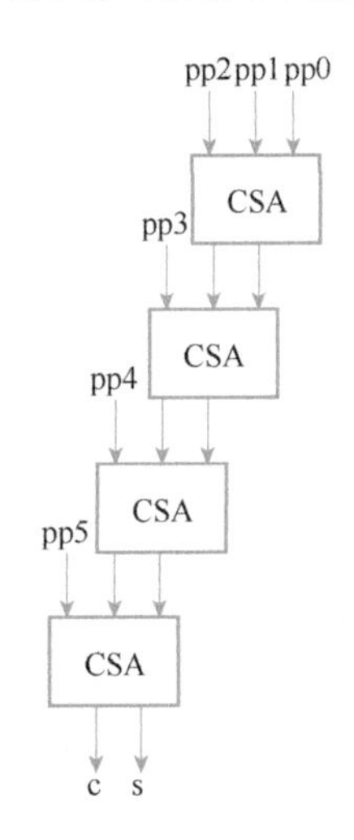

图 6-13　线性结构实现部分积压缩

Wallace 提出了一种树状结构的部分积压缩器，使部分积的相加能够并行执行，有效地利用了硬件资源，减少了延迟，其时间延迟与部分积的个数成对数关系。当乘法位数增加时，这种优势就得到了体现。其结构如图 6-14 所示。

在 Wallace 树结构发展变化的基础上，意大利计算机工程师 Luigi Dadda 提出了（*n*，*m*）并行计数器的概念。此后人们在此概念的基础上发展出了 *n* : *m* 压缩器的概念，其中最为典型的是由两个进位保留加法器连接而成的 4∶2 压缩器。这种结构以其相对规整的结构，从一定程度上降低了连线的复杂度，而且从整体结构上又保持了树结构的并行计算优势。以 4∶2 压缩器为设计单元的 Dadda 树结构如图 6-15 所示。从某种意义上讲，Dadda 树结构与 Wallace 树结构没有本质上的区别，它可以视为一种线性结构与 Wallace 树结构的折中方案。在速度和面积上都没有体现出明显的劣势，是较多的应用与速度和面积需求折中的设计方案。

pp2 pp1 pp0
pp2 pp1 pp0
pp7 pp6
CSA
CSA
CSA
CSA
CSA
CSA
c
s

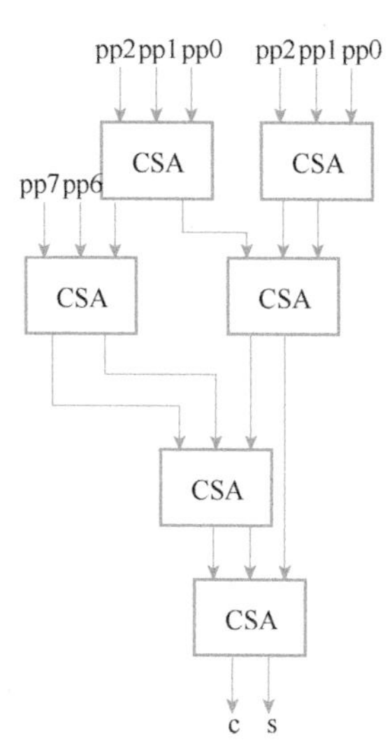

● 图 6-14　Wallace 树实现部分积压缩

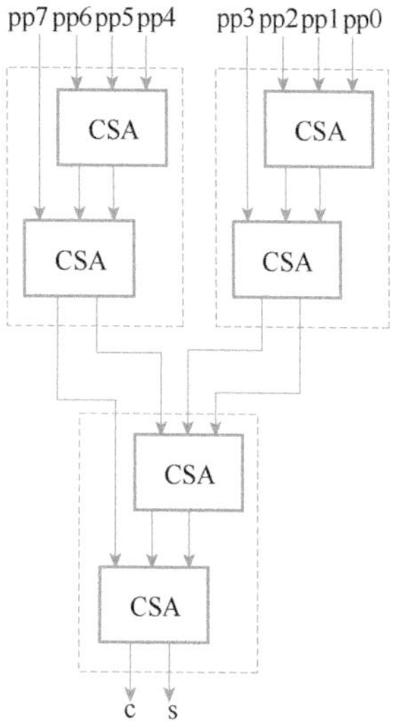

pp7 pp6 pp5 pp4
pp3 pp2 pp1 pp0
CSA
CSA
CSA
CSA
CSA
CSA
c
s

● 图 6-15　Dadda 树实现部分积压缩

部分积生成过程中如果需要进行取负操作，需要进行按位取反加 1 的操作。其中按位取反比较简单，消耗的逻辑资源较少，但加 1 操作需要引入加法器，消耗的逻辑资源较多。一种优化方案是在部分积生成过程中只进行按位取反操作，加 1 操作合并到部分积压缩过程中，如图 6-16所示。每一行部分积的加 1 操作合并到下一行部分积的低位，通过增加少量的压缩器就可以实现加 1 操作，相比于对部分积直接加 1，节省了很多逻辑资源。

~E E E
1 E
1 E
1 E
1 E
1 E
1 E
1 E
S
S
S
S
S
S
S
S

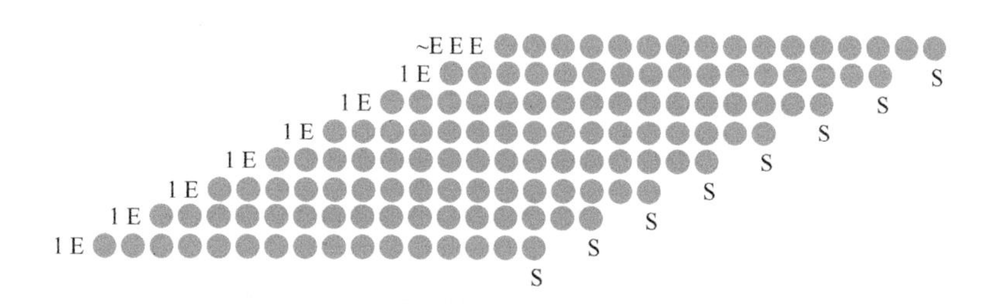

● 图 6-16　加 1 操作合并到部分积压缩阵列中

通过部分积压缩逻辑，将 N 个部分积压缩成两个加数，最后将两个加数进行加法操作，至此整个定点乘法运算计算完成。

6.3 单指令多数据SIMD设计

单指令多数据（Single Instruction Multiple Data，SIMD）是提高数据并行处理能力的重要手段。顾名思义，SIMD指令对多组数据并行运行相同的指令，SIMD的操作数来自矢量寄存器。一个简单的SIMD运算示意图如图6-17所示。源操作数为两个矢量 A 和 B，A 和 B 分别有4个数据，这4个数据并行进行算术逻辑运算，得到矢量 C。

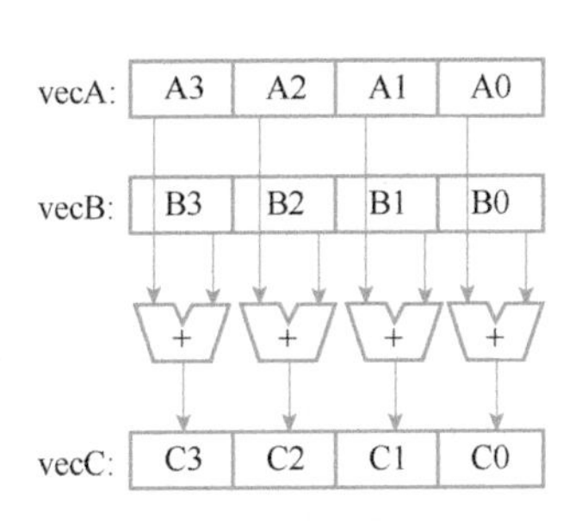

● 图6-17 SIMD运算示意图

在CPU中SIMD表现为多媒体扩展指令。随着数字多媒体技术的发展，多媒体应用对CPU的并行处理功能有了更高的要求。SIMD的加入给CPU带来了明显的性能提升，如SPARC体系结构中的VIS，在普通的ILP应用下的加速比为2~4，而在多媒体应用下的加速比为1.1~4.4。POWER6体系结构中的AltiVec支持丰富的数据类型，AltiVec给多媒体应用带来的加速比为1.6~11.7。SIMD应用于通用CPU以来的部分多媒体指令集见表6-7。

表6-7 多媒体指令集

厂　商	指　令　集	矢量位宽/bit
HP	MAX-1	64
SUN	VIS	64
Intel	MMX	64
Intel	SSE/SSE2/SSE3/SSE4	128
Intel	AVX/AVX2	256
AMD	3DNow!	128
IBM	AltiVec	128
龙芯中科	MMI	64

SSE指令集定义了8个SIMD矢量寄存器，每个寄存器位宽为128-bit，每个SIMD矢量寄存器可以存储不同的数据类型：

- 16个INT8（Byte）。
- 8个INT16（Half-Word）。

- 4个INT32（Word）。
- 2个INT64（Double-Word）。
- 4个单精度浮点数（FP32）。
- 2个双精度浮点数（FP64）。

SIMD的运算单元需要支持ISA中定义的所有数据类型。在SSE指令集中，除了支持常规的算术逻辑运算指令外，还支持对矢量中各元素重排序的unpack和shuffle指令。unpack指令可以将源操作数和目标操作数中的元素重新组合。如图6-18所示，unpack指令可以将源操作数和目标操作数的低位数据进行交叉，最后存储到目标操作数中。

shuffle可以完成源操作数中各元素按照指定顺序的重排序。shuffle指令通常有两个源操作数，第一个源操作数是待重排序的矢量，第二个源操作数是一个立即数，指定以怎样的顺序将源操作数中数据保存到目标操作数，如图6-19所示。

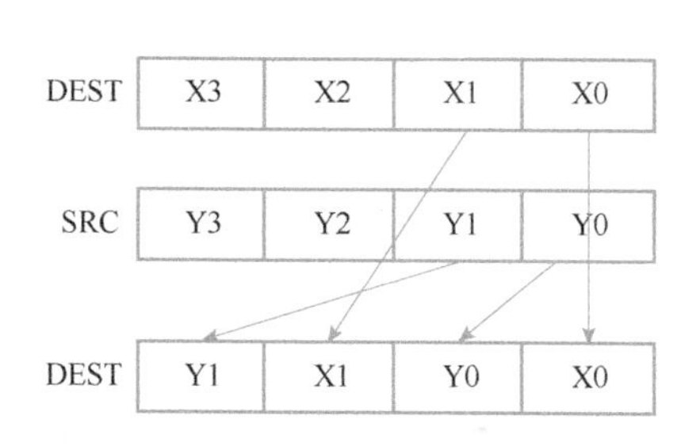

图6-18　unpack指令示意图

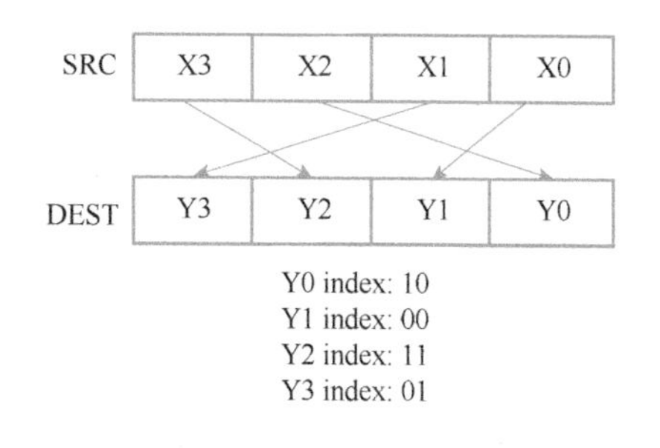

图6-19　重排序指令

通常SIMD运算单元包含浮点运算单元、整型的算术逻辑运算单元和重排序单元。更进一步，每个运算单元又可以分为多个通道，通道是SIMD运算单元的最小组成单位。由于SIMD运算是并行的，各个通道之间是相互独立的，每个通道可以是对一个基础运算单元的重复例化。SIMD中的算术逻辑运算单元和前面提到的ALU的逻辑非常类似，而SIMD中的浮点运算单元和后面将要介绍的FPU也非常类似，SIMD指令甚至可以和普通的ALU/FPU指令共用逻辑资源。

另外需要说明的是，对于SIMD运算单元，不同运算、不同数据类型下，通道的数量可以不一样。例如，有的SIMD运算单元可以只有一个浮点运算单元通道，但可以有两个整型运算单元通道；对于相同的数据类型，不同运算的通道数量也可以不同。例如，可以有两个浮点乘法运算通道，但对于像浮点除法这种比较复杂的运算单元，可以只有一个浮点除法运算通道。具体每种运算需要例化的通道数量，是性能和面积的折中，这种折中的思想在CPU设计中是经常用到的。

6.4 旁路网络设计

在指令的执行过程中，CPU 的状态直到提交阶段才会被改变，从指令发射到提交需要经过多个周期。在超标量 CPU 设计中，为了提高性能，具有数据依赖的指令可以直接从流水线的提交阶段之前获取操作数，减小等待延迟。假设一个简单 CPU 中包含如下几级流水：指令发射、源操作数选择、执行和写回。如果第二条指令的输入操作数是第一条指令的结果，存在 RAW 依赖，则这两条指令不能连续执行，中间需要插入"气泡"，也就是需要等待第一条指令的结果写回到通用寄存器后，第二条指令才能获取源操作数，如图 6-20 所示。

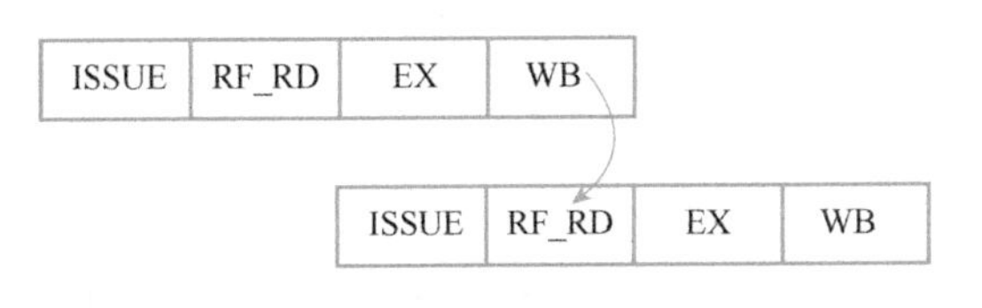

图 6-20　存在 RAW 依赖的情况

对于高性能的超标量 CPU 而言，由于其流水线深度较深，需要插入更多的"气泡"来解决 RAW 依赖，如图 6-21 所示，需要插入 4 个"气泡"来等待第一条指令的写回。

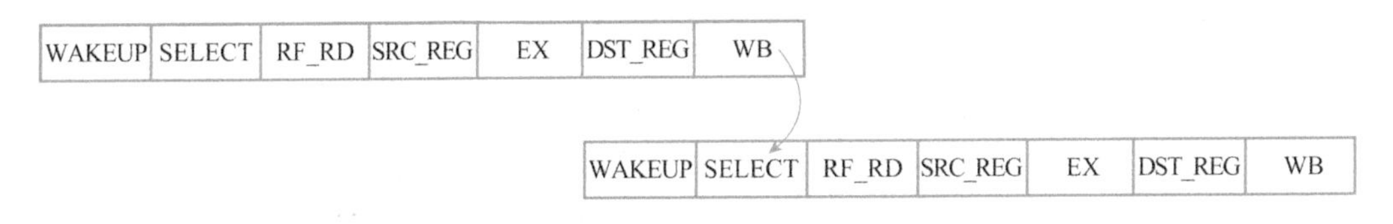

图 6-21　存在依赖的两指令在更深流水线中执行

从上述两个示例中可以看到，如果需要等待第一条指令完成写回操作后，第二条指令才去读取源操作数，这时就需要插入"气泡"，这样对性能的影响较大，越深的流水线，性能损失也就越大。当然可以依靠编译器来做一些优化，如在两条存在数据依赖的指令之间插入若干条其他不存在数据依赖的指令，确保存在数据依赖的指令不会背靠背出现。但对于一些数据相关性较强的程序，完全依靠编译器来做优化是不现实的。另外可以得出，对于顺序执行的 CPU 而言，这种数据依赖造成的性能损失要大于乱序执行的 CPU，因为乱序执行的 CPU 可以根据情况调度一些不相关指令来执行。

对于图 6-20 所示的流水线，可以依靠编译器以及乱序发射机制来填满两条依赖指令之间的"气泡"，但对于图 6-21 所示的流水线，单单依靠编译器以及乱序发射机制很难填满两条依赖指令之间的"气泡"，因为很难一次性在后续指令中找到 4 条不相干指令。

但是从图 6-22 中可以看到，实际无需等到第一条指令将结果写回到寄存器后才进行读操作，其实在执行阶段，ALU 完成数据的计算后，就得到了第一条指令的结果。所以可以构造一个旁路，将执行阶段的结果直接送到源操作数读取阶段。

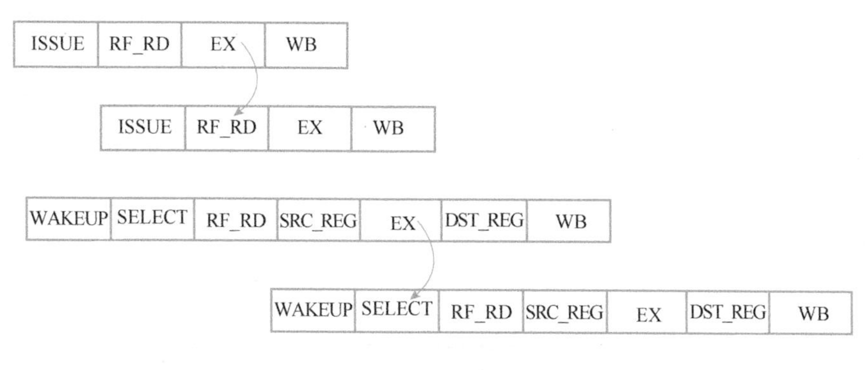

图 6-22　流水线中的旁路操作

具有旁路网络的流水线中，两条具有数据依赖的指令可以背靠背执行，而无需插入“气泡”，这将大幅度提升 CPU 的性能。但引入旁路网络后，需要在流水线之间添加相关的 MUX 和走线，根据 CPU 的流水线复杂度不同，旁路网络的设计复杂度也不同。旁路网络的设计是 CPU 设计中重要的一部分，旁路网络对整体面积、功耗、时序以及后端布局布线有很大的影响。旁路网络的设计和 CPU 中其他组件的设计类似，需要折中考虑：旁路网络虽然可以提升 CPU 性能，提升 CPU 的 IPC，但对 CPU 的主频、面积和功耗影响较大。但也有一些例外，例如，IBM POWER4 和 POWER5 CPU 的设计中，为了降低设计的复杂度，以及提升 CPU 主频，并没有引入旁路网络。在这些 CPU 中，执行两条具有依赖性的整型运算指令，需要插入一个时钟周期的“气泡”，而执行两条具有依赖性的浮点运算指令，需要插入 6 个时钟周期的“气泡”。当然不相干指令可以插入气泡中执行，因为这两款 CPU 都是乱序的。

一个简单 CPU 的回路网络如图 6-23 所示。图 6-23a 所示为没有旁路网络的执行单元，图 6-23b 所示为引入旁路网络的执行单元，可以看到旁路网络的引入使得执行单元的设计复杂度大大增加。

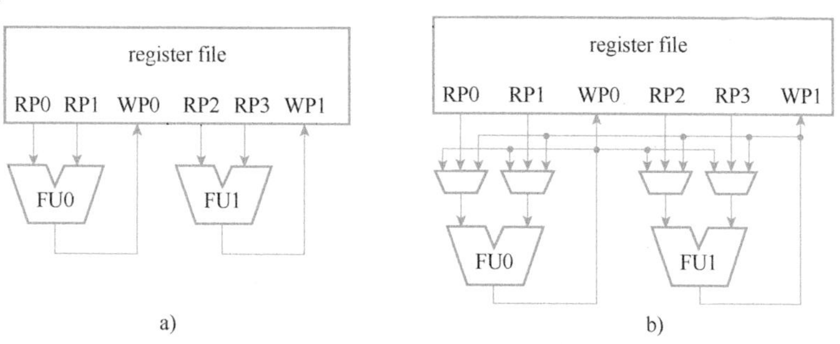

图 6-23　简单 CPU 的旁路网络

对于没有旁路网络的 CPU，执行单元的输入直接连接到寄存器堆的读端口来获取源操作数，类似地，执行单元的输出直接连接到寄存器堆的写端口，用于数据的写回。如果引入了旁路网络，一个执行单元的输入来自三个不同的地方：一是寄存器堆的读端口，二是执行单元自身的输出端口，三是其他执行单元的输出端口。因此在每个执行单元的输入端，都需要一个三选一的多路选择器。对于每个执行单元的输出端口，除了需要连接到寄存器堆的写端口，还需要连接到所有执行单元的读端口，这使得执行单元输出端口的扇出大大增加。

对于更复杂的流水线，旁路网络的复杂度会急剧上升。如图 **6-24** 所示，包含了两个执行单元。图 **6-24a** 所示为没有旁路网络的电路，寄存组的读端口通过一级寄存器后，连接到执行单元的输入端口，类似地，执行单元的输出通过一级寄存器后，连接到寄存器堆的写端口。图 **6-24b** 所示为引入旁路网络的电路，区别于上文中的旁路网络，这里的旁路网络可以实现多级流水之间的旁路，电路更加复杂。

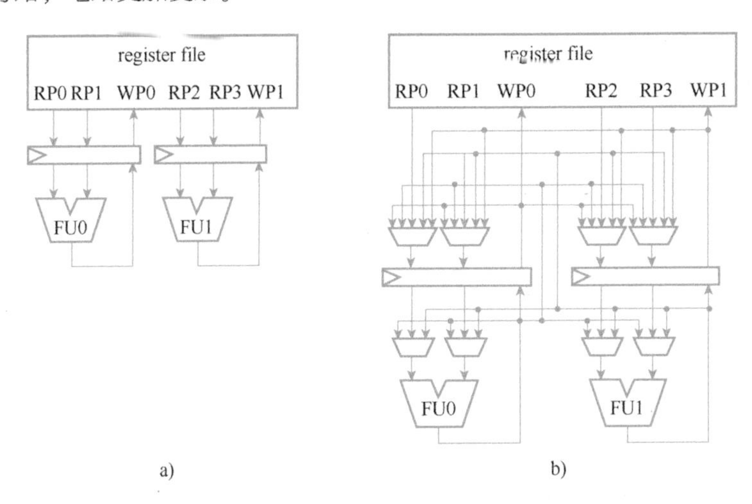

图 6-24　多级流水线之间的旁路网络电路

可以看到图 **6-24b** 中的旁路网络存在三条流水线间的旁路通道：一是 ALU 到源操作数寄存（Source Reg）阶段的通路，二是 ALU 到源操作数读取（Source Read）阶段的通路，三是目标操作数寄存（Destination Reg）阶段到源操作数读取（Source Read）阶段的通路。具体的旁路通道如图 **6-25** 中箭头所示。

由于在 ALU 输入端口之前插入了寄存器，在 ALU 输出端口之后也插入了寄存器，流水线增加了两级，分别为源操作数寄存（Source Reg）和目标操作数寄存（Destination Reg）。

现代超标量 CPU 中，流水线的深度和发射宽度在不断增加，这使得硬件实现复杂度急剧上升。例如，更多的寄存器堆的读写端口，更复杂的旁路网络等。复杂度上升的同时，CPU 的面积和功耗也大幅度增加，同时严重制约了CPU主频的提升。在这种背景下，产生了一种解决方案：集群（Cluster）结构。

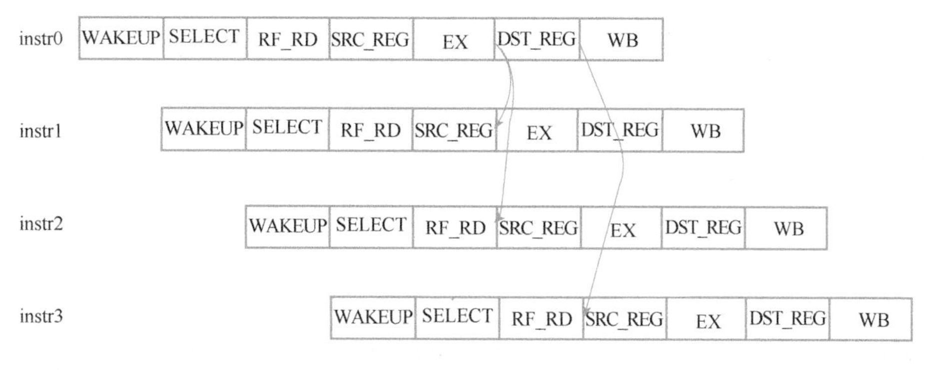

图6-25　多级流水之间的旁路通道

该方案将CPU中的核心组件分为多个集群。例如，在执行单元的设计中，考虑到浮点运算和整型运算之间的关联性较弱，将整型运算单元和浮点运算单元分成两个集群，在集群内部单独设计自己的寄存器堆及旁路网络，这大大降低了寄存器堆和旁路网络的复杂度，更有利于后端布局布线的实现。

一个简单的集群结构如图6-26所示。随着CPU复杂度的提升，为降低设计复杂度及优化时序，这种集群结构的应用越来越广泛。图6-26a所示为多级流水线中的旁路网络，存在三类旁路通道。对于过于复杂的旁路网络，为了能让CPU保持一个较高的主频，可能需要增加流

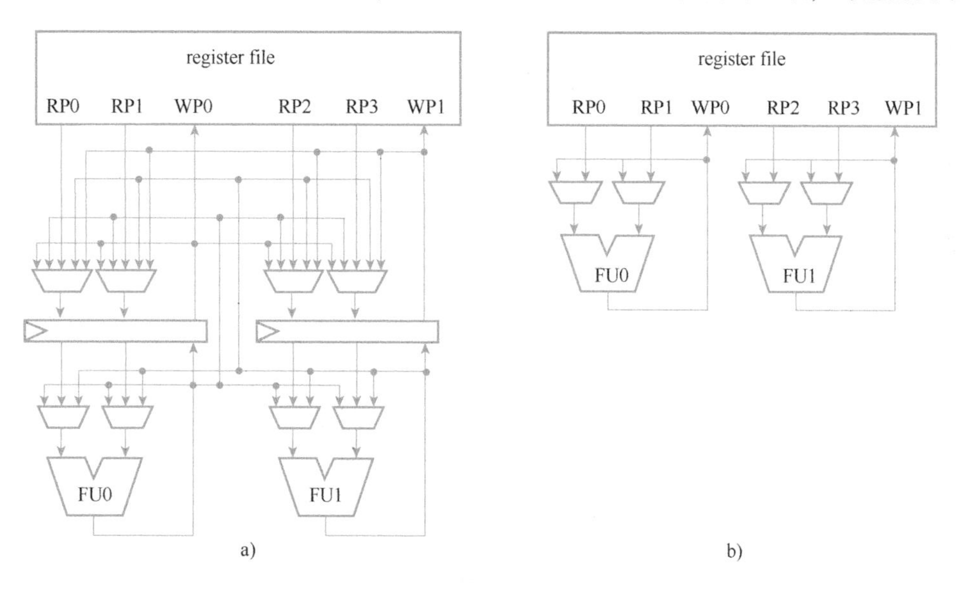

图6-26　cluster对多级旁路网络的简化

水级数。图 6-26b 所示为使用集群结构的电路，两个执行单元 FU0 和 FU1 各成一个集群，不允许两个 FU 之间进行数据的旁路。与没有旁路网络的 CPU 不同，这种分集群的结构允许在 FU 内部进行数据旁路，如果两条存在数据依赖的指令被发射到了同一个 FU 内执行，则可以进行旁路来提升性能。如果两条存在数据依赖的指令被发射到了不同 FU 内执行，则需要插入“气泡”来解决数据相关性。

可以看到，图 6-26b 中分集群电路的复杂度大大降低了，减少了旁路网络的走线数量以及多路选择器的数量。同时由于旁路网络的复杂度降低，时序更容易收敛到较高的主频，可以移除一些流水级，进而提升 CPU 的性能。分集群之后，面积和功耗也进一步降低了，但付出的代价是在某些情况下需要在流水线中引入“气泡”来解决数据相关性问题。集群结构的引入也是一种折中思想的体现。

寄存器堆是超标量 CPU 的关键组成部分，寄存器堆一般需要多个读端口和写端口。随着读写端口的增加，寄存器堆的访问延迟也会增大，这严重制约了 CPU 的主频。一种解决方案如图 6-27 所示，系统中划分了两个集群，寄存器堆在每个集群中都会复制一份，整个 CPU 中共有四个执行单元，每个集群中分配两个执行单元。如果需要两个集群间寄存器数据的交互，需要花费额外的一个时钟周期进行数据的传递。系统中需要引入仲裁器来确定指令的分配，以保证两个集群的利用率是均衡的。划分两个集群后，每个集群内部的寄存器堆的读端口和写端口数量降为了原来的一半，并且每个集群内部的旁路网络得到了进一步简化。

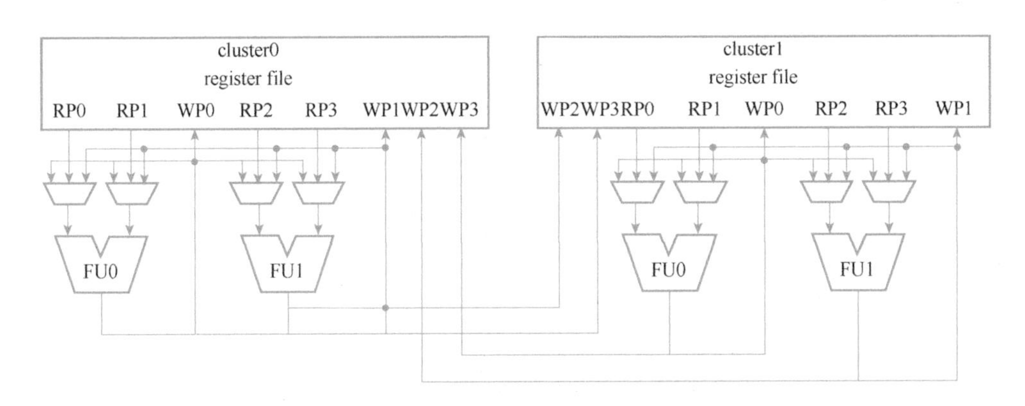

图 6-27 寄存器堆的 cluster 划分

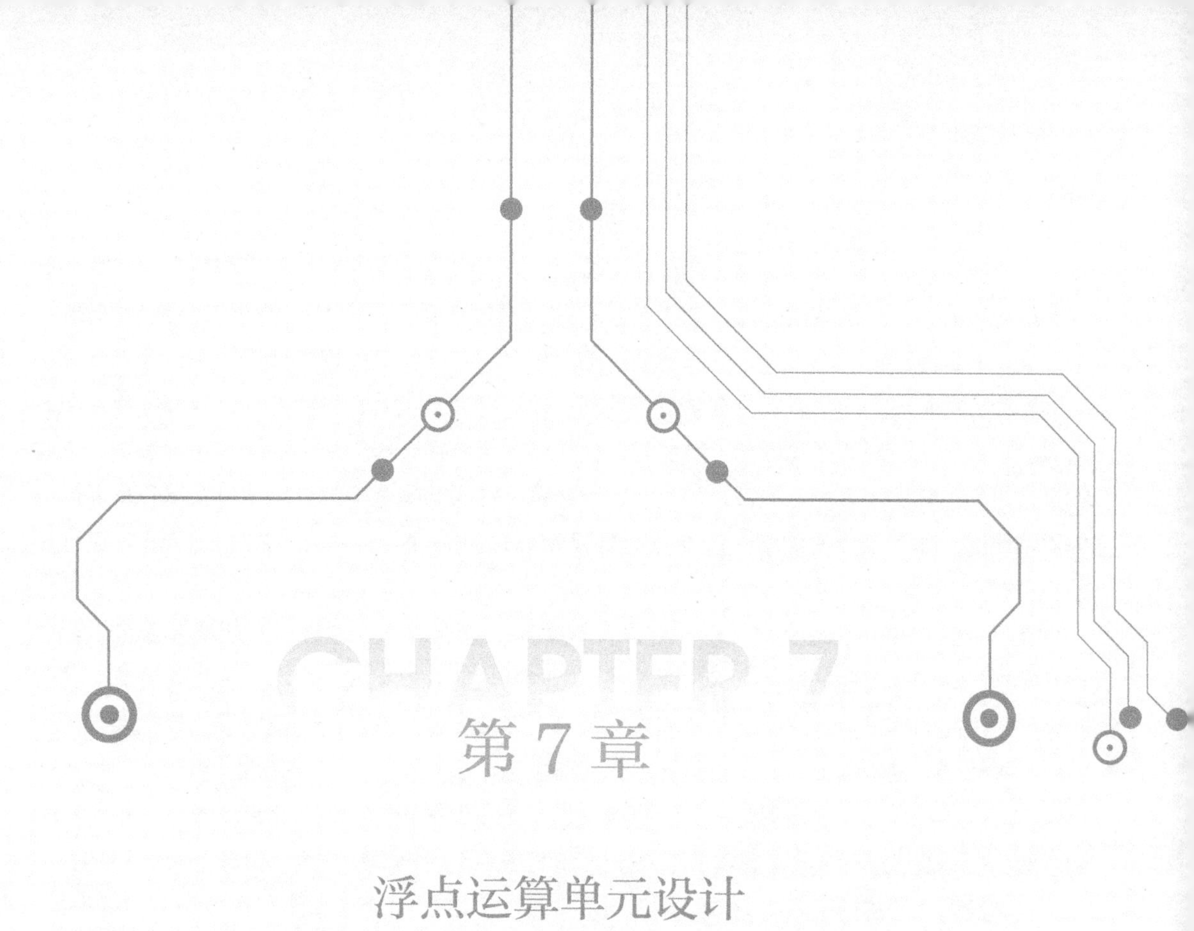

第7章

浮点运算单元设计

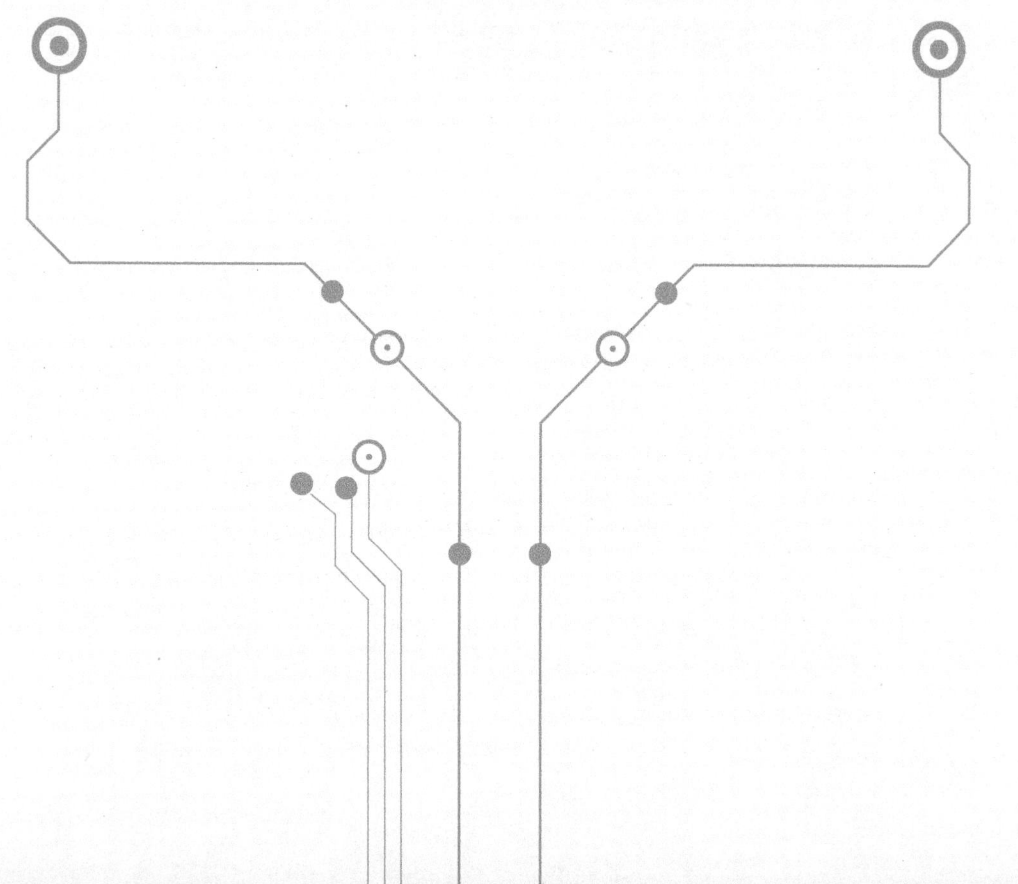

计算机中数值的表示方式分为两种：定点数和浮点数。定点数的小数点位置是固定的，硬件实现比较简单，但是数值的表示范围较小，运算精度较低。浮点数小数点的位置是浮动的，可以表示的数值动态范围很大，运算精度很高。相比于相同位宽的定点计算单元，浮点计算单元的面积、功耗会大出很多。在数字信号处理、计算物理学、大气科学等对计算精度要求很高的科学计算领域，对高性能浮点计算的需求很旺盛。另外在近些年很火的深度学习领域，训练和推理过程中都会用到浮点计算。相比于定点计算，在相同带宽下浮点计算可以提升神经网络的识别精度。如何设计一款高性能浮点运算单元（Floating-Point Unit，FPU），是CPU设计中的一个要点。

在早期的CPU中，硬件只实现了定点计算单元，浮点运算是通过API封装实现的。通过软件实现的浮点运算性能很差，通常需要数百个时钟周期才能完成一个浮点加法的计算。在实时性要求很高的场景中，这显然是不能被接受的。随着半导体技术的飞速发展，单位面积内可容纳的晶体管数量持续增长，浮点运算单元逐渐被硬化到CPU中。在超标量CPU设计中，IPC（Instruction Per Cycle，单周期可执行的指令个数）是衡量CPU性能的重要指标，高性能CPU的主频一般较高，硬件实现的浮点运算单元通常需要多个时钟周期完成。需要的时钟周期数越多，在有数据依赖的情况下，对IPC的影响也就越大。CPU的性能和面积通常是不可兼得的，高性能的浮点运算单元一般需要较大的面积，在满足性能的同时不断地优化面积，是浮点计算单元的设计重点。

一个通用的浮点运算单元通常需要包含的运算有：加法、减法、乘法、除法和开方等，经统计，不同运算在实际应用场景中使用占比如图7-1所示。其中加减运算的占比高达55%，乘法运算的占比为37%，开方和除法运算的占比较小，分别为1.3%和2%，图7-1中其他指令为比较指令、定点浮点转换等指令，占比不高。通过对使用频率的分析，可以大致得出需要重点

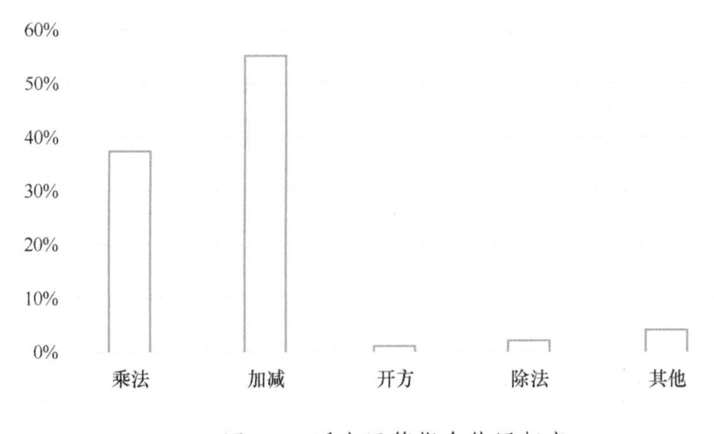

图7-1　浮点运算指令使用频率

优化哪些指令。例如，高性能的除法和开方指令占用的硬件面积会很大，但由于其使用频率不高，可以基于面积优先的设计思路进行设计，即使性能有所下降，但对整体的 IPC 影响不大。

本章主要讲解浮点计算单元的设计思路，首先从浮点数制讲起，介绍 IEEE754 标准，然后介绍各种浮点运算的数据流及所涉及的算法，最后会给出各种实现方案的对比。

7.1 浮点数据格式与运算标准——IEEE754

在早期的 CPU 中，各公司采用各自不同的方式表示浮点数以及浮点运算中所产生的异常。1941 年 Konrad Zuse 设计了 Z3 计算机，以二进制为基数，尾数位宽 14-bit，指数位宽为 7-bit，符号位宽为 1-bit 的表示形式。苏联在 1958 年研制的 SETUN 计算机使用三进制。在金融计算、手持计算器上，更多的是使用十进制浮点运算，如 IBM 的 Power6、Power7 等 CPU 上都有十进制浮点算术单元。不同的浮点数表示方式导致程序的移植性极差。

在此背景下，IEEE 国际标准组织在 1985 年制定了浮点数和浮点算术的标准，称为 IEEE754—1985 标准。IEEE754—1985 标准只规定了二进制浮点算术，在 1987 年增加了十进制算术标准，并于 2001 年对其进行了修正。2008 年的 IEEE754—2008 标准将两个老标准进行了融合，并做了重大改进。结合该标准，本节简要介绍浮点数在计算机中的存储与表示方法。

浮点数通用格式如图 7-2 所示。其中最高位为位宽为 1 的符号位 S，接下来是加了偏置的指数位，位宽为 w，最后是尾数位，位宽为 $p-1$。所表示的二进制数值见式（7-1），其中 T_0 为尾数的隐含位，对于非规约类型的浮点数 $T_0=0$，对于规约类型的浮点数 $T_0=1$。偏置（bias）的大小为 $2^{w-1}-1$，对于单精度浮点数，指数位位宽为 8，则偏置为 $2^{8-1}-1=127$。

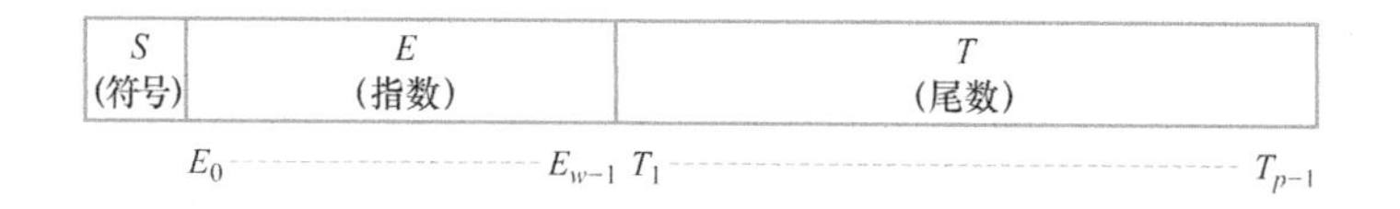

● 图 7-2 浮点数通用格式

$$d=(-1)^S\times T_0T_1T_2\cdots T_{p-1}\times 2^{E\text{-bias}} \tag{7-1}$$

IEEE754—2008 定义了多种二进制浮点数，见表 7-1。其中应用较多的是 binary16 和 binary32。binary16 被称为半精度浮点数，binary32 被称为单精度浮点数。随着位宽的增加，所消耗的硬件资源急剧上升。通常 CPU 中会支持 binary32 格式。在表 7-1 的最后一列定义了一种当 $k\geqslant 128$ 时的浮点格式，由表格中的公式可算出指数和尾数的位宽。

表 7-1 二进制浮点数格式

域 段	binary16	binary32	binary64	binary128	binary{k}(k≥128)
符号位宽	1	1	1	1	1
指数位宽	5	8	11	15	round[$4\times\log_2(k)$]-13
尾数位宽	10	23	52	112	k-round[$4\times\log_2(k)$]+12

指数位和尾数位的不同数值组合，可以表示不同类型的浮点数，在 IEEE754 标准下，浮点数被分为 NaN、无穷数、规约数、非规约数和 0 五大类。这五类浮点数的分类和含义见表 7-2。

表 7-2 IEEE754 浮点数分类和含义

类 型	指 数 位	尾 数 位	隐含位 T0
零	0	0	0
规约数	非 0 且非 max	*	1
非规约数	0	非 0	0
无穷数（INF）	max	0	—
非数（NaN）	max	非 0	—

- 零：指数位与尾数位全都为 0，根据符号位决定正负，有正零和负零之分。
- 规约数：指数位不全为 1 也不全为 0。此时浮点数的隐含位有效，其值为 1。根据符号位又分为正规格化数和负规格化数。在单精度（binary32）时，规约数的偏移指数 E 的取值范围为 1~254，双精度（binary64）时为 1~2046。
- 非规约数：指数位全为 0 且尾数位不全为 0。此时隐含位有效，值为 0，根据符号位决定正负。另外需要注意，以单精度时为例，真实指数 E 并非 0-127=-127，而是-126，这样一来就与规约数中最小指数 $E=1-127=-126$ 达成统一，形成过渡。
- 无穷数：指数位全部为 1 同时尾数位全为 0。顾名思义，无穷数代表着无穷大的浮点数值，而根据符号位无穷数又可分为正无穷大与负无穷大。
- NaN：非数（Not a Number），指数位全部为 1 同时尾数位不全为 0。在此前提下，根据尾数位首位是否为 1，NaN 还可以分为 SNaN 和 QNaN 两类。前者参与运算时将会发生异常。

IEEE754 还定义了几种舍入模式，下面介绍需要强制实现的四种：

- roundTiesToEven。
- roundTowardPositive。
- roundTowardNegative。
- roundTowardZero。

在介绍这四种舍入模式之前，首先介绍几个名词。如图 7-3 所示，舍入过程是丢掉舍弃位，根据舍弃位各位数值以及保留位最低位数值，确定是向上边界舍入还是向下边界舍入。

图 7-3　舍入示意图

- Guard bit（G）：保留数据的最低位。
- Round bit（R）：舍弃数据的最高位。
- Sticky bit（STK）：舍弃数据次高位到最低位按位（逻辑）或的结果。

舍入模式的计算方式见表 7-3，其中 $F1$ 和 $F2$ 分别为可表示的浮点数下边界和上边界，$F1 < F2$，sign 为符号位。

表 7-3　四种舍入模式

舍入模式	描　　述	计算公式
roundTiesToEven	向最近的可表示浮点数舍入，如果到上、下边界距离相等，则向尾数为偶数的边界舍入（LSB=0）	R&(G|STK)
roundTowardPositive	总是向 $F2$ 舍入	~sign&(R|STK)
roundTowardNegative	总是向 $F1$ 舍入	sign&(R|STK)
roundTowardZero	当结果为正数时向 $F1$ 舍入，否则向 $F2$ 舍入	0

IEEE754 标准规定，针对基本的五种算术运算，当异常（Exception）情况发生时，必须给出相关的异常指示信号，分为如下五种异常：

- Invalid：即该算术运算是无效的。发生无效运算的情况有操作数之一是 NaN，相同符号的无穷大相减(−INF)−(−INF)、(+INF)−(+INF)，不同符号的无穷大相加(−INF)+(+INF)、(+INF)+(−INF)，无穷大相除(±INF)/(±INF)，零乘以无穷大(±0)×(±∞)，零除以零(±0)/(±0)，被开方数是负数。这些情况下，具体的运算单元要上报 Invalid 异常，同时将运算结果置为 NaN。
- DivisionByZero：除法运算中，当除数为 0 时，其结果是一个无穷大数，要上报 DivisionByZero 异常，同时将结果置为无穷大。一般情况下，该例外标识只出现在与除法相关的运算中。
- Overflow：在运算过程中，如果中间结果比浮点数可以表示的最大的值还要大，此时要给出上溢的标识，最后的结果根据舍入模式置为无穷大或所能表示的最大规约数。具体的分类见表 7-4。
- Underflow：IEEE754 标准将下溢定义为出现了极小（tininess）且发生了精度损失（loss of accuracy）。运算过程中的结果如果绝对值小于最小规约数或舍入后其绝对值仍然小于最小规约数，这种情况称为极小，并且出现了精度损失，需要上报 underflow 异常。

- Inexact：在做舍入时最低位后不全是零，所得到的运算结果是一个近似值时，需要上报 Inexact 异常。

表 7-4 不同舍入模式 overflow 结果

sign	roundTiesToEven	roundTowardZero	roundTowardPositive	roundTowardNegative
sign is +	正无穷	最大规约数	正无穷	最大规约数
sign is -	负无穷	最小规约数	最小规约数	负无穷

7.2 浮点加法运算原理与设计

从实际应用场景中不同的浮点指令使用占比可以看出，浮点加减法指令占据了很高的比例，在一些典型的科学计算应用中它们甚至占了所有浮点运算操作的一半以上。因此，浮点加法器在浮点运算单元中占有绝对重要的地位，它的性能优劣直接影响到浮点处理单元的整体性能，在浮点运算单元的设计中，需要重点考虑浮点加法的实现，优化其性能，从而提升 CPU 整体的 IPC。

7.2.1 浮点加法数据流设计

最基本的浮点加法运算需要很多串行运算操作，它需要完成两个浮点操作数的求和运算，而且最终结果数据格式、舍入操作和异常处理必须符合 IEEE754 标准。浮点加法算法包括如下基本操作步骤：

1）指数相减：完成两个操作数的指数相减得到差的绝对值，$d=|E_a-E_b|$。

2）对阶操作：对较小的操作数的尾数有效位右移 d 位，将较大的操作数的指数定义为E_f。

3）尾数相加/减：根据两操作数的符号及运算是加法还是减法，进行尾数的加法或减法操作。

4）格式转换：当尾数相加/减的结果为负时，对尾数求补，求补的硬件实现是按位取反加一，同时反转结果符号位。

5）前导零统计：如果步骤 4）实施了减法操作，并且两操作数的尾数数值较为接近，减法操作的高位可能会出现位抵消的情况。根据 IEEE754 标准，对结果进行规格化操作，需要确定前导零个数 s。

6）规格化：根据前序步骤得到的前导零个数 s 及E_f的数值，对尾数进行移位操作，并根据移位位数修改E_f的数值。

7）舍入：以上步骤进行的所有操作都会保留中间结果精度，得到的尾数有效位位数可能大于最终结果尾数的位宽，需要进行符合 IEEE754 标准的舍入操作。完成舍入操作后，可能需要对截取后的尾数进行加一操作。如果加一操作造成了溢出，则需要对尾数进行移位，并相应调整$\boldsymbol{E}_{\mathrm{f}}$的数值。

根据上述加法数据流，可以比较直观地设计出单路径浮点加法器，如图 7-4 所示。单路径浮点加法器的大部分操作都是串行处理的，根据 CPU 目标频率和工艺，需要在某些逻辑级处理之间插入寄存器进行打拍。单路径浮点加法器的输入是两操作数 opA 和 opB，首先求指数位差，得到差的符号位。如果得到了负数，表示 opB 是大于 opA 的，需要将 opA 和 opB 进行交换，这也是后续的两个多路复用器（MUX）的作用。根据 opA、opB 的符号位及 optype（1 位，减=1，加=0），将这三者进行异或。如果异或结果为 1，则需要进行减法操作，否则需要进行

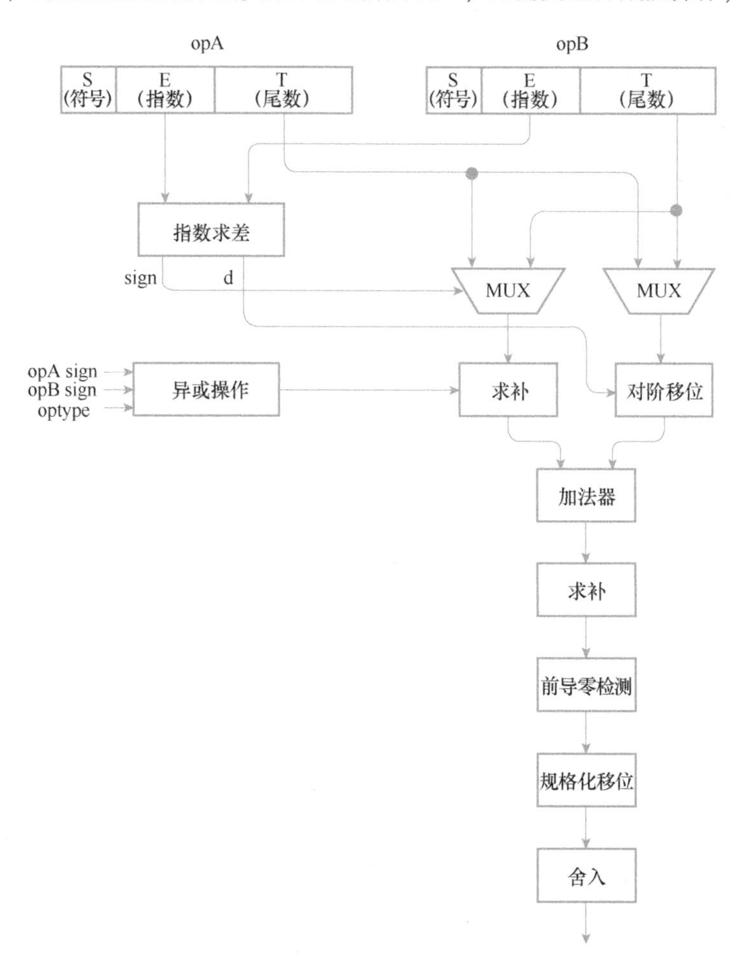

图 7-4　单路径浮点加法器

加法操作。如果需要进行减法操作，则对其中一个操作数进行取补操作。硬件实现取补是指对输入数据进行按位取反加一，这里涉及了一个加法操作。同时，根据指数差值，需要对指数较小数据的尾数进行对阶移位操作。

完成对阶移位操作后，将数据输入定点全加器进行加法操作。加法的结果如果为负，需要进行求补操作，同样也是按位取反加一；然后进行前导零检测，统计前导零的个数，这是后面规格化的输入；最后是规格化和舍入操作，这两步均需要符合 IEEE754 标准。

从图 7-4 所示的数据流中可以看到，浮点加法操作的串行性很高。前一个步骤的输出是下一个步骤的输入，并且在尾数相加/减、格式转换和舍入的处理步骤中，都包含有全位宽的定点加法操作；对阶操作和规格化操作中都包含尾数的移位操作，这使得加法整体数据流非常长。采用串行单路径的方法严重制约了浮点运算单元的性能。

7.2.2 双路径算法原理与实现

浮点加法器的设计经过多年的发展，在算法的改进上取得了大量的成果，其中最重要的就是双路径算法。双路径算法主要解决了单路径加法串行性较高的问题，根据两操作数指数差的绝对值，将浮点加法数据流分为 close 路径和 far 路径，两条路径相互独立，一些操作可以得到简化，减少了浮点加法的整体延迟。大部分商用 CPU 的浮点加法都是基于双路径算法实现的。

如图 7-5 所示，双路径浮点加法算法的数据流是：

首先完成指数相减。完成两个操作数的指数相减得到差的绝对值，$d=|E_a-E_b|$。如果 opB 指数大于 opA，则交换两操作数，确保 opA 的指数位不小于 opB，方便后续数据流处理。如果 $d\leqslant 1$，则选择 close 路径进行处理，否则选择 far 路径。

close 路径的操作如下：

1）对阶操作：对 opB 的尾数有效位右移 d 位，将 opA 的指数定义为E_f。由于处于 close 路径上，右移的位数只可能是 0 或 1，该步骤延迟较小。

2）格式转换：根据 opA 和 opB 的符号位及运算类型 optype（加法 optype=0，减法 optype=1），确定两尾数是进行加法还是减法。如果进行减法，则需要对 opB 的尾数求补，即进行按位取反加一。

3a）尾数相加：opA 的尾数与进行过对阶、格式转换后 opB 的尾数相加。当尾数相加/减的结果为负时，对尾数求补，求补的硬件实现是按位取反加一，同时反转结果符号位。

3b）前导零预测：与步骤 3a）并行进行，对 opA 和 opB 的尾数进行编码，并统计编码中前导零的个数；前导零预测可能有 1-bit 的误差，如果预测错误需要进行纠错。

4）规格化：根据步骤 3b）中得到的前导零预测结果，对步骤 3a）的加法结果进行移位操作，并根据移位位数修改E_f的数值。

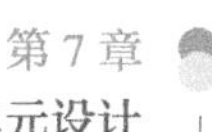

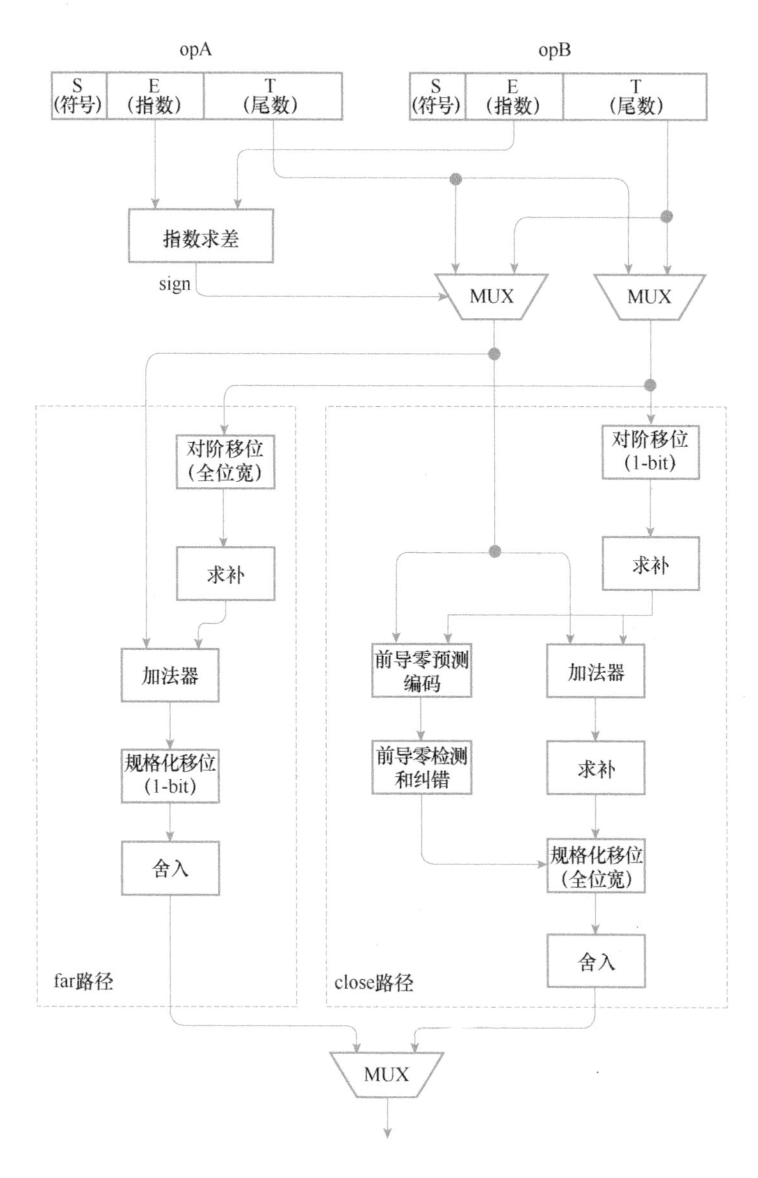

● 图 7-5　双路径浮点加法器

5）舍入：类似于单路径算法中的舍入操作。由于 $d=0$ 时加法结果是一个精确值，无需舍入操作。

far 路径的操作如下：

1）对阶操作：对较小的操作数的尾数有效位右移 d 位，将较大的操作数的指数定义为 E_f。

2）格式转换：根据 opA 和 opB 的符号位及运算类型 optype（加法 optype = 0，减法 optype =

1)，确定两尾数是进行加法还是减法。如果进行减法，则需要对opB的尾数求补，即进行按位取反加一。

3）尾数相加：将opA的尾数与进行过对阶、格式转换后opB的尾数相加。

4）规格化：对步骤3）得到的结果进行规格化移位，并根据移位位数修改E_f的数值。由于处于far路径，如果尾数进行的是减法操作，则最多会产生1-bit的前导零，这里的规格化移位范围很小。

5）舍入：类似于单路径算法中的舍入操作。完成舍入操作后，可能需要对截取后的尾数进行加一操作，如果加一操作造成了溢出，则需要对尾数进行移位，并相应地调整E_f的数值。

从以上数据流程中可以看出，双路径算法主要利用了以下三个特性对性能进行提升。

通过交换操作数使得总是较大的操作数减去较小的操作数，这样，除了指数相等的情况，其他所有情况下都可以消除单路径算法中的格式转换操作。当指数相等时，尾数减法的结果有可能为负，只有在该情况下才需要格式转换这一步。由于不需要初始的对阶移位，因而减法的结果是一个精确值，也就不需要舍入操作。这样，通过适当的交换操作数，使得格式转换操作的加法和舍入操作的加法成为彼此互斥的，这样就消除了三个全字长加法操作延迟中的一个。

在尾数实施加法的情况下，结果中不会再出现任何位抵消的现象，因而不需要规格化移位操作。对于尾数减法来说，需要区分下列两种情况：第一种，当指数差的绝对值$d>1$时，需要一个全字长的对阶移位器，但是结果不再需要超过1-bit的左移。如果$d\leqslant 1$，不再需要全字长的对阶移位操作，但是此时需要一个全字长的规格化移位器。因此，全字长的对阶移位操作和全字长的规格化移位操作是互斥的，在实际的时序路径中只需要出现一个全字长的移位器。以上这两种情况可以表示为$d>1$时为far路径，当$d\leqslant 1$时为close路径，每一条通路中仅包含一个全字长移位器。

更进一步采用前导零的预测算法，可通过对两操作数的尾数进行前导零预测编码，与尾数加法运算并行进行前导零预测，而不是在完成尾数加法之后串行进入前导零检测电路进行处理。

7.2.3 前导零预测编码原理与实现

前导零预测电路是浮点加法器中一个关键模块，前导零预测可以与加法器并行执行，大大缩短了关键路径延迟。当经过对阶后的尾数实施加法操作时，不会产生前导零，不需要进行前导零预测。只有当尾数实施减法操作，并且处于close路径上时，才考虑前导零预测。假设opA和opB对阶后的尾数为mantA、mantB，尾数位宽为n位。$\text{mant}A=a_0a_1a_2\cdots a_{n-1}$；$\text{mant}B=b_0b_1b_2\cdots b_{n-1}$。另$C=c_0c_1c_2\cdots c_{n-1}$表示mantA和mantB按位相减的结果，见式（7-2）与式（7-3）。

$$C=\text{bitwise}(\text{mant}A-\text{mant}B) \tag{7-2}$$

$$c_i = a_i - b_i; c_i \in \{-1, 0, 1\} \tag{7-3}$$

后续使用n表示-1，z表示0，p表示1，x表示n/z/p中的任意一个，$n^k/z^k/p^k$分别表示n/z/p连续出现了k次。分三种情况对C可能出现的码型进行讨论。

在mantA>mantB的情况下，C序列中出现的第一个非z值一定为p。要预测最终减法结果中首个1的位置，根据p后码型的不同，需要分别讨论以下四种情况：

1）第一个p后的码型为p(x)。此时C的码型为z^kpp(x)，如果序列(x)为正或零，则序列(x)不会向前产生借位，则首个1的位置一定处于第k+1位；如果序列(x)为负，则序列(x)会向前产生借位，借位发生在第k+2位上，由于第k+2位为p，则借位在第k+2位终止，不会向前传递，这种情况下，首个1的位置也一定处于第k+1位。因此，当C的码型为z^kpp(x)时，首个1的位置一定处于第k+1位，首个1的位置由子序列$c_i c_{i+1} = \{p, p\}$确定（这里花括号为位拼接符）。

2）第一个p后的码型为z(x)。此时C的码型为z^kpz(x)，如果序列(x)为正或零，则序列(x)不会向前产生借位，首个1的位置一定处于第k+1位；如果序列(x)为负，则序列(x)会向前产生借位，由于第k+2位为z，借位会向前继续传递，最终首个1的位置处于第k+2位。根据序列(x)的不同，最终得到的首个1的位置也不同，这时只去检测C序列的码型无法精确确定前导零的个数。为了简化计算，这里不管序列(x)是负还是非负，都预测首个1的位置位于第k+1位，也就是预测有k位前导零。这里就会出现1位的预测误差，后续再使用纠错电路对预测误差进行纠错。这种情况下，首个1的位置由子序列$c_i c_{i+1} = \{p, z\}$确定。

3）第一个p后为n^jp(x)。此时C的码型为z^kpn^jp(x)，如果序列(x)为正或零，则序列(x)不会向前产生借位，则首个1的位置一定处于第k+j+1位；如果序列(x)为负，则序列(x)会向前产生借位，借位发生在第k+j+2位上。由于第k+j+2位为p，则借位在第k+j+2位终止，不会向前传递。这种情况下，首个1的位置也一定处于第k+j+1位。因此，当C的码型为z^kpn^jp(x)时，其首个1的位置一定处于第k+j+1位，首个1的位置由子序列$c_i c_{i+1} = \{n, p\}$确定。

4）第一个p后的码型为n^jz(x)。此时C的码型为z^kpn^jz(x)，如果序列(x)为正或零，则序列(x)不会向前产生借位，则首个1的位置一定处于第k+j+1位；如果序列(x)为负，则序列(x)会向前产生借位，由于第k+j+2位为z，借位会向前继续传递，最终首个1的位置处于第k+j+2位。根据序列(x)的不同，最终得到的首个1的位置也不同，这时只去检测C序列的码型无法精确确定前导零的个数。为了简化计算，这里不管序列(x)是负还是非负，都预测首个1的位置位于第k+j+1位，也就是预测有k+j位前导零，这里就会出现1位的预测误差，后续再使用纠错电路对预测误差进行纠错。这种情况下，首个1的位置由子序列$c_i c_{i+1} = \{n, z\}$确定。

当确定了以上四种情况对应的子序列位置，就得到了前导零的预测值。综合以上四种情况，可得到需要寻找的子序列，见式（7-4）。

$$c_i c_{i+1} = \{p, p\} \mid \{p, z\} \mid \{n, p\} \mid \{n, z\} \tag{7-4}$$

对式（7-4）合并同类项化简后，所得结果见式（7-5）：

$$c_i c_{i+1} = \{p, \sim n\} \mid \{n, \sim n\} \tag{7-5}$$

正序列预测误差见表 7-5。表中列出了实际前导零的位数，可以看到当序列为 $z^k pz(x)$ 或 $z^k pn^j z(x)$，并且 x 序列为负时，存在预测误差，需要在后续电路中进行纠错处理。

表 7-5　正序列预测误差

序列码型	x 序列特性	实际前导 0 位数	预测误差/bit
z^kpp(x)	—	k	0
z^kpz(x)	零或正	k	0
	负	k+1	1
z^kpn^{j}p(x)	—	k+j	0
z^kpn^{j}z(x)	零或正	k+j	0
	负	k+j+1	1

在 mantA<mantB 的情况下，C 序列中出现的第一个非 z 值一定为 n。要预测最终减法结果中首个 0 的位置，根据 n 后码型的不同，分别讨论以下四种情况：

1）第一个 n 后的码型为 n(x)。此时 C 的码型为 z^knn(x)，不管序列(x)是否需要向前借位，由于第 k+2 位是 n，总会向第 k+1 位借位，则首个 0 的位置一定处于第 k+1 位。因此，当 C 的码型为 z^knn(x)时，首个 0 的位置一定处于第 k+1 位，首个 0 的位置由子序列$c_i c_{i+1} = \{n, n\}$确定。

2）第一个 n 后的码型为 z(x)。此时 C 的码型为 z^knz(x)，如果序列(x)为负，则序列(x)会向前产生借位，由于第 k+2 位为 z，借位会向前传递到第 k+1 位，首个 0 的位置一定处于第 k+1 位；如果序列(x)为正或零，则序列(x)不会向前产生借位，由于第 k+2 位为 z，最终首个 0 的位置处于第 k+2 位。根据序列(x)的不同，最终得到的首个 0 的位置也不同，这时只去检测 C 序列的码型无法精确确定前导一的个数。为了简化计算，这里不管序列(x)是负还是非负，都预测首个 0 的位置位于第 k+1 位，也就是预测有 k 位前导一，这里就会出现 1 位的预测误差，后续再使用纠错电路对预测误差进行纠错。这种情况下，首个 0 的位置由子序列$c_i c_{i+1} = \{n, z\}$确定。

3）第一个 n 后的码型为 p^{j}n(x)。此时 C 的码型为 z^knp^{j}n（x），不管序列(x)是否需要向前借位，由于第 k+j+2 位是 n，总会向第 k+j+1 位借位，则首个 0 的位置一定处于第 k+j+1 位。因此，当 C 的码型为 z^knp^{j}n（x)时，首个 0 的位置一定处于第 k+j+1 位，首个 0 的位置由子序列$c_i c_{i+1} = \{p, n\}$确定。

4）第一个n后的码型为$p^jz(x)$。此时C的码型为$z^knp^jz(x)$，如果序列(x)为负，则序列(x)会向前产生借位，由于第$k+j+2$位为z，借位会向前传递到第$k+j+1$位，首个0的位置一定处于第$k+j+1$位；如果序列(x)为正或零，则序列(x)不会向前产生借位，由于第$k+j+2$位为z，最终首个0的位置处于第$k+j+2$位。根据序列(x)的不同，最终得到的首个0的位置也不同，这时只去检测C序列的码型无法精确确定前导一的个数。为了简化计算，这里不管序列(x)是负还是非负，都预测首个0的位置位于第$k+j+1$位，也就是预测有k位前导一，这里就会出现1位的预测误差，后续再使用纠错电路对预测误差进行纠错。这种情况下，首个0的位置由子序列$c_ic_{i+1}=\{p,z\}$确定。

当确定了以上四种情况对应的子序列位置，就得到了前导零的预测值。综合以上四种情况，可得到需要寻找的子序列，见式（7-6）：

$$c_ic_{i+1}=\{n,n\}\mid\{n,z\}\mid\{p,n\}\mid\{p,z\} \tag{7-6}$$

对式（7-6）合并同类项化简后，可得式（7-7）：

$$c_ic_{i+1}=\{n,\sim p\}\mid\{p,\sim p\} \tag{7-7}$$

负序列预测误差见表7-6，表中列出了实际前导一的位数。可以看到当序列为$z^knz(x)$或$z^knp^jz(x)$，并且x序列为零或正时，存在预测误差，需要在后续电路中进行纠错处理。

表7-6 负序列预测误差

序列码型	x序列特性	实际前导一位数	预测误差/bit
$z^knn(x)$	—	k	0
$z^knz(x)$	负	k	0
	零或正	$k+1$	1
$z^knp^jn(x)$	—	$k+j$	0
$z^knp^jz(x)$	负	$k+j$	0
	零或正	$k+j+1$	1

在mantA＝mantB的情况下，尾数减法的结果为全零，可以作为一种特殊情况进行处理，预测时无需考虑这种情况。

如果确定了mantA和mantB的大小关系，电路实现的时候只需检测式（7-5）和式（7-7）中的子序列就可以了，这需要使用一个比较器。如果不想引入比较器，仅仅检测式（7-5）和式（7-7）中的子序列是不够的，还需要对子序列的前序位进行检测。对于前导零而言，需要检测的子序列见式（7-8）：

$$c_ic_{i+1}c_{i+2}=\{z,p,\sim n\}\mid\{\sim z,n,\sim n\} \tag{7-8}$$

对于前导一而言，需要检测的子序列式（7-9）：

$$c_i c_{i+1} c_{i+2} = \{z, n, \sim p\} \mid \{\sim z, p, \sim p\} \tag{7-9}$$

将前导零和前导一的子序列进行合并，就可以得到最终需要检测的子序列。硬件实现子序列的检测方法比较简单，首先要对对阶后的尾数进行编码，编码方式见式（7-10）：

$$z_i = \sim(a_i \hat{} b_i); p_i = a_i \& \sim b_i; n_i = \sim a_i \& b_i \tag{7-10}$$

假设编码后的序列为 $F = f_0 f_1 f_2 \cdots f_{n-1}$，综合考虑前导零和前导一预测，将式（7-8）和式（7-9）合并同类项，得到 F 序列的编码方式，见式（7-11）：

$$f_i = z_{i-1} \& (p_i \& \sim n_{i+1} \mid n_i \& \sim p_{i+1}) \mid \sim z_{i-1} \& (n_i \& \sim n_{i+1} \mid p_i \& \sim p_{i+1}) \tag{7-11}$$

序列 F 的前导零个数就是最终预测的 mantA−mantB 结果的前导零/一的个数，对 mantA>mantB 和 mantA<mantB 的情况均适用。将序列 F 输入前导零检测电路，即可得到预测结果。需要注意的是这里的预测结果可能有 1-bit 的误差，后续需要进行纠错。

图 7-6 所示为 mantA>mantB 时，前导零预测正确的编码实例，mantA−mantB 最终结果的二进制表示为 0000100100，前导零个数为 4。通过编码得到的 F 序列为 0000110100，F 序列的前导零个数为 4，前导零预测结果为 4，与真实值相等，后续无需纠错。

图 7-7 所示为 mantA>mantB 时，前导零预测错误的编码实例，mantA−mantB 最终结果的二进制表示为 0000010100，前导零个数为 5。通过编码得到的 F 序列为 0000100100，F 序列的前导零个数为 4，前导零预测结果为 4，存在 1-bit 预测误差，后续需要纠错。

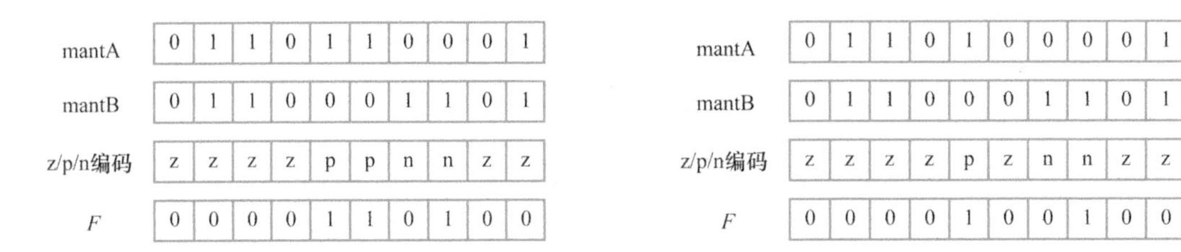

图 7-6　前导零预测正确编码实例　　图 7-7　前导零预测错误编码实例

7.2.4　并行纠错树原理与实现

根据前面的分析，对于前导零预测，当序列为 $z^k pz(x)$ 或 $z^k pn^j z(x)$，并且 x 序列为负时，存在预测误差，负的 (x) 序列总可以表示为 $z^t n(x')$，其中 t 可以为 0，可得到存在预测误差的序列为 $z^k pz^t n(x')$ 或 $z^k pn^j z^t n(x')$，只需要完成对这两种序列的检测，就可以判定前导零预测电路是否存在预测误差。

如果直接对 z/p/n 序列的码型进行检测，需要同时检测 $z^k pz^t n(x')$ 或 $z^k pn^j z^t n(x')$ 这两种码型，这就需要两套检测电路，并且这两种码型都很复杂，直接进行码型检测的电路复杂度会很高。为了将这两套码型进行统一，并降低码型检测的复杂度，可以对 z/p/n 进行进一步的编码。

通过观察可以发现，z^kpz^tn（x'）或 $z^kpn^jz^tn$（x'）这两种码型(x')序列前都包含 zn，将 zn 编码成 N。要完成 z^kpz^t和 $z^kpn^jz^t$的统一，可以看到 $z^kpn^jz^t$比 z^kpz^t多了 n^j这部分序列，z^kp 是 z^kpn^j的 $j=0$ 的子码型，可以设计一种编码来表示 z^kpn^j这种码型。可以将 zz/zp/pn/nn 这四种码型编码成 Z，对于其余的四种码型 pz/pp/nz/np，将其编码为 P。通过这种编码方式，$z^kpz^tn(x')$或 $z^kpn^jz^tn(x')$这两种码型统一成了 Z^vPZ^wN（x'），这样后续的码型检测电路就简化了很多，并且无需分别设计两套电路对两种码型进行检测。从 z/p/n 序列到 Z/P/N 序列的转换编码见式（7-12）：

$$N_i = z_{i-1} \& n_i ; P_i = \sim z_{i-1} \& \sim n_i ; Z_i = \sim N_i \& \sim P_i \tag{7-12}$$

在要检测的 $Z^vPZ^wN(x')$序列中，v 和 w 都可以为零。采用二分法的思路进行序列检测：如果已经检测到前半部分的序列属于 Z^vPZ^w码型，后半部分的序列属于 $Z^wN(x')$码型，则序列整体即为 $Z^vPZ^wN(x')$码型。基于二分法思路，将 $Z^vPZ^wN(x')$码型序列标记为 Y，将属于 Z^vPZ^w码型序列标记为 P，将 $Z^wN(x')$ 码型序列标记为 N，将 Z^v码型序列标记为 Z，将其他码型的序列标记为 U。通过二分法序列检测，如果最终判定序列码型为 Y，则表示检测到了 $Z^vPZ^wN(x')$序列。

二分法实现码型检测的示意图如图 7-8 所示。每一个节点用 5-bit 状态信号来表示序列码型，这 5-bit 状态信号分别是 is_Z/is_P/is_N/is_Y/is_U，分别表示是否为 Z/P/N/Y/U 型序列，这 5-bit 状态信号是独热（One Hot）的。左右两子序列的码型与整体码型的关系见表 7-7。

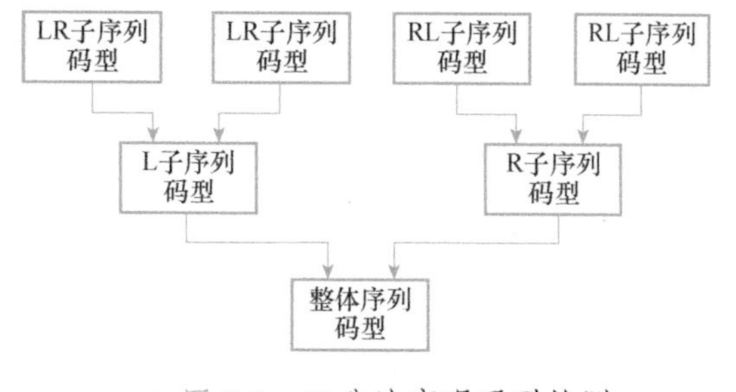

图 7-8　二分法实现码型检测

表 7-7　正纠错树编码表

左	右				
	Z	P	N	Y	U
Z	Z	P	N	Y	U
P	P	U	Y	U	U
N	N	N	N	N	N
Y	Y	Y	Y	Y	Y
U	U	U	U	U	U

下面用一个实例来说明正纠错树的检测过程。如图 7-9 所示，mantA 的二进制数值表示为 01101000，mantB 的二进制数值表示为 01100011，mantA-mantB 的结果为 00000101，前导零预测结果为 4，存在 1-bit 的误差。通过纠错树的编码，得到的最终编码值为 Y，也就是说检测到

序列符合 $Z^vPZ^wN(x')$ 码型，需要进行纠错。

对于负纠错树而言，序列检测原理同正纠错树，这里不再赘述。最终包含正负纠错树的前导零预测电路结构如图 7-10 所示。

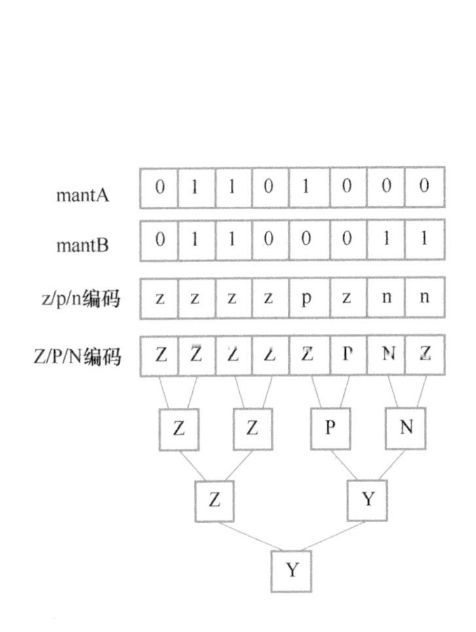

图 7-9 正纠错树序列检测实例

mantA
mantB
z/p/n编码
纠错树编码
前导零预测编码
正纠错树
负纠错树
前导零检测
OR
规格化移位

图 7-10 包含正负纠错树的前导零预测电路结构

7.3 浮点乘法运算原理与设计

浮点乘法运算在数据流上比浮点加法简单了很多，浮点乘法包括如下基本操作步骤：

1）指数相加：两操作数的指数部分相加，注意 IEEE754 标准浮点数的指数部分包含有 Bias，指数相加时需要对 Bias 进行处理。

2）尾数相乘：两操作数的尾数相乘，乘法结果保留精度。

3）规格化：对尾数相乘的结果进行规格化操作，并根据移位位数修改指数的数值。

4）舍入：乘法操作保留了中间结果精度，得到的尾数有效位位数可能大于最终结果尾数的位宽，需要进行符合 IEEE754 标准的舍入操作。完成舍入操作后，可能需要对截取后的尾数进行加一操作，如果加一操作造成了溢出，则需要对尾数进行移位，并相应调整指数的数值。

浮点乘法的电路实现如图 7-11 所示。尾数乘法和指数加法并行计算，同时，统计两操作数尾数的前导零的个数，用以应对当操作数为非规格化数时的情况。然后将统计出的两尾数前导零进行或操作，这一步实际应该将两前导零个数相加，但考虑到两个非规格化数相乘时，结果一定也为非规格化数，后续会对这种情况特殊处理，这里只需考虑其中一个操作数为非规格化的情况，所以只需进行或操作，这样大大降低了电路延迟[21]。

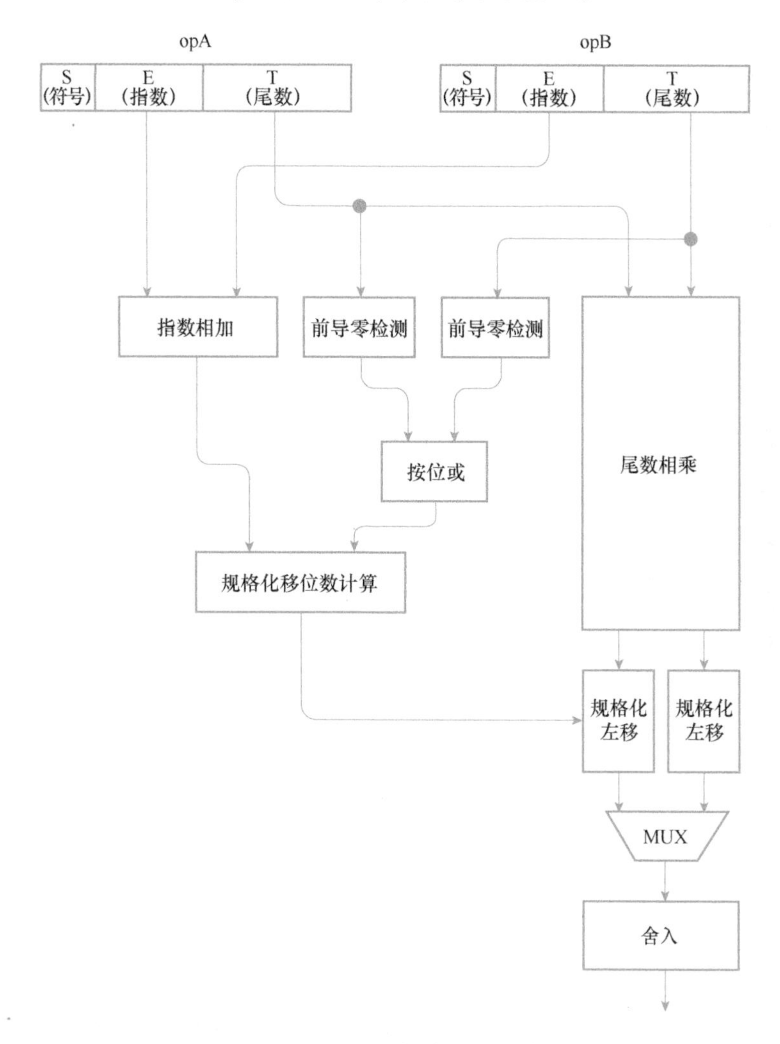

图 7-11　浮点乘法电路实现

根据指数相加和前导零检测的结果，得出尾数相乘的结果、规格化移位的方向和位数，具体需要分两种情况分别讨论。假设指数相加的结果为 exp_raw，规格化指数最小数值为 EXP_MIN，两操作数尾数前导零按位或的结果为 lz：

- exp_raw 小于 EXP_MIN：这种情况下，需要将尾数乘法结果右移，将指数与 EXP_MIN 完成对阶。

- exp_raw 不小于 EXP_MIN：这种情况下，根据 exp_raw 的规格化余量和 lz 的值，确定是否需要对尾数乘法结果进行左移，以及左移的位数。

规格化左移和右移并行进行，经过 MUX 后输入到舍入模块进行舍入操作。在规格化移位和舍入的过程中，根据是否出现溢出等情况需要对指数结果进行调整。

7.4 浮点除法/开方运算原理与设计

随着 CPU 性能的提升，CPU 主频变得越来越高，执行一条浮点除法或开方指令需要十几个甚至几十个时钟周期。尽管浮点除法和开方算术运算占浮点运算指令的比例很小，但由于其完成一次浮点除法或开方运算的周期数大约为浮点加法和乘法运算周期数的 5~10 倍，这两种运算较大程度地降低了整个算术指令的 IPC，即浮点除法或开方运算后面的指令需要等待若干个时钟周期之后才能开始执行。如何提升浮点除法或开方的执行速度，在性能达标的同时尽量降低面积和功耗，是浮点除法或开方硬件实现需要考虑的重点。

CPU 中的浮点除法和开方算法一般分为两类：数字递归和函数迭代算法。函数迭代算法主要基于乘法操作，数字递归算法主要基于减法操作。这两类算法的计算收敛速度不同，以浮点除法为例，各种算法的性能对比见表 7-8。表中 n 表示操作数位宽，r 是 SRT 查找表的位宽，i 表示 Newton-Raphson 或 Goldschmidt 初始迭代因子的精度。可以看到基于函数迭代的 Newton-Raphson 或 Goldschmidt 算法收敛速度是二次方收敛的，基于数字迭代的算法是线性收敛的。

表 7-8　各种浮点除法算法性能对比

算　法	收敛速度	迭代次数	迭代电路关键运算单元	备　注
余数恢复	线性收敛	n	减法器	
余数不恢复	线性收敛	n	减法器	
SRT	线性收敛	n/r	查找表/乘法器/减法器	
Newton-Raphson	二次方收敛	$\log_2(n/i)$	乘法器	两串行乘法器
Goldschmidt	二次方收敛	$\log_2(n/i)$	乘法器	两并行乘法器

7.4.1 SRT 算法原理与实现

基于减法操作的数字递归算法将除法与开方运算分解成一系列的加法、减法和移位操作，每次迭代产生的结果，其位数是固定的，迭代次数与被除数或被开方数的位数成线性关系，即其收敛速度是线性的。数字递归算法主要包括余数恢复算法和余数不恢复算法，余数不恢复算法中应用最广泛的是 SRT 算法。

以浮点除法为例说明余数恢复算法的计算流程：

1）非规格化数前导零统计：对非规格化的数据，统计其前导零的数量。

2）非规格化数尾数移位：根据步骤 1）中统计得到的前导零数量，对尾数进行左移，并根据移位位数调整指数数值。

3）指数相减：对两操作数的指数实施减法操作。

4）尾数除法迭代：假设被除数的尾数为 A，除数的尾数为 B，进行 $A-B$ 运算。如果得到的结果为负数，当前位商的结果为 0；如果减法的结果为正或零，当前位商的结果为 1。如果商的结果为负数，A 的值保持不变，否则将 $A-B$ 的结果赋给 A。将 A 左移一位后，重复步骤 4）反复迭代，直到得到了 n 位商的结果。

5）规格化：根据结果的尾数和指数，对得到的商进行规格化。

6）舍入：得到的结果尾数有效位宽大于输出位宽，需要进行舍入操作，舍入操作需要符合 IEEE754 标准。

余数恢复算法的核心迭代电路如图 7-12 所示。主要包含一个全位宽的减法器，在控制逻辑的控制下，迭代 n 个时钟周期，可得到尾数除法的商。余数恢复算法对应的电路实现较为简单，面积较小，比较适合应用在对面积和功耗比较敏感的嵌入式 CPU 中。

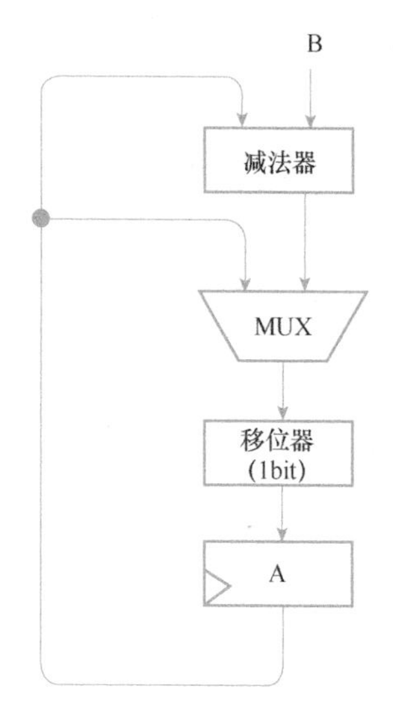

图 7-12　余数恢复算法的核心迭代电路

SRT 算法每个时钟周期生成商或平方根的 r 位，除法运算的算法迭代公式见式（7-13），开方运算的算法迭代公式见式（7-14）：

$$w[j+1]=r\times w[j]-d\times q_{j+1} \tag{7-13}$$

$$w[j+1]=r\times w[j]-2\times s[j]\times s_{j+1}-s_{j+1}^{2}\times r^{-(j+1)} \tag{7-14}$$

式（7-13）中，$w[j]$为第 j 次迭代时的部分余数，q_j为第 j 次计算得到的商的第 j 位，r 为 SRT 算法的基数，d 为除数，部分余数的初始值 $w[0]$为被除数。式（7-14）中，$w[j]$为第 j 次迭代时的部分余数，$s[j]$为第 j 次迭代计算出的平方根，s_j为第 j 次迭代计算出的选择数值。一般地，基数 r 为 2 的整数次方，可以为 4、8、16、32、64、128、256 等。基数越大，完成除法或开方运算所需要的周期数越小，但每次迭代所需要的时间和执行减法运算电路的面积越大。例如，基数 8($r=8$)的 SRT 算法在每次迭代中能计算出商或平方根的三位；而基数 64($r=64$)的 SRT 算法在每次迭代中能计算出商或平方根的六位，从而使计算所需要的时钟周期数减半。随着基数的增大，判断商或平方根选择所需要的余数位数也急剧增加，使得选择函数的计算变得非常复杂。在硬件电路实现上，选择函数位于关键路径上，当基数增大时，关键路径的延时增大，使得完成一个相同精度的计算所需的总时间并不能按照理想情况的比例减少。同时，SRT 算法实现的浮点除法/开方单元所需要的面积也急剧增加。

可以看到在式（7-13）中，q_{j+1}的值由 d 和 $w[j]$ 组成的函数决定，这个函数被称为商选择函数（quotient-digit selection function）。根据除法的基本原理，SRT 除法算法实现的基本步骤如下：

1）先把上次循环得到的部分余数 $w[j]$ 左移 $\log_2 r$ 位，生成 $rw[j]$。

2）通过商的选择函数，得出本次循环的商。

3）得到除数和本次循环商的乘积值，即 dq_{j+1}。

4）用 $rw[j]$减去 dq_{j+1}，得出下一次循环的部分余数 $w[j+1]$。

给定 SRT 算法的基数后，可以选择商的数字集范围。对于基数 r 来说，最简单的情况是只有 r 个可能的商数字。为了提高 SRT 算法的性能，可以使用一个冗余的数字集。这个数字集由一个对称的带符号数字连续整数组成，不妨假设数字集中最大的整数为 a。数字集的元素个数可以由大于 r 个数字组成，即 $q \in \{-a,-a+1,\cdots,-1,0,1,\cdots,a-1,a\}$。这样，为了形成冗余的数字集，其集合必须是包含大于 r 个元素连续整数（包括零），并且上述的 a 值大小必须满足 $a \geqslant r/2$。数字集的冗余度可以由冗余系数 ρ 决定，冗余系数可以定义为 $\rho=a/(r-1)$，$\rho>1/2$。

一般来说，带符号商数字集中最大值 a 必须满足 $a<r-1$。当 $a=r/2$，此时商数字集的冗余度称作最小冗余；当 $a=r-1$，可得 $\rho=1$，称作最大冗余。而如果 $a=(r-1)/2$，商数字集的表示被称作非冗余；如果 $a>(r-1)$，商数字集的表示被称作过冗余。

在设计 SRT 算法时，商数字集冗余度的选择需要综合考虑。对于相同的基数，商数字集的最大值 a 越大，冗余度也就越大，商选择函数实现越简单，同时商选择函数电路的时间延迟就越短。但是得出除数和每次循环所有可能商值（即商数字集所有元素的值）的乘积电路（即得到 dq_{j+1}的电路）就越复杂，时间延迟也越大。假如每次循环所有可能的商位数值是 2 的指数倍，则使用简单的移位操作就可以得到。而假如所有可能的商位数值不是 2 的指数倍（如是 3），则还需要一些另外的操作，如加法操作，这就需要增加得到乘积电路的硬件复杂度。所以当选择商数字集时需要折中考虑商选择函数电路和得到乘积的电路。

选择函数部分在算法设计的关键路径上，所以该部分实现会影响整个设计的时间延迟。假如选择使用冗余方法表示部分余数，那么在查找函数表时不能确定部分余数的值，所以不能直接根据部分余数值来确定本次循环的结果；而是需要把冗余方法表示的部分余数变成一个数，然后再查找函数表得到本次循环的结果。此外，如果采用冗余的商数字集，只需要知道部分余数值所在的范围就可以决定本次结果，所以只需要部分余数的前几位数值就可以得到本次循环的结果。并且，根据部分余数的前几位数值来决定本次循环的结果可以在降低时间延迟的同时，减小硬件实现的复杂度。选择函数的实现可以采用 ROM 表的方法，也可以采用组合逻辑电路来表示。

一般来说，小基数 SRT 除法（包括 SRT-4）算法的基数比较小，相对应的商数字集也比较小，所以可以直接采用 SRT 算法实现。

对于传统的小基数 SRT 除法算法结构来说，为了减小关键路径的时间延迟，部分余数一般都采用冗余表示方法，即部分余数的表示带有进位。这样，传统方法的小基数 SRT 算法中，商选择函数部分的实现是先把部分余数（包括部分余数生成位和部分余数进位）中的前几位数用 CLA 加法器（Carry Look Ahead Adder）相加，得到选择函数表的输入值，然后选择函数表，根据该值确定本次循环对应的结果。

以基数 4，商的数字集{-2,-1,0,1,2}为例，小基数 SRT 除法算法传统的实现结构如图 7-13 所示。图中 one the fly cvt 模块为飞速转换模块，可以将本次迭代得到的有符号的商选择函数在线转换为最终的商，省去了在全部计算完商选择函数后再转换的步骤，这样做更节省面积。SRT4 的结构图中，使用了一个 3-2 CSA（Carry Save Adder）进行求和。相比于 CLA，相同位宽下 CSA 具有更好的时序特性，无需传递进位信息。

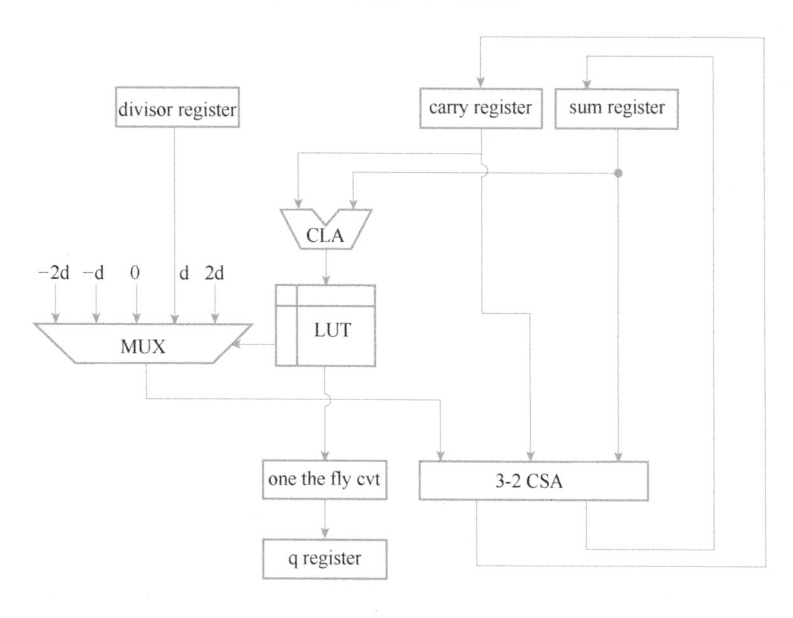

图 7-13　SRT4 结构图

SRT4 中通过查表得到本次迭代的商。本次迭代的商作为 5 选 1 MUX 的选择信号，对于 SRT4 算法而言，需要处理的乘法为 2d 和-2d，在硬件实现中，只需要移位操作即可实现。

7.4.2 Newton-Raphson 迭代法原理与实现

基于乘法操作的函数迭代算法，在进行除法和开方时，通过对一个初始值进行迭代计算不断逼近理论上精确的商或平方根，除法与开方运算被分解为一系列的乘法、减法和移位操作。函数迭代算法通常以操作数位宽的二次方收敛，即每次迭代完成后，计算得到的结果为上一次迭代计算结果位宽的两倍。

两个浮点数 a 和 b 进行除法运算的基本思想是先得到除数 b 的倒数 $1/b$，之后将被除数 a 和 $1/b$ 相乘即可得到两个浮点数的商。b 的倒数 $1/b$ 可通过 Newton-Raphson 迭代法求出[20]。

Newton-Raphson 通过不断迭代去逼近 $f(x)=0$ 的根。首先要求出 $f(x)$ 的导数 $f'(x)$，选取一个近似初始值 x_0 作为起点进行迭代，将点［x_0，$f(x_0)$］处的切线延长，使之与横轴相交，然后把交点处值作为下一估值点，反复迭代，直到根的精度满足要求为止。要得到除数 b 的倒数 $1/b$，可定义函数 $f(x)$，见式（7 15）：

$$f(x)=\frac{1}{x}-b \tag{7-15}$$

函数 $f(x)$ 的导数 $f'(x)$ 见式（7-16）：

$$f'(x)=-\frac{1}{x^2} \tag{7-16}$$

设 x_n 为第 n 次迭代得到的根，根据 Newton-Raphson 迭代公式，x_{n+1} 和 x_n 之前的关系见式（7-17）：

$$x_{n+1}=x_n-\frac{f(x_n)}{f'(x_n)}=x_n+\frac{1/x-b}{1/x^2}=x_n(2-b\,x_n) \tag{7-17}$$

除法的 Newton-Raphson 迭代电路如图 7-14 所示。在计算 $1/b$ 的迭代过程中，MUX 选择 b，乘法器 1 完成 b 乘 x_n 的计算，然后送入减法器完成 $2-b\,x_n$ 的计算，最后送入乘法器 2 完成 $x_n(2-b\,x_n)$ 的计算，至此一次迭代结束，将此次迭代的结果更新到寄存器中，准备下一次迭代。在控制逻辑的控制下，完成所有迭代后，MUX 选择 a，乘法器 1 进行 a 乘 $1/b$ 的计算，最后将结果送入舍入模块。可以看到乘法器 1 实现了逻辑复用，整个迭代电路用到了两个乘法器和一个减法器，并且

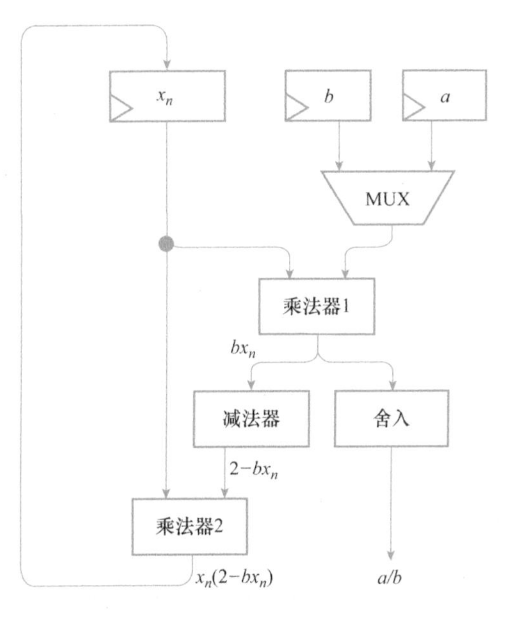

图 7-14　除法的 Newton-Raphson 迭代电路

乘法器 1 和乘法器 2 是串行工作的，CPU 主频如果比较高，需要插入寄存器进行打拍。

下面介绍用 Newton-Raphson 迭代如何实现浮点开方。开方运算的基本思想是先得到被开方数平方根的倒数 $1/\sqrt{a}$，之后将被开方数 a 和 $1/\sqrt{a}$ 相乘即可得到浮点数 a 的平方根。要求解 $1/\sqrt{a}$，首先定义函数 $f(x)$，见式（7-18）：

$$f(x)=\frac{1}{x^2}-a \tag{7-18}$$

函数 $f(x)$ 的导数 $f'(x)$ 见式（7-19）：

$$f'(x)=-\frac{2}{x^3} \tag{7-19}$$

根据 Newton-Raphson 迭代公式，x_{n+1} 和 x_n 之前的关系见式（7-20）：

$$x_{n+1}=x_n-\frac{f(x_n)}{f'(x_n)}=x_n+\frac{1/x^2-a}{2/x^3}=\frac{x_n}{2}(3-a\,x_n^2) \tag{7-20}$$

开方的 Newton-Raphson 迭代电路如图 7-15 所示。在计算 $1/\sqrt{a}$ 的迭代过程中，MUX 选择 x_n，乘法器 1 完成 x_n^2 的计算，乘法器 2 完成 ax_n^2 的计算，减法器完成 $3-ax_n^2$ 的计算，x_n 通过右移逻辑完成 $x_n/2$ 的计算，乘法器 3 完成最终 x_{n+1} 的计算，最后将结果更新到寄存器中，继续下一轮的迭代。在控制逻辑的控制下，完成所有迭代后，MUX 选择 a，乘法器 1 进行 a 乘 $1/\sqrt{a}$ 的计算，最后将结果送入舍入模块。可以看到乘法器 1 实现了逻辑复用，整个迭代电路用到了三个乘法器、一个减法器以及一个舍入模块，乘法器 1/2/3 是串行工作的，CPU 主频如果比较高，需要插入寄存器进行打拍。

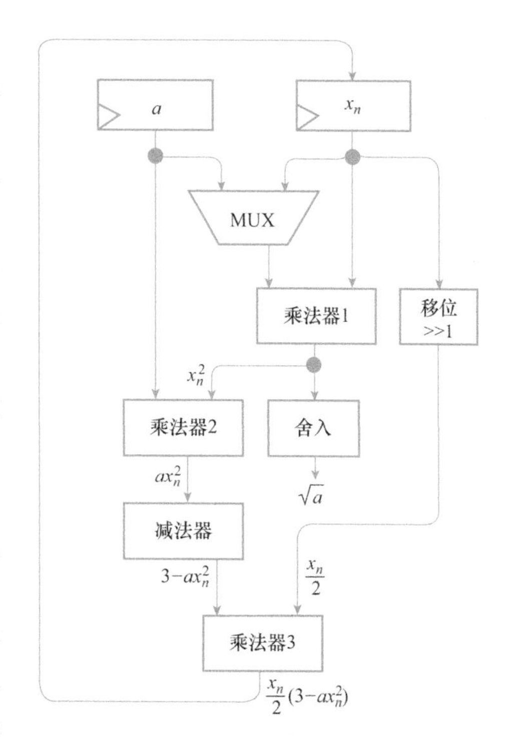

图 7-15　开方的 Newton-Raphson 迭代电路

影响函数迭代算法的一个非常重要因素是倒数初始值的精度，即算法迭代开始时初始值位宽。初始值的精度越高，得到目标精确结果所需的迭代次数越少，这样就可大大提高浮点除法、开方运算的速度。

7.4.3 Goldschmidt 迭代法原理与实现

浮点除法的 Goldschmidt 迭代算法将被除数（a）和除数（b）分别看成分子（N）和分母（D），同时与相同迭代因子（F）相乘，产生一个新的分子和分母。迭代多次后，如果分母趋近于 1，则分子趋近于商，这个迭代过程见式（7-21），$F_0F_1\cdots F_{k-1}$为迭代因子。

$$\frac{a}{b}=\frac{a\times F_0}{b\times F_0}=\frac{a\times F_0\times F_1}{b\times F_0\times F_1}=\frac{a\times F_0\times F_1\times\cdots\times F_{k-1}}{b\times F_0\times F_1\times\cdots\times F_{k-1}} \tag{7-21}$$

比较关键的是迭代因子的构造。迭代因子需要满足在经过多次迭代后，分母可以趋近于 1，并且迭代因子的计算要简单，便于硬件电路的实现。假设分子的初始迭代值为N_0，分母的初始迭代值为D_0，第 i 次迭代分子和分母的值分别为N_i和D_i。第一次迭代时，可以将D_0写成$1-(1-D_0)$，构造迭代因子$F_0=1+(1-D_0)=2-D_0$，分子和分母同乘迭代因子，可得第一次迭代的结果，见式（7-22）：

$$\frac{N_1}{D_1}=\frac{N_0\times F_0}{D_0\times F_0}=\frac{N_0\times[1+(1-D_0)]}{[1-(1-D_0)]\times[1+(1-D_0)]}=\frac{N_0\times(2-D_0)}{1-(1-D_0)^2} \tag{7-22}$$

第二次迭代时，构造迭代因子$F_1=1+(1-D_0)^2=2-D_1$，分子和分母同乘迭代因子，可得第二次迭代的结果，见式（7-23）：

$$\frac{N_2}{D_2}=\frac{N_1\times F_1}{D_{1\times F_1}}=\frac{N_0\times(2-D_0)\times[1+(1-D_0)^2]}{[1-(1-D_0)^2]\times[1+(1-D_0)^2]}=\frac{N_0\times(2-D_0)\times(2-D_1)}{1-(1-D_0)^4} \tag{7-23}$$

通过前两次的迭代规律可得，第 i 次的迭代因子$F_{i-1}=2-D_{i-1}$，第 i 次迭代的结果见式（7-24）。如果初始选取的D_0的取值范围满足 $0.5\leqslant D_0\leqslant 1$，则经过多次迭代后，$(1-D_0)^{2^i}$的结果会趋近于 0，$1-(1-D_0)^{2^i}$会趋近于 1，此时分子的值即趋近于要求解的商，见式（7-24）：

$$\frac{N_i}{D_i}=\frac{N_0\times(2-D_0)\times(2-D_1)\times\cdots\times(2-D_{i-1})}{1-(1-D_0)^{2^i}} \tag{7-24}$$

通过上述推导，可以得出迭代公式，见式（7-25）：

$$F_{i-1}=2-D_{i-1};N_i=F_{i-1}\times N_{i-1};D_i=F_{i-1}\times D_{i-1} \tag{7-25}$$

首次迭代的N_0和D_0的选取比较关键，如果除数已经规约到了 $0.5\leqslant b\leqslant 1$ 的范围内，则可以直接令$N_0=a$，$D_0=b$。这里也可以使用查表进行加速，通过查表得到 $1/b$ 的一个近似值 T，初始时先将 a 和 b 分别乘 T，使用得到的乘法结果作为后续迭代的初始值N_0和D_0，这样可以减少后续的迭代次数。查找表的精度越高，后续迭代的次数也就越少，但高精度的查找表会占用较大的面积，因此需要根据设计需求进行折中。

浮点除法的 Goldschmidt 迭代电路如图 7-16 所示。减法器完成$2-D_i$的计算，乘法器 1 完成$(2-D_i)\times D_i$的计算，乘法器 2 完成$(2-D_i)\times N_i$的计算。经过多步迭代后，D_i的值趋近于 1，N_i的

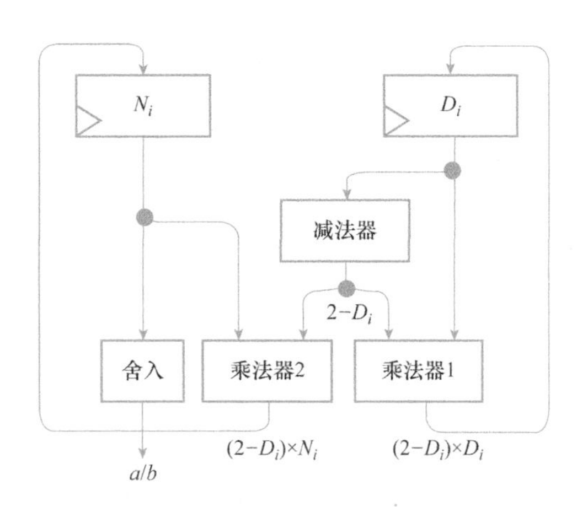

● 图 7-16 浮点除法的 Goldschmidt 迭代电路

值趋近于所求的商，最后将N_i经过舍入处理后输出。可以看到 Goldschmidt 迭代电路中，乘法器 1 和乘法器 2 是并行的，而 Newton-Raphson 迭代中两个乘法器是串行的，Goldschmidt 单次迭代的电路延迟小于 Newton-Raphson 迭代的电路延迟。

下面介绍 Goldschmidt 迭代如何实现浮点开方。考察式（7-26）：

$$s=\frac{a\times F_0\times F_1\times\cdots\times F_{k-1}}{a\times F_0^2\times F_1^2\times\cdots\times F_{k-1}^2} \tag{7-26}$$

如果$F_0^2\times F_1^2\times\cdots\times F_{k-1}^2$趋近于 $1/a$，则分母趋近于 1，$F_0\times F_1\times\cdots\times F_{k-1}$趋近于 $1/\sqrt{a}$，则分子趋近于$\sqrt{a}$。设第 i 次迭代分子和分母的值为N_i和D_i。第一次迭代时，将D_0写成 $1-(1-D_0)$，构造 $F_0=1+(1-D_0)/2$，可得第一次迭代时的分母见式（7-27）：

$$D_1=D_0\times F_0^2=[1-(1-D_0)]\times[1+(1-D_0)/2]^2 \tag{7-27}$$

对于式（7-27）中的F_0^2部分，进行平方展开。如果初始值D_0满足$0.25\leqslant D_0\leqslant 1$，可以得出 $0\leqslant 1-D_0\leqslant 0.75$，则$(1-D_0)^2/4$ 这一项很小，为计算方便可以舍弃。推导过程见式（7-28）：

$$[1+(1-D_0)/2]^2=1+(1-D_0)+(1-D_0)^2/4\approx 1+(1-D_0) \tag{7-28}$$

结合式（7-27）和式（7-28），可得式（7-29）：

$$D_1\approx[1-(1-D_0)]\times[1+(1-D_0)]=1-(1-D_0)^2 \tag{7-29}$$

通过不断地迭代，可得D_i的近似表达式，见式（7-30）：

$$D_i=D_{i-1}\times F_{i-1}^2\approx 1-(1-D_0)^{2^i} \tag{7-30}$$

当迭代次数足够大时，D_i趋近于 1。通过以上推导，可得迭代公式，见式（7-31）：

$$F_{i-1}=3/2-D_{i-1}/2;N_i=F_{i-1}\times N_{i-1};D_i=F_{i-1}^2\times D_{i-1} \tag{7-31}$$

浮点开方的 Goldschmidt 迭代电路如图 7-17 所示。D_i右移 1 位后得到$D_i/2$，减法器计算

$3/2-D_i/2$，得到迭代系数F_i，乘法器1计算F_i^2，乘法器2计算$F_i^2 \times D_i$，乘法器3计算$F_i \times N_i$。经过若干次迭代后，将N_i寄存器的结果送入舍入模块，最终得到$\sqrt{a}$。

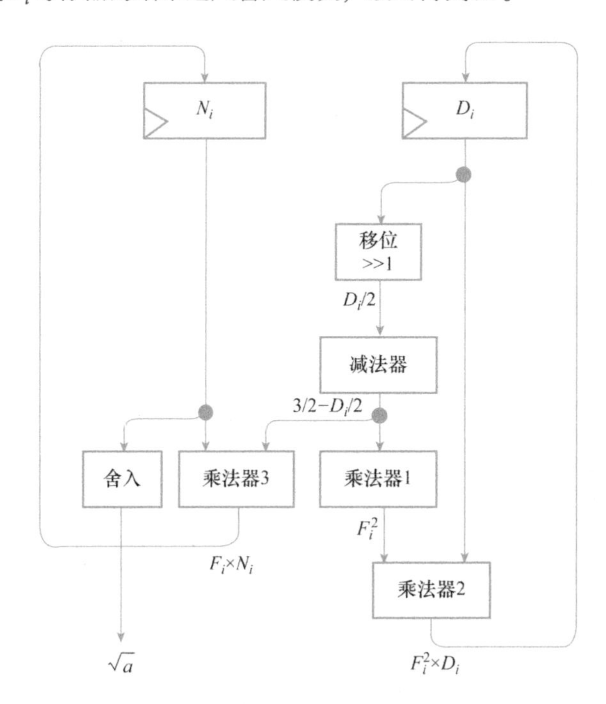

图7-17 浮点开方的Goldschmidt迭代电路

浮点开方的Goldschmidt迭代也可以使用查表进行加速。通过查表得到$1/\sqrt{a}$的一个近似值T，初始时先将a乘T和T^2，使用得到的乘法结果作为后续迭代的初始值N_0和D_0，这样可以减少后续的迭代次数。同样查找表的精度越高，后续迭代的次数也就越少，但高精度的查找表会占用较大的面积，因此需要根据设计需求进行折中。

可以看到浮点开方的Goldschmidt迭代电路中，乘法器3和乘法器1/2是并行的，而Newton-Raphson迭代中三个乘法器是串行的，Goldschmidt单次迭代的电路延迟小于Newton-Raphson迭代的电路延迟。

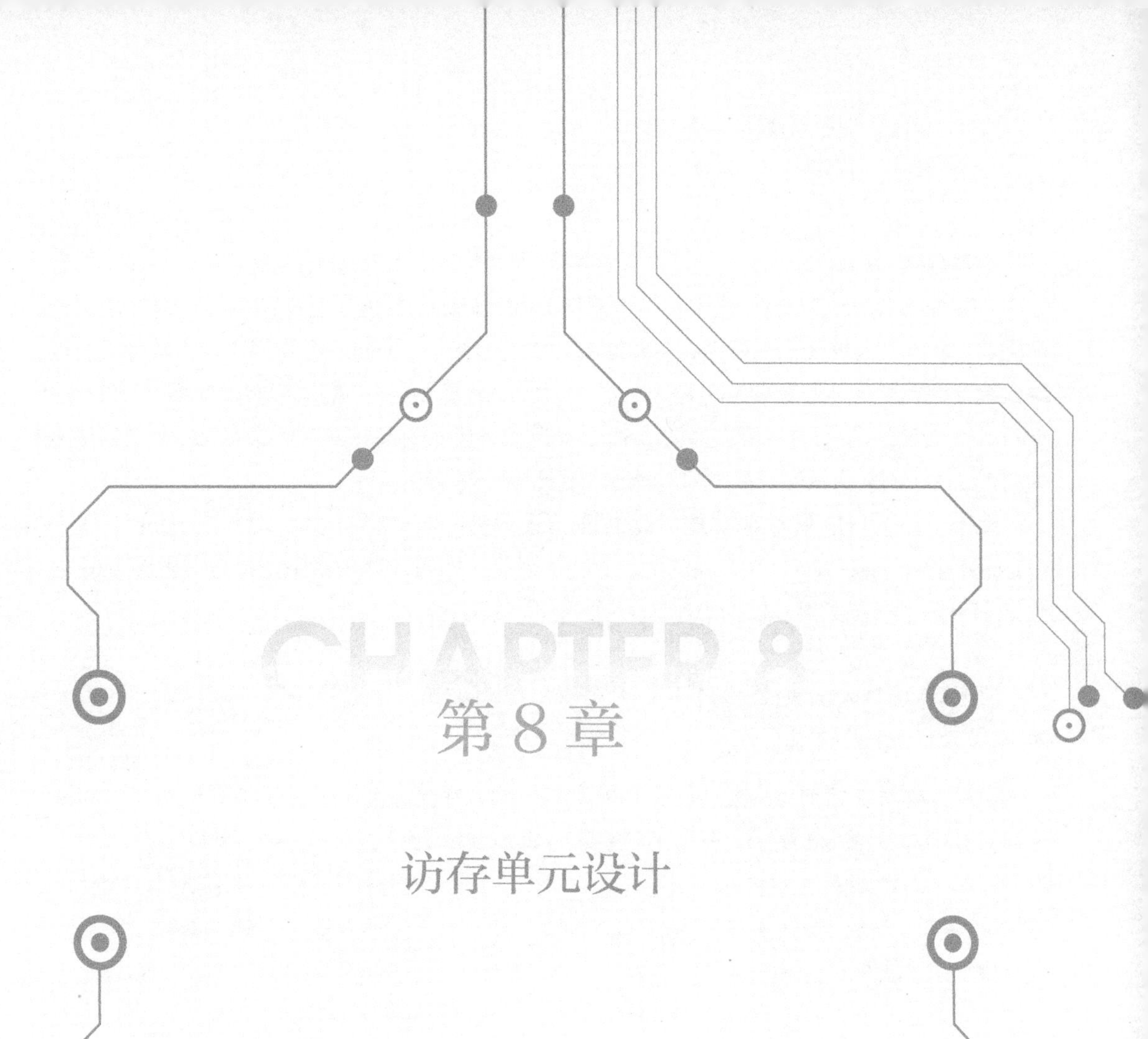

第8章

访存单元设计

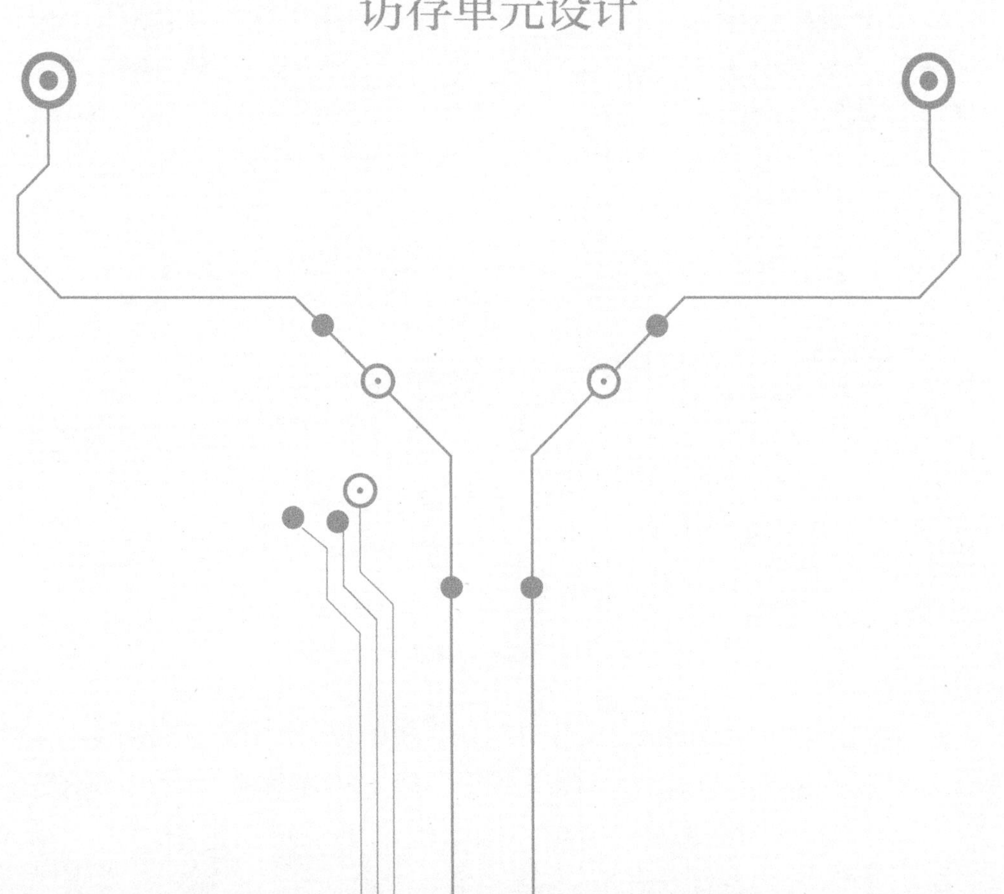

数据缓存（Data Cache）和与之对应的控制逻辑构成了 CPU 核中最复杂的单元——访存单元（Load Store Unit，LSU）。该单元负责处理 Load 和 Store 等访存指令在执行过程中遇到的各类问题，确保其能够准确高速完成。高性能 CPU 中，Load 和 Store 需乱序执行，各种投机行为导致缓存控制通路设计复杂度急剧上升。同时，Load 和 Store 投机执行会增加缓存访问次数，导致 LSU 功耗急剧上升。除此之外，LSU 还需支撑各类具有 barrier 属性指令执行，其控制通路会与 Load 和 Store 指令交织在一起，进一步提升设计复杂度。

综上所述，LSU 集复杂功能、高性能、低功耗等需求于一体，对于芯片的整体 PPA（Power-Performance-Area）具有决定性的影响。因此，如何设计一款完全符合需求的 LSU 是高性能 CPU 设计中最具挑战性的工作。

8.1 内存模型概述

x86 和 ARM 是目前应用最广泛的 CPU 架构。二者在存储侧最大的区别在于 Strong Order 和 Weakly Order。如图 8-1 所示，三个不同地址的 Store 编程顺序为 St1，St2，St3。在 x86 架构下三个 Store 必须按照编程顺序 Global（该 Store 存储数据对所有处理单元均可见的时间点）。在 ARM 架构下，三个 Store 的 Global 顺序是不确定的，总计有A_3^2六种顺序。软件编程语义需与相关架构匹配才能获取预想的结果。仅基于 Global 顺序考虑，ARM Store 的完成不受编程顺序影响，执行速度更快，性能更好。但对于不同的应用场景而言，性能受到多重因素影响，不能以单点来评价架构的整体性能。

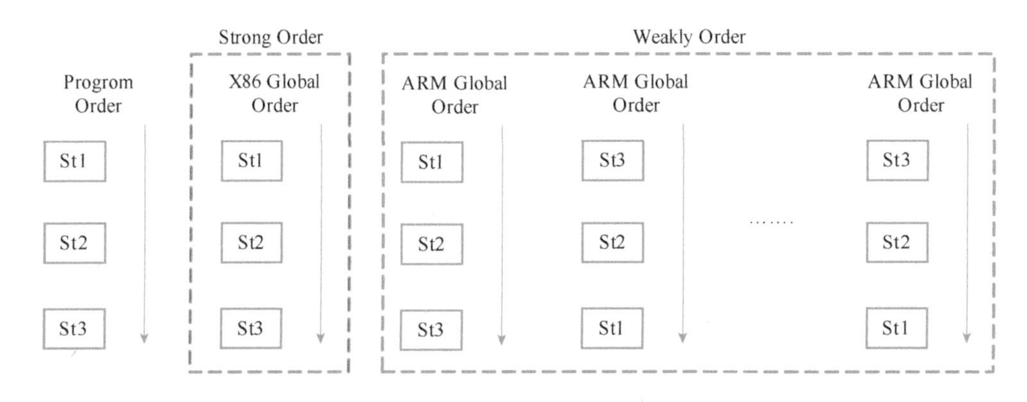

● 图 8-1　Store Global 顺序

目前，x86 架构在服务器和桌面端应用十分广泛。ARM 架构则广泛应用于移动端（目前也在向服务器和桌面端发力）。鉴于架构的差异性，x86 和 ARM 架构的内存模型（Memory

Model）也存在较大差异。本章将以 ARM 架构为基础对内存模型进行讲解。

8.1.1 内存类型概述

ARM 内存类型广义上可以分为 Normal 和 Device 两种。Normal 类型数据可以被投机访问，Device 类型数据不可以被投机访问。Device 类型数据主要应用于系统外设和与之类似的地址空间。两种 Memory 类型的具体属性如下。

Normal 属性见表 8-1。Normal 类型数据可具有 Cacheable 和 Shareable 两种属性。Cacheable 指该数据可以被存储于 CPU 各级缓存之中，Shareable 指该数据是否可以在规定范围之内被多个 CPU 共享。

表 8-1 Normal 属性

Cacheable	Shareable	Summary
0	0	nCnS
0	1	nCS
1	0	CnS
1	1	CS

Cacheable 和 Shareable 两种属性无制约关系。Normal 数据依据不同的属性可以分为 nCnS、nCS、Cns 和 CS 四类。其中 nCnS 类型数据既不能被 Cache 缓存，也不能被多个 CPU 共享，性能最差。反之，CS 的性能最好。软件编程需根据设计需求选择相应的数据类型。

Device 类型数据可以具有 Gather、Reorder 和 Early Writer Acknowledgement（EWA）三种属性。

- Gather 指多笔 Device 类型数据操作可以合并为一笔统一完成。
- Reorder 指多笔 Device 类型数据操作可以打乱既定的外设访问顺序。
- Early Writer Acknowledgement 指 Device 类型数据操作在访问外设完成之前即返回相应的完成标识。

Gather、Reorder、EWA 三者之间存在制约关系。Gather 属性需 Reorder 和 EWA 属性支撑。Reorder 属性则必须支持 EWA。因此，Device 类型数据只可以分为 nGnRnE、nGnRE、nGRE 和 GRE 四类。同时，该类型数据访问周期较长，基本无性能要求。Device 属性见表 8-2。

表 8-2 Device 属性

Gather	Reorder	EWA	Summary
0	0	0	nGnRnE
0	0	1	nGnRE
0	1	1	nGRE
1	1	1	GRE

8.1.2 内存格式概述

内存格式包括 Size、Alignment 和 Endian 三部分。

如图 8-2 所示，ARM 架构中物理地址对应的最大数据位宽为 64-Byte［一条缓存行（Cache Line）］，缓存行可以划分为不同的操作颗粒，包括 Half Line（32B）、Quad Word（16B）、Double Word（8B）、Word（4B）、Half Word（2B）和 Byte（1B）。其中 Byte 是指令可操作的最小颗粒，其他操作数据均可以通过图 8-2 中所示的颗粒拼接而成。

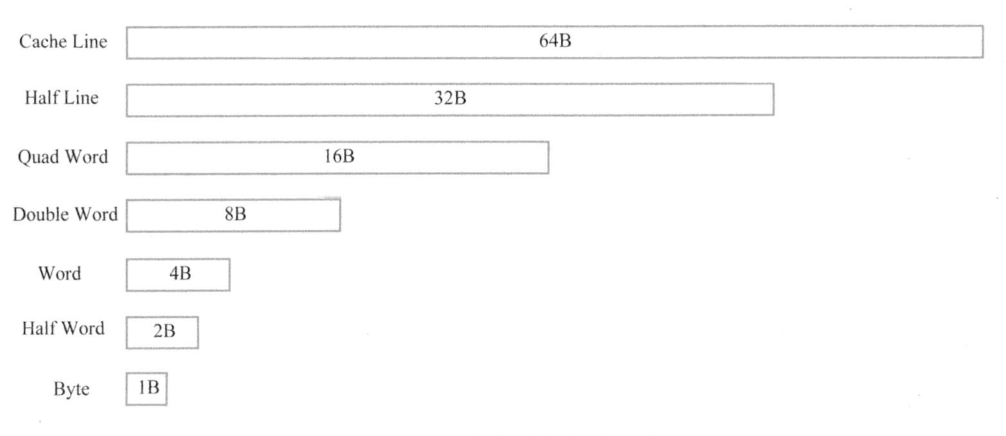

图 8-2　内存数据位宽示例

Alignment 指数据首位以地址和 Size 为参考进行对齐。如图 8-3 所示，Load 操作 2B 的数据空间，如果其地址最低位为 1′b0，则该指令数据与地址对齐。如果 Load 操作 4B 的地址空间，其地址低 2-bit 为 2′b10，首位数据放在地址 2 的位置，Size 为 4B，则该指令数据和地址非对齐。如图 8-3 所示，如果 Load 包括两个 Element，每个 Element size 为 2B，则该指令 Element 数据和地址对齐，但 Total 数据和地址仍为非对齐。Element size 指组成该指令数据的最小颗粒，Total size 指所有 Element size 的总和。

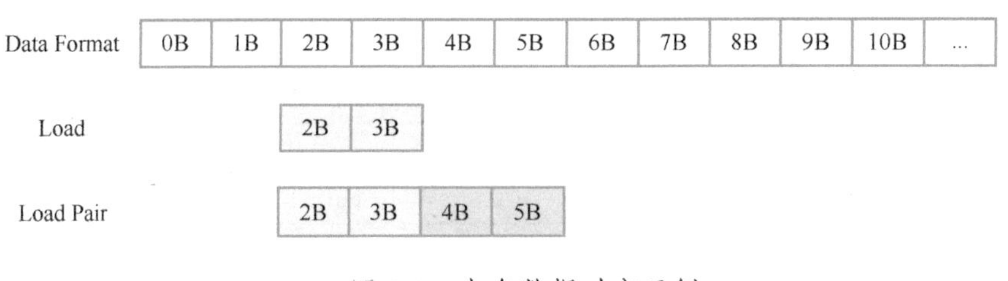

图 8-3　内存数据对齐示例

Endian 指数据依据地址增长存放的顺序。如图 8-4 所示，Little Endian 数据随地址增长由低位向高位存储，Big Endian 数据随地址增长由高位向低位存储。对于 Element Size 为 2B、Total Size 为 8B 的数据，其 Endian 转换是以 Element Size 为单位进行的。因此，Element 数据和 Total 数据 Endian 可以不一致。

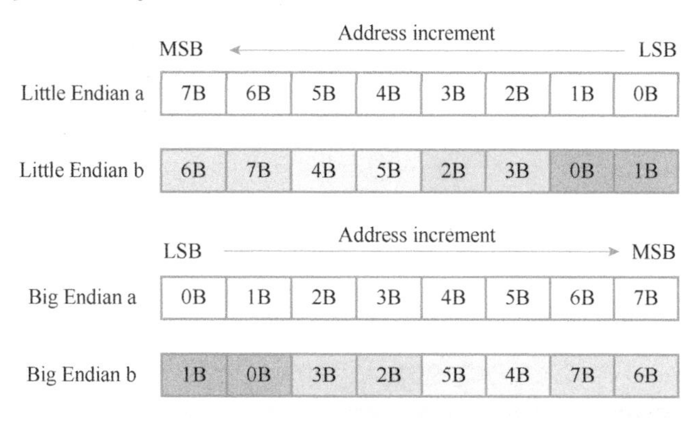

● 图 8-4　内存数据存放顺序示例

8.1.3 内存的访问顺序

原子是不能进行分割的最小颗粒。原子操作是指不会被其他因素打断的操作。ARM 架构中，原子操作分为 Single-Copy Atomicity 和 Multi-Copy Atomicity。

如图 8-5 所示，Core0 的编程顺序为 St1_A、Ld1_A、St2_A 和 Ld2_A。四条指令操作地址均为 A，操作数据空间重叠。St1_A 和 Ld1_A，St2_A 和 Ld2_A，St1_A 和 St2_A 组成了三组 Single-Copy Atomic Access Pair。基于编程顺序 Ld1_A 只能获取 St1_A 的数据，Ld2_A 只能获取 St2_A 的数据，St1_A 的 Global 顺序一定在 St2_A 之前。由此可见，Single-Copy Atomicity 可以确保单核同地址内存访问顺序。

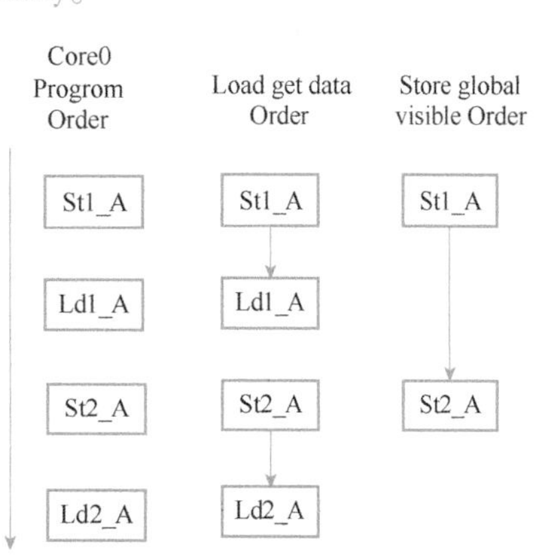

● 图 8-5　Single-Copy Atomicity 示例

如图 8-6 所示，Core0 的编程顺序为 St01_A、St02_A，Core1 的编程顺序为 St11_A，三条指令操作地址均为 A，操作数据空间重叠。St01_A、St02_A、St11_A 组成了 Multi-Copy Atomic Access Pair。依据编程顺序，三个 Store 总结可以出现图 8-6b 所示的三种 Global 顺序。从中可以看出 St01_A、St02_A 位于单核编程模型，必须满足 Single-Copy Atomicity。St11_A 则不受 Single-Copy Atomicity 的制约，其 Global 顺序可以穿插于 Core0 的 Store 之间。因此，Multi-Copy Atomicity 用于确保多核同地址内存访问的顺序。

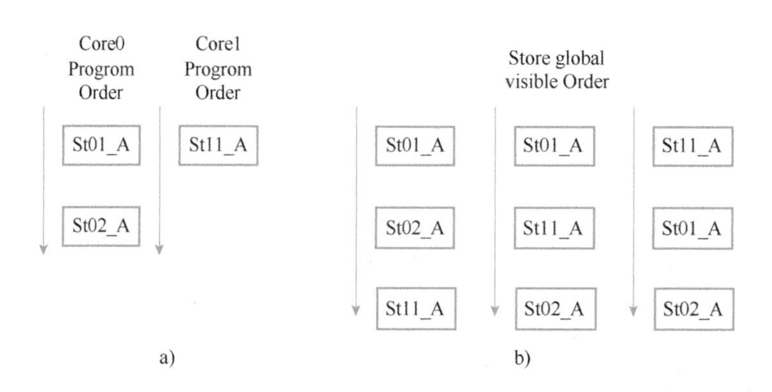

图 8-6　Multi-Copy Atomicity 示例

如图 8-7 所示，Core0 的编程顺序为 St01_A、St02_A，Core1 的编程顺序为 Ld11_A、Ld12_A，四条指令操作地址均为 A，操作数据空间重叠。Load 获取地址 Store 的数据可以出现图 8-7b 所示四种情况：Ld11_A 和 Ld12_A 均获取 St01_A 数据，Ld11_A 和 Ld12_A 均获取 St02_A 数据，Ld11_A 获取 St01_A 数据及 Ld12_A 获取 St02_A 数据，Ld11_A 获取 St02_A 数据及 Ld12_A 获取 St01_A 数据。对于前三种数据获取方式，软件执行的结果可能会不同，但程序执行的结果是正确的，符合 ARM Memory 模型。第四种交叉取数方式不符合 ARM Coherence 协议，违背架构，硬件需保障不会出现此类情况。

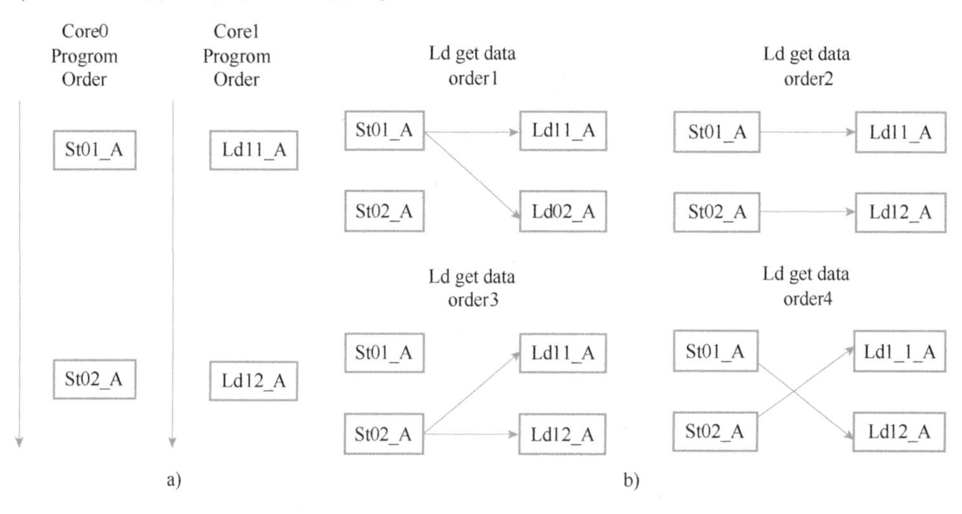

图 8-7　数据一致性

8.1.4　内存指令概述

内存指令第一类是基础的 Load 和 Store 指令，其用于架构寄存器和存储单元之间的数据传递。Load 将存储单元中数据加载到架构寄存器中，Store 将架构寄存器存储的数据加载到存储单元之中。Normal Load 和 Store 不具备任何特殊属性，只负责操作不同 Size 的数据，是最基本的内存指令。第二类是 Load Acquire 和 Store Release 指令，这是具有 barrier 属性的特殊内存指令。

Load Acquire 指令语义为其编程顺序之后的所有内存访问指令需在它执行完成后才能进行。具体表现如图 8-8a 所示，Ldacq 编程顺序位于 Ld2 和 St2 之前，则最终访问内存的顺序的限制为 Ld2 和 St2 必须在 Ldacq 之后访问内存，Ld1 和 St1 则无相关要求。由此可见，Load Acquire 可以阻止其编程顺序之后的内存指令执行，进而实现内存的有序访问。

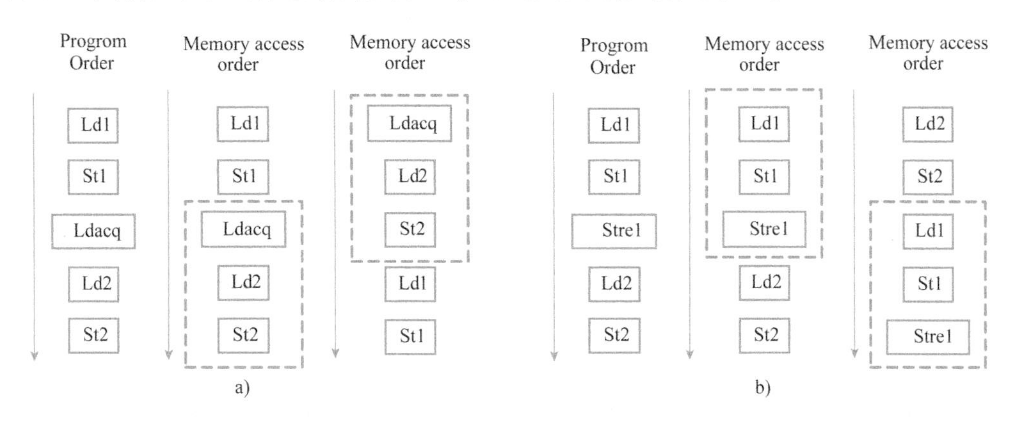

● 图 8-8　Load Acquire 和 Store Release 指令示例

Store Release 指令语义为其编程顺序之前的所有内存指令全部完成之后，它才能进行内存访问。具体表现如图 8-8b 所示，Strel 编程顺序位于 Ld1 和 St1 之后，则最终内存访问顺序的限制为 Ld1 和 St1 一定在 Strel 之前访问内存，Ld2 和 St2 则无相关要求。由此可见，Store Release 可以确保其编程顺序之前的内存指令全部完成后，才进行内存访问，进而实现内存的有序访问。

Load Acquire 和 Store Release 指令成对使用时，其效果如图 8-9 所示。两条指令可以有效分割前后指令的内存访问顺序，发挥类似 DMB 的作用。

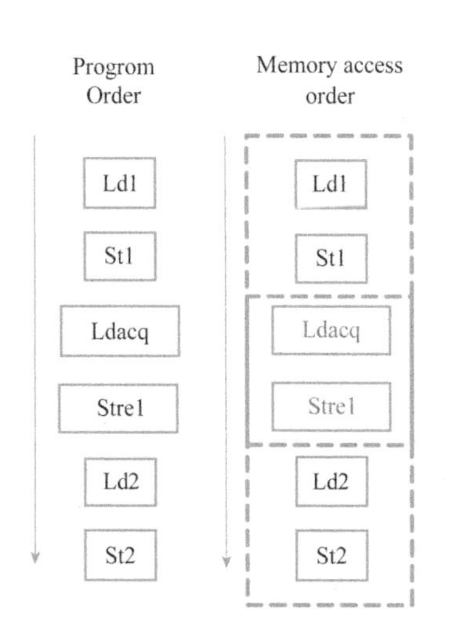

● 图 8-9　Load Acquire 和 Store Release 指令流程示例

第三类是 Exclusive 指令，包括 Load 和 Store 两种类型，用于多核抢锁场景。如图 8-10 所示，Core0 的编程顺序为 Ld1、St1、Ldexcl_A、Stexcl_A、Ld2 和 St2，Core1 的编程顺序为 St_A。Exclusive 指令中 Ldexcl_A、Stexcl_A 和 Normal

Store St_A 的操作地址均为 A。如果 St_A 的 Global 顺序在 Ldexcl_A、Stexcl_A 之间，则 Exclusive 抢锁失败，程序会跳转至抢锁字段重新执行。反之，如果 St_A 的 Global 顺序不在 Ldexcl_A 和 Stexcl_A 之间，则 Exclusive 抢锁成功，程序会继续向下执行。Exclusive 在小型多核系统中性能优异，当核数增加到一定数目后，Exclusive 的抢锁性能急剧下降。其原因在于 Exclusive 指令锁属性较弱，多核抢锁竞争十分激烈，很容易出现多核互抢最终全部失败的场景。鉴于此，ARM 架构在后续的版本更新中引入了 Atomic 指令。

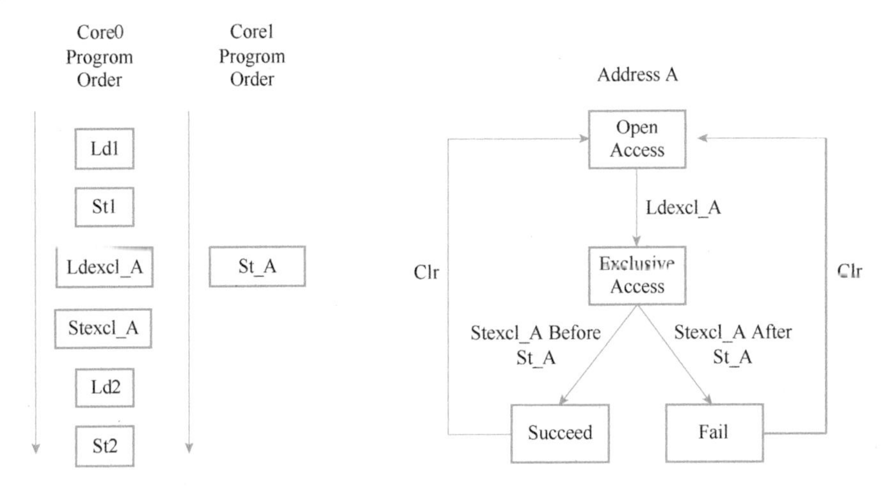

● 图 8-10 Exclusive 指令执行流程示例

Atomic 指令也用于多核抢锁场景。如图 8-11 所示，CAS_A 为一条访问地址 A 的 Atomic 指令。它需分解为 Load Atomic、Compare Atomic 和 Store Atomic 三条指令执行。如图中所示，首先执行 Load Atomic，然后再进行比较，比较成功后再执行 Store Atomic。编程顺序如图 8-11a 所

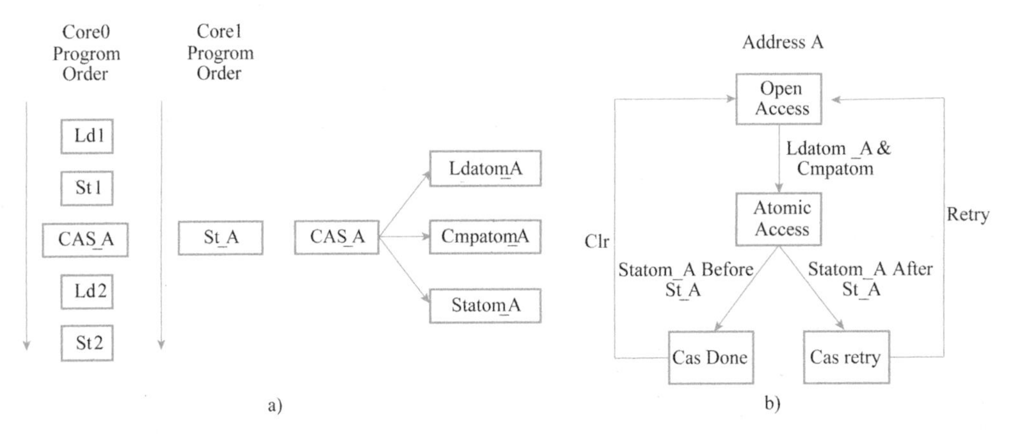

● 图 8-11 Atomic 指令执行流程示例

示，CAS_A 和 St_A 的操作地址均为 A。如果 Core1 St_A 指令 Global 顺序在 Load Atomic 和 Store Atomic之间，则该 Atomic 指令重新执行。如果 Core1 St_A 指令 Global 顺序不在 Load Atomic 和 Store Atomic 之间，则该 Atomic 指令执行完成，抢锁成功。Atomic 与 Exclusive 指令最大的不同在于 Atomic 抢锁失败后指令重新执行，直至抢锁成功，不会造成程序跳转回原字段（Exclusive Fail）的情况发生。因此，与 Exclusive 相比，Atomic 指令锁属性很强，核数越多其抢锁性能优势就越明显。

内存架构模型是 LSU 设计的基础，LSU 的微架构制定必须以架构为基准，违背架构的设计行为会导致不可预测的软件。因此，掌握 Strong Order 和 Weakly Order 架构对于内存模型的约束是 LSU 模型设计、验证等相关工作者必备的基本素质，也直接决定着芯片设计的成败。

8.2 数据缓存概述

存储是目前制约 CPU 性能发展的最大瓶颈。存储器容量和访存速度互相制约，同时存储器的发展也相对落后于逻辑工艺制程。因此，解决片内存储问题成为设计高性能 CPU 的主要目标。

随着 CPU 的不断发展，复合存储系统早已被人们提出并广泛应用。基于程序时间和空间局域性的特点，将存储系统分为多个层级，程序逐级存储，尽可能减少存储器的访存时间，提升程序执行效率，进而达到提升性能的目的。

需要说明的是，出于 CPU 微架构设计的思路，一般将一级缓存（L1 Cache）中的指令缓存（Instruction Cache）和数据缓存（Data Cache）设计分开到指令提取单元与访存单元各自阐述。由于在本书第 2 章指令缓存设计相关内容中涉及了一些缓存的基本概念，为了逻辑完整性，本节内容可能与第 2 章相关节有小部分重叠。

8.2.1 数据缓存层次概述

典型复合存储系统如图 8-12 所示。一级缓存（L1 Cache）、二级缓存（L2 Cache）、三级缓存（L3 Cache）及 DRAM 是目前应用最为广泛的 4 层存储结构。L1 ~ L3 属于系统芯片内部存储，DRAM 属于芯片外部存储。存储容量由 L1 ~ DRAM 逐级增加，访存速度则逐级降低。

系统芯片内部缓存采用分层结构，而非单一级缓存的主要原因有以下几点：

- 一级缓存（L1 Cache）执行频率最高，访存速度最快，容量最小。因此它在系统芯片设计中，PPA 的挑战最高。盲目提升一级数据缓存的容量，会极大提升芯片设计难度，现有芯片工艺制程还不足以支撑相关改进。因此，PPA 和工艺制程尚不支持片内实现单一的一级数据缓存。

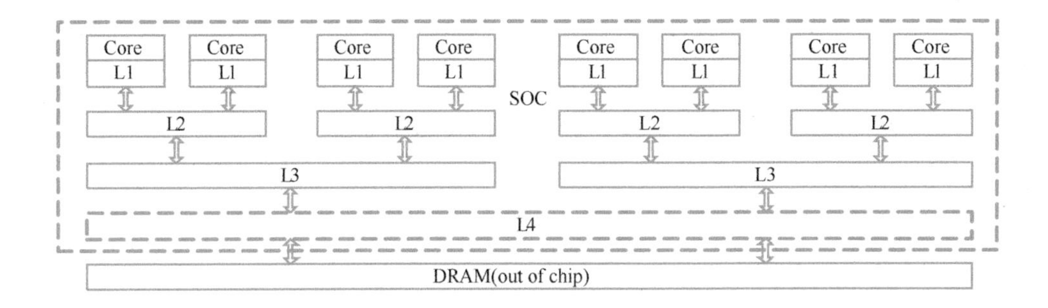

图 8-12 典型的复合存储系统

- 三级缓存（L3 Cache）容量最大，执行频率最低，访存速度最慢。相对于前两级缓存，三级缓存 PPA 的挑战相对较小，并且三级缓存的容量远大于一级和二级缓存。因此，如果以三级缓存完全取代一级和二级缓存，在设计难度和片内存储容量方面都有相应的改进空间。但是，三级缓存的访存速度会成为制约 CPU 性能提升的一大瓶颈。高性能 CPU 相对于嵌入式 CPU 的一大不同在于，高性能 CPU 通过片内缓存来提升性能，而嵌入式 CPU 完全依赖于片外存储（DRAM）。因此，以三级缓存替换一级和二级缓存不能满足高性能处理需求。
- 一级到三级缓存每 Bit 成本逐级降低。增加一级缓存容量，必定大大增加整个系统芯片的生产成本。软件程序具有时间和空间局部性，大容量的一级缓存并不一定完全适用，这将造成硬件资源的浪费。除此之外，对于不同的业务场景而言，硬件成本也是需要考虑的关键因素。因此，盲目增大一级缓存不利于控制系统芯片的生产成本，也就不利于高性能 CPU 的广泛使用。

因此，基于设计难度、工艺制程、PPA 及生产成本等因素的综合考虑，复合存储系统中的分层缓存结构在系统芯片设计中被广泛应用。

然而，典型复合存储系统也无法适用于所有业务场景。因此，针对不同的业务场景，业内某些知名公司，基于各自软件生态对芯片存储结构进行了调整，以软硬件协同的方式提升了处理的整体性能。例如，将二级缓存与三级缓存合并，减少一级缓存，进一步提升访存速度或者是增加四级缓存进一步提升芯片内部存储容量，如图 8-13 所示。两种方式对于各自软件生态而言均可以有效提升性能，但不同的存储结构对于系统芯片整体设计的影响也是巨大的，硬件开销及性能提升需要在整体业务层级进行评估，最终选择最优的解决方案。

综上所述，对于系统芯片而言，单纯依赖硬件提升性能的方式已经不是最有效手段，软硬件协同合作将是未来提升 CPU 性能的重要手段。

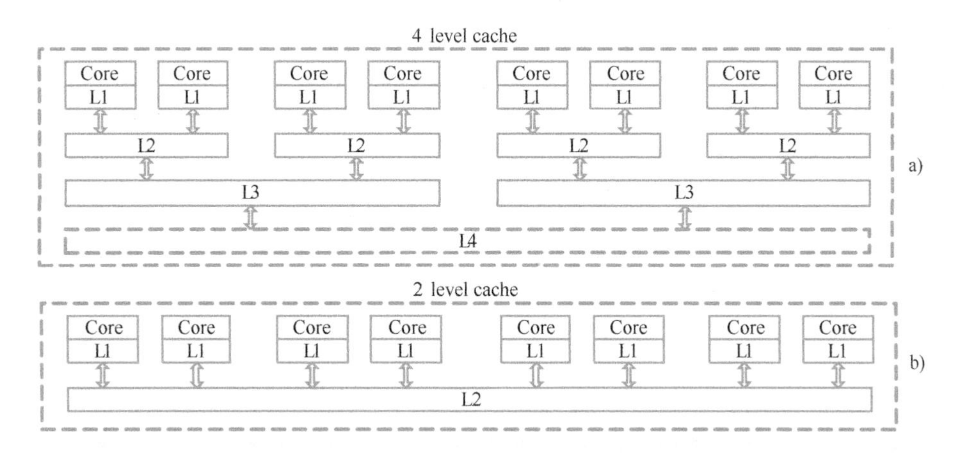

● 图 8-13　四级缓存结构与二级缓存结构

8.2.2　缓存技术的应用与发展

x86 和 ARM 架构对于缓存的应用较早。x86 在 80486 中首次实现了 8KB 缓存片内集成，其采用了四路组相连缓存结构，标签命中（Tag Hit）率获得很大提升。相较于 80386，80486 的性能有了质的飞跃，这为高性能处理的发展奠定了基础。

Peutium 系列 CPU 则实现了片内一级与二级缓存分离的复合存储架构，性能得到了进一步提升。x86 在此后的 CPU 演进中，逐步增大了各级缓存的容量，并将三级缓存结构广泛应用于各类 CPU 芯片中。同时，x86 架构也进行了一些四级缓存结构的探索，相信后续会有相关产品应用。

ARM 架构在 Arm3 芯片上首次实现了缓存片内集成。自此便与 x86 一道，共同探索 Cache 结构及容量对于芯片整体性能、功耗、面积及成本等因素之间的关系，根据实际业务需求，设计符合市场预期的 ARM 架构 CPU。当前，ARM 架构在部分产品中已经实现了二级和三级合并的片内集成，通过二级缓存结构实现性能和功耗的最优选项。

随着缓存技术的不断发展，分立式缓存结构在各类 CPU 中的应用已经逐渐趋于稳定。多核共享缓存已经在各类芯片中广泛应用，仅以增加缓存容量的方式提高缓存利用率已经无法满足当前的产品需求。因此，提高缓存利用率成为学界和产业界的一个重要研究热点。

缓存利用率低的主要原因包括如下几点：

1）缓存不能及时从低层次存储单元获取数据。

2）缓存从低层次存储单元获取数据，但这些数据未被 CPU 使用。

3）缓存从低层次存储单元获取数据，但这些数据还未被 CPU 使用即被替换出缓存。

4）缓存从低层次存储单元获取数据，但这些数据被 CPU 利用几次之后即被替换出缓存，后续使用需重新获取。

对于原因 1）而言，软件层面可以基于软件预取指令对其进行优化，但该方式需要对应用场景深入理解，合理使用该指令，否则很可能引发原因 2）所述问题。同时，在硬件层面，硬件预取算法发展如火如荼。硬件预取多针对各类 CPU 性能测试数据库，如 Geekbench、SpecInt 等，是提高 Cache 利用率的有效手段。它可以有效拉升 CPU 在同类产品中的性能跑分，彰显产品竞争力。但是硬件预取适用场景有限，普适性较差，所以在很多场景下也会引发原因 2）所述问题。例如，对于移动端游戏场景及服务器端云业务场景而言，硬件预取都会引发性能急剧下降，其根本原因如原因 2）所述。本章将在后续部分对缓存硬件预取进行详细分析，在此不再说明。

对于原因 2）而言，如上文分析，其多为软件预取和硬件预取获取低层次存储单元数据不准确造成。因此，提升预取数据准确率成为提高缓存利用率的一个关键因素。本章将在缓存预取部分进行详细分析，在此不再说明。

对于原因 3）和 4）而言，缓存替换算法合理设计可以有效减少有用数据替换概率，进而提升有效数据的利用率，这对于提升处理整体性能至关重要。

目前，常用的缓存替换算法包括 Random、RR（Round Robin）、LRU（Least Recently Used）及 MRU（Most Recently Used）等。

- Random 缓存替换算法不记录任何缓存使用信息，仅以伪随机数选中当前要替换掉的数据段，实现最为简单。该方法仅适用于 MCU 等小型 CPU 缓存，对于高性能 CPU 而言，该策略对于性能极其不友好。因此，其应用范围十分有限。
- RR 缓存替换算法记录缓存数据段写入的时间顺序，以先进先出原则为策略，替换掉最先写入的数据段。与 Random 算法相比，该算法在增加有限的缓存记录资源的基础上，一定程度上提升了缓存利用率。但对于高性能 CPU 而言，该策略性能提升有限，无法满足最终需求。
- LRU 缓存替换算法记录一定时间内的缓存利用信息，然后替换掉该时间段内使用次数最少的数据段。该方法对于尚未命中数据段替换误差较大。记录缓存使用信息也会额外增加缓存资源。总体而言，LRU 算法可以在一定程度上提升缓存利用率，实现成本较低，比较适合一级缓存这种对于实现代价敏感、又对性能有很高需求的非共享缓存应用。对于二级、三级及系统级缓存而言，各个 CPU 核可以共享，但每个 CPU 核对于特定数据段的需求时机无法控制。LRU 算法对于尚未命中数据替换的缺点，对于该类缓存的性能影响很大。因此，其不适合共享类缓存应用。
- MRU 缓存替换算法与 LRU 算法实现方式一致，但替换策略正好相反——特定时间内使用次数最多的数据段被优先替换。该方法对于尚未命中的数据段十分友好，可以有效提高该部分的数据利用率。因此，该方法在 GPU 这种程序局域性不强且软件参与度较高的缓存中被广泛应用。但对于程序局域性很强的通用型 CPU 而言，该替换算法对于性能影响较大，基本无法应用。

综上所述，各类缓存替换算法均具有一定的局限性。同时，不同的缓存对于替换算法的需求也不尽相同。因此，针对这些需求，学界和产业界在通用替换算法的基础上，开展了符合缓存替换算法的广泛研究。

例如，基于 LRU 和距离感知算法的融合缓存替换策略。将 LRU 基于时间命中次数的替换和距离感知基于数据段距离的替换策略进行融合，可以有效减少有效且未命中数据段被替换出缓存的概率，进而提升 Cache 利用率。其他基于 LRU 的改进算法也如雨后春笋般涌现，但这些算法仍存在实现代价较大、不同场景普适性较差等问题，距离在芯片中广泛应用仍有一定的距离。

除此之外，基于不同缓存替换策略的动态调整算法也是该类算法中研究的热门。其基本原理是在缓存内部实现各类基础或改进版替换算法，然后通过训练，在不同应用场景中选择性能最优的替换策略。该方法复杂度高，硬件实现成本高。因此，仅处于理论研究阶段，尚未在缓存设计中应用。

目前，在高性能 CPU 中，缓存的结构已经十分成熟，缓存替换策略仍在不停探索和演进中。总体而言，缓存技术发展已经遇到了瓶颈。如本节所述，业界领先公司已经开始进行新缓存结构的探索，但改变十分有限，并未形成新的体系。因此，如何克服工艺、PPA 等瓶颈，提升缓存性能优势，将成为未来发展的主要方向。

8.3 数据缓存控制设计

缓存访问最直接的映射即为访存（Load Store）指令。Load 读取已经存储于缓存中的数据，Store 将新的数据存储到缓存之中。为提升性能，Load 和 Store 执行流程是乱序的，这为控制通路设计引入了极大的不确定性。乱序执行会导致 Load 和 Store 在执行过程中因遇到缓存未命中等各类异常情况而无法正常完成，合理处理这些异常情况不仅涉及功能完善，还会影响 Load/Store 的执行周期（即性能）。同时，同地址 Load 和 Store 之间交互对于功能、性能及时性也会产生很大影响。当这些因素都交织在一起时，缓存控制通路的设计复杂度急剧上升。因此，在设计缓存控制通路之前，需全局掌握与之对应的内存模型、指令类型等因素，梳理各个要素之间的关系，合理制定微架构。

8.3.1 访存控制结构概述

访存（Load Store）控制结构如图 8-14 所示，可分为流水线（Pipe）、缓存单元（Buffer）

和存储模块（TAG & Cache）三大类。TAG 和 Cache 的作用在前文中已经介绍，本节将着重说明各条流水线及各类缓存在 Load/Store 执行过程中的作用，大致可以分为以下 10 个组件：

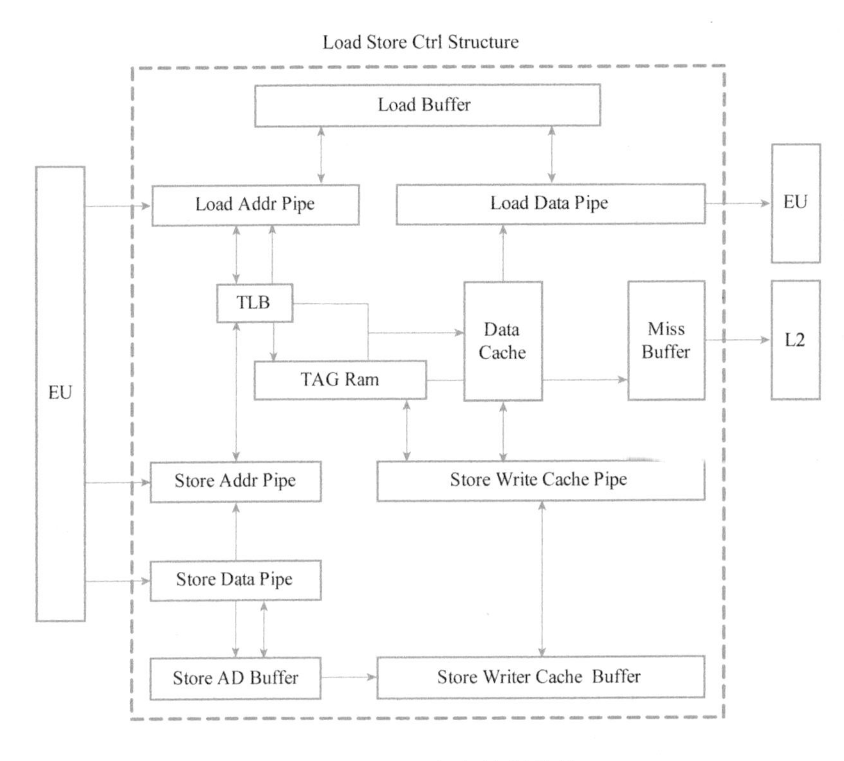

● 图 8-14 访存控制结构

- Load Addr Pipe（LAP）：其作用是接收执行单元（Execution Unit，EU）下发的 Load 指令，然后完成指令地址转换、属性识别等任务。
- Load Data Pipe（LDP）：其作用是获取 Load 指令所需数据并完成相关格式转换，最终将其发送给执行单元。
- Store Addr Pipe（SAP）：其作用与 LAP 类似，只是处理的指令类型为 Store。
- Store Data Pipe（SDP）：其作用是接收 EU 下发的 Store 数据，与 SAP 接收的相关地址共同组成一个 Store 指令的完整信息。
- Store Write Cache Pipe（SWCP）：其作用是完成 Store 数据的写缓存操作。
- Load Buffer（LB）：其作用是存储未能完成的 Load 指令，该指令执行完成后，与之相对应的 LB 会被释放。
- Translation Lookaside Buffer（TLB）：其作用是完成各类指令虚拟地址到物理地址的转换。

- Miss Buffer（MB）：其作用是存储 Load Cache miss 的相关信息，并向二级缓存发送请求，获取 Miss 地址的数据。
- Store Address & Data buffer（SADB）：其作用是存储 Store 指令的地址和数据信息，同时负责处理未能完成虚拟地址到物理地址转换的相关流程。待 Store 指令获取物理地址和数据后，其完整信息会被写入 Store Write Cache Buffer，SADB 也会随之释放。
- Store Write Cache Buffer（SWCB）：其作用是接收 SADB 写入信息并完成 Store 指令的写缓存操作。

8.3.2 Load 指令执行流程

Load 指令乱序执行，整体流程十分复杂。本节主要介绍三种基本流程：Load 命中（Load Hit）流程、Load TLB 未命中（Load TLB Miss）流程和 Load 标签未命中（Load Tag Miss）流程。同时，本节讲述的所有 Load 指令流程均为单 Load 指令，不涉及 Load Store 交互。

如图 8-15 所示为 Load 命中流程，EU 将 Load 指令信息下发至 LAP，然后同时进行 TLB 和标签（Tag）的读操作。在 TLB 访问获取物理地址后，与标签读出物理地址信息进行比较，结果相同则进行缓存读操作，获取数据后发送给 LDP 然后上报给执行单元（EU）。至此，Load 指令命中流程执行完成。

如图 8-16 所示为 Load TLB 未命中流程，Load 在读取 TLB 后发现该指令的地址信息尚未存储其中。该条 Load 指令不能正常完成，写入 LB 休眠，等待唤醒。同时，TLB Miss 信息会发送至 MMU，然后等待 MMU 回填。待 Miss 物理地址回填 TLB 之后，与之相对应的 Load 指令被唤醒，重新执行 Load 命中流程。

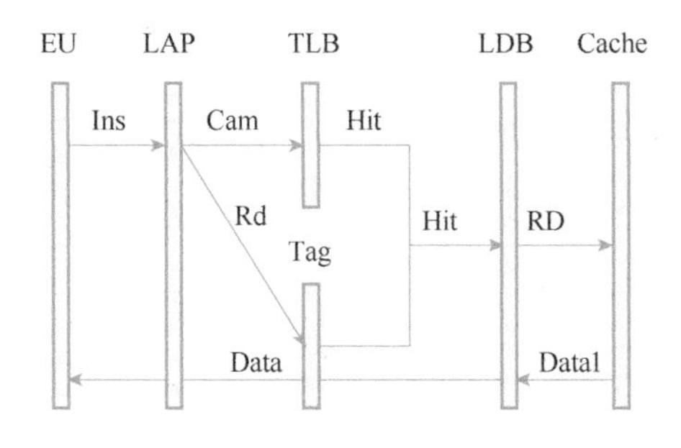

图 8-15　Load 命中流程

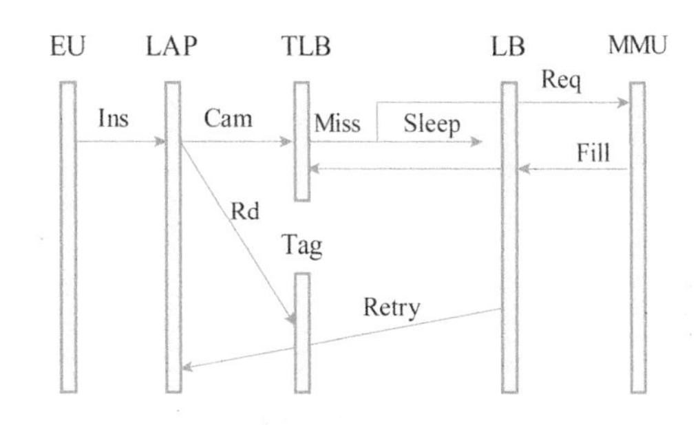

图 8-16　Load TLB 未命中流程

如图 8-17 所示为 Load 标签未命中流程，Load 指令获取物理地址后与标签（Tag）读取数据对比失败，该 Load 所需数据尚未存储于一级缓存之中。该条 Load 指令不能正常完成，写入 LB 休眠，等待唤醒。同时，标签未命中信息会写入 MB 然后发送至二级缓存并等待回填。待标签未命中数据回填一级缓存之后，与之相对应的 Load 指令被唤醒，重新执行 Load 命中流程。

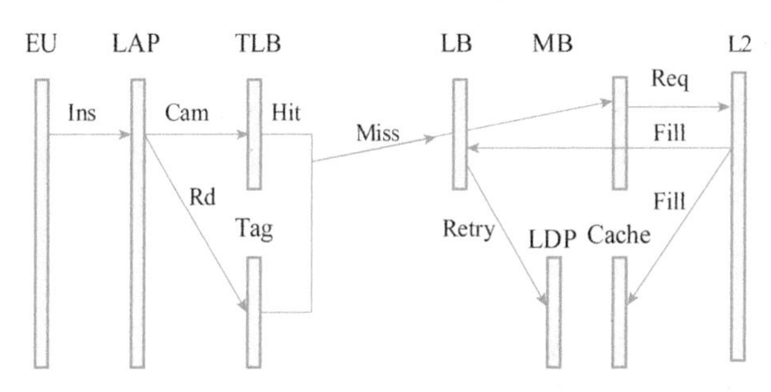

● 图 8-17 Load 标签未命中流程

综上所示，三个基本流程中 Load 命中最简单，Load 标签未命中最复杂。在 Load 执行过程中，会出现多次重新执行的场景，最终解决原理基本类似，即先休眠再唤醒。

8.3.3 Store 指令执行流程

Store 指令执行流程分为两个阶段：地址和数据获取阶段和缓存写入阶段。

本节将主要介绍三种基本流程：Store 命中（Store Hit）流程、Store TLB 未命中（Store TLB Miss）流程和 Store 标签未命中（Store Tag Miss）流程。同时，本节讲述的所有 Store 指令流程均为单 Store 指令，不涉及 Load Store 交互。

如图 8-18 所示为 Store 命中流程，EU 将指令信息下发至 SAP，然后进行虚拟地址至物理地址的转换。在此期间，如果 Store 数据已经下发（Store 地址和数据下发无固定顺序关系），SADB 便将该指令的物理地址和数据等信息写入 SWCB。然后 SWCB 根据写入顺序选出最旧的 Store 访问 SWCP，并最终完成缓存写操作。至此，Store 命中流程执行完成。

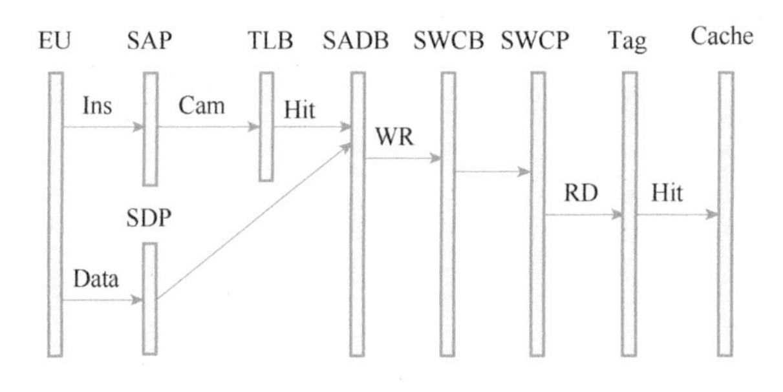

● 图 8-18 Store 命中流程

如图 8-19 所示为 Store TLB 未命中流程，Store 在访问 TLB 后未能获取物理地址，会休眠于

SADB，等待唤醒。同时，TLB未命中信息会发送至MMU，然后等待MMU回填。待Miss物理地址回填TLB之后，与之相对应的Store指令被唤醒，重新执行Store命中流程。

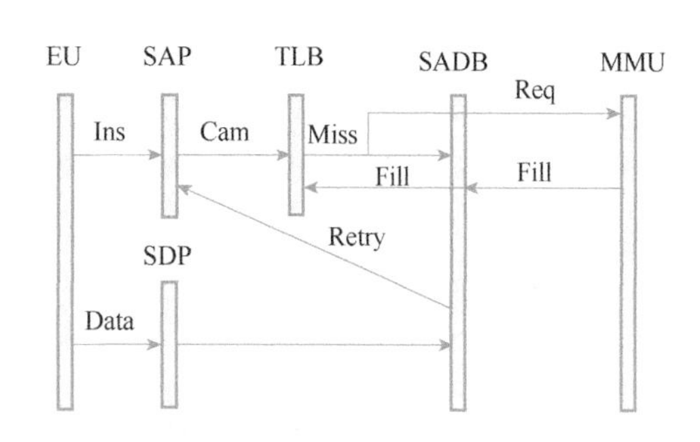

● 图8-19　Store TLB 未命中流程

如图8-20所示为Store Tag未命中流程，在SWCP上执行的Store会访问Tag。如果Tag未命中，该Store会休眠于SWCB，等待唤醒。同时，Tag未命中的相关信息会发送至二级缓存。待与该Store对应的数据回填一级缓存之后，该指令被唤醒，重新执行写缓存流程。

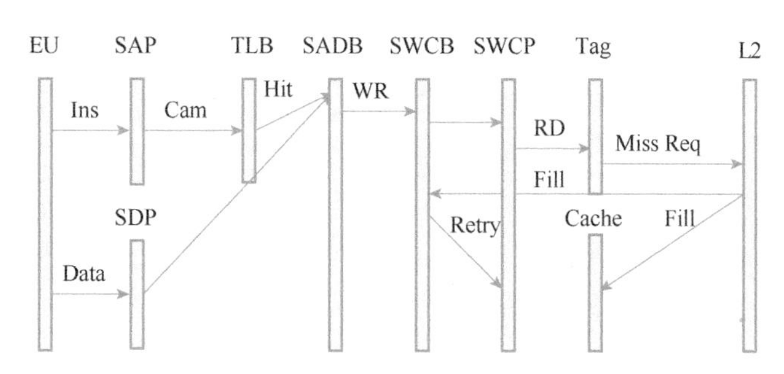

● 图8-20　Store Tag 未命中流程

综上所示，Store的执行流程相对于Load更为复杂。Store不仅要处理地址相关信息，还要处理自身数据信息，这与Load只需获取数据完全不同。其执行失败与重新执行原理与Load一致。

8.3.4　Load Store交织执行流程

Load和Store在执行流程中互相交织。如图8-21所示的场景即为Load Store数据交互，Load在执行过程中，不仅从缓存获取数据，还可以从SADB和SWCB中获取同一地址的Store数据。这些数据在LDP进行统一处理，最终上报给执行单元（EU）。

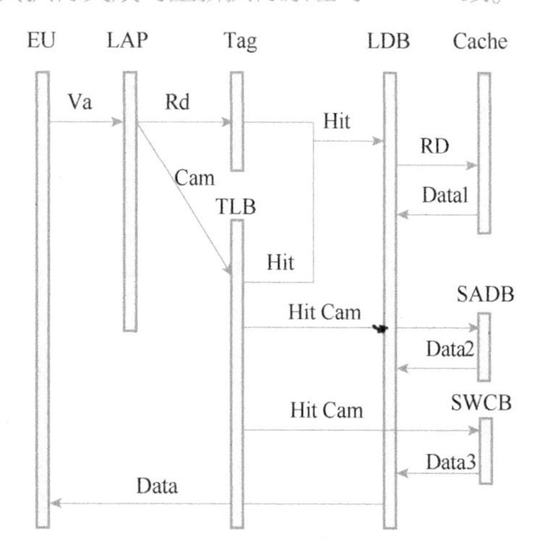

● 图8-21　Load Store 数据交互

地址相同和Store编程顺序在Load之前是Load可以从Store获取数据的基本条件。如图8-22所示，St3编程顺序在Ld1之后，所以Ld1只能从St1和St2获取数据。在Load执行时，St1存储于SWCB之中，

St2 存储于 SADB 之中。由编程顺序可知，St2 的数据比 St1 的顺序更新，Ld1 在获取数据时，优先选择 St2。因此，在 St1 和 St2 第 0 Byte~第 3 Byte 数据重叠的情况下，Ld1 会获取 St2 的第 2 Byte 和第 3 Byte 数据，获取 St1 的第 4 Byte~第 7 Byte 数据。后两个 Byte 数据与 St1 和 St2 不存在重叠关系，因此需要读取缓存中相关数据。

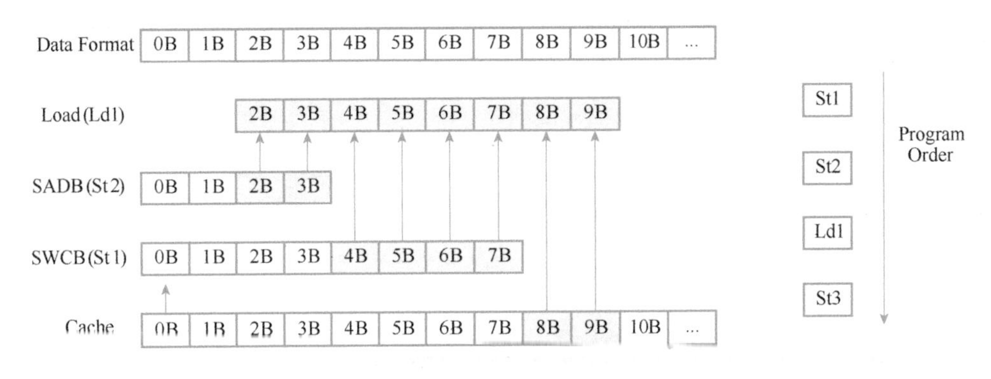

● 图 8-22 LAD SADB SWCB 数据交互

如图 8-23 所示，Ld1 的编程顺序在 St1、St2 和 St3 之后。同时三个 Store 的数据空间可以完全覆盖 Load 的数据读取空间。因此，Load 在原理上可以同时获取三个 Store 的数据，无需获取缓存中相关数据。

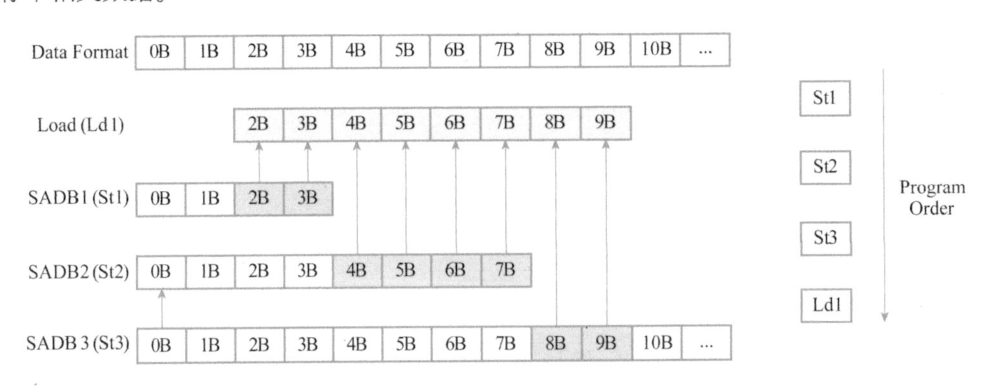

● 图 8-23 Load SADB 数据交互

现实中 Load 同时从多个 SADB 获取数据的场景无法实现。其原因在于 LDP 在处理多个数据来源的时间只有一个周期，多个 SADB 数据合并和格式转换会导致电路可实现频率急剧下降。对于高性能 CPU 而言，频率下降导致的性能下降会使其失去竞争力。因此，在 Load Store 通路设计过程中，要充分考虑理论性能对于电路实现的影响。

缓存控制通路的整体结构、Load Store 执行流程及 Load Store 交互等内容是 LSU 微架构中最基本的概念，Load 和 Store 执行失败的异常情况除各类未命中情况外还有很多，在此没有一一列举。Load 和 Store 交互的内容也未能完全列举。在此，希望有兴趣的读者能够自行钻研。总体而言，LSU 支撑的各类指令都不是独立存在的，它们之间互相关联，牵一发而动全身。因此，作为 LSU 设计者必须具备全局的概念，只有通盘掌握，全局考虑内存模型和指令微架构的设计，才能设计出具有竞争力的 LSU。

8.4 数据缓存预取技术

缓存容量增加会提升 SOC 的整体性能。如图 8-24 与表 8-3 所示，在复合存储系统中，一级缓存对于 Load Store 的访存延迟最短，性能最好。但受限于前文所述因素，一级缓存的容量只能实现 100KB 量级的片内集成。因此，在一级缓存资源十分有限的情况下，提升二级甚至三级缓存的容量可以在有限范围内提升芯片的整体性能。究其原因，二级与三级缓存访存延迟相对于一级缓存具有很大的差异。因此，提升一级缓存的利用率及多级缓存之间的互补性成为设计工作者们需要重点解决的问题。

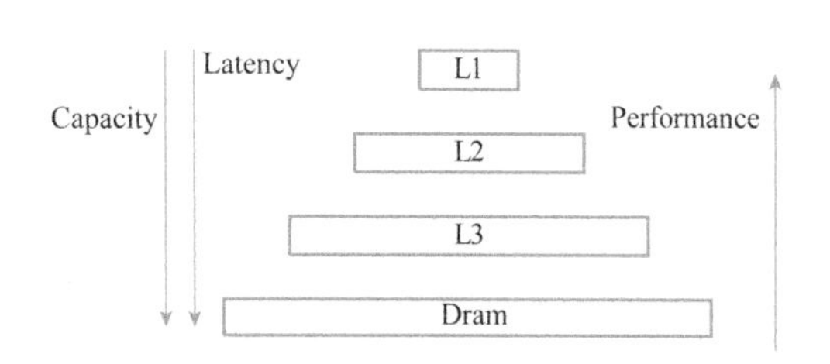

图 8-24 内存深度与性能的关系

表 8-3 不同深度内存容量与访问时延

Mem Level	Capacity	Latency/ns
L1	≤128KB	~1
L2	≤4MB	<5
L3	Serveral KB	~10
Dram	Serveral GB	~100

针对上述问题，预取技术被提出并被广泛应用。预取是一种提前获取某些特定地址数据的方法，其被分为软件预取和硬件预取两种。本节描述的预取技术主要针对数据缓存，指令缓存预取相关内容请参见本书 2.5 节。

软件预取是指基于软件预取指令提前获取特定地址的数据。软件开发者根据自身的应用场景，在程序中插入相关软件预取指令，在该地址数据使用之前提前将其存入相关等级的缓存。当程序执行到该地址时，即可以最快速度获取相关数据，进而提升性能。

软件预取指令的使用对于软件开发者的自身素质要求较高，只有将指令插入合适程序空间才能获取可观收益。插入过早，预取数据有被缓存剔除的风险，插入过晚，预取数据可能已经存在于缓存。二者对性能的提升均没有帮助。除此之外，在某些特殊场景下，如多核抢锁用例中，软件预取指令插入到抢锁指令之前会导致抢锁性能急剧下降。其原因在于，Atomic 指令本身具有 Load 和 Store 两种属性，本核的软件预取会和其他核的 Atomic Load 指令互相抢夺地址权限，最终导致性能下降。

综上所述，合理利用软件预取指令可以有效提升性能。但是其使用需谨慎，要结合实际应用场景，插入到合理的程序执行空间，避免胡乱使用造成性能下降。总体而言，软件预取指令是程序员自行掌控的，提高收益和降低风险可以通过后期调试完成，是一种高效的提升性能的手段。

硬件预取是指硬件基于缓存未命中进行训练，获取特殊应用模式，进而触发与软件预取类似的行为，硬件自动获取特定地址的数据存储于缓存之中。与软件预取相比，硬件预取的投机性更强，同时对于编程人员不可见。硬件预取的收益与风险共存，应用模式触发正确，性能会大幅提升。反之，应用模式触发错误会导致性能急剧下降。

因此，提升硬件预取普适性成为解决该问题的有效手段。在当前高性能处理竞争日益激烈的情况下，硬件预取模块在芯片设计中占有的地位越来越重要。

8.4.1 数据缓存硬件预取原理

硬件预取本质是降低缓存未命中率。如图 8-25 所示，各级存储之间会因为缓存未命中触发相关流程，具体步骤描述如下：

1）一级缓存未命中时会发送相关请求至二级缓存。

2）二级缓存接收到相关请求后，查询缓存状态，与该请求相关的地址数据二级缓存命中，二级缓存会将其回填至一级缓存。一级缓存接收到数据后开始执行与该地址相关的指令。一级缓存未命中至收到二级缓存回填数据，该时间段内与请求地址相关的 Load Store 指令均不可执行，否则会导致性能下降。

3）二级缓存接收到相关请求后，查询缓存状态，与该请求相关的地址数据二级缓存未命中，二级缓存会将该请求发送至下一级缓存，并且等待回填数据。

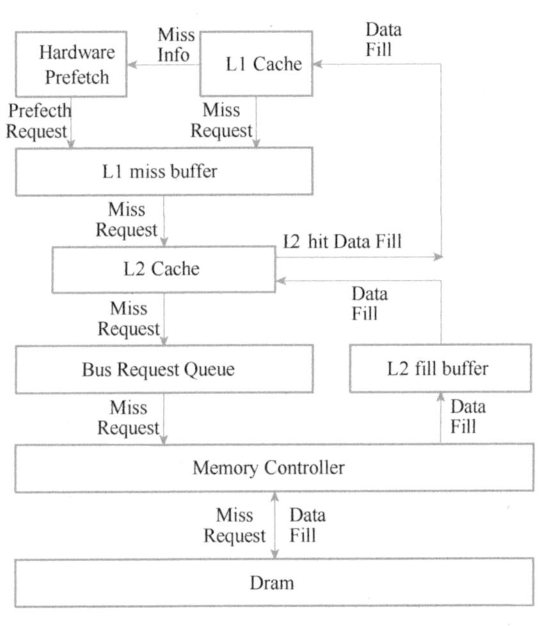

图 8-25 缓存未命中后填充与预取流程

以此类推，各级存储单元出现未命中时，都会向下一级发送请求。二级缓存获取下一级缓存数据后，会将该数据存储于缓存之中，并且回填至一级缓存，以备 Load Store 指令使用。由此可见，二级缓存未命中的情况下，Load Store 等待回填数据的时间会更长，性能下降更为严重。

针对各级缓存未命中影响整体性能的问题，硬件预取被广泛应用到了芯片设计之中。如图 8-25所示，一级缓存未命中出现之后，不仅向二级缓存发送相关请求，还要将未命中信息发送至硬件预取模块。硬件预取模块根据这些信息，提前产生针对相关地址数据的预取请求，二级缓存根据自身命中或者未命中的情况，选择向一级缓存回填数据或者向下一级缓存发送请求。通过这种方式，后续即将访问的一级缓存未命中地址数据会被提前缓存至一级缓存，降低一级缓存未命中率，进而减少 Load Store 指令的执行时间。因此，硬件预取可以极大提升 SOC 的整体性能。

8.4.2 数据缓存硬件预取结构

硬件预取结构如图 8-26 所示，包括训练单元（Training Buffer）、请求单元（Request Buffer）和事件统计处理单元（PMU）三个主要模块，各自作用分别叙述如下。

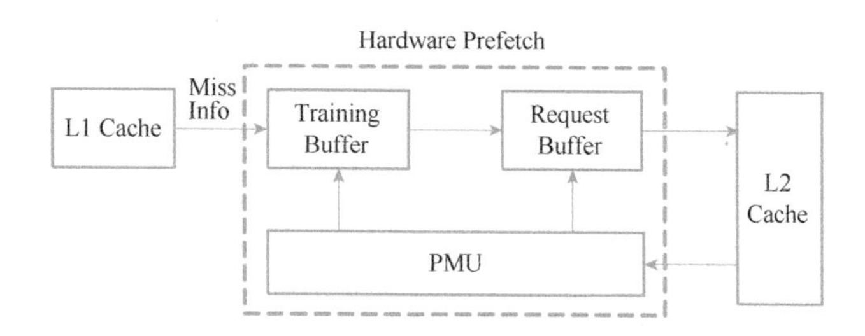

图 8-26 数据缓存硬件预取结构示例

- 训练单元：负责收集和统计一级缓存未命中信息，根据不同预取算法，将未命中信息归类处理，产生特定的预取模式。后续未命中指令与已经产生的预取模式匹配后，产生与之对应的预取序列并发送至请求单元。
- 请求单元：负责收集、过滤、合并预取序列，在这些预取序列发送至二级缓存后，其生命周期结束。其中，过滤和合并主要针对近似地址模式，去除重复部分，引入不同部分，进而提升硬件预取的效率。
- 事件统计处理单元：负责收集二级缓存预取请求未命中或者命中信息，并且基于此动态调整预取序列，包括预取地址间隔、预取地址个数和预取存放位置等关键信息，以此实现硬件预取最大程度的适配应用场景，提升硬件预取性能。

预取存放位置如图 8-27 所示。硬件预取需实现一级、二级、三级缓存。究其原因在于一级缓存的容量十分有限，预取数据过多可能会导致一级缓存中高利用率数据空间被提前剔除，这也会导致性能下降。因此，硬件逐级缓存方式可以在提前从片外存储空间获取数据的同时，减少内部缓存误剔除的情况，这对于性能的提升十分有利。

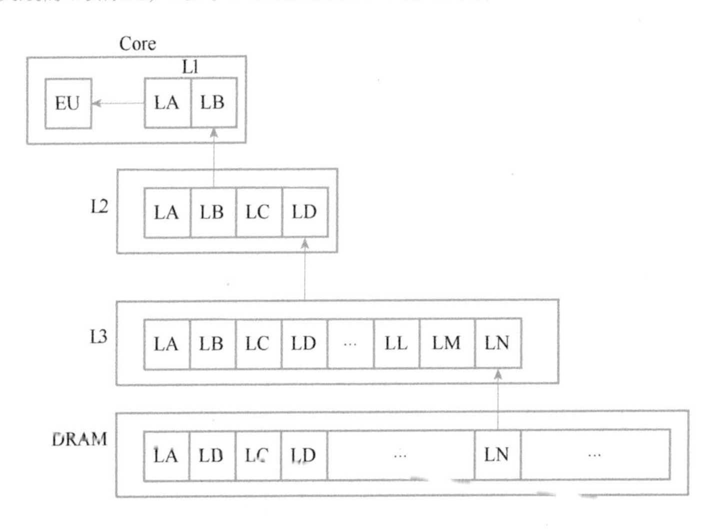

图 8-27　硬件预取多级位置示例

8.4.3　数据缓存硬件预取模式

目前，硬件预取模式主要包括三种：连续地址预取（Continuous Address Prefetch）、稀疏均匀地址预取（Sparse Uniform Address Prefetch）和非连续非均匀地址预取（Discontinuous Non-Uniform Address Prefetch），具体介绍如下。

连续地址预取模式是指指令执行地址空间集中在某些连续的地址范围内，如图 8-28 所示。训练单元根据指令地址连续未命中的情况，训练出连续地址预取指令。连续地址预取指令并非预取地址 X 之后连续的地址，而是需要增加预取间隔，提前获取地址 j 及以后连续地址的数据。其原因在于，Load Store 指令需要执行时间，仅获取地址 X 之后的连续数据，硬件预取的间隔过小可能会与正在执行的 Load Store 地址相同，无法获取性能收益。因此，预取为程序执行预留时间，获取一定地址间隔之后的数据，可以有效提升性能。这一点与软件预取指令的插入时间点十分类似。

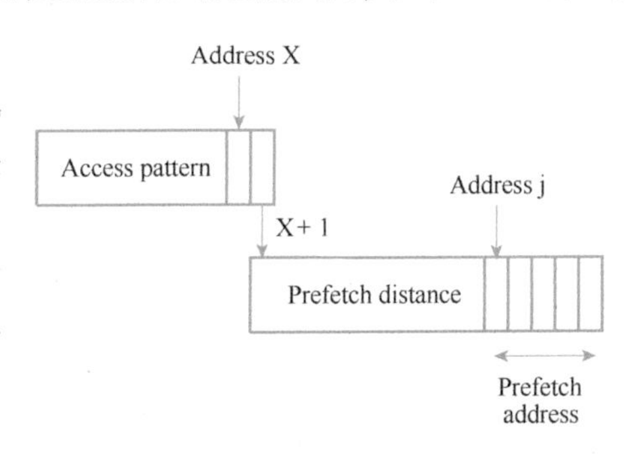

图 8-28　连续地址预取模式

稀疏均匀地址预取模式是指指令均匀地访问非连续地址空间，如图 8-29 所示。训练单元根据指令 PC 未命中的情况训练出稀疏均匀地址预取指令。稀疏地址间隔除基于训练信息外，还受事件统计处理单元控制，在训练中动态调整。其原因与软件预取插入时间点类似，间隔太近，预取太晚，无法获取性能收益；间隔太远，预取事件太早，预取数据有提前剔除的风险，也无法获取性能收益。因此，及时合理地动态调整稀疏均匀地址预取模式的预取间隔对于性能提升十分关键。

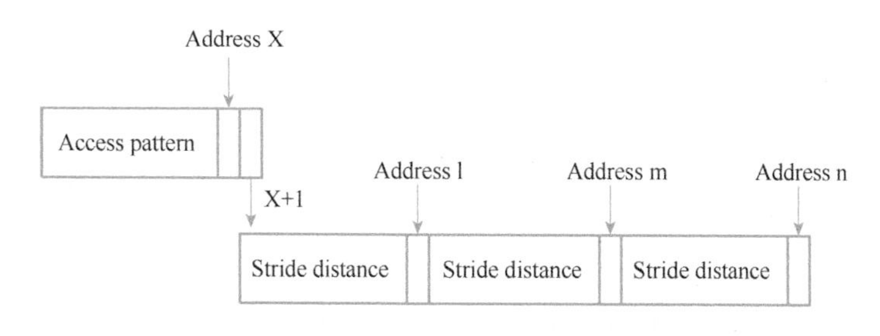

● 图 8-29　稀疏均匀地址预取模式

非连续非均匀地址预取是指指令访问地址空间规律极为复杂，无明显规律，如图 8-30 所示。训练单元根据指令 PC 未命中的情况训练出相对规律的连续非均匀地址预取模式。该训练模式与事件统计和处理单元关联尤为密切，原因与稀疏均匀地址预取模式相同。错误的预取指令不仅对提升性能无益，还可能导致整体性能的下降。因此，及时合理地动态调整非连续非均匀地址预取对于性能提升十分关键。

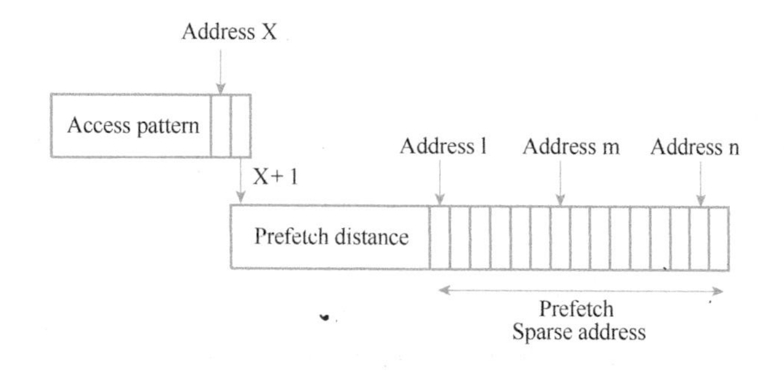

● 图 8-30　非连续非均匀地址预取模式

硬件预取技术在经过各类高性能 CPU 广泛应用后已经有了长足的发展。但是，硬件预取主要针对大多数性能跑分场景，在大多数应用场景中其作用仍有待提高。因此，普适性将成为未来硬件预取技术发展的主要方向。

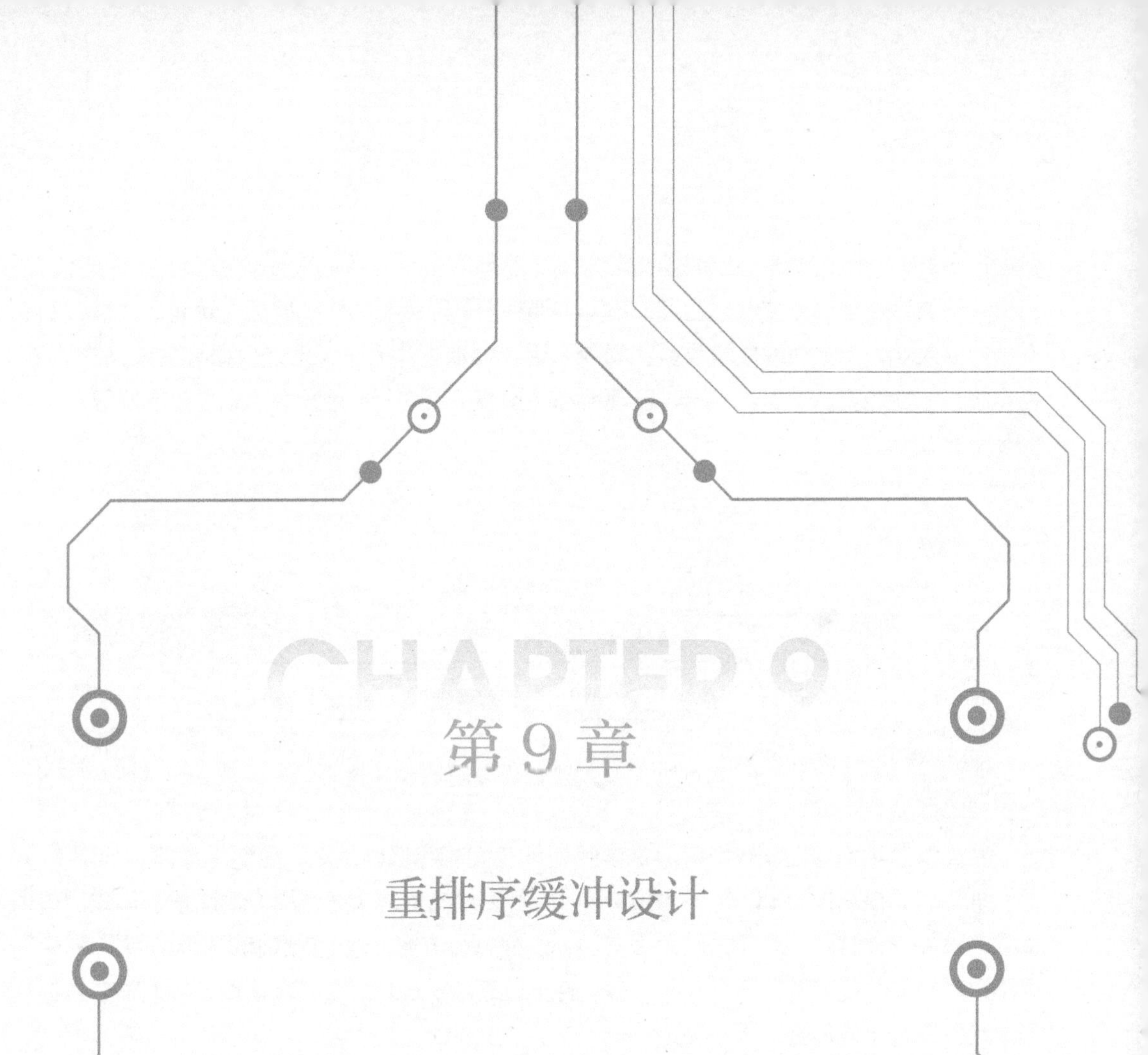

CHAPTER 9

第9章

重排序缓冲设计

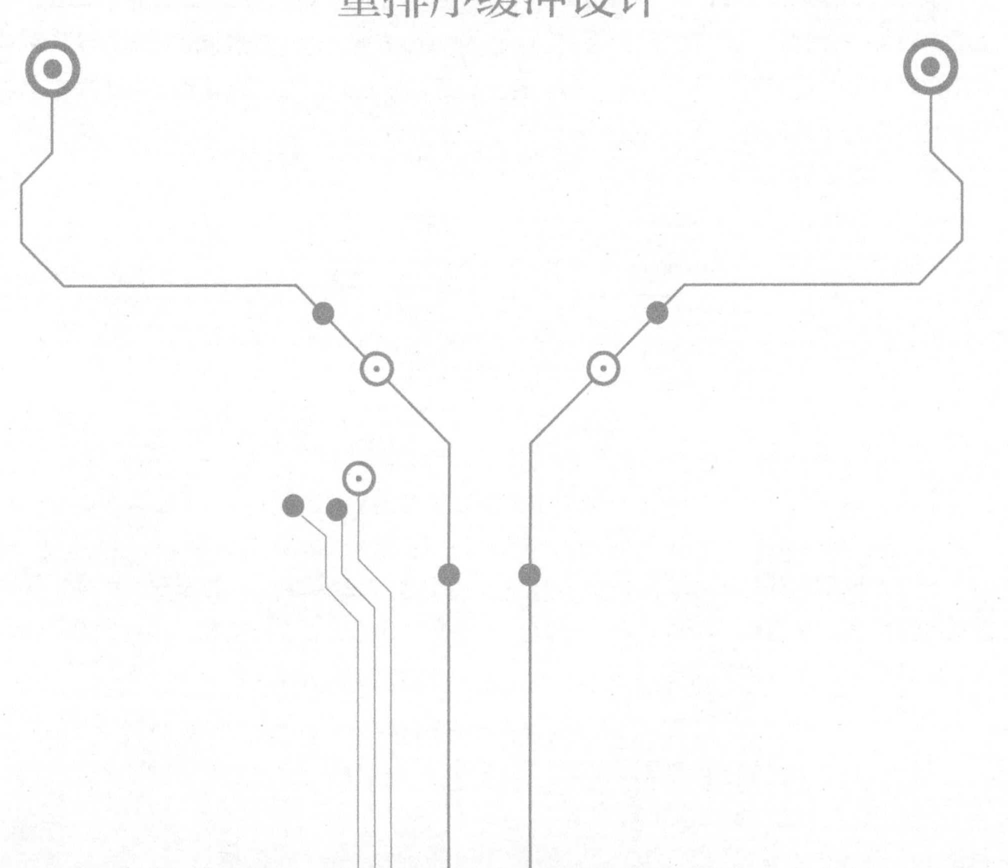

现代高性能CPU的动态调度和投机执行对指令的提交造成了非常大的影响，所以引入了重要的数据结构——重排序缓冲（Re-Order Buffer，ROB）来解决指令提交的问题。

CPU通过硬件重新安排指令执行顺序，减少流水线停顿的技术，称为动态调度（Dynamic Schedule）。动态调度技术需要对数据流和例外行为进行维护，其优点包括处理编译期间无法确定的数据依赖，简化编译器设计，为单个流水线编译的代码可以有效地运行在不同的流水线上。

在此基础上，出现了硬件投机执行（Speculative Execution），进一步缓解了控制相关冒险（Control Hazard）和数据相关冒险（Data Hazard）对性能的限制，大幅提升了指令并行度。例如，使用投机执行技术，可以在分支指令被解析前就通过分支预测的结果，投机性地尝试执行后续指令。该过程减小了控制相关对流水线暂停的影响，即使分支预测是错误的，也按照其结果连续执行后续指令。显然，这带来的负面作用是，如果分支预测错误，将需要额外完成取消错误结果的工作。投机执行的关键是建立数据流执行模型，当操作数准备好以后就可以执行。

带有投机执行的动态调度有三个基本功能，分别为：

- 动态分支预测：用来选择后续执行的指令分支。
- 投机执行机制：用来在控制依赖被解决前就执行后续指令。
- 执行指令的撤销：在分支预测错误时消除错误执行指令的影响。

在动态调度的流水线中，所有指令都顺序通过发射阶段，但是在接下来的阶段，指令可能被暂停或者彼此间旁路，从而形成乱序执行的局面。指令的结束也是乱序的，同时投机执行需要有能力撤销错误预测及执行指令的结果，避免其被提交。

因此，需要额外的硬件组件可以在投机指令提交前缓存其执行结果，帮助实现在指令提交前避免出现不可撤销的影响，包括修改重命名映射表、结果写入物理寄存器等。同时还需要支持投机指令流的持续执行，能够在投机指令之间进行操作数的传递。当投机预测结果被确认为正确之后，该硬件设施才提交投机执行的指令，并退出投机状态，此时才可以更新寄存器或者内存。这种额外的组件就是重排序缓冲。

9.1 重排序缓冲的原理

重排序缓冲本质上是一个FIFO，包含若干条目，保存投机执行的指令信息。一般而言会包含以下位域：

- 名称或者标签域：用来标识指令，通常用PC进行标识，或者PC Queue的ID。
- 指令类型域：需要能够区分出分支指令/访存指令/计算指令。
- 完成域：指令是否完成（Finish），如果完成就具备提交（Commit）的条件。

- 例外位：该指令的执行是否触发了例外（Exception）。
- 指令投机执行的寄存器映射关系。
- 指令投机执行的 Flag 映射关系。

在指令发射（Issue）阶段，需要在重排序缓冲中分配相应数量的条目（在有的 CPU 设计中，ROB ID 是在指令译码阶段分配的）。如果 ROB 已满或者不可用，则指令停止发射，流水线停顿。重排序缓冲可以用来缓存指令从执行到提交期间的结果，对于控制相关引起的投机执行条目会在错误预测时被清除。需要指出的是，当某条指令发生异常时，为了精确确认异常，该异常不会立刻被确认，直到该指令处于提交状态时才会被确认。

指令从指令队列中获取进入译码阶段。指令译码后，指令发射阶段检查结构相关。根据指令类型，分配相应的发射队列条目，同时重排序缓冲条目也被分配（顺序发射和顺序提交）。使用顺序发射时，如果一条指令在发射阶段被暂停，则后续指令也无法继续发射。此后，指令会等待到没有数据相关时，才开始读取操作数。这允许执行指令顺序发射，乱序执行和乱序完成。一般来说，高性能超标量 CPU 在经过 ROB ID 分配和寄存器重命名之后，进入发射队列就是乱序的了。

如果在执行阶段发现错误分支指令，错误的分支指令的编号（ROB ID）会广播到流水线的各个部分，重排序缓冲中的所有指令将与之对比，如果是在错误分支之后的指令将被重排序缓冲中对应指令清除。实际上在执行阶段发现预测失败时，重取指令需要几个周期才能到达发射阶段，在错误分支没有恢复之前，流水线会停顿在寄存器重命名阶段。

考虑到这是顺序发射，乱序执行，乱序完成，顺序提交，由于寄存器重命名机制的存在，多个迭代使用不同的物理寄存器作为目的地址（动态循环展开），这是 Tomasulo 方式可以重叠执行循环的原因。发射队列允许指令的执行发生在控制流操作之前，通过缓存得到寄存器备份，这样就避免了可能发生的 WAR 停顿。因此，可以说 Tomasulo 方式结合投机执行，实时地建立起了数据流执行。然而，这种性能的提升依赖于分支预测的精确度。如果分支预测错误，相应的指令预取、发射和执行产生的错误路径必须被放弃，会对性能产生负面影响。

实际使用中，投机执行的 CPU 会在分支预测错误发生时尽可能早地恢复。恢复可以通过清除错误预测的分支指令之后的重排序缓冲中的全部项，允许重排序缓冲之前的项继续执行，并重新开始获取正确分支路径上的指令。在投机执行 CPU 中，由于错误预测的代价较高，CPU 性能会对分支预测更加敏感。因此，处理分支的所有方面，包括预测准确度，错误预测的潜伏期，以及错误预测的恢复时间，都会变得更加重要。

9.2 重排序缓冲的设计空间

和寄存器重命名以及发射队列一样，重排序缓冲也有设计空间。它的主要维度有重排序缓冲的范围和重排序缓冲的布局，如图 9-1 所示。重排序缓冲的范围可以涵盖所有的指令也可以仅限于其中的几种；重排序缓冲的布局指定了重排序缓冲的结构、重排序缓冲的条目数量、输入/输出端口数量及每个条目是单个指令还是 Group 指令。

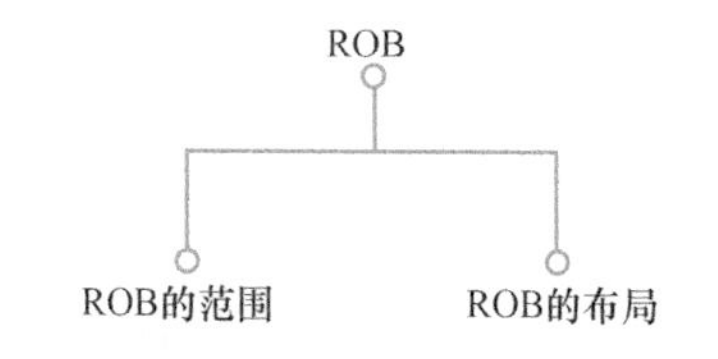

● 图 9-1　重排序缓冲的设计空间

9.2.1　重排序缓冲的范围布局与对执行结果的存储

重排序缓冲的范围表明了它在 CPU 中的应用程度，部分重排序缓冲仅限于部分指令类型，而完全的重排序缓冲则包括所有的指令，如图 9-2 所示。Power 1、Power 2、MC88110 和 R8000 采用了部分 ROB，而同时期的 PowerPC 603、PowerPC 604 及其后续几乎所有的 CPU，都采用了完全的重排序缓冲。这是因为随着工艺的进步，以及后续 rename 到物理寄存器堆等技术的出现，重排序缓冲的条目可用的数量越来越多，Intel 从 Pentium Pro 开始，一直到今天的 Golden Cove 都是用的完全重排序缓冲。ARM 从 Cortex A76 开始到目前的 Cortex A710 一直都是采用完全重排序缓冲。

● 图 9-2　重排序缓冲的范围及应用示例

重排序缓冲保存投机执行的指令，直到它们提交，可以从流水线退出为止。它的布局可以通过以下方式区分：重排序缓冲是否保存结果，重排序缓冲的条目（容量）及它们的输入/输出端口的数量和重排序缓冲每个条目是否分组。重排序缓冲的布局如图 9-3 所示。

寄存器重命名的缓存用重排序缓冲时，在寄存器重命名章节已有介绍，重排序缓冲需要保存投机指令执行的结果，直到指令提交写入架构寄存器。寄存器重命名缓存不用重排序缓冲

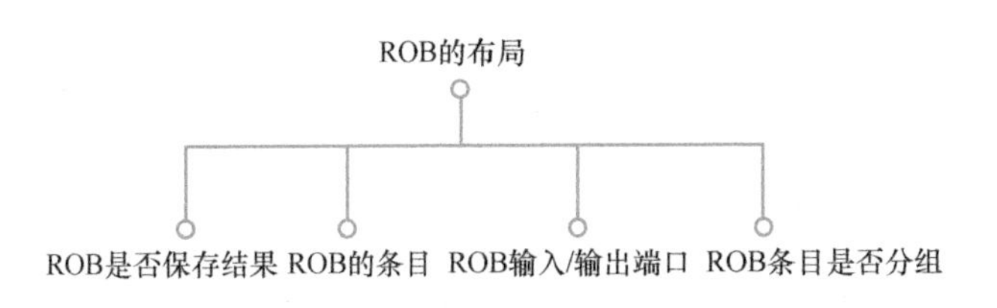

图 9-3 重排序缓冲的布局

时，如重命名到寄存器堆，重排序缓冲就不需要保存投机执行的指令的结果了。重排序缓冲是否保存结果的 CPU 示例如图 9-4 所示。不难看出，Intel 从 Pentium Pro 开始一直到 Nehalem 都采用重排序缓冲存储结果，这是因为 Intel 从 Sandy Bridge 开始支持 AVX，数据宽度由 128-bit 变为 256-bit，如果继续用重排序缓冲，显然重排序缓冲的面积承受不了，因此 Intel 从 Sandy Bridge 开始采用重命名到寄存器堆，也就是重排序缓冲不存储结果的微架构设计。对于 ARM 架构 CPU，Cortex A76 是 ARM 迈入高性能 CPU 的一个起始，从 Cortex A76 开始到现在，一直在采用重命名到寄存器堆，即重排序缓冲不保存结果的微架构设计。

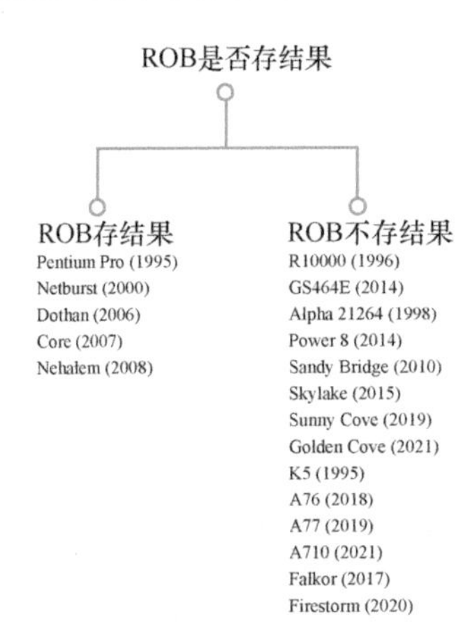

图 9-4 重排序缓冲储存执行结果与否示例

9.2.2 重排序缓冲的条目与端口数量

关于重排序缓冲的条目及和发射队列的数量，重命名寄存器的总数可参考 4.3.3 节的式（4-4），这里不再赘述，而只是关注重排序缓冲的条目数量，见表 9-1。不难发现，随着工艺的进步和 CPU 微架构技术的演进，重排序缓冲条目的数量越来越多，在 Intel 的 Golden Cove 达到了 512，而在 Apple 的 Firestorm 已经是 630+。

重排序缓冲的条目可以是指令粒度的，也可以按照指令发射（Issue）的宽度。以指令粒度为单位的，只要该指令完成了，就具备了提交的条件，目前多数CPU都是采用的这种方式。而以发射宽度为单位的，其重排序缓冲是指令在发射的时候，同一周期的发射的指令全部写入一个重排序缓冲条目，待这一组指令全部完成的时候才可以提交，如IBM的Power 8 CPU就采用了这种方式。

表9-1 经典CPU中重排序缓冲条目设计数量

CPU	ROB条目数量
R12000（1998）	48
Alpha21264（1998）	80
GS464E	128
AMD zen3（2020）	256
Pentium Pro（1995）	40
Netburst（2000）	126
Dothan（2006）	80
Core（2007）	96
Nehalem（2008）	128
Sandy bridge（2010）	168
Haswell（2013）	192
Skylake（2015）	224
Sunny Cove（2019）	352
Golden Cove（2021）	512
Falkor（2017）	128
FireStorm（2020）	630+

重排序缓冲的输入/输出端口数量是指在单个周期内可以将多少指令写入重排序缓冲，以及可以提交多少指令。

首先考虑输入端口。输入端口一般和指令发射（Issue）的宽度是一致的，例如，Intel的Pentium Pro指令的发射宽度是3，重排序缓冲的输入端口也是3；再如，IBM的Power8指令的发射宽度是8，重排序缓冲的输入端口也是8；还有Qualcomm的Falkor指令的发射宽度是4，重排序缓冲的输入端口也是4。

接下来考虑输出端口。输出端口一般也和指令发射（Issue）的宽度一致，即提交的宽度和发射的宽度是相等的。例如，Intel的Pentium Pro指令的发射宽度是3，重排序缓冲的输出端口也是3；再如IBM的Power8指令的发射宽度是8，重排序缓冲的输出端口也是8；还有Qualcomm的Falkor指令的发射宽度是4，重排序缓冲的输出端口也是4。但实际设计中，输出端口也可以宽于发射宽度。例如，Alpha 21264指令发射宽度是4，重排序缓冲的输出端口是8，值得注意的是，必须是连续的8个Finish，才能提交。

总体看来，输入端口一般和指令发射端口相等，输出端口可以等于或大于指令发射端口，这样可以避免性能瓶颈。一些经典CPU相关的设计数据见表9-2。

表9-2 经典CPU重排序缓冲输入/输出端口数量示例

CPU	发射宽度	ROB输入端口	ROB输出端口
Pentium Pro（1995）	3	3	3
Alpha21264（1997）	4	4	8
Power 8（2016）	8	8	8
Falkor（2016）	4	4	4

9.3 重排序缓冲运行示例

本章前两节介绍了重排序缓冲的原理，本节提供一个抽象的重排序缓冲运行示例，以便读者更好地理解重排序缓冲的设计。

这里以一个 32 条目的 FIFO 模拟一个 32 条目容量的重排序缓冲。对应于这个规格的重排序缓冲，设计 6-bit 的头指针（读指针）与尾指针（写指针）。其中指针的低 5-bit 对应重排序缓冲的条目数，最高 bit 用以区分重排序缓冲的空满状态。初始化重排序缓冲如图 9-5 所示。

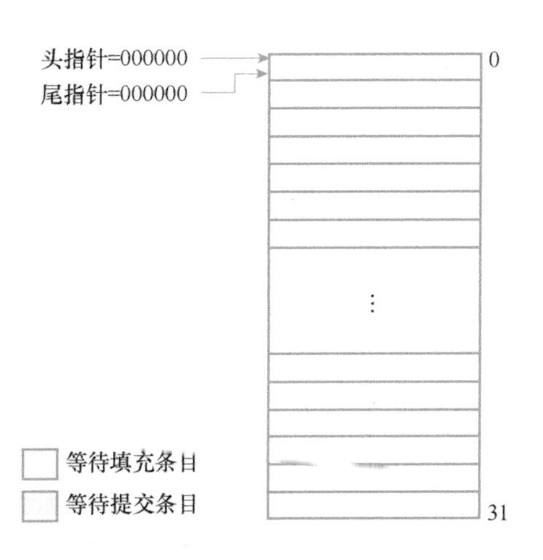

图 9-5 重排序缓冲初始状态示例

当指令分发（Dispatch）后［且暂时没有指令执行完提交（Commit）］，重排序缓冲的条目随着指令的不断分发而逐次被填充，同时，重排序缓冲的尾指针也随之递增，如图 9-6 和图 9-7 所示。

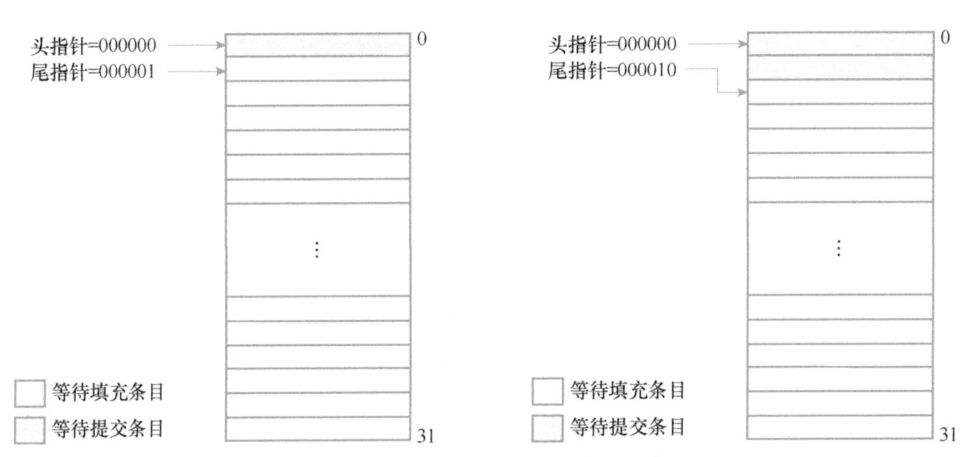

图 9-6 指令分发 1 条存入重排序缓冲

图 9-7 指令分发 2 条存入重排序缓冲

在指令不断被分发进入重排序缓冲的过程中，当有指令完成提交（Commit）时，重排序缓冲中的条目从头指针位置弹出，对应的头指针依次递增，如图 9-8 和图 9-9 所示。

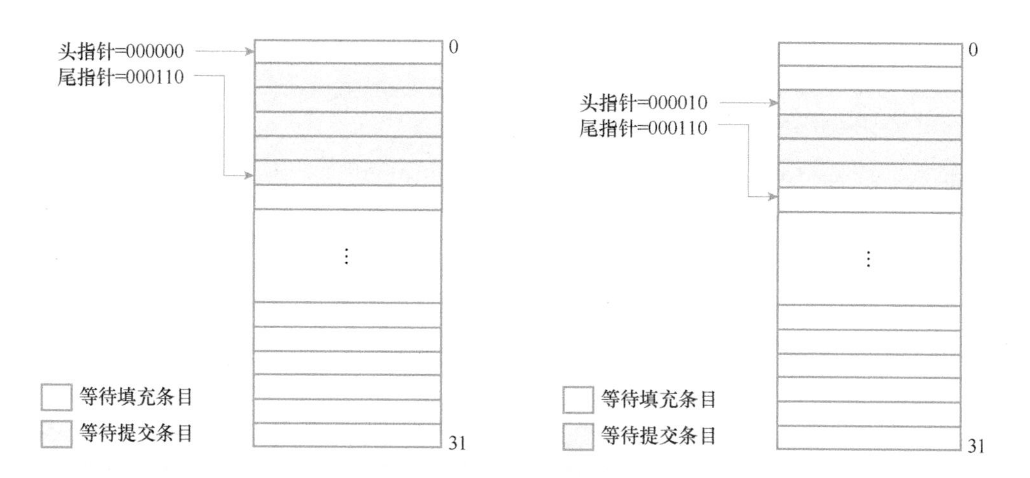

● 图 9-8　指令提交 1 条从重排序缓冲弹出　● 图 9-9　指令提交 2 条从重排序缓冲弹出

图 9-10 所示为重排序缓冲执行过程中一个随机的中间状态，有 27 条指令等待被提交，其中包括已经执行完成等待提交的指令。此时，如果流水线中出现了需要冲刷的场景，即重排序缓冲中的分发指令流部分或全部处在错误路径上，则重排序缓冲的条目也需要冲刷相应的部分。

如图 9-11 所示，在图 9-10 中的重排序缓冲状态下，分支单元解析后发现分支预测错误指令对应重排序缓冲标签位于重排序缓冲的第 6（二进制 000110）条目。此时，重排序缓冲的尾指针将从第 29（二进制 011101）条目回退至第 6 条目，从容冲刷掉重排序缓冲中错误指令路径上的所有条目，如图 9-12 所示。

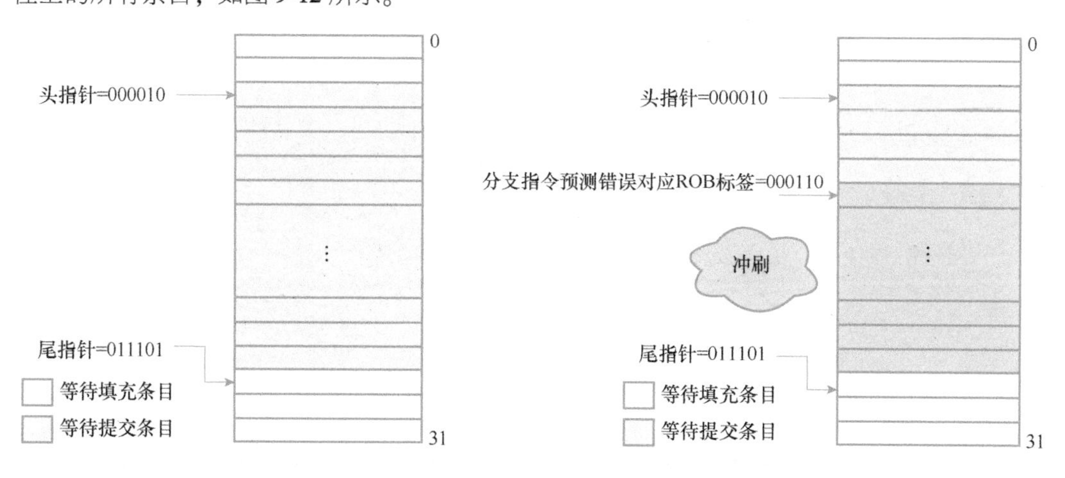

● 图 9-10　重排序缓冲执行过程中的随机状态　● 图 9-11　重排序缓冲中部分错误路径对应条目待冲刷

当CPU前端分发较多指令给到重排序缓冲，并且同时没有同等数量级的指令完成提交时，重排序缓冲就有可能出现满（Full）或者近满（Almost Full）的状态，如图9-13所示。可以看到此时尾指针的最高位为1，这就是为什么32个条目的重排序缓冲需要6-bit的读写指针。此外，近满状态的定义取决于微架构的设计，此状态并不都是统一定义为重排序缓冲只剩1个或2个（以及其他合理数值）可用条目。近满状态设计的一个主要目的就是为流水线中运行的指令提供更多的灵活度，并且降低流水线反压可能造成错误的概率。在重排序缓冲的运行中，允许出现头尾指针指向同一个条目的场景，如图9-14所示。此时尾指针指向了一个不可用的条目且第一次指向重排序缓冲中不可用的条目时，意味着重排序缓冲已满，此时不允许流水线前级的指令再分发至重排序缓冲，只有等重排序缓冲中的指令完成提交，弹出相应的条目时，前级指令分发才可以继续进行（重排序缓冲满状态下流水线的操作与重排序缓冲近满状态下的操作一致）。

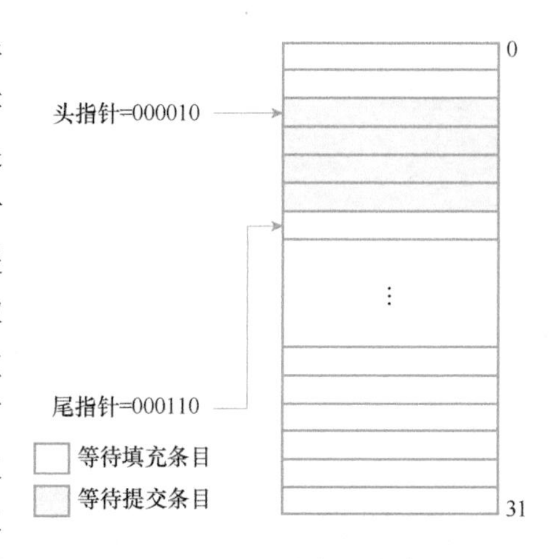

图9-12 重排序缓冲中部分错误路径对应条目冲刷后

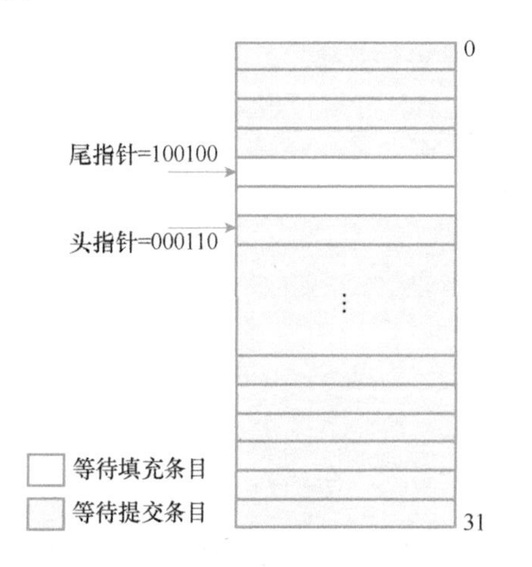

图9-13 重排序缓冲近满状态

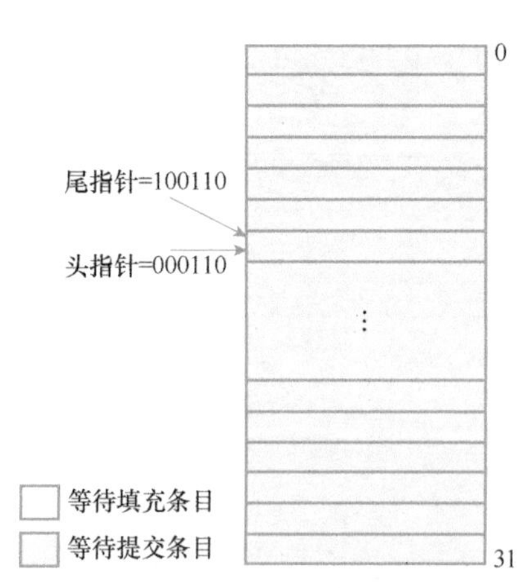

图9-14 重排序缓冲满状态

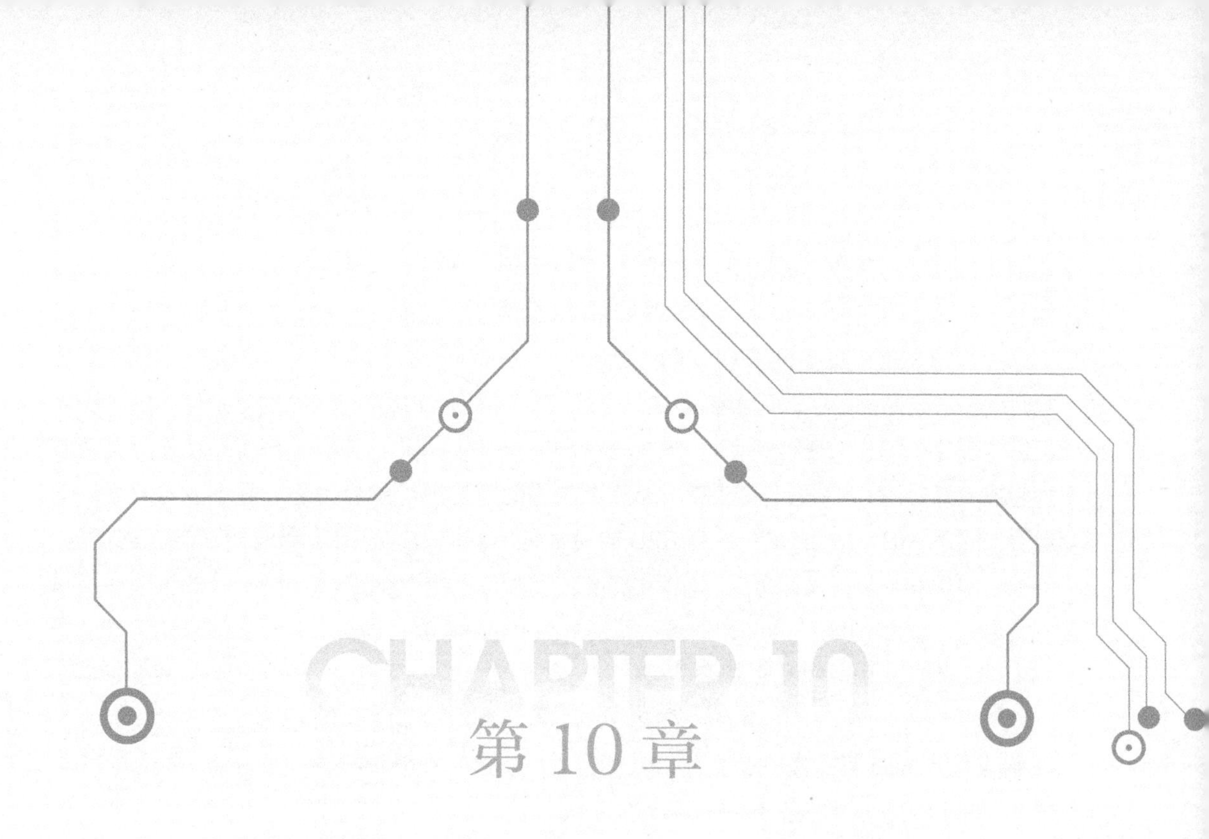

第 10 章

高性能CPU设计实例：Intel P6微架构

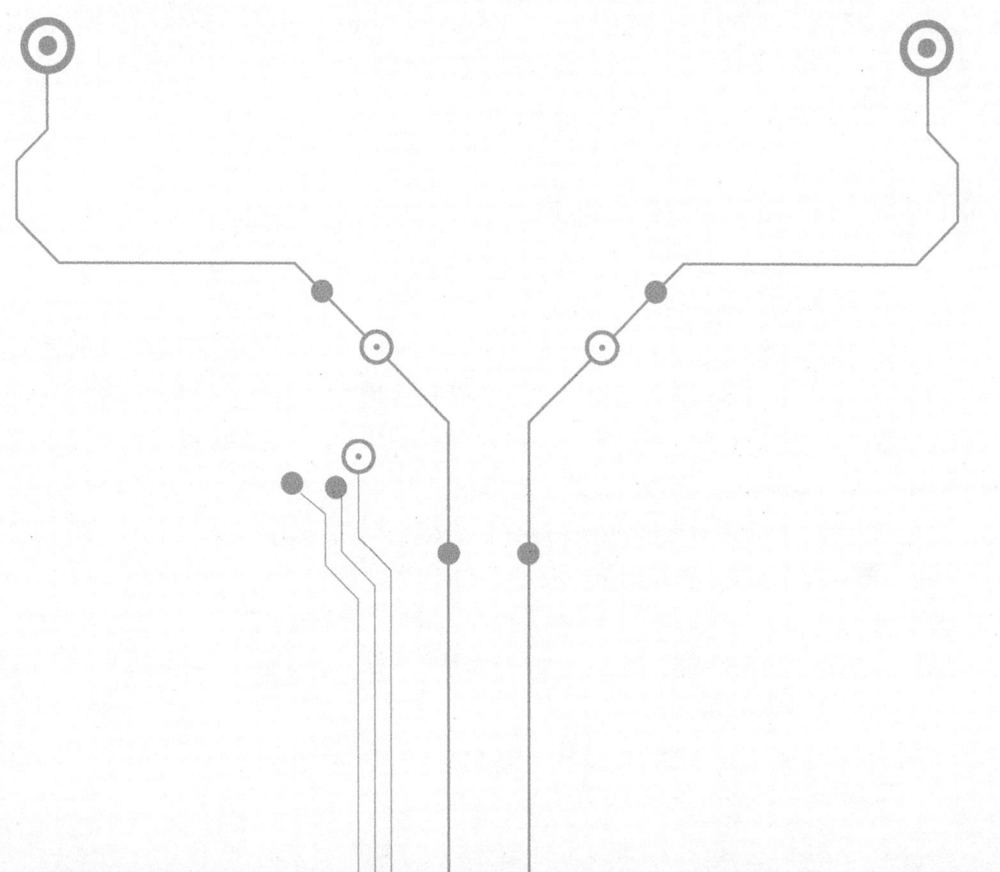

在前 9 章，笔者尽力为读者呈现 CPU 微架构是什么以及 CPU 微架构为什么要如此设计。从认知的角度看，除了“是什么”（What）与“为什么”（Why）之外，还需要了解“如何做”（How）。前文每一章阐述了 CPU 微架构中的一个部分，有其内在的关联性又彼此相对独立，同时做了一定的抽象，以期读者能够举一反三。然而，CPU 自身较高的复杂度决定了读者单纯了解内部每个部分后很难顺利地“窥一斑而知全豹”。因此，其中一个捷径就是通过了解当下顶尖或者经典的 CPU 设计来对每一部分微架构的设计进行融会贯通。基于业务背景，笔者相对更加熟悉 ARM Cortex A7x 系列 CPU 的设计细节。但是，受限于商业知识产权的问题，无法为读者展现其微架构设计全貌。作为设计实例剖析，如果不能把每一个部分的细节讲清楚就会失去意义。舍弃 ARM Cortex A7x 系列而选择以 Intel P6 微架构为例，除了规避知识产权的问题，也是因为这款微架构虽然设计时间距今已有一段距离，但它的大部分技术改进仍然存在于现代 CPU 设计中。因此，P6 微架构在此作为业界设计的实例也是合适的。

P6 微架构是 Intel 第六代 x86 架构 CPU 的微架构。最先采用 P6 微架构的 CPU 是在 1995 年推出的 Pentium Pro，它标志着 Intel 一系列成功的开始。

P6 微架构主要专注于工作站与服务器市场，在众多技术改进中，最突出的是引入了乱序和投机执行、片上二级缓存和原生多 CPU 支持。前两个改进得益于设计了更长的流水线，加长的流水线专门用于 x86 指令译码和重排序。P6 微架构内部使用微码，用于直接翻译 x86 机器码到更易于管理的指令序列。片上二级缓存通过在 CPU 和系统总线之间提供额外的存储层，在大大提高了性能的同时也减少了延迟。

10.1 Intel P6 微架构概述

Intel P6 微架构使用解耦合的 12 级超流水线设计（包括 3 级指令提取、2 级分支预测、2 级指令译码、1 级寄存器分配、1 级重排序缓冲读取、1 级保留站操作、1 级重排序缓冲写回、1 级寄存器退出操作），基础流水线设计中的执行阶段被解耦的（指令）分发/执行和退出（提交）阶段所取代。这允许指令以任何顺序开始，但始终以原始程序顺序完成，消除了指令提取和执行阶段之间线性指令排序的限制，并使用指令池（Instruction Pool）打开了指令窗口。这种方法允许 CPU 的执行阶段对程序的指令流有更多的可见性，从而可以进行更好的调度。投机执行的加入要求微架构前端在预测指令流方面更加智能。相对于同时代的 CPU 设计，P6 微架构的流水线级数较深，由实现不同功能的几个单元的短流水线连接而成。深流水线冲刷的负面影响通过高级分支预测器，使二级缓存的快速高带宽访问，以及更高的时钟速率（对于给定的半导体工艺技术）得到改善。

为了简化硬件设计，P6 微架构将 Intel 架构（IA-32）指令转换为简单的、系统化的原子计算，也就是微操作（μop）。通过对这些微操作的操作，硬件能够知道程序执行状态的所有信息并可以改变其状态。

P6 微架构由三个独立的单元和一个指令池组成，抽象示意如图 10-1 所示（图中也包括了缓存与内存接口）。

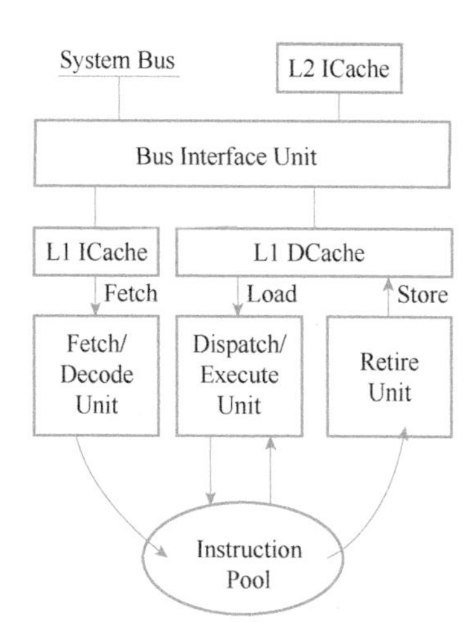

图 10-1　P6 微架构三个核心单元及其内存接口

P6 微架构三个独立的单元分别为顺序执行的前端（Fetch/Decode）、乱序的分发和执行（Dispatch/Execute），以及保序的后端退出（Retire）。原则上硬件执行需要遵守架构的约束，例如，必须按照程序本身的顺序执行程序的运算符，必须观察到真正的数据依赖性等。但是，出于性能和硬件资源开销的考虑，在实际设计中会放松一些约束（除了某些内存排序约束等），这也是乱序和投机执行实现的基础。

P6 微架构支持指令的投机以及乱序执行。其主要的特点是：

- 前端为增强指令提取性能增加了为投机执行服务的相关的组件。
- 提供足够的临时存储空间，使大量未提交的指令执行可以保存在流水线中。
- 提供足够的内存带宽以匹配指令流水线的运行效率。
- 允许已准备好执行的指令先于其他未准备好执行的指令执行。

通常情况下，当指令的投机执行沿着正确的路径进行时，前端生成的微操作（通常伴随着其调度、执行和退出所需的所有信息）进入保留站（Reservation Station），当所有操作数都可用时执行（通常以与源程序指令流的顺序不同的顺序执行，也就是所谓的乱序执行），最终，在重排序缓冲（Reorder Buffer）中的退出行中等待，并在轮到对应次序的时候退出。

对于指令的投机执行，一定伴随着设计检测和恢复指令执行在错误路径的机制。该机制确保乱序执行组件感知当前指令是否在错误路径上，同时保留其他（在正确路径上）尚未解析的指令操作。同时，前端放弃它正在做的工作，并从错误路径分岔前的正确地址重新开始进入流水线。CPU 也将处理指令流异常事件（故障、陷阱、中断、断点）统一映射到同一组机制上。

内存操作是微操作的一个特殊类别。因为 IA-32 指令集架构的寄存器很少，这意味着程序必须频繁访问内存，也就是说程序的依赖链通常以内存加载（Load）开始。如果内存加载不是投机执行的，那么在等待内存加载按指令编译顺序运行时，其他投机执行组件都将处于饥饿状态。然而，并非所有内存加载都可以投机执行（因为有些内存系统中加载不可恢复）。出于性能优化的考虑，可以在数据实际出现在任何缓存或内存中之前从存储缓冲区（Store Buffer）前递（Forward）存储数据，以允许相关加载（及其后续）继续进行。这与写回缓存非常相似，数据可以从尚未将其数据写入主存储器的缓存中加载。

退出（Retire）是不可撤销地对程序状态进行更改的行为。CPU 的乱序执行到此必须进行保序操作，也就是说指令的提交一定是按照编译指令流的顺序进行的。P6 微架构每个时钟周期最多可以退出三个微操作，也就是说可以提交最多三个程序状态的更改。如果需要三个以上的微操作来表达给定的 IA-32 指令，则退出过程应确保遵守必要的全有或全无的原子性。

P6 微架构的顶层框图如图 10-2 所示，抽象框图如图 10-3 所示。其中模块的缩写对应如下：IFU，指令提取单元（Instruction Fetch Unit）；BTB，分支目标缓冲（Branch Target Buffer）；BAC，分支地址计算器（Branch Address Calculator）；ID，指令译码器（Instruction Decoder）；MIS，微码指令定序器（Microcode Instruction Sequencer）；RAT，寄存器别名表（Register Alias Table）；L2，

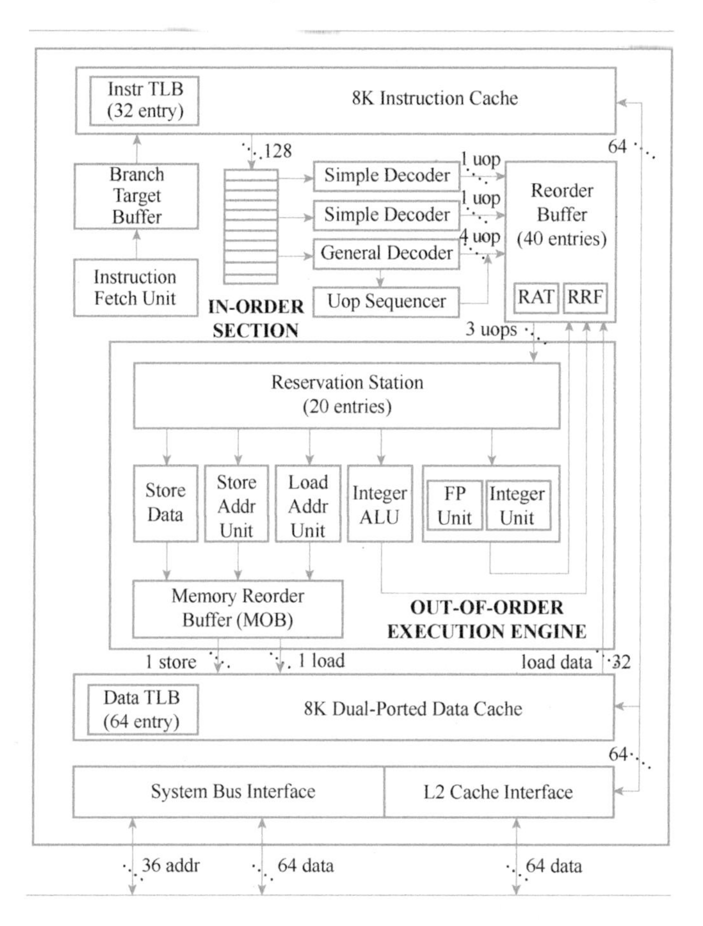

图 10-2　P6 微架构顶层框图

二级缓存（Level 2 Cache）；DCU，（一级）数据缓存单元［（Level 1）Data Cache Unit］；MOB，内存排序缓冲（Memory Ordering Buffer）；AGU，地址生成单元（Address Generation Unit）；MMX，MMX指令执行单元（MMX instruction Execution Unit）；IEU，定点执行单元（Integer Execution Unit）；JEU，（分支）跳转执行单元（Jump Execution Unit）；FEU，浮点执行单元（Floating-point Execution Unit）；MIU，内存接口单元（Memory Interface Unit）；RS，保留站（Reservation Station）；ROB，重排序缓冲（Reorder Buffer）；RRF，真实寄存器堆（Real Register File）。

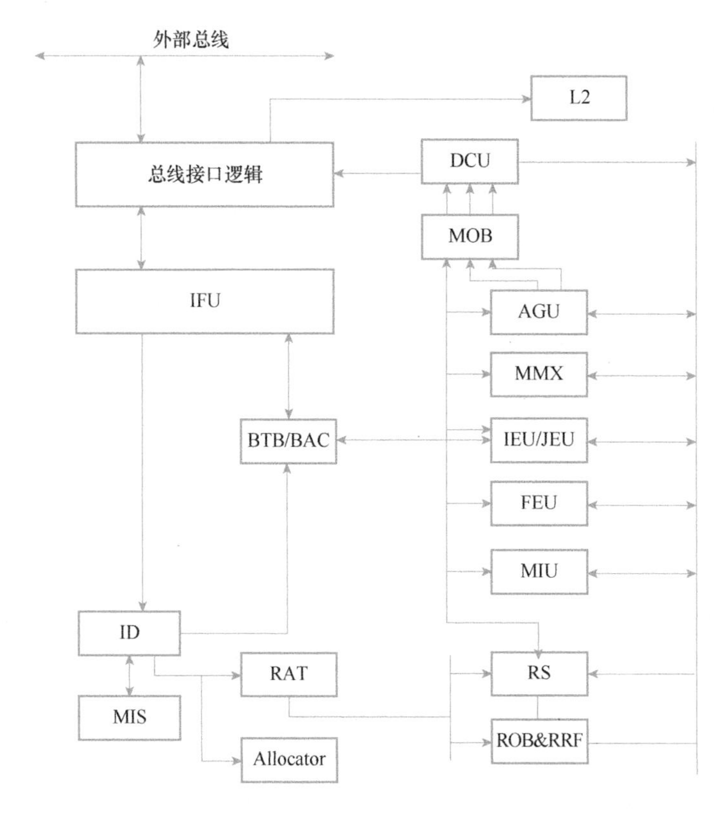

● 图10-3　P6微架构抽象框图

10.2 Intel P6微架构的流水线设计

10.1节中提到，Intel P6微架构使用的是12级超流水线设计，并且该超流水线不是设计为一个单一的深流水线，而是由三个独立单元的（解耦合）流水线组成的[22]。三者相互独立却又有重叠的部分，确保了投机执行的性能收益。举例来说，当分支预测单元从一个错误的指令提取路径重定向时，CPU 前端将立即从错误路径中刷新错误的指令信息，并重新提取正确的指令流进入处理器流水线。同时，乱序分发执行单元继续处理先前获取的指令，如果后续没有解析到错误的分支指令执行或者系统异常，指令将会正常提交退出。同时，每个单元都有自身对应的解耦合队列，在队列填满时反压（暂停）前级流水线，而并非暂停整条 CPU 流水线。这种设计理念的影响延续直至今日。

如图 10-4 所示，P6 微架构的前端流水线为 8 级，顺序执行。第一级被称为 Next IP，字面意思就是在流水线开端生成一个指令指针（Instruction Pointer），也就是通常理解的程序计数器 PC，用以访问指令缓存（Instruction Cache），从而拿到对应的指令。分支预测单元作为投机执行的功能组件也被放置在这一级，属于耦合设计。分支预测的指令跳转地址不一定是正确的，出于性能的考虑，纠错机制分散在后续流水线的多级中，而不需要等到分支指令完全解析再启动恢复流程。

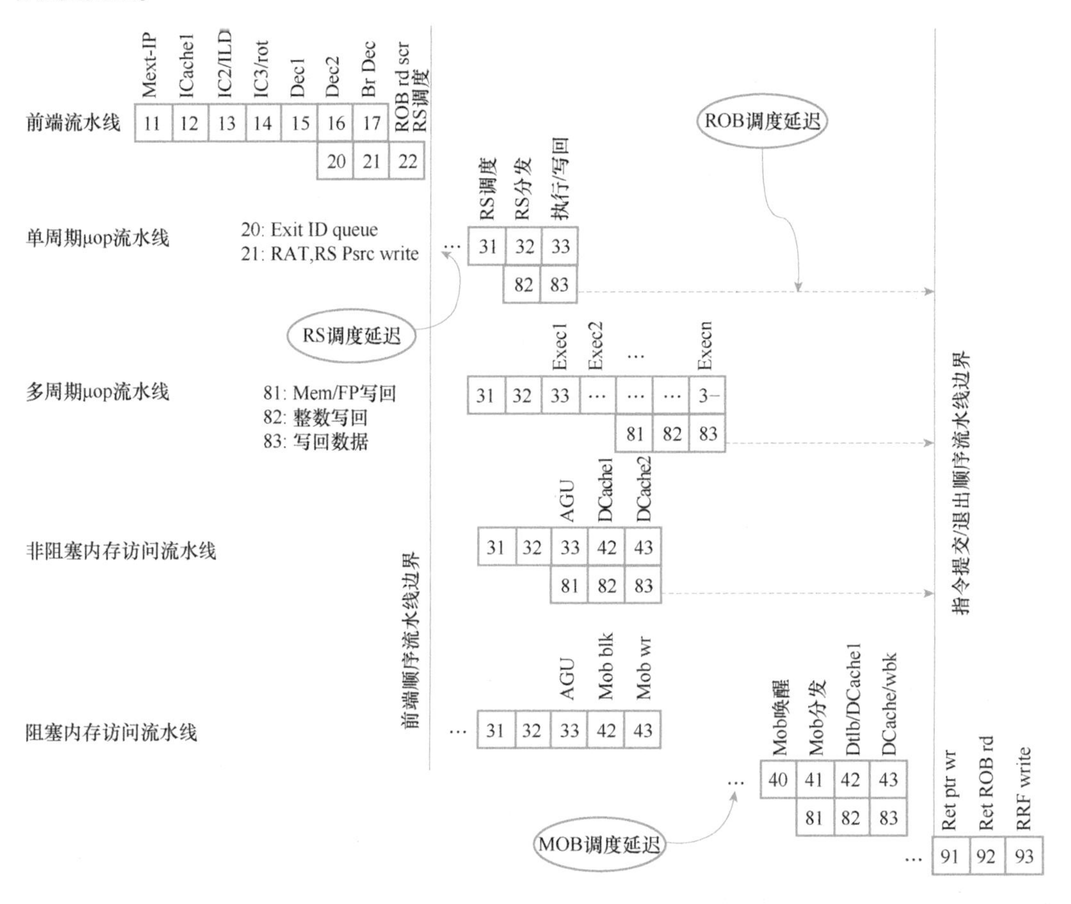

图 10-4　P6 微架构流水线设计

前端流水线的第 2～4 级是指令缓存的访问和处理。在流水线的第 2 级，使用第 1 级生成的指针（地址）访问指令缓存。流水线第 3 级从指令缓存读取数据（但不直接使用），同时进行指令长度译码（Instruction Length Decode，ILD）。流水线第 4 级完成指令获取并加以旋转（Rotate），然后传输到指令译码（Instruction Decode，ID）单元进行译码。

指令译码使用前端流水线的第 5～6 级，实现的功能包括对齐指令字节，识别最多三个指令，并将这些指令分解为微操作序列。同时，在前端流水线第 5 级退出指令译码（微操作）队列（Instruction Decode μop Queue）。

前端流水线的第 7 级进入寄存器重命名（Register Rename）阶段。在这一级，寄存器别名表（Register Alias Table，RAT）将微操作的目标/源链接重命名为重排序缓冲区中的物理寄存器。同时，此阶段利用译码信息，能够确认前级分支预测单元未预测的无条件分支跳转指令，在此处可以触发流水线冲刷及重定向。

前端流水线的第 8 级是指令顺序到乱序的分界，在此级寄存器别名表每时钟周期将三个微操作写入保留站，直到它们可以在适当的执行单元中执行。同时也写入重排序缓冲区，之后将按照原始程序编译的指令流顺序提交并退出。

进入 P6 微架构的乱序流水线，当 CPU 前端将一组（最多三个）新的微操作写入保留站后，这些微操作就成为可能的执行候选者。在决定哪些微操作准备好执行时，保留站（Reservation Station）主要考虑了如下几个因素：

- 微操作的所有操作数可用。
- 微操作所需的执行单元（EU）可用。
- 写回总线必须在执行单元完成微操作执行的周期内准备好。

通常情况下，微操作被写入保留站并且一直保留在那里，直到准备好数据并且满足上述约束。保留站需要两个周期来分发微操作到执行单元，也就是流水线 31 和 32 阶段。

单周期执行微操作（如逻辑运算或简单算术运算）在流水线 33 阶段执行。更复杂的操作（如整数乘法或浮点运算）根据需要占用尽可能多的周期，也就是流水线由 33 阶段向后延伸。

单周期操作在流水线 33 阶段结束时将其结果提供给写回总线。写回总线是由保留站管理的共享资源，其必须确保在未来的某个周期中有可用的写回总线资源提供给已被分发的微操作。写回总线调度在流水线 82 阶段执行，写回发生在流水线 83 阶段。

在乱序流水线中，保留站不感知原始的程序顺序，它只观察数据依赖性，并尝试优化性能的调度。这意味着任何微操作在写入保留站后都可能要等待从零到几十甚至几百个时钟周期。如果 CPU 正在从错误预测的分支指令路径中恢复，则调度延迟可以低至零，并且这都是新指令流中的确认无误的微操作。

所有内存操作必须按照通常的 IA-32 组合段基址（Segment Base）、偏移（Offset）、基址（Base）和索引（Index）的方法生成有效地址。生成内存地址的微操作在流水线 33 阶段的地址生成单元（Address Generation Unit，AGU）中执行。数据缓存（Data Cache）在接下来的两个流水线阶段中被访问。如果访问缓存命中，则读取的数据返回保留站并成为相应微操作的数据源。

如果（一级）数据缓存访问未命中，则 CPU 将尝试从二级缓存读取数据。如果仍未命中，则数据加载微操作被挂起，等待数据从主存中重新填充，这需要耗费较长的时钟周期。内存排序缓冲（Memory Ordering Buffer，MOB）维护运行中的内存操作列表，并将保持表中数据加载微操作暂停，直到其缓存行重新填充完毕。内存排序缓冲在流水线 40 阶段来识别和唤醒暂停的数据加载操作。流水线 41 阶段将数据加载微操作重新分发到数据缓存。

退出（Retirement）是将 CPU 投机执行的状态转化为永久、不可撤销的机器状态的行为。例如，一个乱序（投机）执行的微操作将指令执行结果写入重排序缓冲（Reorder Buffer，ROB），如果在此期间没有发生分支预测错误或者其他异常情况，当这个微操作成为当前最旧的微操作时，那么它接下来就即将退出。此时，微操作的执行完成是通过将重排序缓冲中它的执行结果传输到真实（架构）寄存器堆（Real Register File，RRF）的对应的目标寄存器来实现的。

重排序缓冲的一个重要作用是检测给定 IA-32 指令的开始和结束，并确保严格遵守原子性规则。由于仅退出 IA-32 指令的一部分（微操作）在架构上是非法的，也就是说一条 IA-32 指令的所有微操作要么都退出，要么都不退出。这种原子性要求通常规定部分修改的架构状态对外部不可见。重排序缓冲通过观察指令译码器（ID）在微操作上留下的头尾标记来区分一条指令中哪些是第一个微操作，哪些是最后一个微操作，其余微操作都默认位于指令微操作序列的中间。

当暂停一条 IA-32 指令中的微操作时，CPU 无法处理任何外部事件，它们只能等待。在两条 IA-32 指令之间，CPU 必须能够接受中断、断点、陷阱、处理错误等。重排序缓冲确保这些事件仅在正确的时间发生，并且以 IA-32 隐含的优先级顺序为多个未决事件提供服务。

当然，CPU 必须有能力在中途停止微操作流，并切换到微操作辅助例程，执行一定数量的微操作，然后在中断点恢复微操作流。这种行为发生在 TLB 更新，以及某些类型的浮点辅助等场景。

重排序缓冲以一个循环的微操作列表实现，具有一个退出指针和一个新条目指针，并将刚刚执行的微操作的结果写入流水线 18 阶段中的数组。来自重排序缓冲的微操作结果在流水线阶段 82 中读取，并在流水线阶段 93 中提交到真实（架构）寄存器堆中成为永久状态。

10.3 Intel P6 微架构前端设计

P6 微架构顺序执行的前端与乱序部分是解耦合的，指令提取单元也包含了指令提取（包括指令缓存子系统）与分支预测两部分，通过这两个部分完成指令提取的投机执行，并为执行单元提供充足的指令供应。

指令译码单元将最多三个指令转换为相应的微操作（流）并压入指令队列。寄存器重命名单元将新的物理寄存器指示符分配给这些微操作的源和目标索引，然后将微操作发送到乱序执行单元。当执行单元检测到指令流走在错误路径上时，前端流水线立即被冲刷掉并开始从正确的分支目标地址重新提取指令。需要注意的是，更正后的分支指令的微操作与乱序执行单元中继续执行的微操作是解耦的，这样就简化了 CPU 前端与乱序执行部分之间的控制通路。

10.3.1 指令提取单元设计

图 10-5 所示为指令提取单元（IFU）微架构的顶层，它具有 4 级流水线。

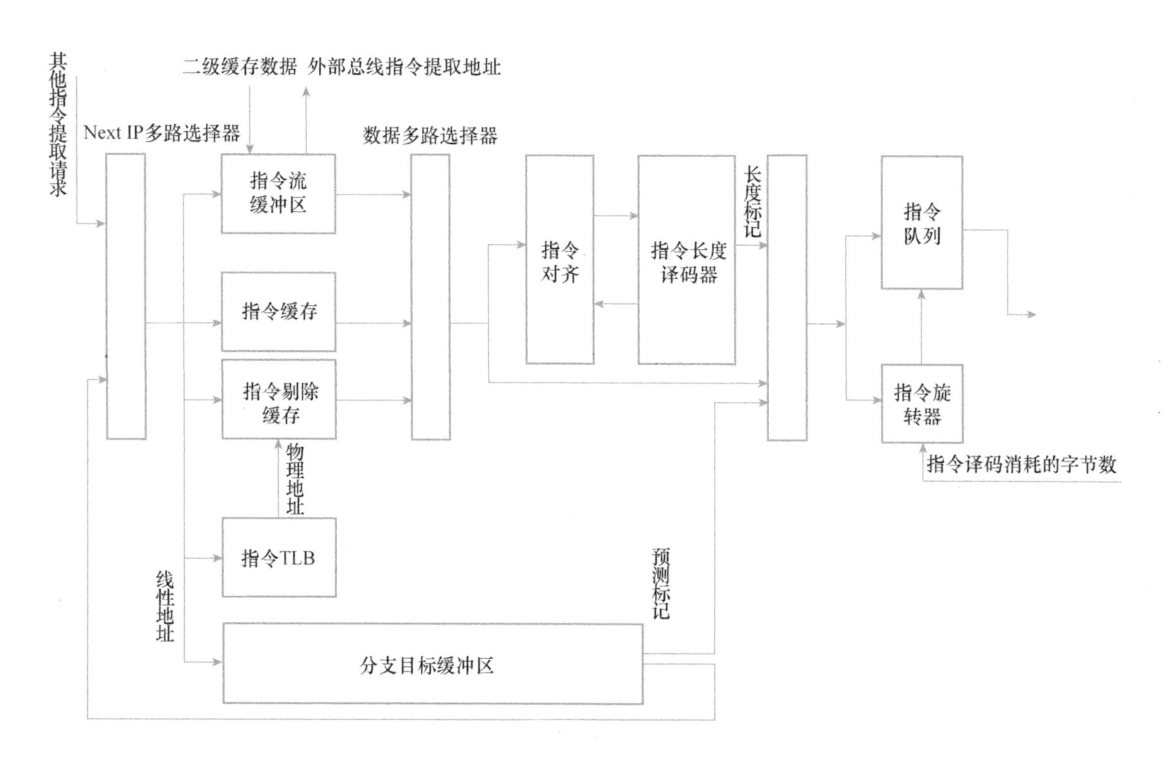

图 10-5 P6 指令提取单元微架构顶层

在前端流水线第 1 级（流水线 11 级），指令提取单元通过多路选择器选择下一个指令缓存访问的地址（Next Instruction Pointer 或 Next PC），该地址的来源包含了分支预测单元（图中为分支目标缓冲区）给出的预测跳转地址。

在前端流水线第 2 级（流水线 12 级），指令提取单元使用前一阶段选择的指令提取地址访问指令缓存子系统，包括指令缓存（Instruction Cache）、剔除缓存（Victim Cache），以及指令流缓冲（Instruction Streaming Buffer）。如果指令缓存、剔除缓存或指令流缓冲中的任何一个组件命中，则将从中读取指令并将其发送到前端流水线第 3 级。如果上述组件都未命中，则通过向外部总线逻辑（External Bus Logic，EBL）发送请求来启动外部取指。ITLB 和分支目标缓冲区（BTB）的访问均在流水线第 2 级。其中，ITLB 用以获取指令提取的物理地址和内存类型；分支目标缓冲区用以获取分支预测的跳转地址，其需要两个周期才能完成一次访问。在分页（Paging）功能关闭时，前端流水线中使用的线性取指地址与物理地址相同；当分页功能打开时，线性地址必须由 ITLB 转换为物理地址。虚拟地址到线性地址再到物理地址的转换过程如图 10-6 所示。

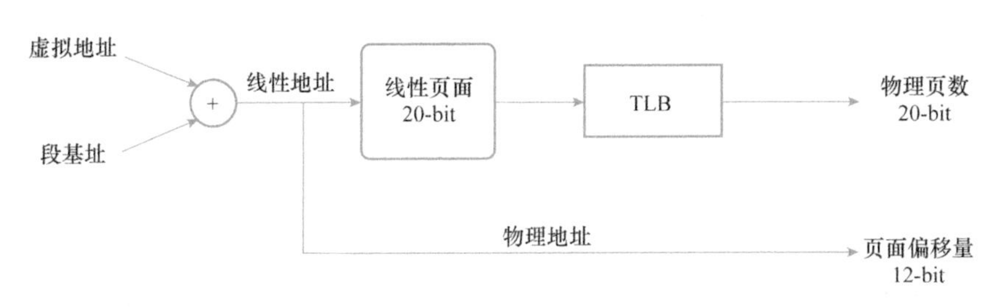

● 图 10-6 虚拟转线性转物理地址

在前端流水线第 3 级（流水线 13 级），指令提取单元确定提取的指令的边界，这个过程被称为“标记”（Marking）。预测分支的附加标记由 BTB 在流水线阶段 13 结束时传递。这里涉及两个组件：指令对齐（Instruction Alignment）和指令长度译码器（Instruction Length Decoder，ILD）。

为了使译码器单元能够成功地对宏指令进行译码（成微操作），需要识别指令块内的指令边界，其指示一个宏指令在哪里结束并且下一个宏指令在哪里开始。

Intel 架构（IA）因为使用了可变长度指令集而使得识别此类指令边界的任务变得复杂。具体来说，在精简指令集 CPU 架构和指令集中，宏指令通常具有固定长度，在这种情况下，一旦识别出初始边界，就可以相对容易地确定指令之间的边界，因为每条指令都有一个已知长度。对于复杂指令集架构的可变长度指令集，一旦识别出初始边界位置，就必须确定每个宏指令的长度以识别后续指令边界。可变长度指令集为了支持多种数据和寻址大小，使得识别边界的任务变得更加复杂。IA-32 指令是可变长度指令，长度为 1～15 个字节（带前缀）或 1～11 个字节（不带前缀）不等。为了正确对齐译码指令，必须确定指令的长度。

指令长度译码器确定当前指令的长度，对接收的指令字节进行译码，确定指令长度，并将长度反馈到指令对齐模块以进行后续指令的重新对齐，然后发送到后级以标记指令边界。

在前端流水线第 4 级（流水线 14 级），指令队列（Instruction Buffer）存储从指令缓存中提取的指令块数据，使得指令提取单元与指令译码单元解耦合运行。如果指令队列为空，指令可以直接转向译码阶段。

指令对齐模块与指令队列在前端流水线同级，负责对齐指令流，即确定要执行的指令在提取的指令块中从哪里开始和结束，其内部包含保存指令队列传送过来的指令数据的缓冲区。该模块通过指令长度译码器的反馈数据调整内部缓冲内的指针以指向要执行的下一条指令，使用前一条指令的长度和前一条指令的已知起点，指令对齐模块移动数据流指针，以便将指针与数据流中下一条指令的开始对齐。

10.3.2 分支预测单元设计

分支预测单元的机理在本书第 4 章已经进行过阐述，原理性概念在此不再赘述。

在 P6 微架构的分支预测单元设计中，预测结果（跳转目标地址与跳转方向）在指令提取单元流水线第 2 级（流水线 12 级）给出。分支指令解析的源头有两个：第一个是前端流水线第 7 级（17），10.2 节提到此阶段利用译码信息，能够确认前级分支预测单元未预测的无条件分支跳转指令；第二个是在流水线 23 阶段的跳转执行单元（Jump Execution Unit，JEU）对分支指令进行解析。同时，分支预测单元的更新主要由跳转执行单元完成。为了提高流水线的投机执行效率，在流水线 13 级预测完成后也会投机更新分支预测器。

P6 微架构中分支预测单元（BTB）与其他单元的交互示例如图 10-7 所示。分支预测单元在 BTB Cache 中搜索关于指令提取单元当前正在提取的指令块中的分支指令的信息，并将预测结果反馈给指令提取单元。为了维护（训练）分支预测单元中的 BTB Cache 和 BIT（Branch IP Table），分支预测单元会从其他几个单元接收分支指令信息。

指令译码单元会向分支预测单元发送译码后的分支指令信息，包括紧跟在分支指令之后的其他类型指令的地址。分支预测单元将紧跟在分支指令之后的指令的地址存储到 BIT 中以供以后使用。分支地址计算器的作用是验证由分支预测单元做出的预测。如果分支地址计算器确定分支预测单元对不存在的分支指令做出分支预测，则分支地址计算器指示分支预测单元解除分配 BTB Cache 中包含的不存在的分支指令的条目。

分配器负责为每个微操作分配重排序缓冲条目，当为分支类型的微操作分配重排序缓冲中的物理目标（pdst）条目时，分配器将物理目标的条目信息提供给分支预测单元。分支预测单元使用物理目标条目号来分配 BIT 中的相应条目，该条目存储了关于分支类型微操作的信息。

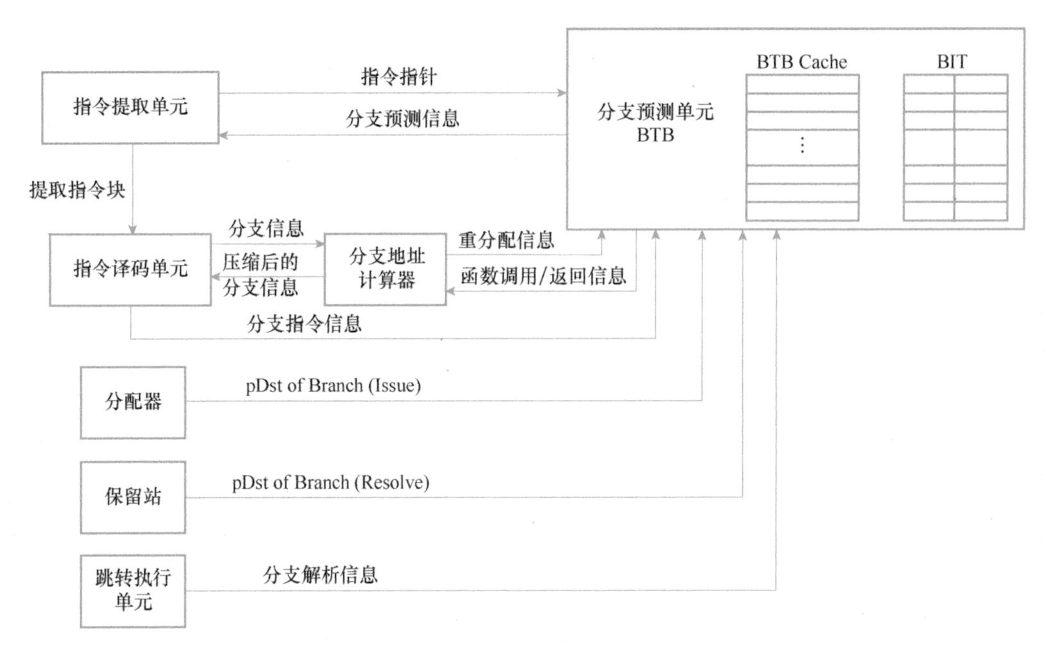

● 图 10-7　P6 微架构分支预测单元与其他单元的交互示例

保留站存储等待执行的微操作并将准备好的微操作分发到指令执行单元。当保留站向分支执行单元分发分支微操作时，会向分支预测单元通知分支微操作的物理目标条目。分支预测单元读出 BIT 中分支指令的对应条目中的信息，在分支微操作执行之后使用。

当跳转执行单元执行分支微操作时，跳转执行单元将分支解析信息提供给分支预测单元。分支预测单元使用分支解析信息来更新 BTB Cache 中的现有条目或者为 BTB Cache 分配新条目。

P6 微架构分支预测单元使用的动态分支预测算法主要基于 Tse-Yu Yeh 和 Yale N.Patt 教授提出的两级自适应训练算法。该算法使用两级分支历史信息进行预测：第一级是分支历史信息；第二级是特定分支历史模式的分支行为。对于每条分支指令，BTB 保留 N 位真实的分支历史（即最后 N 次动态解析的分支跳转结果），使用分支历史寄存器（Branch History Register，BHR）存储。分支历史寄存器中的模式索引到 2^N 个条目的模式状态表（Pattern Table），给定模式的状态用于预测分支指令在下次出现时的行为方式。模式状态表中的状态更新使用饱和计数器。

在实际设计中，P6 微架构的 BTB Cache 是一个 4 路组相联的结构，如图 10-8 所示。有 128 组共计 512 个条目，每组使用的历史记录是 4-bit，也就是说每组中的所有条目均使用相同的模式状态表。当新的分支信息写入分支条目集合时，BTB Cache 使用伪最近替换（Pseudo-Least Recently Replaced，PLRR）算法来选择集合中的分支条目，该算法的流程如图 10-9 所示。

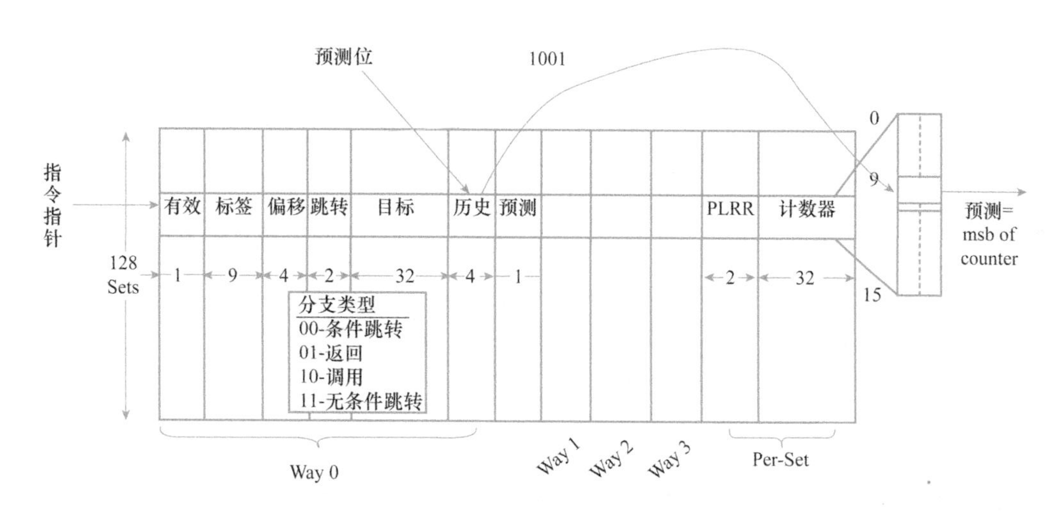

● 图 10-8 BTB Cache 设计

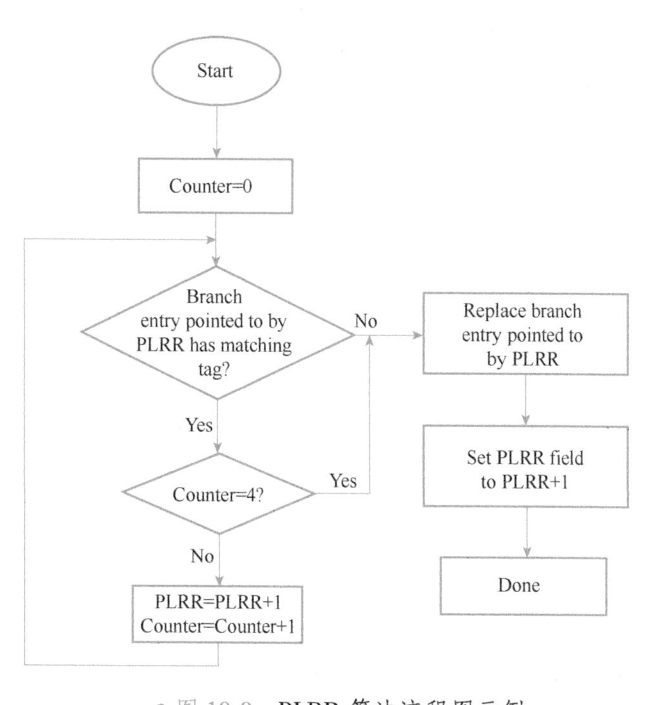

● 图 10-9 PLRR 算法流程图示例

除了 BTB Cache，分支预测单元还维护另一个组件——BIT（Branch IP Table）。BIT 存储当前在该分支中的所有未解析的分支微操作的信息，在执行完每个分支微操作之后，检索存储在 BIT 中的信息以更新 BTB Cache，以及在分支预测错误的情况下重启流水线。

BIT 的一个示例如图 10-10 所示，包含与重排序缓冲条目数相同的分支条目的缓冲。其中，BIT 内的每个分支信息条目包括下一个线性指令指针（Next Linear Instruction Pointer，NLIP）地址字段和一个 CPU 状态信息字段。

NLIP 地址字段存储紧跟在与分支微操作相关的分支指令之后的指令的地址。当分支被错误地预测为不跳转时，指令提取单元使用 NLIP 地址。当分配新的 BTB Cache 条目或更新现有条目中的分支历史信息时，NLIP 地址也用于索引 BTB Cache。同时，NLIP 地址减 1 以产生分支指令的最后一个字节的地址。分支指令的最后一个字节的地址被分支预测单元用来索引 BTB Cache。

CPU 状态信息字段用于存储在进行分支预测后开始投机执行时可能会损坏的信息。如果 CPU 由于分支错误预测而投机地沿着错误的指令路径执行，则当检测到错误的分支预测时，可以从 BIT 恢复状态信息。例如，CPU 状态信息字段可存储用于分支地址计算器中的返回地址栈的栈指针。

BIT条目数	NLIP地址	处理器状态信息
0		
1		
2		
3		
	⋮	⋮
n−1		

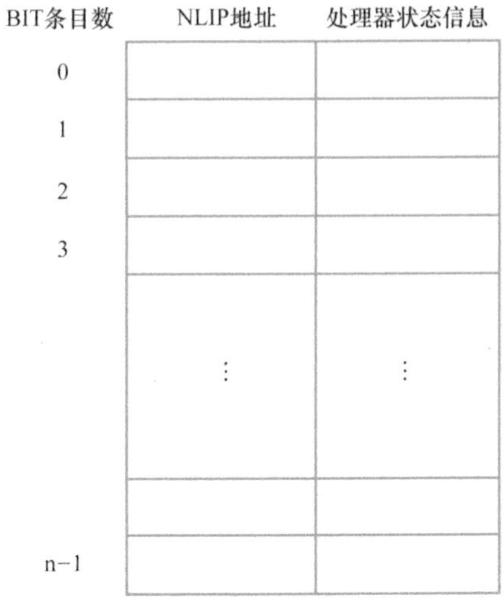

图 10-10 BIT 设计

当分配器为分支微操作分配重排序缓冲中的 pDst 条目时，会同时分配 BIT 中的对应条目。指令译码器向分支预测单元发送分配的 pDst 条目、CPU 状态信息和 NLIP 地址，分支预测器将 CPU 状态信息和 NLIP 地址写入 BIT 中的相应条目。

为了对分支指令进行预测，BTB 将解析的分支跳转方向（跳转或不跳转）移位到分支的历史模式中，该字段用于索引模式状态表。模式状态表中的状态的最高位表示下次看到对应分支指令时使用的预测。图 10-11 所示为更新历史模式索引的算法是如何工作的。要更新的条目的历史模式是

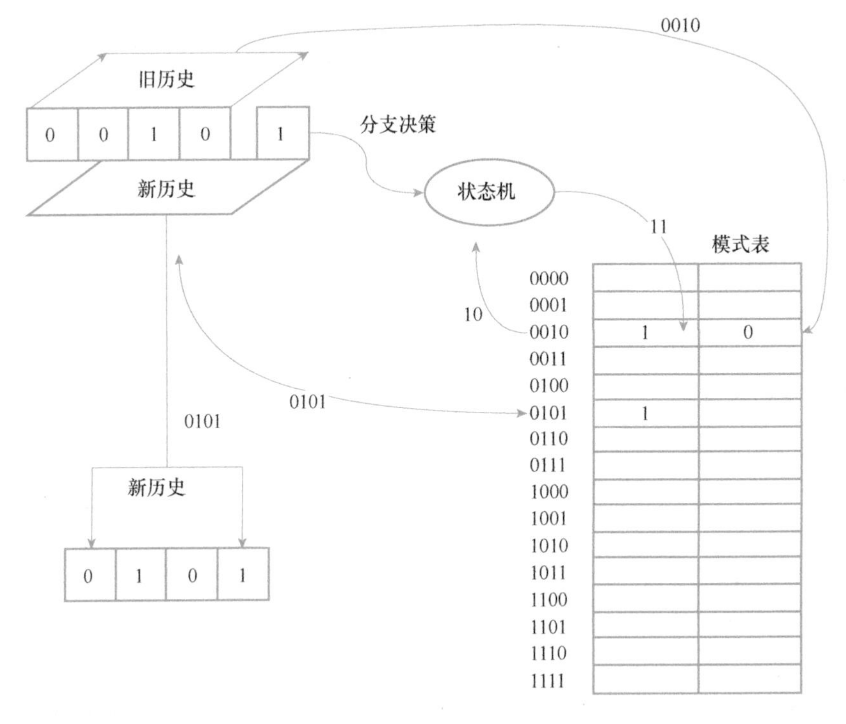

图 10-11 分支预测算法示意

0010，分支预测的结果是跳转。新的历史模式 0101（经过旧的历史模式 0010 左移）用于对模式状态表进行索引，并获得分支指令（状态的最高有效位）的新预测结果：跳转（也就是 1）。旧的历史模式 0010 用于索引模式状态表以获取旧的状态 10。旧的状态 10 与分支预测结果一起被发送到状态机，新的状态 11 被写回到模式状态表中。分支模式历史状态机如图 10-12 所示。

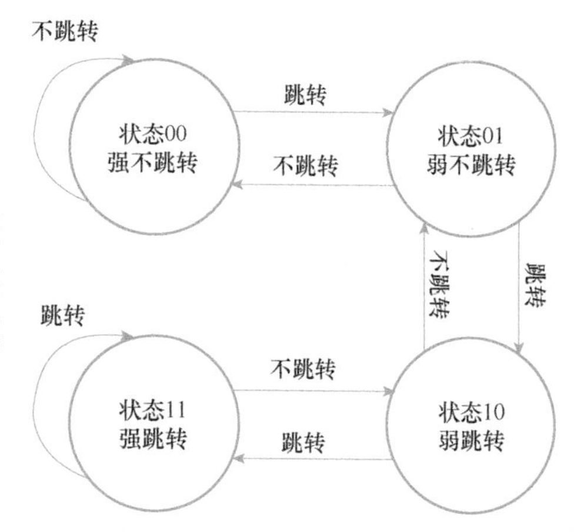

● 图 10-12　分支模式历史状态机

分支预测单元还维护一个 16 个条目深的返回地址栈，以帮助预测返回指令。总体微架构框图如图 10-13 所示，BTB 条目分配和更新算法流程如图 10-14 所示。

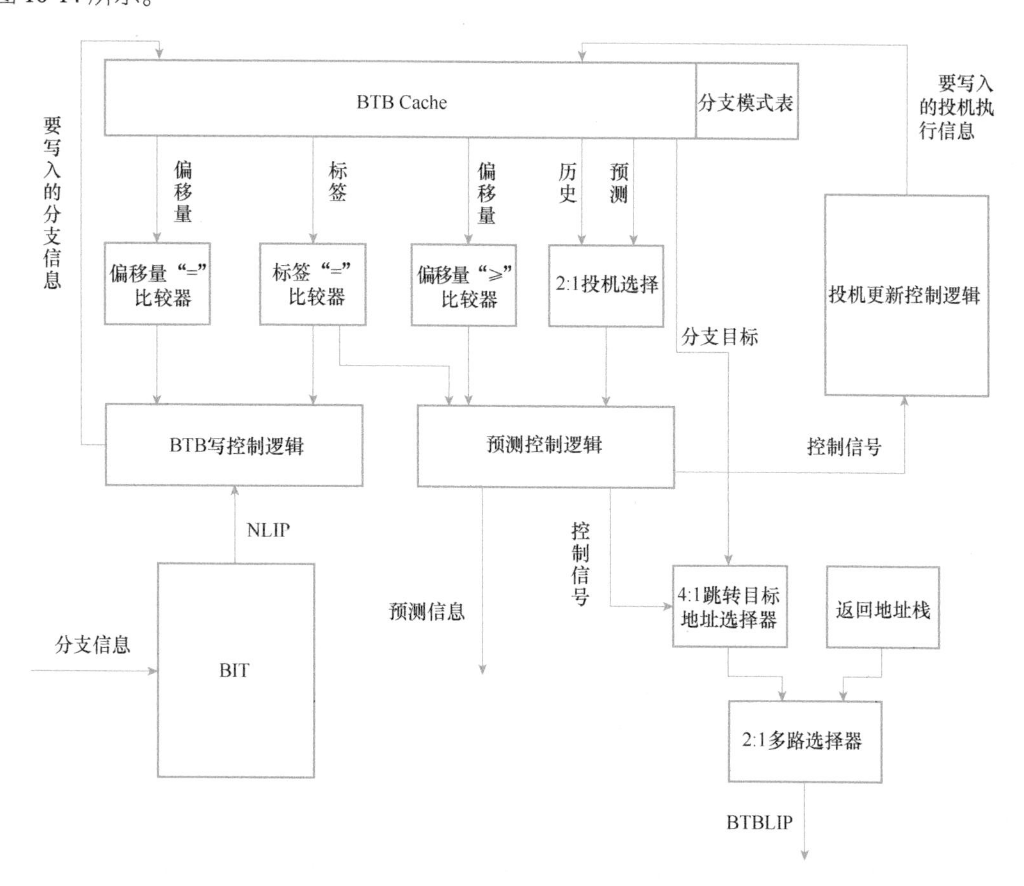

● 图 10-13　P6 分支预测单元微架构框图

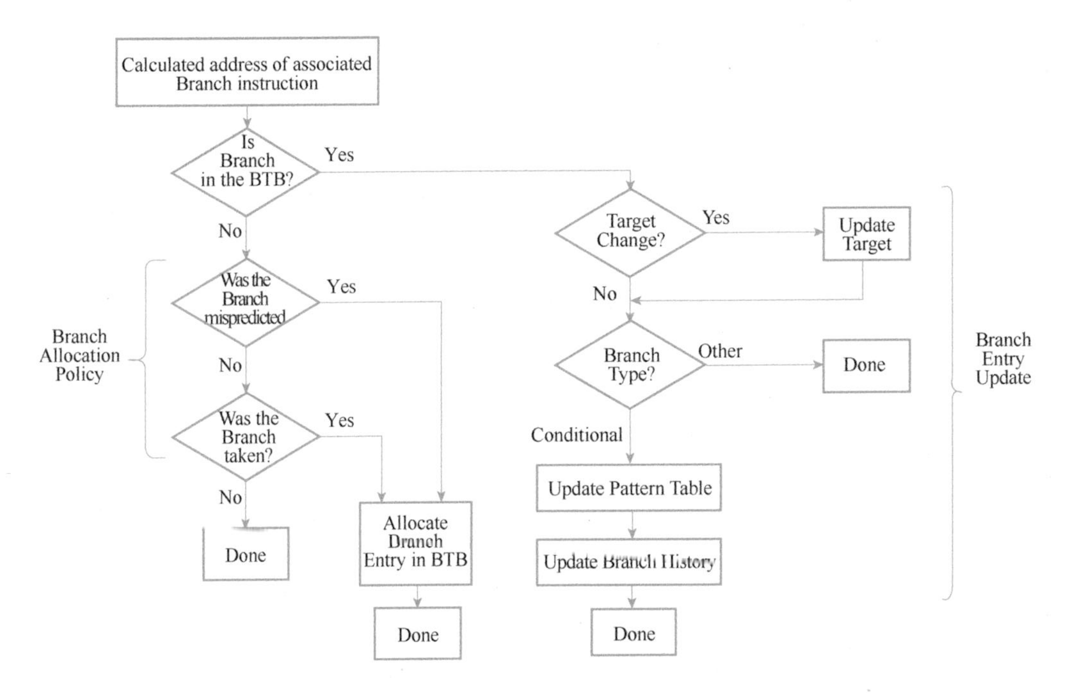

图10-14 BTB条目分配与更新算法流程图

10.3.3 指令译码单元设计

指令译码单元的第一阶段为指令引导块（Instruction Steering Block，ISB），负责从指令提取单元锁存指令字节，按顺序提取各个指令并将它们引导到三个译码器。同时，此单元还检测并生成预测的分支指令的正确排序，如图10-15所示。

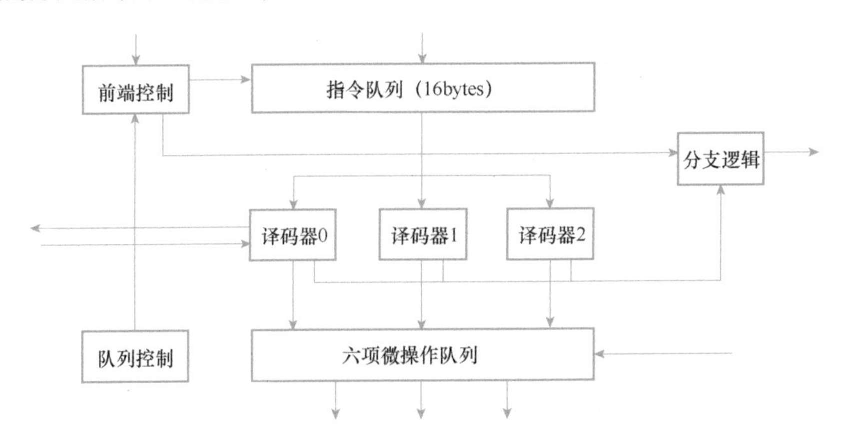

图10-15 P6指令译码单元微架构框图

指令队列一次从指令提取单元加载16个字节。这些数据是对齐的，以保证队列中的第1个字节是完整指令的1个字节。平均指令长度为2.7~3.1个字节，这意味着平均有5~6个完整的指令将被加载到指令队列中。在以下任何条件下都可以加载新一批指令字节：

- 由于分支预测错误发生CPU前端复位。
- 当前指令缓冲中的所有完整指令均已成功译码。
- 三个译码器中的任何一个都成功地译码了预测跳转的分支指令。

前文提到，位于指令提取单元中的指令长度译码器（Instruction Length Decoder，ILD）执行预译码功能。它扫描宏指令流的字节，定位指令边界并标记每个指令的第一个操作码和结束字节。此外，指令提取单元标记字节以指示分支预测和代码断点。

在每次指令队列加载期间，可能有1~16条指令被加载到队列中，前3个指令中的每一个都会被引导到三个译码器之一。如果指令队列不包含3个完整的指令，则将尽可能多的指令引导到译码器。引导逻辑使用第1个操作码标记来并行对齐和引导指令。由于指令队列中最多可能有16条指令，因此可能需要多个时钟周期来译码所有指令。在给定时钟周期中引导的3个指令的起始字节位置可能位于队列中的任何位置，硬件负责对齐3个指令并将它们引导到3个译码器。

即使可以在1个周期内将3个指令引导至译码器，但所有3个指令都可能无法成功译码。当1条指令未成功译码时，该译码器将被刷新，并且该译码尝试产生的所有微操作都将失效，因此可能需要多个周期才能消耗（译码）缓冲中的所有指令。以下情况会导致微操作的失效，以及在随后的循环中将它们相应的宏指令重新导向另一个译码器：

- 如果在译码器0上检测到复杂的宏指令，需要微码指令定序器（Microcode Instruction Sequencer，MIS）和微码只读存储器（uCode ROM，UROM）的帮助，则来自所有后续译码器的微操作无效。当微码指令定序器完成对其余部分的定序时，后续的宏指令被解码。
- 如果一个宏指令被引导到一个功能有限的译码器（不能译码该宏指令），那么宏指令和所有后续的宏指令在下一个周期将被重新引导到其他译码器。所有由该译码器和后续译码器生成的微操作均无效。
- 如果遇到分支指令，则后续译码器产生的所有微操作都无效。每个时钟周期只能译码一个分支指令。

需要指出的是，可以同时译码的宏指令的数量与指令译码单元可以发出的微操作数量没有直接关系，因为译码器队列可以存储微操作并在以后发出它们。

图10-15中所示的3个译码器虽然并行，但并不相同。只有译码器0能够将任何IA-32指令转换为在指令执行单元中执行的微操作。任何可以映射到4个或更少微操作的IA-32指令都将由该译码器直接译码，更复杂的指令将用作微码指令定序器（Microcode Instruction Sequencer，MIS）的索引，它会发出合适的微操作流给到译码器。

复杂指令是指那些要求微码指令定序器对微码 ROM 中的微操作序列进行排序的指令。只有译码器 0 可以处理这些指令。有两种方式可以调用微码指令定序器微码：

- 长流（Long Flows）。其中译码器 0 最多生成长流的前 4 个微操作，微码指令定序器对剩余的微操作进行排序。
- 低性能指令。其中译码器 0 不发出微操作，而是将控制权转移到微码指令定序器以从微码 ROM 进行排序。

译码器 1 和 2 无法译码复杂指令，这是一种设计权衡，既反映了实现的成本，也反映了动态 IA-32 代码执行的统计数据。复杂指令将在随后的时钟期间被重新引导到下一个较低的可用译码器，直到它们到达译码器 0。微码指令定序器从译码器 0 接收到微码 ROM 入口点向量并开始排序微操作，直到微码流的结束。微码指令定序器的设计示例如图 10-16 所示。

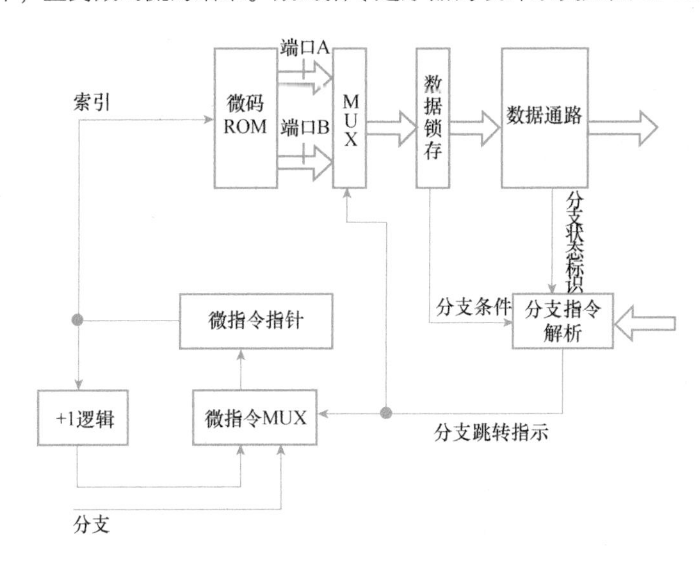

图 10-16 微码指令定序器设计示例

当宏指令缓冲从指令提取单元加载时，指令译码单元会查看预测字节标记，以检查缓冲中的完整指令组中是否存在任何预测跳转的分支指令，并将在对应于分支指令的最后一个字节上找到正确的预测。如果在缓冲中的任何地方发现了一个预测的分支，则指令译码单元向指令提取单元指示其已经拿到了预测的分支指令，这时指令提取单元可以让从分支的目标地址获取的 16 字节块进入指令队列，然后通过指令对齐模块在分支跳转目标处对齐指令，使其成为加载到指令队列中的下一条指令。指令译码单元可以立即译码预测的分支指令，分支指令译码后，指令译码单元将在下一个时钟周期锁存分支跳转目标处的指令。

静态分支预测由分支地址计算器（Branch Address Calculator，BAC）执行。如果分支地址

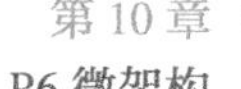

计算器认为一个分支指令为跳转，则会给指令提取单元一个跳转目标地址（Instruction Pointer，IP），指令提取单元应该从该目标地址开始提取指令。指令译码单元看到分支指令后，不能在分支指令译码之前发射任何微操作。分支地址计算器将在下面的两种情况下进行静态分支预测：

- 看到分支预测单元没有进行预测的无条件跳转分支指令。
- 看到跳转目标地址向后的条件分支（这一般表明它是循环的返回结尾）。

10.3.4 寄存器别名表设计

寄存器别名表（Register Alias Table，RAT）提供整数和浮点寄存器及标识的寄存器重命名，可以提供比 Intel 架构更大的寄存器集。当微操作被呈现给寄存器别名表时，它们的逻辑源和目标被映射到数据所在的相应物理重排序缓冲地址，然后使用分配器为每个新的微操作赋予的新的物理目标地址更新映射数组。

如图 10-17 和图 10-18 所示。在每个时钟周期中，寄存器别名表必须查找对应于每个微操作的逻辑源引用的物理重排序缓冲位置。这些物理指示符将成为微操作整体状态的一部分，并从此时起与微操作一起移动。通过分配器提供的信息，任何将被微操作（其“目标”引用）修改的机器状态也会被重命名。物理目标引用成为微操作整体状态的一部分，并写入寄存器别名表以供其源引用相同逻辑目标的后续微操作使用。因为物理目标值对于每个微操作都是唯一的，所以它在整个乱序引擎中用作微操作的标识符。通过使用此物理目标（pdst）作为其名称来执行对微操作的所有检查和引用。

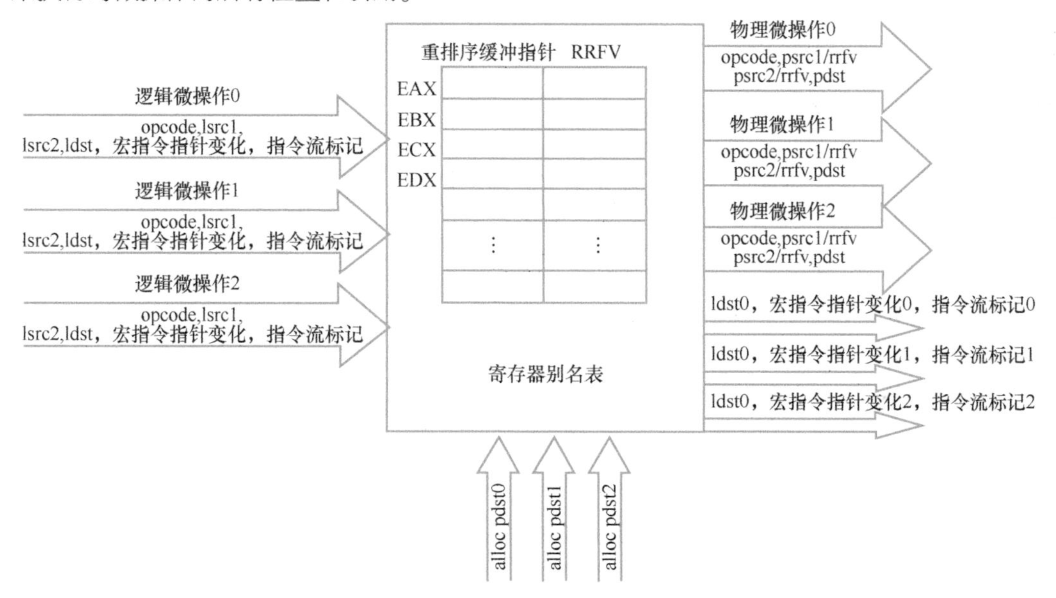

图 10-17 P6 寄存器别名表设计

由于 P6 微架构是超标量设计，因此必须在给定时钟周期内重命名多个微操作。寄存器别名表必须通过逻辑动态提供重命名的源位置，而不是只查找目标位置。同时加入的旁路逻辑将直接提供微操作的源寄存器，以避免必须等待有依赖关系的微操作目标写入寄存器别名表，然后读取为当前微操作的源。

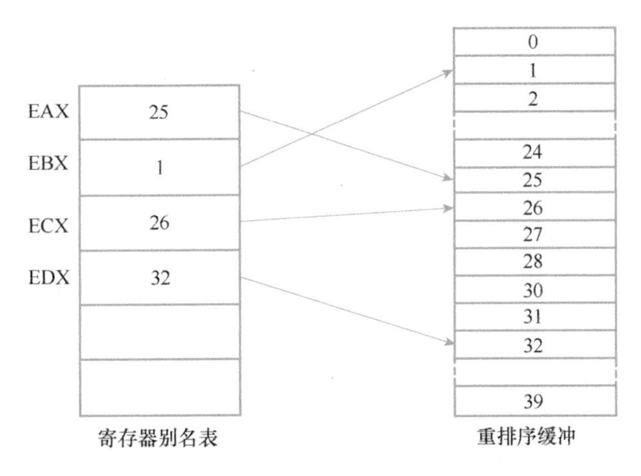

● 图 10-18　**P6 寄存器别名表重命名**

寄存器别名表中的状态是投机性的，因为其会根据流过的微操作的目标不断更新其数组条目。当分支预测错误发生时，寄存器别名表必须刷新错误路径上的虚假状态，并将与下一组微操作一起工作的逻辑恢复到物理映射。P6 微架构的分支错误预测恢复方案保证了寄存器别名表将不必进行新的重命名，直到乱序核心刷新其所有虚假错误投机状态。这意味着寄存器引用将驻留在真实寄存器堆中，直到新的投机性微操作出现。因此，要从错误的分支预测中恢复，寄存器别名表需要做的就是将其所有整数指针恢复为直接指向真实寄存器堆中的对应位置。

IA-32 架构允许对通用整数寄存器（即 EAX、AX、AH、AL）进行部分宽度读取和写入，这给寄存器重命名带来了问题。当部分宽度写入后接较大宽度读取时，会出问题。在这种情况下，较大宽度读取所需的数据必须是对寄存器不同部分的多次先前写入的同化。

该问题在 P6 微架构的解决方案是要求寄存器别名表记住每个整数数组条目的宽度，这是通过为整数低位和高位组中的每个条目维护一个 2-bit 大小的字段来完成的，2-bit 编码将区分 32-bit、16-bit 和 8-bit 这三种寄存器写入大小。寄存器别名表根据寄存器大小信息来确定是否需要比以前写入的更大的寄存器值。在这种情况下，寄存器别名表必须生成部分写入停顿。

另一种常见 16-bit 代码的情况是独立使用 8-bit 寄存器。如果只为整数寄存器访问的所有 3 种写入大小维护一个别名，那么独立使用寄存器的 8-bit 子集将导致大量错误依赖。为了防止这种情况出现，寄存器别名表中维护了两个整数寄存器组。对于 32-bit 和 16-bit 访问，只能从寄存器别名表的低位存储区读取数据，并同时将数据写入两个存储区。对于 8-bit 访问，寄存器别名表会根据是高字节访问还是低字节访问，仅读取或写入适当的高位或低位存储区。因此，高字节和低字节寄存器应使用不同的重命名条目，并且两者都可以独立重命名。需要注意的是，根据 Intel 架构规范，由于 4 个整数寄存器（即 EBP、ESP、EDI、ESI）不能进行 8-bit 访问，因此高位存储只有 4 个数组条目。

寄存器别名表物理源（psrc）指示符指向重排序缓冲阵列中当前可以找到数据的位置，直到生成数据的微操作执行并写回写回总线后，数据才会真正出现在重排序缓冲中。在执行物理源写回之前，重排序缓冲条目包含作废信息。

每个寄存器别名表条目都有一个真实寄存器堆有效位（Real Register File Valid bit，RRFV bit）来选择两个地址空间，即真实（架构）寄存器堆或重排序缓冲。如果设置了真实寄存器堆有效位，则在CPU实际的寄存器堆中寻找数据，物理地址位设置为真实（架构）寄存器堆的相应条目。如果真实寄存器堆有效位为零，则数据在重排序缓冲中寻找，物理地址指向重排序缓冲中的正确位置。

6-bit的物理地址字段可以访问任何重排序缓冲条目。如果设置了真实寄存器堆有效位，则入口指向真正的寄存器堆，它的物理地址字段包含指向相应真实（架构）寄存器堆中寄存器的指针。总线的排列方式使得真实（架构）寄存器堆能够以与重排序缓冲相同的方式获取数据。

寄存器别名表接收顺序的逻辑微操作，每个逻辑微操作包括操作码（opcode）、一对逻辑源（lsrc1和lsrc2）、逻辑目标（ldst）、宏指令指针变化量值和一组指令流标记。逻辑源以及逻辑目标各自指定原始宏指令流的架构寄存器。

寄存器别名表还通过物理目标总线从分配器接收一组分配的物理目标（alloc pdst0～alloc pdst2）。物理目标alloc pdst0～alloc pdst2指定重排序缓冲中新分配的物理寄存器用于逻辑微操作0～2，该物理寄存器将保存对应于逻辑微操作0～2的投机执行结果数据。

寄存器别名表按顺序传输物理微操作0～2，每个物理微操作包括一个操作码（opcode）、一对物理源（psrc1和psrc2）和物理目标（pdst）。物理源psrc1和psrc2各自指定重排序缓冲中的物理寄存器或真实寄存器堆中的指令提交状态寄存器。物理目标pdst指定重排序缓冲中的物理寄存器以保存对应物理微操作的推测执行结果数据。

寄存器别名表通过将逻辑微操作0～2的逻辑源映射到重排序缓冲的物理寄存器和真实寄存器堆指定的提交状态寄存器来生成物理微操作0～2。寄存器别名表还将物理目标alloc pdst0～2合并到物理微操作0～2的物理目标pdst。

为了重命名逻辑源，来自3个指令译码单元发射的微操作的6个逻辑源被用作寄存器别名表整数数组的索引。阵列中的每个条目都有6个读取端口，以允许所有6个逻辑源分别读取阵列中的任何逻辑条目。读取阶段完成后，必须使用与正在处理的当前微操作的目标相关联的分配器中的新物理目标更新阵列。由于可能存在当前时钟周期内目标相关性，因此采用优先写入方案来保证将正确的物理目标写入每个阵列目标。

退出是指从重排序缓冲中删除已完成的微操作，并将其状态提交到CPU中的永久架构状态的行为。重排序缓冲通知寄存器别名表，退出的微操作的目标不再可以在重排序缓冲中找到，而必须（从当前开始）从CPU的寄存器堆中获取。如果在阵列中找到了退出的物理目标，则匹配的条目（一个或多个）被重置为指向CPU的寄存器堆。

退出机制要求寄存器别名表针对在当前周期中有效的所有3个退出指针对每个物理目标进行关联匹配。对于找到的所有匹配项，将相应的数组条目重置为指向CPU的寄存器堆。退出在优先写回机制中的优先级最低。从逻辑上讲，退出应该发生在任何新的微操作回写之前。因此，如果任何微操作想要与退出重置同时写回，则物理目标回写将最后发生。

由于Intel架构浮点寄存器栈组织的缘故，重置浮点寄存器重命名设备更加复杂。P6微架构提供了一个特殊硬件来从浮点寄存器引用中删除（浮点寄存器）栈顶偏移。此外，还维护了一个退出浮点寄存器别名表，其中包含浮点栈寄存器的非投机性别名信息，它仅在微操作退出时更新。每个退出浮点寄存器别名表条目是4-bit宽：一个1-bit的有效退出位和一个3-bit的真实（架构）寄存器堆指针。此外，退出浮点寄存器别名表还维护自己的非投机性栈顶指针。退出浮点寄存器别名表存在的原因是能够在存在FXCH指令的情况下，从错误预测的分支路径和其他事件中恢复。

FXCH宏操作负责将浮点栈顶寄存器条目与任何栈条目交换。FXCH可以使用一个临时寄存器实现3个MOV微操作。Pentium CPU优化的浮点代码广泛使用FXCH来为它的双执行单元安排数据，因为FXCH使用3个微操作将对基于P6微架构的CPU的FP代码执行性能造成严重影响，因此有必要通过单微操作设计实现FXCH。

P6微架构通过寄存器别名表的浮点部分将其数组指针交换为两个源寄存器来处理FXCH操作。这需要浮点寄存器别名表中的额外写入端口，但避免了在真实寄存器堆中的任何两个栈寄存器之间交换超过80位数据。此外，由于指针交换操作不需要执行单元的资源，一旦重排序缓冲从寄存器别名表接收到FXCH，就在重排序缓中将其标记为“已完成”。因此FXCH可以不占用保留站资源并且在零周期内执行。

由于之前有任意数量的FXCH操作，浮点寄存器别名表可能会在发生错误预测的分支路径之前投机性地交换任意数量的条目，此时，沿该分支路径发出的所有指令都将停止。一段时间后，重排序缓冲将发出一个信号，指示包括分支微操作的所有微操作都已退出，并且必须将宏架构状态恢复到错误预测分支指令时的机器状态。为了能够正确撤销投机执行FXCH的影响，浮点寄存器别名表条目不能像整数重命名引用那样简单地重置为恒定的真实寄存器堆的值，因为可能已经发生了任意数量的退出FXCH，并且浮点寄存器别名表必须永远记住退出的FXCH映射。

当退出的微操作的物理目标仍在寄存器别名表中被引用时，在退出时，寄存器别名表条目将恢复为指向真实寄存器堆。这意味着微操作的退出必须优先于表读取，此操作在硬件中读表后作为旁路执行。这样，从表中读取的数据将被最新的微操作退出信息覆盖。

整数退出覆盖机制需要将整数数组的物理源条目与在当前周期中有效的所有退出指针进行关联匹配。对于找到的所有匹配项，需将相应的数组条目重置为指向真实寄存器堆。因为退出物理源从寄存器别名表读取将不再指向正确的数据，所以退出覆盖必须发生。在当前周期内退出的重排序缓冲数组条目不能被任何当前的微操作引用，因为微操作将在真实寄存器堆中找到数据。微操作逻辑源引用用作寄存器别名表的多端口整数数组的索引，物理源由数组输出，然后这些源将受到退出覆盖。此外，寄存器别名表还从分配器接收新分配的物理目标。指令译码单元中逻辑源和目标的优先级比较用于将整数数组中的物理源或分配器中的物理目标选为实际重命名的微操作物理源。Source 0 永远不会被覆盖，寄存器别名表覆盖硬件的框图如图 10-19 所示。

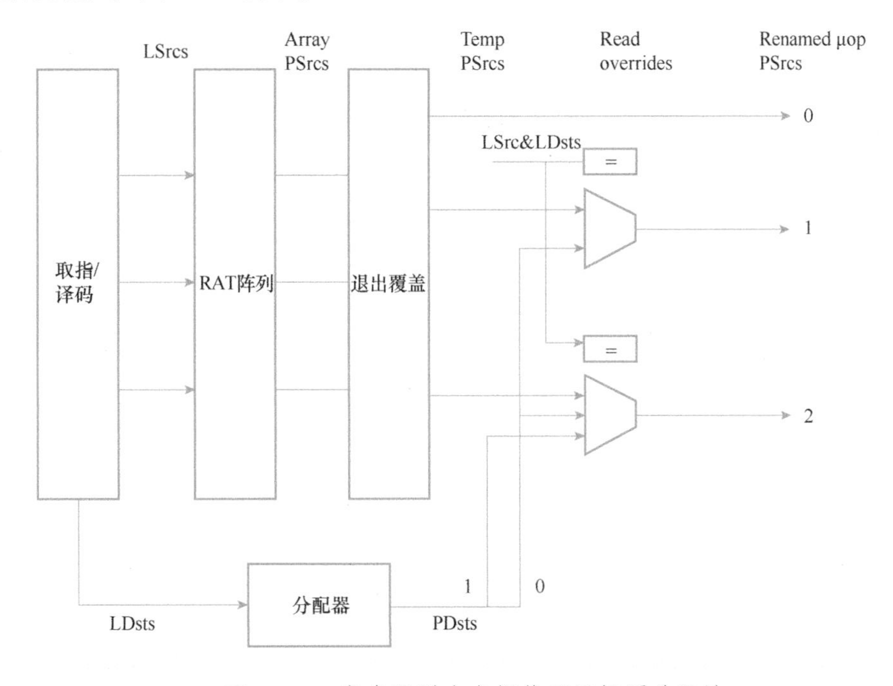

图 10-19 寄存器别名表新物理目标覆盖设计

微操作组可以是整数和浮点运算的混合。尽管有两个单独的控制块来执行整数和浮点覆盖，但逻辑寄存器名称的比较足以隔离这两类微操作。只有相同类型的源和目标才能相互覆盖，因此浮点覆盖的差异可以独立于整数机制来处理。

浮点覆盖的需求与整数覆盖的需求相同。微操作的退出和并发问题会阻止在这些并发微操作读取数组之前使用最新信息更新数组。因此，从寄存器别名表阵列读取的物理源信息必须被退出覆盖和新的物理目标覆盖所覆盖。

浮点退出覆盖与整数退出覆盖相同，只是物理源被覆盖的值不是由逻辑寄存器源名称确定。相反，退出逻辑寄存器目标地址读取退出浮点寄存器别名表可以获取重置值。根据与该阵列读取匹配的引出微操作内容可寻址存储器（Content Addressable Memory，CAM），退出覆盖控制必须在三个退出浮点寄存器别名表复位值之间进行选择，这些重置值也必须已被任一同时退出的 FXCH 修改。

寄存器别名表可以通过内部和外部两种方式暂停（Stall）。如果寄存器别名表由于部分寄存器写入、标识不匹配或其他微架构条件而无法完全处理当前的微操作集，则会生成内部停顿。由于保留站或重排序缓冲表溢出，分配器也可能无法处理所有微操作，这会造成外部停顿。

当部分宽度写入（如 AX、AL、AH）之后是较大宽度的读取（如 EAX）时，寄存器别名表必须暂停，直到所需寄存器的最后部分宽度写入退出。至此，寄存器的所有部分都已在真实寄存器堆中重新组合，可以为所需数据指定单个物理源。

寄存器别名表通过维护每个寄存器别名的长度信息（8-bit、16-bit 或 32-bit）来执行宽度写入功能。为了处理 8-bit 寄存器的独立使用，在每个寄存器 EAX、EBX、ECX 和 EDX 的整数数组中维护两个条目和别名（H 和 L）。根据 Intel 架构规范，不能部分写入其他宏寄存器。当发生 16-bit 或 32-bit 写入时，两个条目都会更新。当发生 8-bit 写入时，仅更新相应的条目（H 或 L）。因此，当条目是逻辑源的目标时，会将从数组读取的长度信息与微操作指定的请求长度信息进行比较。如果所需长度大于可用长度，则寄存器别名表会停止指令译码器和分配器。此外，寄存器别名表会清除微操作上的“有效位”，导致流水线暂停，直到部分写入退出。因为是顺序执行的流水线，后面的微操作不能通过这里暂停的微操作。

由于读取和写入标识是常见的，因此对性能至关重要，所以它们像寄存器一样可以被重命名。标识有两个别名条目：一个用于算术标识，一个用于浮点条件代码标识，它们的维护方式与其他整数数组条目大致相同。当已知微操作写入标识时，为微操作授予的物理目标将被写入相应的标识条目（以及目标寄存器条目）。当后续的微操作使用标识作为源时，会读取相应的标识条目以查找标识所在的物理目标。

除了一般的重命名方案之外，指令译码单元发出的每个微操作都有相关的标识信息，以掩码的形式告诉寄存器别名表微操作接触了哪些标识，以及微操作需要哪些标识作为输入。如果先前尚未退出的微操作没有触及当前微操作需要作为输入的所有标识，寄存器别名表会停止顺序流水线，然后通知指令译码单元和分配器没有新的微操作可以被驱动到寄存器别名表，因为在前一个标识写入退出之前无法发出一个或多个当前微操作。

图 10-20 所示是原 Intel 以色列研发中心的学术总监 Ronny Ronen［现以色列理工学院（Israel Institute of Technology）研究员］给出的寄存器重命名的一个示例，读者可以通过此图理解相关组件之间的数据流交互关系。

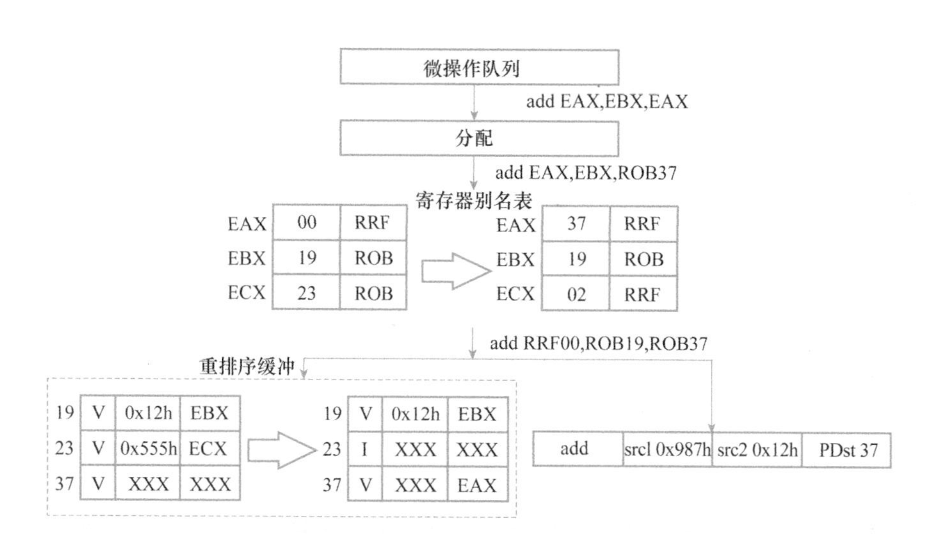

● 图10-20 P6微架构寄存器重命名示例

10.3.5 分配器设计

对于每个时钟周期，假定分配器（Allocator）必须分配三个重新排序缓冲区、保留站和加载缓冲区条目，以及两个存储缓冲区条目。分配器生成指向这些条目的指针并译码来自指令译码单元的微操作，以确定每个资源真正需要多少条目及将在哪个保留站端口上分发它们。

基于微操作译码和有效位，分配器将确定是否满足资源需求。如果不满足，则在通过退出先前的微操作获得足够的资源之前，流水线暂停并停止微操作发射。分配的第一步是译码由指令译码单元传递的微操作，一些微操作只需要一个Load Buffer或Store Buffer条目，而所有的微操作都需要一个重排序缓冲条目。本节主要介绍重排序缓冲、内存排序缓冲及保留站分配。

重排序缓冲的入口地址是分配器分配的物理目标pdst（Physical Destinations）。pdst用于直接寻址重排序缓冲，这意味着如果重排序缓冲已满，分配器必须尽早启动停止指令，以防止覆盖有效的重排序缓冲条目数据。

重排序缓冲被分配器视为循环缓冲，也就是说其条目地址从0到最高地址按顺序分配，然后会绕回0。每个时钟周期，至少三个重排序缓冲条目必须可用，否则分配器将停止。这意味着重排序缓冲分配独立于微操作的类型，甚至不依赖于微操作的有效性。

所有微操作都有一个Load Buffer ID和一个Store Buffer ID（统称为MOB ID）一起存储。Load微操作将有一个新分配的Load Buffer地址和最后分配的Store Buffer地址。非Load微操作（Store或任何其他微操作）具有Load Buffer ID = 0的MOB ID和最后分配的存储的Store Buffer ID。

与重排序缓冲一样，Load Buffer 和 Store Buffer 也被视为循环缓冲，但是分配策略稍有不同。由于并不是每个微操作都需要 Load Buffer 或 Store Buffer 条目，因此使用与重排序缓冲分配相同的策略会严重影响性能，实际上，只有在不能分配所有有效的内存排序缓冲（MOB）微操作时才会发生停顿。关于内存排序缓冲的设计将在 10.5 节中展开阐述。

分配器还生成写使能位，保留站直接将其用于条目使能。如果保留站已满，则必须提前给出暂停指令，以防止覆盖有效的保留站数据，并且使能位将全部被清除，因此不会使能任何条目进行写入。如果保留站未满但由于某些其他资源冲突而发生暂停，则保留站会使该时钟周期中写入任何条目的数据无效（即数据被写入但被标记为无效）。

保留站分配的工作方式与重排序缓冲或内存排序缓冲模型不同。由于保留站乱序分发微操作，其空闲条目通常散布在已使用或已分配的条目中，因此循环缓冲区模型不起作用。所以，通过使用位图（Bitmap）的方案，使每个条目映射到保留站分配池的一个位，这样可以以任意顺序从分配池中抽取或替换条目。保留站通过从位置 0 扫描直到找到前三个空闲条目来搜索空闲条目。

一些微操作可以分发到多个端口，将给定的微操作提交到给定端口的行为称为绑定（Binding）。微操作与保留站功能单元接口的绑定是在分配时完成的。分配器有一个负载平衡算法，它知道保留站中有多少微操作在给定接口上等待执行。此算法仅用于可以在多个执行单元上执行的微操作，被称为静态绑定，具有就绪微操作到执行接口的负载平衡功能。

10.4 Intel P6 微架构乱序执行引擎设计

P6 微架构的乱序执行引擎的核心组件是保留站（Reservation Station）和重排序缓冲（Reorder Buffer），本节重点阐述这两部分的设计。访存单元相关设计将在之后的 10.5 节中进行阐述，定点与浮点执行单元的微架构设计不具有特殊性且与实际应用场景强相关，对应内容请参见本书第 6 章与第 7 章，本节不再专门分析这部分内容。

10.4.1 保留站设计

保留站是指微操作等待它们的操作数都准备好并且有适当的执行单元可用的地方。在每个时钟周期中，保留站确定执行单元的可用性和源数据的有效性，执行乱序调度（Scheduling），将微操作分发（Dispatch）到执行单元，并控制数据旁路到保留站阵列和执行单元。保留站的所有条目都是相同的，可以包含任何类型的微操作。

P6 微架构中的保留站有 20 个条目。条目的控制部分（微操作、条目有效位等）可以从 3 个端口之一写入，这些条目来自分配器和寄存器别名表。条目的数据部分可以从 6 个端口之一

写回（3 个重排序缓冲和 3 个执行单元写回）。CAM 控制将有效写回数据捕获到微操作源字段中，并在执行单元接口处旁路数据。CAM、执行单元仲裁和控制信息用于确定每个条目的数据有效性和执行单元可用性（就绪位生成）。调度器逻辑使用这些准备好的信息来调度最多五个微操作。然后从数组中读出已调度的条目并驱动到执行单元。

在流水线阶段 31，保留站确定哪些条目已准备好或将准备好的在阶段 32 中分发。为此，有必要知道数据和执行资源（IEU/AGU）的可用性。这些就绪信息将被发送到调度器。

调度器的基本功能是每个时钟周期允许从保留站调度最多 5 个微操作。保留站有 5 个调度器，每个执行单元分配一个。图 10-21 所示为执行单元的数据通路。

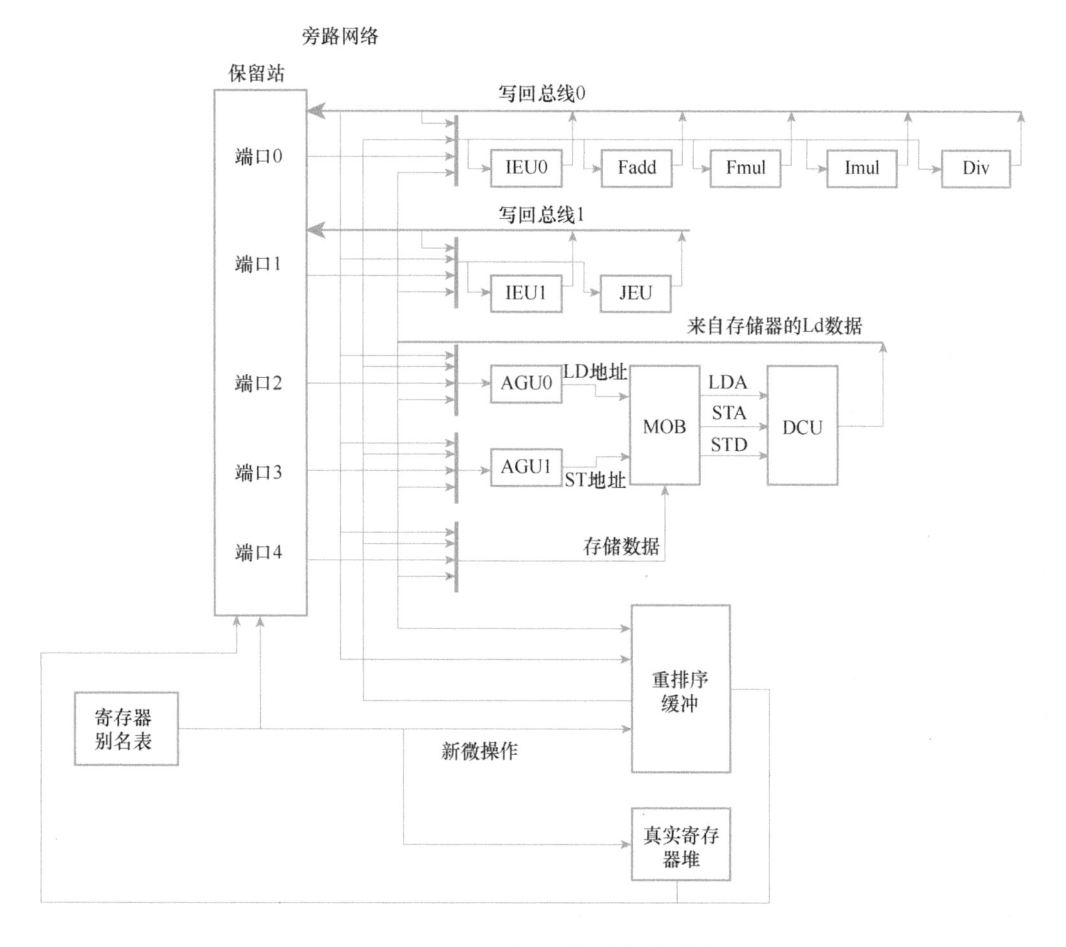

● 图 10-21　执行单元数据通路

保留站使用优先级指针（Priority Pointer）来指定调度程序应该从 20 个条目中的哪里开始扫描，优先级指针将根据伪 FIFO 算法移动。

上文提到保留站每个时钟最多可以分发 5 个微操作，对应有 2 个执行单元，2 个地址生成单元，以及 1 个存储数据接口。图 10-21 显示了执行单元到保留站端口的连接。在指令调度之前，保留站确定是否所有资源都可用，特定的微操作执行所需的资源是否可用，然后调度就绪条目，最后保留站将所有必要的微操作信息分发给调度的功能单元。一旦微操作被分发到功能单元并且没有由于缓存未命中而发生流水线取消，则可以释放该条目以供新的微操作使用。在每个时钟周期，释放指针（Deallocation Pointer）都会向分配器通知保留站中所有 20 个条目的可用性。

最初写入保留站条目时，源数据可能无效。然而微操作必须保留在保留站中，直到其所有源数据都有效。内容可寻址存储器（Content Addressable Memory，CAM）用于将写回物理目标（pdst）与存储的物理源（psrc）进行比较，当匹配发生时，相应的写使能被断言以将所需的写回数据捕获到阵列中的适当源中。

取消（Cancellation）是指由于缓存未命中或可能的未来资源冲突而禁止调度、分发或执行微操作。除非乱序引擎被重置，所有取消的微操作将在之后被重新调度。

有时会出现写回数据无效的情况。例如，当内存单元检测到缓存未命中时，在这种情况下需要取消调度依赖于写回数据的微操作，并在以后重新调度。之所以会发生这种情况，是因为保留站流水线假设缓存访问将被命中，并根据该假设调度相关的微操作。

10.4.2 重排序缓冲设计

重排序缓冲（Reorder Buffer，ROB）参与 P6 微架构的三个基本功能：投机执行、寄存器重命名和乱序执行。重排序缓冲类似于顺序执行 CPU 中的寄存器堆（Register File），但具有额外的功能来支持投机操作的退出和寄存器重命名。

重排序缓冲通过在将执行单元的结果提交到架构可见状态之前缓冲执行单元的结果来支持投机执行。这允许通过假设分支指令被正确预测并且流水线没有异常发生来以最大速率提取和执行指令。如果分支指令被错误预测或者在执行指令时发生异常，引擎可以简单地通过丢弃存储在重排序缓冲中的投机结果来恢复。重排序缓冲的一个关键功能是控制微操作的退出或完成。

执行单元结果的缓冲存储也用于支持寄存器重命名，执行单元仅将结果数据写入重排序缓冲中重命名的寄存器。重排序缓冲中的退出逻辑基于架构寄存器的每个重命名实例的内容来更新架构寄存器。获取架构寄存器的微操作也可以获取实际架构寄存器的内容或重命名寄存器的内容。由于 P6 微架构是超标量的，同一时钟中使用相同架构寄存器的不同微操作实际上可能访问不同的物理寄存器。

重排序缓冲允许执行单元完成它们的微操作并写回结果而不考虑同时执行的其他微操作以

支持乱序执行。因此，就执行单元而言，微操作可乱序完成。重排序缓冲退出逻辑将完成的微操作重新排序为指令译码器发出的原始序列。

重排序缓冲与分配器及寄存器别名表单元密切相关。分配器管理重排序缓冲物理寄存器以支持投机操作和寄存器重命名；重排序缓冲中架构寄存器的实际重命名由寄存器别名表管理。分配器和寄存器别名表都在CPU流水线的顺序执行部分中起作用。因此，重命名和寄存器读取（或重排序缓冲读取）功能以与程序流程相同的顺序执行。

重排序缓冲的接口与保留站及乱序引擎中的执行单元本质上是松耦合的。在寄存器读取流水线阶段从重排序缓冲读取的数据由微操作的源操作数组成，这些操作数存储在保留站中，直到微操作被分发到执行单元。执行单元通过5个写回端口（3个完整写回端口，另外2个用于存储数据和存储地址的部分写回）将微操作结果写回重排序缓冲。结果写回对于指令译码单元发出的微操作是无序的，由于执行单元的结果是投机性的，因此执行单元检测到的任何异常可能是真实的也可能不是真实的，此类异常将被写入微操作的特殊字段。如果实际证明微操作被错误投机执行，则异常不是真实的，会与该微操作的其余部分一起被刷新。否则，重排序缓冲将在微操作退出期间注意到异常情况，并在随后决定将该微操作的结果提交到架构状态之前，调用适当的异常处理操作。

重排序缓冲的退出逻辑包含与微码指令定序器和内存排序缓冲的重要接口。该接口允许重排序缓冲向微码指令定序器发出异常信号，强制微码指令定序器跳转到特定的异常处理程序——微码例程。因为执行单元报告的事件相对于程序流而言是乱序的，因此重排序缓冲必须强制改变控制流。

如图10-22所示，每个重排序缓冲条目包括有效标识（V）、结果数据（Result Data）、流标记位（Flow）、标识（Flags）、标识掩码（Flag Mask）、逻辑目标（Ldst）、故障数据（Fault）和指令指针变化（IP Delta）。

当投机执行的结果数据从指令执行单元写回重排序缓冲条目时，重排序缓冲设置有效标识。结果数据值是对应物理微操作乱序执行的推测结果。结果数据值可以是整数数据值或浮点数据值。每个重排序缓冲条目的结果数据字段包括整数和浮点数据值。如果结果数据值是分支宏指令的目标地址，则存储在低32位中。

标识和标识掩码提供流水线投机执行的标识信息，在相应的重排序缓冲条目退出时，投机执行的标识信息被传送到真实寄存器堆的对应位置。逻辑目标指定真实寄存堆中的提交状态寄存器，在重排序缓冲条目的退出期间，将相应条目的结果数据传送到由逻辑目标指定的提交状态寄存器。故障数据指示相应重排序缓冲条目的故障信息，包括指示条目是否存储来自分支微操作的投机执行结果数据的分支结果标识。指令指针变化显示分配给对应重排序缓冲条目的物理微操作的宏指令的字节长度。

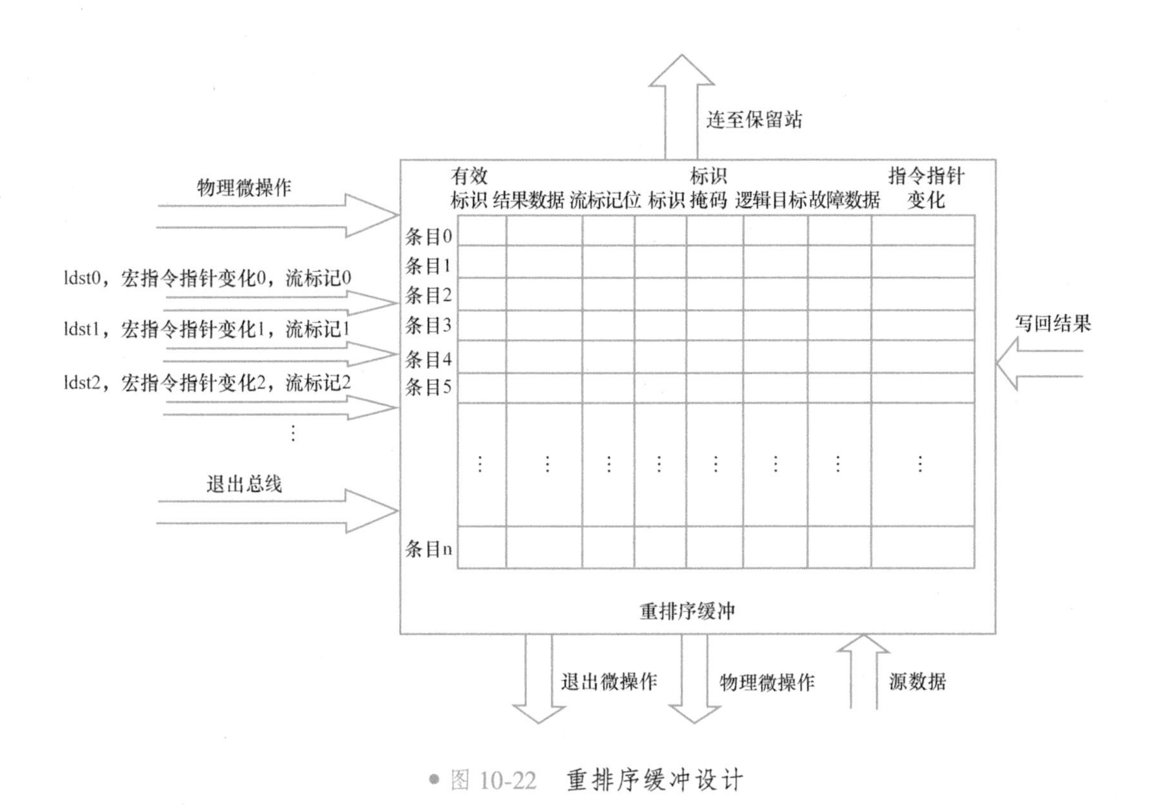

● 图 10-22 重排序缓冲设计

重排序缓冲接收物理微操作（pmop）指定的源数据，将结果数据值和有效标识从由物理微操作的物理源（psrc）指定的条目传送到保留站。直到指令执行单元写回物理微操作的结果，相应的结果数据值才有效。来自指令执行单元的投机执行写回结果信息包括结果数据、物理目标和故障数据，存储到当前对应的物理目标（pdst）指定的条目中，并置有效位。

重排序缓冲接收逻辑目标（ldst）、（宏）指令指针变化（mipd）及流标记（flow），分别进入由物理微操作的物理目标 pdst 指定条目对应类型的数据段。在退出（Retire）操作期间，重排序缓冲读取退出指针指定的条目，将一组引退微操作传送到真实寄存器堆。每个退出微操作包括一个结果数据和一个逻辑目标（ldst）。

重排序缓冲在 P6 微架构流水线中的顺序和乱序执行部分都有参与。当重排序缓冲用于阶段 21 和 22 的顺序执行流水线中时，将在流水线阶段 21 分配重排序缓冲中保存投机执行的微操作结果的条目。重排序缓冲由分配器和退出逻辑管理作为循环缓冲，如果重排序缓冲中有未使用的条目，分配器会将它们用作当前发射的微操作。使用的条目被发送给寄存器别名表，允许它更新其重命名表或别名表，使用的条目（pdst）的地址也被写入每个微操作的保留站。pdst 是 CPU 的乱序部分用来识别执行中的微操作的关键令牌，它也是重排序缓冲中的实际位置。随着重排序缓冲中的条目被分配，它们中的某些字段将被写入微操作中字段的数据。这些信息可以在分配时写入，也可以由执行单元写回结果。为了减少保留站条目的宽度以及减少必须循环到执行单元或内存子系统的信息量，在译码时严格确定的退出微操作所需的任何微操作信息在分配时被写入重排序缓冲。

流水线阶段22紧接在重排序缓冲条目分配之后，从重排序缓冲中读取微操作的源。物理源地址psrc由寄存器别名表基于在流水线阶段21中执行的别名表更新传递。源可以驻留于3个位置之一：在提交的架构状态（真实寄存器堆）中，在重排序缓冲中和写回总线中。从真实寄存器堆读取的源操作数始终有效，可供执行单元使用。从重排序缓冲读取的源操作数可能有效、也可能无效，具体取决于源读取相对于更新读取条目的先前微操作的写回的时间。如果重排序缓冲传递的源操作数无效，保留站将等待，直到执行单元写回与源操作数的物理源地址匹配的pdst，以便为微操作拿到有效的源操作数。

执行单元在流水线阶段83中将目标数据连同事件信息一起写回到为微操作分配的条目中（事件指的是异常、中断、微码辅助等）。写回阶段与重命名与寄存器读取阶段解耦合，因为微操作是从保留站乱序发出的。使用写回总线的仲裁由执行单元和保留站共同决定。重排序缓冲只是每个写回总线的终点，可将总线上的任何数据存储到由执行发出信号的写回pdst中。

重排序缓冲退出逻辑在流水线阶段92和93中提交宏码和微码可见状态。退出流水线阶段与写回流水线阶段是分离的，因为写回相对于程序或微码顺序是乱序的。退出可有效地将执行单元乱序完成的微操作重新排序为整个CPU按顺序完成的微操作。退出是一个两个时钟周期的操作，而且退出阶段是流水线的。如果在重排序缓冲中有分配的条目，则退出逻辑将尝试解除分配或退出它们。在重新分配条目时，退出将重排序缓冲视为FIFO，因为微操作最初是在流水线中较早按FIFO顺序分配的，这确保了退出遵循原始程序的源顺序。

重排序缓冲包含所有P6微架构宏码和微码状态，无需CPU序列化即可修改（序列化将可能流过CPU的乱序部分的微操作的数量限制为一个，从而有效地使它们按顺序执行）。这种状态的大部分是直接从重排序缓冲中的投机执行状态更新的。扩展指令指针（Extended Instruction Pointer，EIP）是一个架构寄存器，它每次更新都需要用到重排序缓冲中的大量硬件，原因是一个时钟周期内可能退出的微操作数量从0到3个不等。

重排序缓冲实现为一个具有分离端口的多端口寄存器堆，用于在退出时分配写入所需的微操作字段、执行单元写回、保留站源的重排序缓冲读取以及投机结果数据的退出逻辑读取。重排序缓冲有40个条目，每个条目是157-bit宽。分配器和退出逻辑将寄存器堆作为FIFO进行管理，源读取和目标写回功能都将重排序缓冲视为寄存器堆。

真实寄存器堆（Real Register File，RRF）的一个示例如图10-23所示。其内部有一组保存已提交（Commit）结果数据的且处于已提交状态的寄存器，包括浮点真实寄存器堆和定点真实寄存器堆，用以保存原始宏指令流的架构寄存器的提交结果。此外还包含了一个（宏）指令指针寄存器，用以存储宏指令指针的提交状态，由指令退出模块通过宏指令指针总线读取。可根据一组物理微操作的退出来更新宏指令指针，然后通过指令将新的宏指令指针传送到（宏）指令指针寄存器。

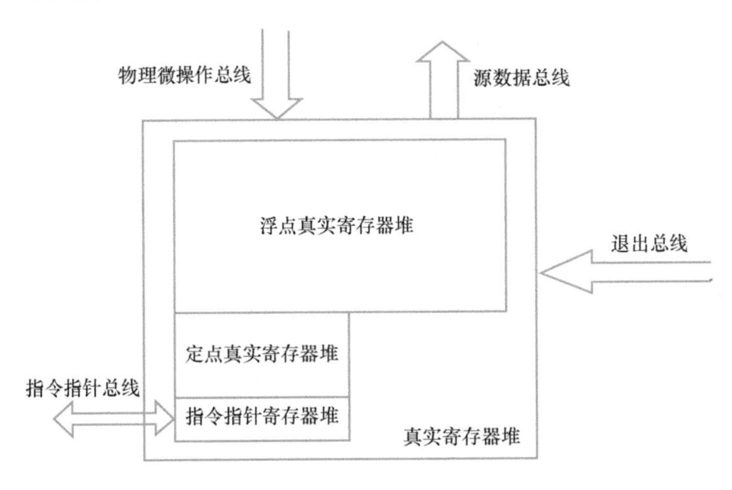

● 图 10-23　真实寄存器堆示例

真实寄存器堆通过物理微操作总线接收物理微操作。如果 RRFV 标识指示物理源已退出，则从由物理微操作的物理源指定的提交状态寄存器读取结果数据值，然后通过源数据总线将结果数据从指定的提交状态寄存器传送到保留站。真实寄存器堆在将源数据传送到保留站的同时总是设置源数据有效标识，因为提交状态寄存器中的结果数据总是有效的。

真实寄存器堆通过退出总线从重排序缓冲接收退出微操作，每个退出微操作包含来自重排序缓冲中退出条目的投机执行的结果数据和逻辑目标，然后将退出微操作的结果数据存储到由退出微操作的逻辑目标指定的提交状态寄存器中。

真实寄存器堆包含宏代码和微代码可见状态。并非所有此类 CPU 状态都位于真实寄存器堆中，但任何可以重命名的状态都在真实寄存器堆中。真实寄存器堆中的寄存器见表 10-1。

表 10-1　P6 真实寄存器堆明细

数　量	寄存器名称	容量/bits	描　述
8	General Registers	32	EAX，ECX，EDX，EBX，EBP，ESP，ESI，EDI
8	FP Stack Registers	86	FST（0-7）
12	General Microcode TemporaryRegisters	86	存储定点和浮点结果
4	Integer Microcode Temporary Registers	32	存储定点结果

（续）

数　量	寄存器名称	容量/bits	描　述
1	EFLAGS	32	系统标识寄存器
1	Arith. Flags	8	重命名后的标识
2	FCC	4	浮点条件码
1	EIP	32	架构指令指针
1	FIP	32	架构浮点指令指针
1	EventUIP	12	微指令报告事件
2	FSW	16	浮点状态字

退出逻辑为每个时钟周期中执行的引出读取生成地址。退出逻辑还计算退出有效信号，指示哪些具有有效写回数据的条目可以退出。

指令指针计算块产生架构指令指针以及其他几个宏指令和微操作指针。宏指令指针是根据所有可能退出的宏指令的长度以及跳转执行单元可能下发的任意分支目标地址生成的。当重排序缓冲确定 CPU 已开始沿分支指令的错误路径执行操作时，不允许该路径中的任何操作退出。重排序缓冲在这些操作中的第一个操作即将退出之前的时间点插入一个清除信号，然后从 CPU 中清除所有投机操作。当重排序缓冲退出出现故障的操作时，它会清除流水线阶段 93 和 94 中 CPU 的顺序和乱序部分。

事件包括错误、陷阱、助攻和中断。重排序缓冲中的每个条目都有一个事件信息字段，执行单元写回该字段。在退出阶段，退出逻辑会在此字段中查找作为退出候选者的三个条目。事件信息字段告诉退出逻辑是否有异常；中断由中断单元直接发出信号。跳转单元标记事件信息字段以防跳转或错误预测的分支指令。

如果检测到事件，重排序缓冲将清除机器上的所有微操作，并强制微码指令定序器跳转到微码事件处理程序。然后保存事件记录以允许微码处理程序正确修复结果或调用正确的宏码处理程序。宏指令和微操作指针也被保存，以允许在事件处理程序终止时恢复程序。

退出逻辑的设计示例如图 10-24 所示。其中包括读控制模块（Read Control）、事件模块（Event）、限制控制寄存器（Limit Control Register），以及指令指针逻辑模块（Instruction Pointer Logic）。

读控制模块通过退出通知总线传送退出指针，该指针指定一组用于退出操作的顺序重排序缓冲条目。

事件模块通过退出总线从退出重排序缓冲条目接收流标识和分支标识，同时还从指令指针逻辑模块接收限制违反信号。每个退出操作的流标识包括 BOM（Beginning Of Macroinstruction）标识和 EOM（End Of Macroinstruction）标识。对于每个具有 BOM 标识的退出微操作，事件模块测试对应的限制违反信号以发现指令指针限制违反，然后为指令指针逻辑模块生成一组确认

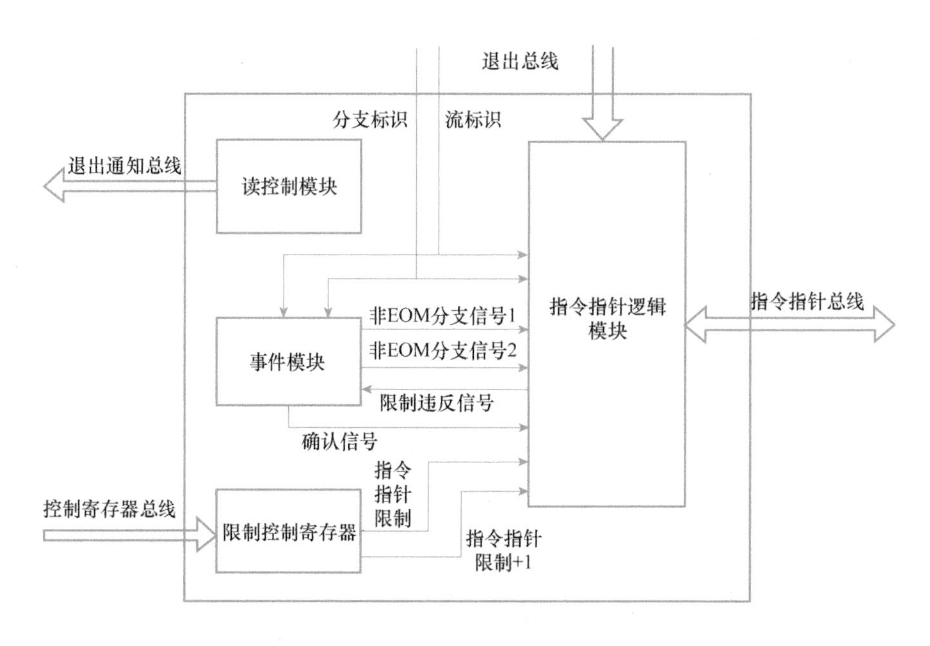

● 图 10-24　指令退出逻辑示例

信号，其指示对应的物理微操作中的哪些可以退出（导致代码段违规的微操作不能退出）。事件模块在异常处理模块中产生表示检测到代码段违规的故障信号，从而使异常处理模块可以处理代码段违规。

此外，事件模块会进一步测试流标识和分支标识用于非 EOM 标识的分支类微操作和相应的 EOM 标识的伪分支类微操作，并相应地生成两组非 EOM 分支信号 1 和 2，表示相应事件的检测。第一组非 EOM 分支信号 1 识别退出物理微操作中的哪一个是非 EOM 标识的分支类微操作，第二组非 EOM 分支信号 2 识别对应的 EOM 标识的伪分支类微操作。两组非 EOM 分支信号均被提供给指令指针逻辑模块。

限制控制寄存器通过控制寄存器总线从指令执行单元中的地址生成单元（Address Generation Unit，AGU）接收更新的指令指针限制值，并传送其中存储的指令指针限制值和存储指令指针限制加 1 的值到指令指针逻辑模块。指令指针逻辑电路使用上述两个值来检测指令指针限制违规。

指令指针逻辑模块在每次退出操作期间为每个退出微操作确定多个投机执行的宏指令指针值。其通过退出总线接收每个退出的重排序缓冲条目的结果数据值的低 32 位、指令指针变化值，以及流标识和来自事件模块的相关信号。此外，指令指针逻辑模块通过指令指针总线从真实寄存器堆的指令指针寄存器接收当前指令指针值，并使用这些输入确定投机执行的新宏指令指针值。

同时，指令指针逻辑模块还通过将每个退出微操作的各种推测的新宏指令指针值与指令指针限制进行比较，以确定退出微操作是否导致指令指针限制违规，并产生一组限制违反信号，这些信号可以指示退出微操作的投机性新宏指令指针值中的哪一个导致指令指针限制违反。然后，指令指针逻辑模块有条件地用投机的下一个宏指令指针之一更新指令指针，这取决于物理微操作中有多少可以退出，以及是否有退出的微操作是分支类微操作。

10.4.3 P6 微架构乱序执行示例

Ronny Ronen 研究员在 The Pentium II/III Processor "Compiler on a Chip" 中给出了一个 P6 微架构乱序执行的例子，在这里引用参考，帮助读者更好地从宏观上理解 P6 微架构乱序执行引擎的工作流程。读者可以基于本章中对应组件的介绍来印证下面示例中的指令执行过程。

对于示例中具有读写相关性的两条指令 add EAX，EBX->EAX 和 sub EAX，414->ECX，图 10-25～图 10-28 分别对应了这两条指令的发射（寄存器重命名/分配）、分发/调度、执行与结果写回，以及执行完毕后的退出，并显示了寄存器别名表、保留站、重排序缓冲（包括真实寄存器堆）三大组件在乱序执行引擎中各个阶段的运行状态。

如图 10-25 所示，在指令发射阶段，寄存器 EAX 既是 src 也是 dst，在寄存器别名表中为 EAX 分配了一个新的重排序缓冲条目（指针为 42）。同时真实寄存器堆有效位从 1 置为 0，即真实寄存器堆中的 EAX 数值需要更新，此时 EBX 对应重排序缓冲指针为 35，但真实寄存器堆

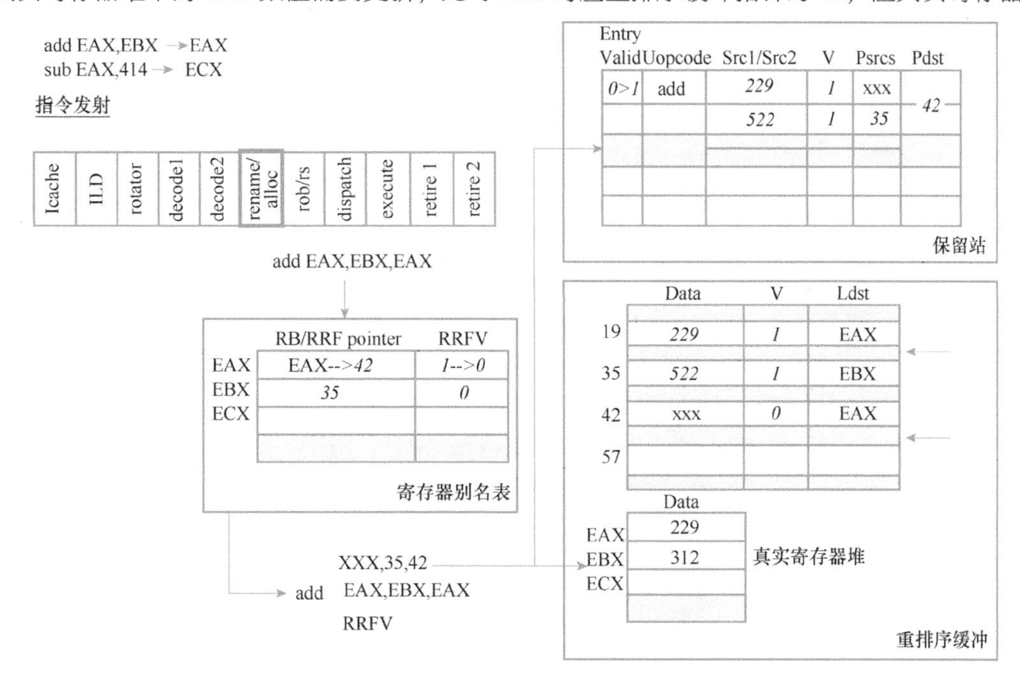

● 图 10-25　P6 微架构指令发射示例

有效位为 0，这说明真实寄存器堆中 EBX 的值（312）是旧值。当前对于 EBX 应使用重排序缓冲条目 35 中的结果数值（522），后续该数值需要被更新到真实寄存器堆对应位置。重排序缓冲中 EAX 和 EBX 的逻辑目标对应条目中的数值分别为 229（条目 19）和 522（条目 35），另外因为寄存器别名表中为 EAX 分配了条目 42，该条目将存储第一条指令 add EAX，EBX->EAX 的执行结果。同时，保留站中对应的条目将指令 add EAX，EBX->EAX 的操作数记录下来，等待指令分发就绪。

当相关资源就绪后，指令可以被分发，相关组件的状态如图 10-26 所示。

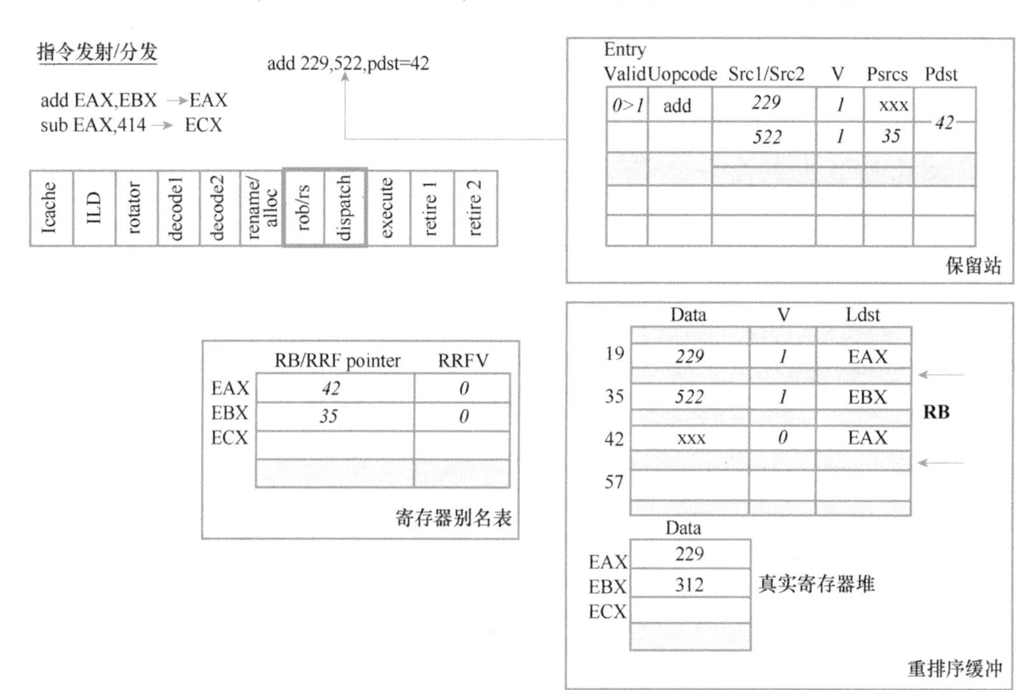

图 10-26 P6 微架构指令调度/分发示例

当第一条指令 add EAX，EBX->EAX 的加法操作执行完毕后，重排序缓冲中 EAX 对应条目（条目 42）的结果数据被更新，有效位被置 1，EAX 寄存器（重排序缓冲中）数值可读，此时第二条指令 sub EAX，414->ECX 相关的操作数可以被写入保留站，其逻辑目的寄存器 ECX 在寄存器别名表中被分配到重排序缓冲中的条目 57，真实寄存器堆中对应 ECX 有效位为 0，数据为空，如图 10-27 所示。

如图 10-28 所示，对于第一条指令 add EAX，EBX->EAX 执行完毕后，更新真实寄存器堆中 EAX 和 EBX 的数值，并将寄存器别名表中的真实寄存器有效位置为 1。对第二条指令 sub EAX，414->ECX 则重复上述指令调度/分发与执行写回的操作。

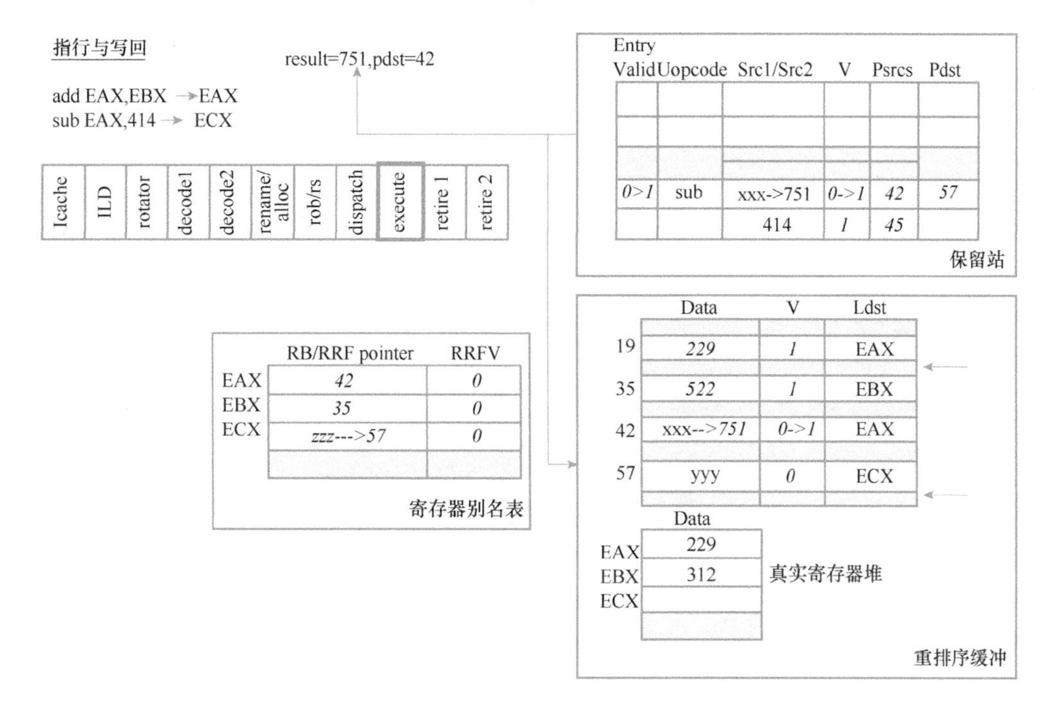

图 10-27 P6 微架构指令执行与结果写回示例

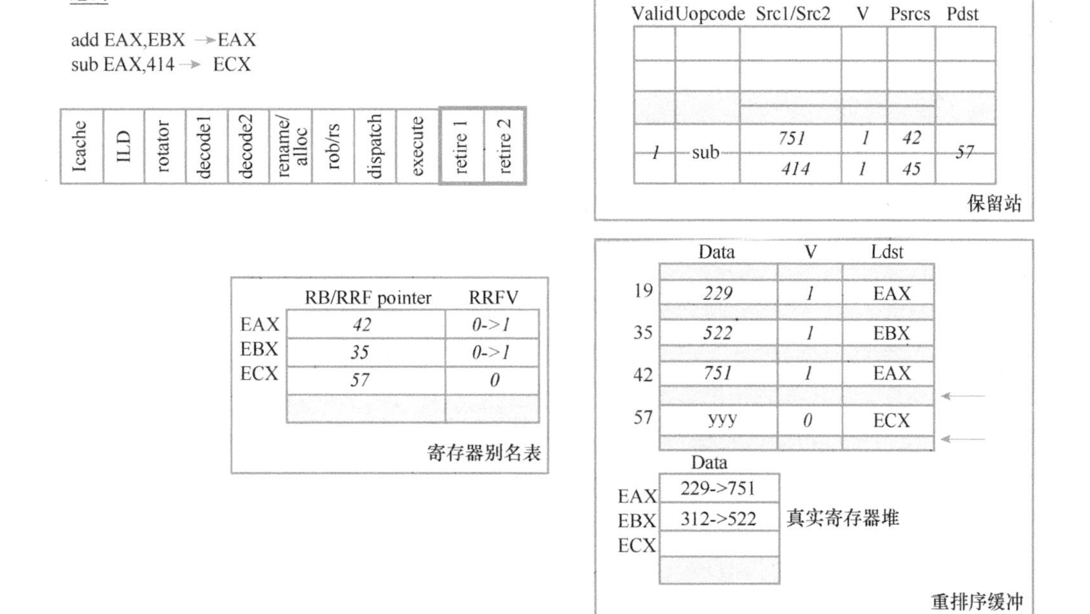

图 10-28 P6 微架构指令执行完成退出示例

10.5 Intel P6 微架构内存子系统设计

内存排序缓冲（Memory Ordering Buffer，MOB）是 P6 微架构内存子系统的一部分，它将 CPU 的乱序执行单元连接到内存子系统。内存排序缓冲包含两个缓冲：（数据）加载缓冲（Load Buffer，LB）和存储地址缓冲（Store Address Buffer，SAB）。这两个缓冲都是循环队列，缓冲内的每个条目分别代表加载（Load）或存储（Store）微操作。存储地址缓冲与内存接口单元（Memory Interface Unit，MIU）的存储数据缓冲（Store Data Buffer，SDB）和（一级）数据缓存的物理地址缓冲（Physical Address Buffer，PAB）协同工作，以有效管理 CPU 存储操作。SAB、SDB 和 PAB 可以统称为一个缓冲，即存储缓冲（Store Buffer，SB）[23]。

Load Buffer 包含 16 个条目，最多可以容纳 16 个 Load 操作，其将由保留站调度时无法完成的 Load 操作排队，消除冲突后将重新调度队列中的微操作。Load Buffer 通过针对已完成的 Load 操作探测（Snoop）外部写入来维护 CPU 的数据加载顺序。对推测性读取内存位置的第二次写入会强制乱序引擎清除并重新启动数据加载操作（以及任何较新的微操作）。

Store Buffer 包含 12 个条目，最多可以容纳 12 个 Store 操作，用于在所有 Store 操作分发到内存之前对其进行排序。然后，当乱序引擎发出信号表明它们的状态不再是投机性的时，这些 Store 操作将按原始程序顺序调度。存储地址缓冲还检查所有 Load 是否存在 Store 地址冲突。此检查可以使 Load 操作与仍然在 Store Buffer 中的先前执行的 Store 操作保持一致。

内存排序缓冲的资源由分配器在向保留站发出 Load 或 Store 操作时分配。Load 操作译码为一个微操作；Store 操作译码为两个微操作，即存储数据（Store Data，STD）和存储地址（Store Address，STA）。在分配时，操作被标记为它在 Load Buffer 或 Store Buffer 中的最终位置，统称为 MOB ID。将 Store 拆分为两个不同的微操作，允许表达地址生成和要存储的数据之间的任何可能的并发性。

内存排序缓冲从保留站接收投机执行的 Load 和 Store Address 操作。保留站提供操作码，地址生成单元（Address Generation Unit，AGU）为内存访问计算并提供线性地址。数据缓存要么立即执行这些操作，要么稍后由内存排序缓冲分发它们。在任何一种情况下，它们都被写入内存排序缓冲数组之一。在内存操作期间，DTLB 将线性地址转换为物理地址或向缺页处理程序（Page Miss Handler，PMH）发出缺页信号。内存排序缓冲还将对线性地址和数据大小执行检查，以确定操作是否可以继续执行或者需要阻塞。

在 Load 操作时，数据缓存单元预期将数据返回给 CPU。同时，内存排序缓冲将地址和状态位写入 Load Buffer，以指示操作完成。在 Store 操作时，内存排序缓冲通过将有效位（Valid Bit）写入存储地址缓冲数组和重排序缓冲来完成操作，这表明 Store 操作的地址部分已经完成。存储的数据部分由存储数据缓冲执行。当数据已被接收并写入缓冲时，存储数据缓冲将向重排序缓冲和存储地址缓冲发出信号。内存排序缓冲将保留存储信息，直到重排序缓冲指示Store操作已退出并提交，然后Store操作将从内存排序缓冲分发到数据缓存单元以提交。一旦完成，内存排序缓冲会发出信号，释放存储地址缓冲资源以供分配器重用，存储由内存子系统按程序顺序执行。

为了保持Load和Store之间的一致性，P6微架构采用了一种称为存储着色（Store Coloring）的概念。每个Load操作都使用之前Store操作的Store Buffer ID（SBID）进行标识，此ID表示Load相对于执行序列中所有Store的相对位置。当Load在内存子系统中执行时，内存排序缓冲将使用此ID作为起点，分析缓冲内的Load与所有较旧的Store操作，同时还允许内存排序缓冲忽略较新的Store操作。

Load操作大致可以描述为以下的过程：从分配器（Allocator）和寄存器分配表（Register Allocation Table，RAT）向保留站发出Load操作，分配器为发送到保留站的每个Load操作分配一个新的Load Buffer ID。分配器还将存储着色信息分配给Load，也就是先前分配的最后一个Store的Store Buffer ID。Load在保留站中等待其数据操作数可用，一旦可用，保留站将端口2上的Load分发给地址生成单元和Load Buffer。假设没有其他分发在等待这个端口，Load Buffer会绕过这个操作，由内存子系统立即执行。地址生成单元生成供DTLB、内存排序缓冲和一级数据缓存使用的线性地址。当DTLB转换为物理地址时，（一级）数据缓存使用低12位进行初始数据查找。同样，存储地址缓冲也使用低12位和存储着色信息Store Buffer ID来检查先前Store操作的潜在冲突地址（程序顺序）。假设DTLB命中并且没有存储地址缓冲冲突，（一级）数据缓存使用物理地址进行最终标记匹配并返回正确的数据（假设没有丢失或阻塞）。至此，Load操作完成，保留站、重排序缓冲、内存排序缓冲写入完成。

如果存储地址缓冲发现地址匹配，则将导致存储数据缓冲前递（Forward）数据，而忽略（一级）数据缓存数据。如果存在存储地址缓冲冲突但地址不匹配（错误的冲突检测），则Load操作将被阻止并写入Load Buffer，Load操作将等到冲突的Store离开存储缓冲区再继续。

Store操作大致可以描述为以下两个微操作：存储数据（Store Data，STD）微操作和存储地址（Store Address，STA）微操作。由于Store由这些操作的组合表示，因此分配器仅在将存储数据发射到保留站时才分配存储缓冲条目。存储缓冲条目的分配在存储地址缓冲、存储数据缓冲，以及物理地址缓冲中保留相同的位置。当Store的源数据可用时，保留站将端口4上的存储数据分发到内存排序缓冲以写入存储数据缓冲。当存储地址的地址源数据可用时，保留站将端口3上的存储地址分发给地址生成单元和存储地址缓冲。地址生成单元生成线性地址以供DTLB转换和写入存储地址缓冲。假设DTLB命中，物理地址将被写入物理地址缓冲。这样就完成了存储地址微操作，内存排序缓冲和重排序缓冲将更新它们的完成状态。

假设没有故障（Fault）或错误预测的分支指令路径，重排序缓冲将同时退出存储数据和存储地址微操作。存储地址缓冲监测此退出行为，将 Store（STD/STA 对）标识为已提交。一旦提交，内存排序缓冲通过向（一级）数据缓存发送操作码、Store Buffer ID 和低 12 位地址位来分发这些操作。（一级）数据缓存和内存接口单元分别使用 Store Buffer ID 访问物理地址缓冲中的物理地址和存储数据缓冲中的存储数据，完成最终的 Store 操作。

一般来说，大多数内存操作预计在保留站分发后需要 3 个时钟周期完成（仅比 ALU 操作长 2 个时钟周期）。然而，内存操作在一级缓存中的转换和可用性并不是完全可预测的。在这种情况下，操作需要其他资源，如在未决缓存未命中时，（一级）数据缓存填充缓冲可能不可用。因此，操作必须推迟到资源可用为止。

内存排序缓冲中的 Load Buffer 采用阻止加载内存操作的通用机制，直到接收到稍后的唤醒。与 Load Buffer 的每个条目相关联的阻塞信息包含两个字段：阻塞码/类型（Blocking Code or Type）和阻塞标识符（Blocking Identifier）。阻塞码用于标识阻塞的来源（如地址阻塞、缺页处理程序资源阻塞等）。阻塞标识符是指与阻塞码相关联的资源的特定 ID。当接收到唤醒信号时，所有匹配阻塞码和标识符的延迟内存操作都被标识为“准备分发”，然后 Load Buffer 以与保留站分发非常相似的方式调度这些就绪操作。

内存排序缓冲中的 Store Buffer 使用受限机制来阻止存储地址内存操作。这些操作保持阻塞状态，直到重排序缓冲退出指针指示存储地址微操作是最旧的未引出操作。然后，该操作将在退出时分发，对（一级）数据缓存的写入与存储地址微操作的分发是同时发生。使用这种简化的存储机制是因为存储地址微操作很少被阻塞。

DTLB 将线性地址转换为所有内存加载和存储地址微操作的物理地址。DTLB 通过在缓存中查找被访问页面的物理地址来进行地址转换。DTLB 还使用物理地址缓存页面属性，并使用此信息来检查页面保存错误和其他与分页相关的异常。

DTLB 仅存储所有可能内存页的子集的物理地址。如果地址查找失败，DTLB 会向缺页处理程序发出未命中信号。缺页处理程序执行页面遍历位于物理内存中的页表以获取物理地址。然后缺页处理程序从其片上内存类型范围寄存器中查找物理地址的有效内存类型，并将物理地址和有效内存类型提供给 DTLB 以存储在其数据缓存阵列中。

最后，DTLB 对数据缓存的各种类型的故障进行故障检测和写回，包括页面故障、辅助和机器检查架构错误。这适用于数据和指令页。DTLB 还检查 I/O 和数据断点陷阱，并将结果写回（用于存储地址微操作），或将结果传递（用于加载和 I/O 微操作）到负责为重排序缓冲写回提供数据的数据缓存。

参考文献

[1] DUBOIS M, ANNAVARAM M, STENSTRÖM P.Parallel computer organization and design [M]. Cambridge: Cambridge University Press, 2012.

[2] JAIN A, LIN C.Cache replacement policies [M]. Williston: Morgan & Claypool Publishers series, 2019.

[3] FALSAFI B, WENISCH TF.A primer on hardware prefetching [M]. Williston: Morgan & Claypool Publishers series, 2014.

[4] KOTRA JB, KALAMATIANOS J.Improving the utilization of micro-operation caches in x86 processors [C]. In 2020 53rd Annual IEEE/ACM International Symposium on Microarchitecture (MICRO), 2020.

[5] SEZNEC A, MICHAUD P.A case for (partially) TAgged GEometric history length branch prediction [J]. The Journal of Instruction-Level Parallelism, 2006.

[6] YEH TY, PATT YN.A comparison of dynamic branch predictors that use two levels of branch history [C]. In Proceedings of the 20th annual international symposium on computer architecture, 1993.

[7] SEZNEC A.Tage-sc-l branch predictors [C]. In JILP-Championship Branch Prediction, 2014.

[8] JIMÉNEZ DA, LIN C.Dynamic branch prediction with perceptrons [C]. In Proceedings HPCA Seventh International Symposium on High-Performance Computer Architecture, 2001.

[9] MAO Y, ZHOU H, GUI X, et al.Exploring convolution neural network for branch prediction [J]. IEEE Access, 2020.

[10] WANG G, HU X, ZHU Y, et al.Self-Aligning Return Address Stack [C]. In 2012 IEEE Seventh International Conference on Networking, Architecture, and Storage, 2012.

[11] SHERWOOD T, CALDER B.Loop termination prediction [C]. In International Symposium on High Performance Computing, 2000.

[12] SEZNEC A.A 64-Kbytes ITTAGE indirect branch predictor [C]. In JWAC-2: Championship Branch Prediction, 2011.

[13] PANIRWALA CD.Exploring Correlation for Indirect Branch Prediction [C]. Orlando, Florida: The 2nd JILP Championship Branch Prediction Competition (CBP-2), 2006.

[14] GARZA E, MIRBAGHER-AJORPAZ S, KHAN TA, et al.Bit-level perceptron prediction for indirect branches [C]. In 2019 ACM/IEEE 46th Annual International Symposium on Computer Architecture (ISCA), 2019.

[15] REINMAN G, CALDER B, AUSTIN T.Optimizations enabled by a decoupled front-end architecture [J]. IEEE Transactions on Computers, 2001.

[16] SOUNDARARAJAN NK, BRAUN P, KHAN TA, et al.Pdede: Partitioned, deduplicated, delta branch target buffer [C]. In MICRO-54: 54th Annual IEEE/ACM International Symposium on Microarchitecture, 2021.

[17] KHAN TA, BROWN N, SRIRAMAN A, et al.Twig: Profile-guided BTB prefetching for data center applications [C]. In MICRO-54: 54th Annual IEEE/ACM International Symposium on Microarchitecture, 2021.

[18] EYERMAN S, Heirman W, VAN DEN STEEN S, et al.Enabling Branch-Mispredict Level Parallelism by Selectively Flushing Instructions [C]. In MICRO-54: 54th Annual IEEE/ACM International Symposium on Microarchitecture, 2021.

[19] PRUETT S, PATT Y.Branch Runahead: An Alternative to Branch Prediction for Impossible to Predict Branches [C]. In MICRO-54: 54th Annual IEEE/ACM International Symposium on Microarchitecture, 2021.

[20] SCHULTE MJ, OMAR J, SWARTZLANDER EE.Optimal initial approximations for the Newton-Raphson division algorithm [J]. Computing, 1994.

[21] LANG T, BRUGUERA JD.Floating-point multiply-add-fused with reduced latency [J]. IEEE Transactions on Computers, 2004.

[22] GWENNAP L.Intel's P6 uses decoupled superscalar design [J]. Microprocessor Report, 1995.

[23] SHEN JP, LIPASTI MH.Modern processor design: fundamentals of superscalar processors [M]. Long Grove: Waveland Press, 2013.